북한 정권과 북한군

북한 정권과 북한군

2023년 12월 20일 초판인쇄
2024년 1월 5일 초판발행

저　자 : 변상문
발행인 : 신동설
펴낸곳 : 도서출판청미디어

신고번호 : 제2020-000017호
신고연월일 ; 2001년 8월 1일
주　소 : 경기도 하남시 조정대로 150 508호(아이테코)
전　화 : 031) 792-6404, 6605
팩　스 : 031)-790-0775
e-mail : sds1557@hqnmqil.net

편집 신재은/ 디자인 정인숙/ 교정 계영애
지원 박홍배/ 마켓팅 박경인/ 사진 연합뉴스

정가 19,800 원
ISBN : 979-11-87861-67-6

북한 정권과 북한군

북한은 국가가 아니다. 정권이다.
대한민국과 대등한 위치에서 통일해야 할 대상이 아니다.
북한 주민과 분리하여 솎아 내 제거해야 할 대상이다.

북한 정권을 관통하는 단어는 〈허위(虛僞)〉이다.
모든 것을 거짓으로 꾸민 체제다.
이 '허위'는, 허업(虛業), 허망(虛妄), 망망(亡望)이라는 말을 낳았다.

북한 여군은 수시로 성폭행당하고 있다.
임신하면 불법 의료시설에서 잘못된 낙태 시술로 목숨을 잃기도 한다.

북한 인구는 2,500만여 명이다.
이 중, 900만 명에 가까운 수가 북한군이다.
GOP 지역에 4개 군단 70만여 명이 전진 배치돼 있다.

서 문

대한민국 국민은 정전체제에 살고 있다. 정전체제는 정전협정과 한미상호방위조약으로 구성돼 있다. 6·25전쟁 중, 군사 지휘관 간 합의로 전투행위를 잠시 중단한 이 정전체제에서는 언제든지 전쟁이 다시 터질 수 있다. 전쟁은 다음 세 가지 조건을 충족하면 발생한다. 전쟁을 일으킬 당사자가 ① 전쟁을 일으킬 의사가 있는가? ② 전쟁을 일으킨 과거 전력(前歷)이 있는가? ③ 전쟁을 수행할 능력이 있는가? 등이다. 유감스럽게도 북한 정권과 북한군은 이를 모두 충족하고 있다.

북한은 국가가 아니다. 정권이다. 대한민국 영토는 대한민국 헌법 제3조에 '한반도와 그 부속 도서'로 규정하고 있다. 따라서 북한은 우리 대한민국 영토에서 우리 대한민국 헌법을 인정하지 않는 반국가단체 정치권력일 뿐이다. 북한군은 이런 정권과 정권의 수뇌자(首腦者) 수령(首領) 김정은을 무력으로 옹위하는 군사 조직이다.

대한민국 국방부에서는 〈2022 국방백서〉 39쪽에 "북한은 대규모 재래식 군사력을 보유하면서 핵 미사일 등 대량살상무기를 고도화하고, 사이버 공격과 무력도발을 빈번히 감행하고 있다. 특히, 핵 선제 사용을 시사하는 핵 정책을 법제화하고, 분단 이후 처음으로 동해 NLL 이남 지역으로 미사일 도발을 자행하는 등 우리의 안보를 심각하게 위협하고 있다. 북한은 2021년 개정된 노동당 규약 전문에 한반도 전역의 공산주의화를 명시하고, 2022년 12월 당 중앙위 전원회의에서 '우리를 명백한 적'으로 규정하였으며, 핵을 포기하지 않고 지속적으로 군사적 위협을 가해오고 있기 때문에, 그 수행 주체인 북한 정권과 북한군은 우리의 적이다."라고 북한 정권과 북한군을 국군의 분명한 적으로 규정하고 있다.

저자는 6·25전쟁 발생 12년째 되던 해인 1961년에 태어났다. 충북 청주시 내수읍에 있는 비상국민학교를 나왔다. 가을운동회가 열리면 우리는 고사리 같은 손으로 김일성과 모택동 허수아비를 불태웠다. 내수중학교 시절에는 사회 선생님으로부터 "김일성이 아들 김정일에게 권력을 물려준다."라며 정권 세습을 비판하는 교육을 받았다. 김정일이 공식 후계자로 등장한 해는 저자가 중학교 1학년 때였던 1974년이다. 청주시에 있는 세광고등학교 재학 때는 교련복을 입고 M1 소총 분해결합, 총검술·제식훈련을 받았다.

고등학교 졸업 후 육군3사관학교에 들어갔다. 사관생도 시절 6·25전쟁과 북한 정권, 북한군에 대하여 교육받았다. 소위 임관 후 북한군 전투서열과 적 전술에 대한 전술 토의를 했다. 이를 바탕으로 작전계획 5027을 수립하여 반복 숙달 훈련을 했다. 대위 진급 후 현 국군방첩사령부 전신인 국군보안사령부·국군기무사령부에서 28년간 근무했다. 군문을 떠난 후 지금까지 군 장병, 공무원, 기업인, 학생 등을 대상으로 북한 정권과 북한군을 주제로 강연하고 있다. 이러고 보니 60년 가까운 세월 동안 구전심수(口傳心授: 입으로 전하여 주고 마음으로 가르친다는 뜻으로, 일상생활을 통하여 자기도 모르는 사이 몸에 옮아 배도록 하는 가르침을 이르는 말)로 북한을 인식했고, 정규 수업을 통해 북한 정권과 북한군에 대해 교육받았다. 그리고 북한 전문 프로 강사로 활동하고 있다.

대한민국에 60년 넘게 살고 있다. 그러함에도 대한민국에 대해 강의하라면 무슨 내용으로 해야 할지 막막하다. 대한민국 군인으로 30년 넘게 근무했다. 역시 국군에 대해 설명하라고 하면 그저 막막할 뿐이다. 저자는 60년 가까운 세월 동안 북한에 대해 교육받고 연구했다. 그러나 살아보지도, 근무해보지도 않은, 게다가 검증된 현용정보마저 부족한 상태에서 지금의 북한 정권과 북한군에 대해 강연한다는 것은 굉장히 어려운 일이다. 당연히 지난 10여 년간 북한 정권과 북한군을 강연하면서 많은 시행착오를 겪을 수밖에 없었다.

저자가 이 책을 쓴 이유는 첫째, 북한 정권과 북한군을 주제로 강연하는 분들이 나와 같은 시행착오를 겪지 않도록 하는 데 작은 역할을 했으면 좋겠다는 의미로 썼다. 둘째는 북한을 알고 싶어 하는 분에게 하나의 방향타가 되었으면 하는 바람으로 낑낑대며 적었다. 자료 출처는 국방부군사편찬연구소에서 발간한 〈6·25전쟁〉, 국방부전사편찬위원회에서 발행한 〈대비정규전사(對非正規戰史)〉, 통일부 북한정보포털 홈페이지, 국립통일교육원 〈북한 이해〉, 극동문제연구소 〈북한전서〉 등 공간(公刊) 자료를 기본으로 하고 있다. 내용에 따라서는 고려대학교 총장을 역임한 역사학자 김준엽과 북한연구소 이사장을 역임한 북한 전문가 김창순이 공저한 〈한국공산주의운동사〉 등 권위 있는 논문과 학술지에서 발췌 인용했다.

이 책은 다음과 같은 일곱 가지의 특징을 가지고 있다.
첫째, 대한민국 속 북한 정권이라는 관점에서 썼다. 대한민국 영토 최북단은 함경북도 온성군 〈풍서리〉다. 최남단은 제주도 남제주군 〈마라도〉다. 최동단은 경상북도 울릉군 〈독도〉다. 최서단은 평안북도 신도군 〈비단도(緋緞島)〉다. 북한 정권은, 이 땅 가운데 최북단으로는 함경북도 온성군 〈풍서리〉, 최동단으로는 나선특별시 선봉구역 〈우암동〉, 최남단으로는 황해남도 강령군 〈등암리〉, 최서단으로는 평안북도 신도군 〈비단도〉를 불법 점령하고 있다. 따라서 북한 정권을 대한민국과 대등한 위치에서 통일해야 할 대상이 아니라 북한 주민들로부터 분리하여 솎아 제거해야 할 대상으로 보았다.

둘째, 북한 정권 태동기였던 1945년 8월 15일(수요일)부터 1949년 6월 30일(목요일)까지의 역사와 사건을 박헌영 서열 1위, 김일성 서열 2위라는 관점으로 평가했다. 조선공산당은 1925년 4월 설립되었다. 코민테른 지시에 의거 해 1928년 12월 해체되었다가, 1945년 9월 재건되었다. 당 책임 비서는 박헌영이었다. 재건된 조선공산당은 1946년 11월 서울에서 허헌의 조선신민당, 여운형의 조선인민당과 합당하여 남조선로동당으로 규모를 키웠다.

조선공산당 책임 비서 박헌영은, 1945년 10월 김일성이 책임자인 조선공산당북조선분국 설치를 승인했다. 조선공산당북조선분국은, 조선공산당이 설치를 승인한 결정서에 "당 중앙에 충실히 복종할 것을 맹서한다."라고 충성을 명기했다. 이는 김일성이 박헌영에게 절대복종해야 하는 상하 관계의 지휘체계가 공식 성립된 것을 의미하였다. 조선공산당북조선분국은 1946년 4월 북조선공산당으로 이름을 바꿨다. 북조선공산당은 1946년 8월 김두봉의 조선신민당을 흡수하여 북조선로동당으로 변했다. 남조선로동당과 북조선로동당은 1949년 7월 공식 합당하여 지금의 조선로동당으로 탄생하였다.

조선공산당이 조선로동당으로 변천하는 과정은 모두 박헌영과 김일성의 협의·합의에 따른 것이었다. 따라서 이 시기에 발생한 제주 4·3사건, 여·순 10·19사건을 비롯한 대한민국을 혼란하게 만든 모든 사건은 박헌영과 김일성에게 책임이 있다고 평가했다.

셋째, 북한군 생활 실상과 인권 실태를 북한군 출신 북한이탈주민을 대상으로 인터뷰한 내용으로 구성했다. 특히 북한군 인권에 대한 신뢰도 제고를 위해 통일부 발간 〈2023 북한 인권〉 문서를 바탕으로, 북한인권정보센터에서 출판한 북한군 인권 실태 보고서인 〈군복 입은 수감자〉에서 인용했다.

넷째, 북한군 도발 사례를 북한 정권 내부 동향과 연계하여 분석했다. 북한군은 ① 위장평화 공세 시 도발했다. 6·25전쟁, 청와대 기습 미수 사건, 울진 삼척지구 무장 공비 침투 사건, 땅굴 침투, 제1·2연평해전 등이 대표적 사례다. ② 권력 공고화를 위한 새로운 통치이념 등장 시 도발했다. 김정일 시기 강릉 잠수함 무장 공비 침투 사건, 김정은 시기 지뢰 도발 등이 대표적 사건이다. ③ 백두혈통으로의 권력 세습 시 도발했다. 김정일은 공식 후계자로 등장하면서 판문점 도끼 만행 사건을, 김정은은 후계자로 등극하면서 천안함 피격 사건과 연평도 포격전을 도발했다. 김정은 딸 김주애가 2022년에 등장했다. 김주애가 시사하는 것은 또 다른 고강도 도발일 것이다.

다섯째, 북한군 군사 위협을 미래에 초점을 맞추었다. 북한군이 2022년 42회에 걸쳐 72발의 미사일을 발사하고, 우리 군이 설정한 전술조치선 이남으로 북한 공군기가 집단으로 도발한 사례를 분석했다. 김정은은 2023년 1월 국군을 적으로 규정하고, 2023년 8월 조선로동당 당 중앙군사위원회 회의를 주관하면서 서울·평택·계룡대를 직접 목표로 삼고 있는 동향을 평가했다. 이와 같은 최근 군사 동향 분석을 통해 북한군이 미래에 어떤 양상으로 도발해 올 것인지를 예측했다. 그리고 북한군이 도발해 오면 도발 원점, 지원 및 지휘 세력을 현장에서 응징하고 승리로 종결할 수 있는 우리 군의 결전 태세 확립의 중요성을 제기했다.

여섯째, 북한 교육과 문화 분야에서 지금까지 선행연구에 없는 내용을 발굴하여 썼다는 점이다. 먼저 교육 분야에서는 북한 고급중학교 역사 교과서를 분석한 결과 3·1운동과 임시정부, 이순신과 안중근을 철저하게 혁명적 수령관으로 폄훼한다는 사실을 지적했다. 문화 분야에서는 '북한에는 국악이 존재하지 않는다.'라는 것을 밝혔다. 북한에 국악이 없다는 것은 최초의 학술 자료가 될 것으로 생각한다.

일곱째, 강연에서 가장 많이 받은 질문 10개를 소개한다. ① 죽은 김일성이 지금도 북한을 통치하는지 여부 ② 쿠데타 가능성 ③ 최고사령관 국무위원장 당 중앙군사위원장의 관계 ④ 건군절과 선군절 차이 ⑤ 뇌물 등 부조리 실태 ⑥ 혁명열사릉과 애국열사릉 차이 ⑦ 장마당과 장마당 세대의 특징 ⑧ 북한군 수뇌부 인사 분석 ⑨ 김정은 사망 시 권력 세습 문제 ⑩ 이승만 대통령과 김일성의 친일파 청산 실상 등이다.

저자가 말하는 「북한 정권과 북한군」을 관통하는 단어는 '허위(虛僞: 진실이 아닌 것을 진실한 것처럼 꾸민 것)'이다. 북한 정권은 모두 '거짓으로 꾸민 체제'라는 뜻이다. 이 '허위'는, 허업(虛業: 실속 없이 겉으로만 꾸며 놓은 사업), 허망(虛妄: 거짓되고 망령됨), 망망(亡望: 북한 정권은 망할 수밖에 없고, 또 그렇게 되기를 바람)을 낳았다. 허업은 북한 정권 정책을 말한다. 허망은 역사를 왜곡하며 김일성 일가를 중심으로 소위 항일 빨치산 후손들이 다 같이 짜고 권력과 부를 대물림하는 것을 뜻한다. 망망은 그래서 북한 정권은 망할 수밖에 없으며, 대한민국 헌법 제4조 정신으로 통일 대한민국을 건설할 수밖에 없는 것이 역사가 우리에게 던져주는 함의(含意)라고 정의했다.

꼭 대한민국 헌법 제4조 정신으로 통일 대한민국이 오기를 절박하게 축원(祝願)한다.

2023년 하늘 높고 바람 좋은 가을날
대한민국 서울 용산에서 **변상문** 씀

목차

서문 4

제1장 일반사항
    1. 지형 및 기상 ·· 014
    2. 행정구역 ·· 024
    3. 인구 ·· 028
    4. 법적 지위 ·· 030

제2장 북한 정권 탄생
    1. 소련 군정 ·· 036
    2. 김일성 등장 ·· 042
    3. 북한 정권 수립 ·· 052

제3장 정치체제
    1. 특징 ·· 058
    2. 통치이념 ·· 087
    3. 권력구조 ·· 107

제4장 북한군
    1. 창군 ·· 144
    2. 성격 ·· 156
    3. 군사정책 ·· 158
    4. 대남 군사정책 ··· 166
    5. 대외 군사정책 ··· 168
    6. 군사전략 ·· 170
    7. 지휘구조 ·· 171
    8. 생활 실상 ·· 181
    9. 인권 ·· 197
    10. 군사 위협 ·· 215

제5장 국군 포로
    1. 살아서 돌아온 국군 포로 1호 ······················ 248
    2. 규모 ·· 250
    3. 생활 실태 ·· 252
    4. 시베리아 이송설 ··· 254
    5. 대한민국 정부 조치 ···································· 256

제6장 사회문화
1. 교육 ··· 260
2. 문화 ··· 273
3. 언론 ··· 289
4. 의식주 ·· 293
5. 직장 생활 ·· 297
6. 노동 ··· 299
7. 주민 통제 ·· 301
8. 범죄자 처벌 ··· 306

제7장 많이 한 질문 10개
1. 죽은 김일성이 지금도 북한을 통치하나? ················· 310
2. 쿠데타 가능성은? ··· 317
3. 최고사령관·국무위원장·당 중앙군사위원장 관계는? ······ 322
4. 건군절과 선군절 차이는? ····································· 326
5. 뇌물 등 부조리 실태는? ······································· 328
6. 혁명열사릉과 애국열사릉 차이는? ·························· 332
7. 장마당과 장마당 세대의 특징은? ··························· 334
8. 북한군 수뇌부 인사 특징은? ································· 339
9. 김정은 사망 시 누가 권력을 세습할까? ··················· 342
10. 이승만 대통령은 친일파를 등용했고,
    김일성은 친일파를 청산했나? ······························ 351

부록 ··· 354
제1장 제주 4·3 사건
　1. 일반사항
　　가. 조선공산당 당원 조선경비대 침투　나. 남로당에 의한 제2연대 부정 사건
　　다. 군과 경찰 갈등　라. 제주 제9연대 창설과 조선경비대 여단 창설　마. 광복 전후 제주도 상황
　2. 제주 4·3 사건
　　가. 남로당 제주도위원회 〈1947년 3·19 투쟁〉 사건
　　나. 제주 4·3 사건 발생　다. 제주 4·3 사건 종결
제2장 여순 10·19사건
　1. 사건 발생
　2. 상황 전개
　3. 여수 순천 탈환 사건
　4. 지리산지구 토벌 작전

주석 ··· 404

제1장 일반사항

대한민국 영토 - 중, 북한이 불법 점령하고 있는 지역
군사분계선 푯말 1호(경기도 파주시 장단면 강정리)부터 ~
1,292호 푯말(강원도 고성군 현내면 대강리) 까지 연결한
군사분계선 이북.

행정구역 : 1개 직할시, 3개 특별시, 9개 도 (2020년 기준)
          직할시 - 평양시.
          특별시 - 남포시, 라선시, 개성시.
          도 - 평안남·북도, 함경남·북도, 황해남·북도, 강원도,
              자강도, 량강도

북한 인구 : 2천 536만 8천여 명 (2020년 기준)
          (남, 1천 240만 2천여 명, 여, 1천 296만 6천여 명)
          기대수명 : 남한 남자 80.5세.
                   북한 남자 66.9세 (13.4년 차이)
              남한 여자 86.5세.
              북한 여자 73.6세. (12.9년 차이)

1. 지형 및 기상

* 대한민국헌법 (제3조) : 대한민국 영토는 한반도와 그 부속 도서로 한다
  북한은 헌법 3조로 볼 때 대한민국 영토에 자리 잡은 〈반국가단체〉다.
  북한의 산맥과 강
  마천령산맥, 함경산맥, 부전령산맥, 낭림산맥, 강남산맥, 적유령산맥, 묘향산맥, 언진산맥, 멸악산맥, 마식령산맥 / 압록강, 두만강, 대동강, 청천강, 예성강, 성천강

군사용어에 〈METT+TCS〉(Mission 임무, Enemy 적, Terrain and Weather 지형 및 기상, Troops and Support Available 가용부대, Time Available 가용시간, Civil Considerations 민간 고려 요소, Safety)가 있다. 이 중 지형 및 기상은 군사작전에 결정적인 영향을 미치는 요소 중 하나다. 6·25전쟁 때 북한 지형을 좀 더 알았다면 중공군과 초기 전투에서 아군이 그렇게 일방적으로 밀리지는 않았을 것이다.

대한민국 헌법 제3조에 '대한민국 영토는 한반도와 그 부속 도서로 한다.'라고 규정돼 있다. 한반도 최북단은 함경북도 온성군 〈풍서리〉다. 최남단은 제주도 남제주군 〈마라도〉다. 최동단은 경상북도 울릉군 〈독도〉다. 최서단은 평안북도 신도군 〈비단도(緋緞島)〉다. 부속 도서 섬은 5,300여 개다.

북한은 헌법 제3조로 볼 때 대한민국 영토에 자리 잡은 〈반국가단체〉다. 그래서 북한을 국가 또는 나라라고 호칭하지 않는다. 〈북한 정권〉이라고 부른다. 북한 지역은 대한민국 영토 중, 경기도 파주시 장단면 강정리에 세워져 있는 군사분계선 푯말 1호로부터 강원도 고성군 현내면 대강리에

꽂힌 1,292호를 연결한 군사분계선 이북이다. 그래서 북한 관련 사무는 각국을 상대로 하는 외교부가 아닌 〈통일부〉에서 관장한다.

대한민국 남북 간 위도 차이는 약 10°다. 그래서 북부와 남부의 낮 길이가 다르다. 여름 하지 때 함경북도 온성군 낮 길이는 제주도보다 약 40분 길다. 겨울 동지 때는 반대로 40분 짧다. 동서 간 경도 차이는 7°다. 이와 같은 경도 차이는 남과 북의 낮 길이가 다르듯 해 돋는 시각이 다르다. 신의주와 웅기 간은 23분 차이가 있다. 기후는 봄, 여름, 가을, 겨울 사계절이 뚜렷하다.

국경선이 중국, 러시아와 연결되어 있다. 대륙과 대양을 잇는 국제 교통의 통로 역할을 할 수 있다. 그러나 자유권과 공산권으로 분리된 국제 정치 환경으로 인해 국제 교통 통로서 역할은 크지 않다. 통계청이 발표한 '2021 북한의 주요 통계지표'에 따르면, 남북한을 합친 한반도의 총 면적은 223,627㎢다. 총면적에서 북한은 123,214㎢, 남한은 104,013㎢로 북한이 남한보다 22,801㎢ 더 넓다.

시도별 면적을 보면 수도 평양직할시는 1,849㎢로 북한 전체 면적의 1.5%를 차지한다. 나선특별시 904㎢(0.7%), 남포특별시 1,295㎢(1.1%), 개성특별시 755㎢(0.6%), 평안남도 11,497㎢(9.3%), 평안북도 12,654㎢(10.3%), 함경남도 18,601㎢(15.1%), 함경북도 15,830㎢(12.8%), 황해남도 8,494㎢(6.9%), 황해북도 9,560㎢(7.8%), 강원도 11,091㎢(9.0%), 자강도 16,741㎢(13.6%), 양강도 13,937㎢(11.3%)다. 북한의 시도 중에서 면적이 가장 넓은 곳은 함경남도다. 평양시(1,849㎢) 면적은 서울시(605㎢)와 비교했을 때 약 3배 더 넓다.

북한의 경지면적은 2020년 기준 논 519,000ha, 밭 1,372,000ha (1ha:

3,025평)다. 평안북도와 평안남도, 황해북도와 황해남도 등 서해안의 4개 도에 북한 경지면적의 60% 이상이 분포돼 있다. 동해안에는 함경남도에 10% 이상이 있고 기타 도에는 10% 미만씩 분포돼 있다.

밀물 때는 물에 잠기고, 썰물 때는 물 밖으로 드러나는 모래 점토질의 평탄한 땅인 간석지 면적은 북한 서해안 일대에만 28만여 정보로 이는 북한 총 경지면적의 15%다. 서해안에는 대계도 간석지(8,800정보), 비단섬 간석지(5,500정보), 다사도 간석지(1,000정보), 곽산 간석지 (2,600정보) 등이 있다. 임야 등 기타가 104,038㎢로 북한 전체 면적의 84.5%를 차지한다.

한반도 평균고도는 482m다. 전 세계 육지의 평균고도 875m에 비하면 낮은 편이다. 지역적으로는 함경북도가 956m로 가장 높다. 대한민국 지붕이라는 개마고원은 1,500m이다. 북부는 전반적으로 높고 평탄한 고원이다. 남쪽으로는 경사가 급하고, 북쪽으로는 완만하다. 산지(山地)는 대체로 일정한 몇 개의 방향으로 배열돼 있다.

마천령산맥 백두산을 중심으로 남북으로 마천령산맥이 달리고 있다. 이 산맥에는 2,000m 이상의 높은 산들이 연달아 솟아 있다. 백두산 2,744m, 북포태산 2,189m, 남포태산 2,435m, 두류산 2,309m 등이다. 남포태산을 제외하고는 모두 화산이 분출돼 만들어진 산이다. 그래서 산머리가 회색이거나 하얗다. 산 정상 아래는 검은 암석인 현무암으로 된 용암지대이기 때문에 계곡이 없고 평탄하다.

함경산맥 마천령산맥 중앙에 있는 두류산을 중심으로 우리나라에서 가장 높은 함경산맥이 동북 방향으로 뻗어 있다. 산맥의 서쪽은 개마고원 일부를 이루는 무산고원(茂山高原)이다. 무산고원을 흘러 두만강으로 유입하는 서두수(西頭水)·연면수(延面水) 등과 동해로 유입하는 동해 사면의 수성천(輸城川)·주을천(朱乙川)·어랑천(漁郞川) 등의 분수령을 이룬다. 2,541m 관모봉(冠帽峰)을 비롯하여 2,205m 만탑산(萬塔山), 2,139m 쾌상봉(掛上峰), 2,333m 궤상봉(樻床峰), 2,442m 설령(雪嶺), 2,202m 도정산(渡正山) 등 높은 산이 있다. 이 산맥은 6월까지 눈이 녹지 않는다. 8월 말이 되면 다시 눈이 쌓이기 시작한다.

부전령산맥 함경산맥 반대 방향 서남쪽으로는 부전령(赴戰嶺)산맥이 있다. 부전령산맥은 개마고원의 남쪽 언저리를 차지하는 산맥으로 평안남도 영원군 가까이에서 시작한다. 마대산(馬垈山) 1,745m, 명당봉(明堂峰) 1,809m, 삼봉(三峰) 1,987m, 만탑산(萬塔山) 2,003m, 두류산(頭流山, 2,309m) 등으로 뻗어 있다. 황초령(黃草嶺, 1,200m), 부전령(赴戰嶺, 1,445m), 금패령(禁牌嶺, 1,676m), 후치령(厚峙嶺, 1,335m) 등의 큰 고개가 있다.

개마고원과 동해안 사이의 교통로로서 중요시되고 있다. 동쪽 사면은 급경사를 이루고 있다. 개마고원 쪽은 완경사를 이루고 있다. 일제 강점기인 1929년에 부전강수력발전소가 건설되면서 북한 지방에 중화학공업이 발달하는 계기가 되었다. 부전령산맥 일대는 6 25전쟁 때 미 해병 제1사단과 미 제7보병사단이 중공군과 격전을 치렀다. 당시 이곳의 지형 및 기상을 좀 더 잘 알았다면 미 제8군사령부와 미 제10군단의 연결 작전은 성공했을 가능성이 크다. 매우 아쉬운 대목이다.

낭림산맥 낭림산맥은 함경남도와 평안남북도의 경계를 따라 형성된 남북 방향의 산맥이다. 남쪽의 태백산맥(太白山脈)과 함께 우리나라의 원줄기가 되는 척량산맥(脊梁山脈 : 어떤 지역을 종단하여 길게 이어져 분수령이 되는 산맥)이다. 북반부는 사랑봉(舍廊峯, 일명 蛇梁峯, 1,787m)에 이르기까지 북동 남서 방향이다. 전지산(田地山, 1,623m), 남사산(南社山, 1,787m), 황야봉(黃野峯, 1,874m), 희색봉(稀塞峯, 2,185m), 민색봉(民塞峯, 1,688m) 등 1,500m 이상의 높은 봉우리를 일으키고 있다.

남쪽 중앙부는 사랑봉에서 사수산(泗水山, 1,747m)에 이르기까지 남북 방향으로 달린다. 총곡령(總曲嶺, 2,066m), 맹부산(猛扶山, 2,214m), 총전령(葱田嶺, 2,084m), 와갈봉(臥喝峯, 2,262m), 대홍산(大紅山, 2,152m), 향라봉(香羅峯, 1,987m), 천의물산(天宜勿山, 2,032m), 소백산(小白山, 2,184m), 동백산(東白山, 2,096m), 황봉(黃峯, 1,736m), 차일봉(遮日峯, 1,743m), 백산(白山, 1,837m) 등 2,000m 전후의 고봉들이 웅기하고 있다.

사수산 이하 추가령(楸哥嶺, 586m)에 이르는 남반부는 서쪽으로 향하여 반원형으로 굽은 맥 세를 형성한다. 높이도 대개 1,500m 이하로 낮아진다. 이 부분의 대표적인 산으로는 모도봉(毛都峯, 1,833m), 맹산(孟山, 1,550m), 백두산(白頭山, 1,370m), 두류산(頭流山, 1,324m), 육판덕산(陸坂德山, 1,325m), 추애산(楸愛山, 1,530m) 등이 있다. 이 산맥의 맹산 부근에서 서쪽으로 적유령산맥(狄踰嶺山脈)이 뻗어나간다. 소백산에서 서쪽으로 묘향산맥(妙香山脈)이 어깨를 펴고 있다. 실제 낭림산(2,014m)은 이 묘향산맥에 있다.

강남산맥 강남산맥(江南山脈)은 압록강 연안을 따라 뻗쳐 있다. 낭림산맥의 아득령(牙得嶺)에서 분기하여 북동에서 남서 방향으로 달리며 압록강 남사면을 이룬다. 이 산맥의 북쪽 사면은 단층애(斷層崖)이다. 급경사를 이루며 압록강의 지류인 자성강(慈城江)·위원강(渭原江)·충만강(忠滿江)·독로강(禿魯江) 등에 의해 개석(開析: 하천이 침식돼 새로운 지형으로 바뀌는 것)된다.

남사면은 구릉성 산지를 이룬다. 기반암은 대부분 화강편마암이다. 연덕산(淵德山, 1,730m), 천마산(天摩山, 1,169m), 회와산(會瓦山, 1,354m), 비래봉(飛來峯, 1,470m), 향내봉(香內峯, 1,365m), 월기봉(月起峯, 1,238m) 등이 있다. 농사는 없고, 부분적으로 화전(火田)이 행하여진다. 1939년에 만포선이 개통된 뒤 산지가 본격적으로 개발했다. 그러나 교통이 불편하고 지형이 험준하여 산지 개발은 부진한 상태이다. 1950년 10월 28일 육군 제6보병사단이 이곳 강남산맥 일대에서 중공군에게 패배하여 압록강 초산에서 철수하였다.

　<u>적유령산맥</u> 적유령산맥은 낭림산맥에서 갈라져 평안북도를 북부와 남부로 가르는 산맥이다. 북쪽에 이웃한 강남산맥(江南山脈)과 남쪽의 묘향산맥(妙香山脈)과 함께 동북동 서남서 방향의 산맥으로 요동 방향의 산계이다. 산맥 가운데에는 백산(白山, 1,875m), 숭적산(崇積山, 1,970m), 비삼봉(非三峰, 1,833m), 대암산(大巖山, 1,566m), 피난덕산(避難德山, 1,963m) 등의 높은 산이 있다.

　고개로는 적유령(963m), 구현령(狗峴嶺, 815m), 온정령(溫井嶺, 574m) 등이 있다. 이들 고개는 압록강 유역과 청천강 유역을 연결하는 철도 또는 자동차 도로로 이용되고 있다. 산맥의 북부는 강남산맥으로 연속되는 험준한 지형이다. 남부는 청천강의 하곡에 연하여 좁은 충적지가 곳곳에 발달돼 있다. 특히 산맥의 남서부인 구성군과 태천군에는 넓은 평야가 열려있다. 산맥의 남서부에는 금·은 등의 지하자원이 풍부하며 온천도 곳곳에 있다. 육군 제1보병사단과 미 제1기병사단이 1950년 11월 이곳 적유령산맥에서 중공군에게 패배했다.

　<u>묘향산맥</u> 묘향산맥은 낭림산맥의 소백산에서 갈라져 청룡산맥의 성지봉까지 뻗어 있다. 자강도, 평안도에 걸쳐있는 산맥이다. 북동에서 남서 방향으로 있고 남서쪽으로 점차 낮아진다. 길이 200km, 평균 높이 1,000m이다. 최고봉은 2,019m의 웅어수산이다. 대동강과 청천강의 분수령이다.
　주요 봉우리는 최고봉인 웅어수산(2,019m)을 비롯하여 낭림산(2,015m: 북한에서는 소백산이라고 한다), 향라봉(1,725m), 묘향산(1,909m), 천상대(1,482m), 무동봉(1,762m), 월봉산(1,032m), 백탑산(1,199m), 묵방산(1,012m) 등이다. 대동강과 청천강의 분수령으로 북서 사면에서는 함지골천 용평강(룡평강)

묘향천·백령천·조롱강 등 청천강의 지류들이 발원한다. 남동쪽 사면에서는 성룡강·승통천·내창천·시향강 등 대동강의 지류들이 발원한다. 고개로는 산맥의 남과 북을 이어주는 광성령·다섯령·알일고개 등이 있다.

언진산맥 언진산맥은 낭림산맥의 남부에서 분기하여 북동에서 남서 방향으로 뻗어내려 평안남도와 황해북도 경계를 지나는 산맥이다. 주요 고지로는 북동쪽으로부터 하람산(霞嵐山, 1,485m)·노고산(老古山, 1,181m), 대각산(大角山, 1,277m), 백산(栢山, 1,140m), 언진산(彦眞山, 1,120m) 등이 있다. 북서쪽은 평안남도 성천군 양덕군 중화군과 황해북도 연산군 평야 및 구릉지와 맞닿아 있다. 남동쪽은 곡산 용암대지와 접한다. 여러 고개가 예로부터 교통로로 이용되었다. 신계·수안·평양을 연결하는 도로와 곡산 양덕을 연결하는 도로도 이 고개에 건설되어 있다.

멸악산맥 멸악산맥은 황해북도 북동에서 남서 방향으로 120km 뻗어 있다. 최고봉은 멸악산으로 818m다. 주요 봉우리는 거리대산(758m), 감박산(626m), 고정산(575m), 약대산(507m), 청학산(525m), 감악산(583m), 주라산(333m), 각호산(612m), 주지봉(612m) 등이다.

마식령산맥 마식령산맥은 두륜산에서 강원도 세포군까지 북서에서 남동 방향으로 뻗은 산맥이다. 평균 높이는 840m이다. 최고봉은 추애산으로 1,528m이다. 그밖에 두류산(1,323m), 성재산(1,102m), 고춘봉(1,129m), 백암산(1,228m) 등이 있다. 산맥을 분수령으로 하여 서쪽 사면에서는 임진강과 그 지류인 고미탄천, 용지천(룡지천) 등이, 동쪽 사면에서는 학천수, 갈마천, 남대천의 지류인 용지원천(룡지원천), 남산천 등이 발원한다.

압록강 북한에는 큰 강이 6개 있다. 압록강은 백두산 천지 부근에서 발원하여 우리나라와 중국의 동북 지방과 국경을 이루는 790.4km의 국제 하천이다. 혜산·중강진·만포·신의주 등을 거쳐 용암포의 초하류(稍下流)에서 서해로 흘러든다. 압록강은 허천강·장진강·부전강 자성강·독로강·충만강·삼교천을 비롯하여 100km를 넘는 여러 개 하천과 수많은 지류로 형성되어 있다.

두만강 두만강은 백두산 남동쪽 사면에서 발원하여 나진선봉직할시 선봉군 우암리에서 동해로 흐르는 520.5km의 강이다. 주요 지류는 상류인 백두산 무산 사이에서 흘러드는 소홍단수(76.5km)·서두수(173.1km)·연면수(80km)·성천수(76.3km), 중국의 훙기하, 중류인 무산 온성 사이에서 흘러드는 회령천(46km)·보율천(31.8km)·용천천(27km)·팔을천(26km), 하류인 온성 우암 사이에서 흘러드는 오령천(27km), 중국의 훈춘하·가야하 등이 있다.

대동강 대동강은 평안남도 북동부 낭림산맥의 서쪽에서 발원하여 남서 방향으로 흐르다가, 남포특별시 부근에서 서해로 흘러드는 397.1km 강이다. 우리나라에서 다섯 번째로 긴 강이다. 좌안에 지류가 많은 비대칭적 하계로, 총 443개의 지류가 있다. 그중에서 길이 15km 이상 되는 지류가 26개이다. 주요 지류로는 좌안에 마탄강, 비류강, 곤양강, 황주천, 재령강 등이, 우안에 보통강, 송화강 등이 있다.

청천강 청천강은 평안북도 희천군 석립산(石立山) 북서쪽 산록에서 발원하여 평안북도의 남부를 남서로 흘러 서해로 흘러드는 198.8km의 강이다. 희천 남부에서 희천강(熙川江)과 합류하고 묘향산맥과 적유령산맥 사이를 지나 영변 남쪽에서 구룡강(九龍江)과 합류한다. 하류에서 평안남도와 평안북도의 경계를 이룬다.

예성강 예성강은 황해북도 수안군 언진산에서 발원하여 황해남도 배천군과 개성시 개풍군 사이에서 강화만에 흘러드는 174.3km의 강이다. 황해북도 곡산군, 수안군, 신계군, 평산군, 토산군, 금천군, 인산군(린산군), 황해남도 봉천군, 배천군, 개성시 개풍군 지역을 흐른다. 주요 지류는 구연천, 지석천, 누천(루천), 위라천, 신계천, 남천, 오조천 등이다.

성천강 성천강은 함경남도 신흥군 하원천면과 북청군 안수면의 경계인 금패령(禁牌嶺, 1,676m)에서 동해로 흘러드는 98.6km의 강이다. 상류는 물의 흐름이 급하고 수량도 비교적 풍부하다. 부전강(赴戰江)·장진강(長津江) 유역에 유역변경식 발전소가 설치된 후에는 압록강의 물이 합수하여 항상 유량이 풍부하다. 하류에는 하상(河床)이 토사로 이루어져 분류가 많아 수운에 적합하지 못하다. 지류로는 호련천(湖連川)·흑림강(黑林江) 등이 있다.

한반도는 대륙 동안에 위치해 전형적인 동안기후(東岸氣候)의 특징인 계절풍 기후를 보인다. 온대 북부에 자리한 북한은 대륙 영향을 크게 받는다. 중강(中江), 혜산(惠山)을 중심으로 하는 개마고원과 그 주변 지역은 심한 대륙성 기후를 이루어 추위와 더위의 차가 심한 편이다. 겨울철에는 한랭 건조한 북서풍으로 건기를, 여름철에는 온난 습윤한 남동 계절풍이 불어 우기를 나타낸다. 6월과 7월에는 장마나 가뭄이 발생하는 해가 많고, 겨울철에는 3~4일씩 춥고 따뜻한 날이 교차하는 삼한사온(三寒四溫) 현상이 나타나서 생활에 심한 어려움은 없다.

통계청이 발표한 '2021 북한의 주요 통계지표'에 따르면, 북부 고원 지역 연평균기온은 1.6~8℃, 연간 강수량은 532~825mm다. 서해안 지역의 연평균기온은 11.7~12.5℃, 연간 강수량은 1,330~1,466mm다. 중부 내륙 지역의 연평균기온은 9.3~12.6℃, 연간 강수량은 1,212~1,450mm다. 동해안 지역 연평균기온은 11.5~12.6℃, 연간 강수량은 706~2,916mm다.
2020년 연평균기온을 기준으로 북한에서 가장 추운 지역은 삼지연 군으로 1.6℃였다. 이어 풍산과 장진 3.5℃, 혜산 5.0℃순이었다. 가장 따뜻한 지역은 장전으로 연평균기온이 13.4℃였다. 다음으로 원산 12.6℃, 해주가 12.5℃, 개성 12.1℃, 사리원 11.8℃ 순이었다. 평양의 연평균기온은 11.5℃였다.

연간 강수량은 장전에 2,916.4mm의 비가 내려 가장 많은 양을 기록했다. 다음으로 원산 2,483.9mm, 구성 2,254.3mm, 신계 1,992.3mm, 평강 1,938.3mm 순으로 연평균 1,000mm 이상의 비가 내린 곳이 20곳에 달했다. 2020년 남한 지역에서 가장 많은 강우량을 기록한 지역은 부산으로 2,281.6mm였다.

2. 행정구역

북한의 행정구역
* 1945년/ 6개 도, 9개 시, 89개 군, 810개 읍·면
* 1952년/ 도(특별시), 시·군(구), 읍·면, 리(동) 4단계 행정구역 체계
* 2020년/ 1개 직할시, 3개 특별시, 9개 도(道)로 편성

1953년 7월 27일 정전체제가 성립되자, 북한 정권에 의한 불법 점령 지역이 다소 변동했다. 우선 남쪽 끝과 동쪽 끝이 변했다. 북한 행정구역상 북단은 함경북도 온성군 〈풍서리〉다. 북위 43°, 0′, 33″다. 동단은 나선특별시 선봉구역 〈우암동〉이다. 동경 124°, 10′, 45″다. 남단은 황해남도 강령군 〈등암리〉다. 북위 37°, 41′, 0″다. 서단은 평안북도 신도군 〈비단도〉다. 동경 124°, 10′, 45″다.

북한의 행정구역은 1945년 해방 당시 6개 도, 9개 시, 89개 군, 810개 읍·면이었다. 1952년 12월 행정체계와 행정구역 개편을 통해 도(특별시), 시·군(구), 읍·면, 리(동)의 4단계 행정구역 체계 중 면(面)을 폐지했다. 도(직할시), 시(구역)·군, 읍·리(동·노동자구)의 3단계 행정구역 체계로 개편하고, 군(郡) 지역을 재분할하였다. 또한 공장, 광산, 어촌의 리 중, 400명 이상의 임금노동자가 거주하는 지역에는 새로운 사회주의 행정단위인 〈노동자구〉를 설치했다.

2020년 기준 1개 직할시, 3개 특별시, 9개 도로 편성돼 있다. 평양시는 1946년 9월 평안남도에서 분리하여 특별시로 승격시켰다가 1952년 12월

직할시로 개편했다. 2022년 '금수산태양궁전' 주변 일대에 새롭게 조성 중인 화성지구 주거 지역 일대를 화성구역으로 명명하였다.

남포시와 라선시, 개성시는 특별시다. 라선시는 1994년 함경북도 라진 구역과 선봉을 합해 라진-선봉시로 개편하고 직할시로 승격시켰다가 2000년 8월에는 라진-선봉시를 라선시로 재편해 함경북도에 편입시켰다. 그러나 2010년 1월 라선시를 함경북도에서 떼어내 특별시로 승격시켰다. 개성시는 2003년 6월에 개풍군, 장풍군을 황해북도에 편입했다. 개성공업단지를 설립하면서 판문점 일부를 개풍군에 넣었다. 나머지 대부분 지역은 개성시에 편입했다. 2019년 상반기에 개성특별시로 승격시켰다. 도는 평안남도, 평안북도, 함경남도, 함경북도, 황해남도, 황해북도, 강원도, 자강도, 량강도가 있다.

지명도 대대적으로 개칭했다. 1960년대 중후반에 언어학자와 대학교수, 지방기관 관계자 등을 참여시켜 4,700여 개의 행정구역 명칭을 비롯해 산과 강, 골, 벌(평야) 등 자연 지명을 조사하는 '고장 이름 조사사업'을 벌였고, 이에 따라 지명을 순차적으로 바꿔왔다.

북한 어학전문지 '문화어학습'(2007년 2호)은 "그동안 일본식 등 외래어와 봉건 왕조 찬양 등 '정치사상적으로 불건전한' 지명을 모두 바꿔 고장 이름에 남아 있는 낡은 유물을 털어 버렸다."라고 밝혔다. 이 전문지에 따르면 여진 말이나 일본식 지명을 '주체적이고 인민적인 고장 이름'으로 고쳤다는 것이다. 여진 말 지명이던 '오로군'을 '영광군'(함남)으로, '웅기군'을 '선봉군'(현 라진시)으로 개명했다. '서수라리'는 '은혜리', '어망지리'는 '락원리', '아오지'는 '학송리', '독로강'은 '장자강', '아롱천'은 '약수천' 등으로 바뀌었다.

일본식 지명도 교체했다. '정(町)', '정목(丁目)'과 같은 행정구역 단위와 '대화정(大和町)', '명치정(明治町)', '욱정(旭町)' 등의 이름을 고쳐 "고장 이름의 주체성과 민족성이 높이 발양됐다."라고 '문화어학습'은 주장했다.

'봉건 통치배'를 찬양하거나 종교 미신적인 지명도 개명했다고 말했다. '봉건 통치배'를 찬양한 고장 이름으로는 함남 신포시의 '령무동', 금야군의 '중량리'와 '룡흥리'가 있는데 이를 '풍어동', '솔밭리', '비단리'로 고쳤다. 함흥시 '룡흥동', '룡마동', '영호동', '궁서동'을 각각 '역전동', '새별동', '영광동', '소나무동'으로 바꾸었다. '본궁1동', '본궁2동', '본궁3동'은 각각 '은덕동', '련못동', '샘물동'으로, '룡흥강'은 '금야강', '반룡산'은 '동흥산'으로 개칭했다. '동흥산'은 북한 지역의 동쪽에서 번영하고 흥하는 함흥에 있는 산이라는 의미인 것으로 알려졌다. 종교 미신적인 지명인 '사직동'은 '승전동'으로, '청룡리', '한왕리', '장안리', '향교리'는 각각 '삼지강리', '경신리', '만풍리', '새마을리'로 교체했다.

북한은 고장 이름을 새로 붙이면서 특히 김일성·김정일 부자와 그 일가, 그리고 북한 체제를 찬양하는 어휘를 많이 사용했다. 즉 "수령(김일성)님과 장군(김정일)님께서 돌려주시는 사랑과 은덕에 보답하려는 우리 인민의 뜨거운 마음과 내 나라, 내 조국을 빛내이려는 신념과 의지를 담아 지은 이름이 많이 생겨났다."라며, 김일성-김정일-김정은 일가 우상화를 지명에서도 활용했다. 김일성 일가의 이름이나 김일성에게 충성했던 사람들의 이름을 붙인 지명도 있다. 량강도의 김정숙군(옛 삼수군 서부), 김형직군(옛 후창군) 그리고 함경북도 김책시(옛 성진시), 함경북도 은덕군 안길리(옛 장안리) 등이 대표적이다.

김정숙은 김일성의 본처이다. 김형직은 김일성의 아버지다. 김책과 안길은 김일성의 소련군 시절 동료다. 북한에서는 김일성에 대한 '충신의 전형'으로 소개했다. 김제원리(황남 재령군)는 광복 이후 김일성종합대학 건설을 위해 나눠 받은 토지에서 생산한 '애국미'를 바친 데 이어 6 25전쟁 시기 전쟁 승리를 위해 식량을 바쳤다는 농민 김제원을 기려 그의 고향 지명을 바꿨다.

행정구역 현황

이와 같은 행정구역 개편은 ① 중앙집권체제 강화 ② 김씨 일가 우상화 목적 지명 개칭 ③ 구역 수의 확대(남한 행정구역 수 의식)를 염두에 둔 것이다. 나선특별시, 남포특별시 등의 행정구역 개편은 경제적 측면을 고려한 개편으로 평가할 수 있다.

3. 인구

* 북한 총인구 2천 536만 7,910여 명 (남/12,402,000, 여/12,966,000)
* 남한 총인구 5천 183만 7천여 명 (남/25,926,000 여/25,911,000)
* 남북한 합계 7천 720만 4천여 명 (남/38,327,000 여/38,327,000)

북한 인구는 25,367,910명이다. 2000년 22,702,000여 명, 2015년 24,779,000여 명, 2016년 24,897,000여 명, 2018년 25,132,000여 명으로 매년 증가추세다. 인구가 늘면서 북한의 인구 밀도도 늘어 2000년 1㎢당 184.9명에서 2017년 203.1명, 2020년엔 205.9명으로 증가했다. 남북한 총인구는 2010년 73,741,000여 명에서 2020년 77,204,000여 명으로 3,463,000여 명이 늘었다.

남북한의 성별 인구와 성비를 비교했을 때, 남한은 상대적으로 남자가 많고 북한은 여자가 많은 것으로 나타났다. 통계청 자료에 따르면, 2020년 기준 여자 100명당 남자 수로 본 성비는 남한 100.1명, 북한 95.6명이었다. 남한은 남자가 25,926,000여 명, 여자가 25,911,000여 명으로 남자가 더 많다. 북한은 남자가 12,402,000여 명, 여자가 12,966,000여 명으로 여자가 더 많다. 남북한을 합하면 남자 38,327,000여 명, 여자 38,877,000여 명으로 여자가 더 많다. 성비는 98.6명이었다.

성별 기대수명을 보면, 남한과 북한 모두 여자가 남자보다 오래 사는 것으로 나타났다. 그러나 북한 여자도 남한 남자보다는 기대수명이 짧았다. 남한 여자, 남한 남자, 북한 여자, 북한 남자 순으로 오래 살 것으로 예상된다는 뜻이다. 2020년 기준 남한 남자의 기대수명은 80.5세, 북한 남자의 기대수명은 66.9세로 13.4년 차이가 났다. 2050년에는 남한 남자 기대수명은 86.8세, 북한 남자 기대수명은 70.9세로 15.9년의 차이가 날 것으로 추산됐다.

여자 기대수명의 경우 2020년 기준 남한은 86.5세, 북한은 73.6세로 12.9년 차이가 난다. 2050년에는 남한 90.9세, 북한 77.4세로 차이가 13.5년이 될 것으로 나타났다. 여자 1명이 평생 평균 몇 명의 자녀를 낳는지를 나타내는 합계 출산율은 2015 2020년 남한은 1.110명, 북한은 1.910명으로 북한이 더 높았다. 2020년 출생아 1천 명당 5세 이하 사망률에서 남한은 3.2명, 북한은 16.5명으로 북한의 영아 사망률이 크게 높았다. 2010년부터 2020년까지 북한의 연평균 인구 증가율은 0.54%로, 전 세계 평균 1.2%의 절반 이하, 그리고 아시아 태평양 지역 평균 1%의 절반 수준이다.

4. 법적 지위

* 대한민국 헌법 제3조의 효력은 북한에도 미친다. -대한민국헌법재판소, 대법원 판례-
* "반국가단체라 함은 정부를 참칭하거나 국가를 변란 할 목적으로 하는 국내외의 결사 또는 집단으로서 지휘통솔체제를 갖춘 단체를 말 한다" -국가보안법 제2조
  따라서 북한은 국가가 아닌 반국가단체 정권으로 정의할 수 있다.

대한민국 헌법 제3조는 "대한민국 영토는 한반도와 그 부속도서로 한다."로 규정하고 있다. 국가보안법 제2조는 "반국가단체라 함은 정부를 참칭하거나 국가를 변란할 것을 목적으로 하는 국내외의 결사 또는 집단으로서 지휘통솔체제를 갖춘 단체를 말한다."로 정의하고 있다.

대한민국 헌법재판소와 대법원은 헌법 제3조의 효력이 북한에도 미친다고 일관되게 판결하고 있다. 또한 국가보안법 제2조에 의거 북한은 반국가단체로 명확하게 판시하고 있다. 이를 정리하면 〈북한은 국가가 아니다. 반국가단체 정권이다〉로 정의할 수 있다.

먼저 헌법재판소 판례를 살펴본다.

> "북한은 조국의 평화적 통일을 위한 대화와 협력의 동반자임과 동시에 대남 적화노선을 고수하면서 우리 자유 민주 체제의 전복을 획책하고 있는 반국가단체라는 성격도 함께 갖고 있음이 엄연한 현실인 점에 비추어, 헌법 제4조가 천명하는 자유민주적 기본질서에 입각한 평화적 통일정책을 수립하고 이를 추진하는 한편 국가의 안전을 위태롭게 하는 반국가활동을 규제하기 위한 법적 장치로서, 전자를 위해서는 남북교류협력에 관한 법률 등의 시행으로써

이에 대처하고, 후자를 위해서는 국가보안법의 시행으로써 이에 대처하고 있는 것이다."(헌재 1993. 7. 29. 92 헌바 48)

"남북합의서는 남북 관계를 '나라와 나라 사이의 관계가 아닌 통일을 지향하는 과정에서 잠정적으로 형성되는 특수관계'임을 전제로 하여 이루어진 합의문서인 바, 이는 한민족공동체 내부의 특수관계를 바탕으로 한 당국 간 합의로써 남북 당국의 성의 있는 이행을 상호 약속하는 일종의 공동성명 또는 신사협정에 준하는 성격을 가짐에 불과하다."(헌재 1997. 1. 16. 92 헌재바 6)

"남북합의서가 법률이 아님은 물론 국내법과 동일한 효력이 있는 조약이나 이에 준하는 것으로 볼 수 없다는 것을 명백하게 하였다."(헌재 2000. 7. 20. 98헌바 63)

다음은 대법원 판결문을 살펴본다.

"대한민국 헌법 제3조는 '대한민국의 영토는 한반도와 그 부속도서로 한다.'고 규정하고 있어 법리상 이 지역에서는 대한민국의 주권과 부딪치는 어떠한 국가단체도 인정할 수가 없는 것이므로 비록 북한이 국제사회에서 하나의 주권 국가로 존속하고 있고, 우리 정부가 북한 당국의 명칭을 쓰면서 정상회담 등을 제의하였다 하여 북한이 대한민국의 영토고권을 침해하는 반국가단체가 아니라고 단정할 수 없다."(대법원 1990. 9. 25. 선고 90도 1451 판결)

"북한은 6·25전쟁을 도발하여 남침을 감행하였고, 휴전 이후에도 대한민국에 대하여 도발 행위를 계속하고 있으며, 그 헌법과 형법에 적화통일의 의지를 드러내고 있을 뿐만 아니라 막강한 군사력으로 대한민국과 대치하면서 대한민국의 자유민주적 기본체제를 전복할 것을 완전히 포기하였다는 명백한 징후를 보이지 않고 있어 우리의 자유민주적 기본질서에 대한 위협이 되고 있음이 분명한 상황에서, 대한민국 헌법과 남북교류협력에 관한 법률이 평화통일 원칙을 선언하고 제한적인 남북 교류를 규정하고 있다거나 우리 정부가 북한 당국자의 명칭을 쓰면서 남북국회회담과 총리회담을 병행하고 정상회담을 도모하며 유엔 동시 가입 등을 추진한다고 하여 북한이

국가보안법상의 반국가단체가 아니라고 할 수 없다."(대법원 1991. 4. 23. 선고 91도212 판결)

"북한이 우리의 자유민주적 기본질서에 대한 위협이 되고 있음이 분명한 상황에서 소론과 같이 우리 정부가 북한 당국자의 명칭을 사용하고 남북 동포 간의 자유로운 왕래와 상호교류를 제의하였으며, 남북국회회담 등과 같은 회담을 병행하고, 나아가서 남북한이 유엔에 동시 가입을 하였다거나 '남북 사이의 화해 불가침 및 교류 협력에 관한 합의서'에 서명하였다는 등의 사유가 있다 해서 북한이 국가보안법상의 반국가단체가 아니라고 할 수 없고, 또한 국가보안법은 동법 소정의 행위가 국가의 존립, 안전을 위태롭게 하거나 자유민주적 기본질서에 위해를 줄 경우에 적용되는 한에서는 헌법상 보장된 국민의 권리를 침해하는 법률이라고 볼 수 없고, 국가보안법이 북한을 반국가단체로 본다고 하여 헌법상 평화통일의 원칙에 배치된다거나 또는 국가보안법이 죄형법정주의에 배치되는 무효의 법률이라고 할 수 없다."(대법원 1992. 8. 14. 선고 92도1211 판결)

"북한이 우리의 자유민주주의적 기본질서에 대한 위협이 되고 있음이 분명한 상황에서 남 북한이 유엔에 동시 가입하였고, 그로써 북한이 국제사회에서 하나의 주권 국가로 승인을 받았고, 남·북한 총리들이 남북 사이의 화해, 불가침 및 교류에 관한 합의서에 서명하였다는 등의 사유가 있었다고 하더라도 북한이 국가보안법상 반국가단체가 아니라고 할 수는 없다."(대법원 1998. 7. 28. 선고 98도1395 판결)

"남북 사이의 화해와 불가침 및 교류협력에 관한 합의서(이하 남북기본합의서 라고 줄여 쓴다)는 남북 관계가 '나라와 나라 사이의 관계가 아닌 통일을 지향하는 과정에서 잠정적으로 형성되는 특수관계(합의서 전문)'임을 전제로, 조국의 평화적 통일을 이룩해야 할 공동의 정치적 책무를 지는 남북한 당국이 특수관계인 남북 관계에 관하여 채택한 합의 문서로서, 남북한 당국이 각기 정치적인 책임을 지고 상호 간에 그 성의 있는 이행을 약속한 것이기는 하나 법적 구속력이 있는 것은 아니어서 이를 국가 간의 조약 또는 이에 준하는 것으로 볼 수 없고, 따라서 국내법과 동일한 효력이 인정되는 것도

> 아니다.(대법원 1999. 7. 23. 선고 98두 14525 판결)

한편 국방부에서는, 헌법재판소와 대법원판결 내용을 근거로 2022 국방백서에서 "북한은 대규모 재래식 군사력을 보유하면서 핵 미사일 등 대량살상무기를 고도화하고, 사이버 공격과 무력도발을 빈번히 감행하고 있다. 특히, 핵 선제 사용을 시사하는 핵 정책을 법제화하고, 분단 이후 처음으로 동해 NLL 이남 지역으로 미사일 도발을 자행하는 등 우리의 안보를 심각하게 위협하고 있다. 북한은 2021년 개정된 노동당 규약 전문에 한반도 전역의 공산주의화를 명시하고, 2022년 12월 당 중앙위 전원회의에서 '우리를 명백한 적'으로 규정하였으며, 핵을 포기하지 않고 지속적으로 군사적 위협을 가해오고 있기 때문에, 그 수행 주체인 북한 정권과 북한군은 우리의 적이다."라고 규정하고 있다.

헌법재판소, 대법원 판례와 국방부 입장을 종합하여 보면, "북한은 ① 군사분계선 푯말 1호와 1,292호를 연결한 이북 지역을 불법 점령한 상태에서, ② 정부를 참칭(僭稱)하며, ③ 대한민국 헌법을 인정하지 않는, ④ 반국가단체이기 때문에 ⑤ 남북 간에 체결한 모든 합의문서는 국가 간 체결한 조약이 아닐 뿐만 아니라, 국내법과 동일한 효력이 인정되는 것도 아니다. ⑥ 게다가 무력으로 대한민국의 안전을 위해하고 있으므로 그 수행 주체인 북한 정권과 북한군은 국군의 명백한 적이라는 법적 지위를 가지고 있다."로 정의할 수 있다.

따라서 북한 정권과 북한군은 대한민국과 대등한 위치에서 통일해야 하고, 우리 국군과 통합해야 할 대상이 아니라, 북한 주민들로부터 분리하여 솎아 내 제거해야 할 대상이다.

제2장 북한 정권 탄생

소련 제25군 소속 5개 사단, 1개 여단, 12만여 명과 태평양함대 해군 시설 부대 병력 3만여 명 등 15만여 명이 1945년 8월 21일 청진, 8월 24일 평양, 8월 27일 신의주를 점령하는 등 8월 말까지 북한 지역을 장악했다.

북한 내 오피니언리더(Opinion leader)들은 38선을 넘기 시작했다.
대표적인 군 인물의 경우 백선엽·정일권 전 육군참모총장, 채명신 전 주월한국군사령관 등이 그들이다.

김일성은 1945년 9월 19일 원산항에 도착, 8월 22일 평양으로 들어왔다. 1945년 10월 14일 소련 제25군사령관 대장 치스차코프는 평양에서 열린 〈소련 해방군 환영〉 군중대회에서 33세의 김일성을 '빨치산 지도자인 동시에 민족의 영웅'으로 소개했다. 그러나 이 모든 것은 거짓말이었다.

소련 군정은 1946년 2월 8일 조만식이 대표로 있던 「북조선5도행정국」을 해산시켰다.
대체 조직으로 「북조선임시인민위원회」를 만들었다.
김일성을 이 조직 책임자로 임명했다.
사실상의 북한 정권이 수립된 것이었다.

1. 소련 군정

* 1945.8.13. 소련군 보병1개 사단 청진에, 제25군 소속 5개 사단, 1개 여단, 12만 병력, 태평양함대 해군시설병력 3만 여 등 15만 병력이 1945.8.21. 청진에, 8.24. 평양에, 8.27. 신의주에, 8월 말까지 북한 전역을 장악했다.
* 소련군은 38선 주변에 기관포 진지 등을 구축, 철도와 도로를 차단하고 남북 간 교통과 통신을 정지시켰다.

    소련은 제2차 세계대전(태평양전쟁)이 끝날 조짐이 보이자, 1945년 8월 9일 일본에 선전포고했다. 소련 태평양함대 해군 항공기는 소련 국경에 가까운 한국의 나진·청진·웅기 등을 폭격했다. 전차로 증강된 보병 1개 사단이 1945년 8월 13일 청진에 상륙하는 등 시베리아 수인(囚人) 중심으로 편성한 소련 제25군 소속 5개 사단, 1개 여단, 12만여 명과 태평양함대 해군시설 부대 병력 3만여 명 등 15만여 명이 1945년 8월 21일 청진, 8월 24일 평양, 8월 27일 신의주를 점령하는 등 8월 말까지 북한 전 지역을 장악했다.[1]

    소련군은 성격을 달리하는 부대들을 4차에 걸쳐 북한 지역으로 투입했다. 1차 전투부대, 2차 군사위원, 3차 각 분야 전문가 집단, 4차 소련계 한인 집단을 진주시켰다. 그들이 기도했던 것은, 소련 제25군 군사령관 대장 치스차코프 이름으로 북한 주민들을 공산주의로 회유하기 위한 선전 선동이었다. 소련군은 일본군 무장을 해제하면서, 본대가 평양에 도착하기 전에 전격적으로 남쪽으로 이동하여 8월 25일 38선을 넘어 개성까지 진출했다. 또 8월 26일부터 8월 28일까지 해주 신막 복계 김화 화천 춘천 양양까지 점령했다. 소련군은 38선을 넘어 계속 남하할 기세였다. 그러나 연합군사령부 일반명령 제1호 중 한국에 관한 38선 분할협정 조항 때문에, 더 이상 남쪽으로 내려오지 못했다.

연합군사령부가 일반명령 제1호를 정식으로 발령한 것은 1945년 9월 2일이다. 소련군이 이 명령을 발령하기 전에 북한 땅으로 공격해 온 것은 일반명령에 들어있는 38선 분할협정을 받아들이겠다는 것을 확인한 것이었다. 소련군 점령 지역을 공산화하려는 스탈린의 전략을 무력으로 이행하기 위한 것이었다. 일반명령 제1호가 제시한 38선 분할협정 조항은 국토의 항구적인 분할이 아니었다. 일본군 무장해제를 위한 조치였다. 그러나 소련군은 이러한 연합군 간의 약정을 위반하고 38선을 북한 공산화 분단선으로 이용했다.

소련군은 38선 주변에 기관총 진지 등을 구축했다. 남북으로 오가는 통행인에 대한 검문검색을 하는가 하면, 철도와 도로를 차단하고 남북으로 통하는 교통과 통신을 제한 정지시켰다.

> 경원선(서울-원산): 1945년 8월 24일 원산-금곡까지 운행 제한
> 경의선(서울-신의주): 1945년 8월 25일 신의주-신막까지 운행 제한
> 토해선(토성-해주): 1945년 8월 26일 운행 정지
> 사리원선(사리원-해주): 1945년 8월 26일 운행 정지

이러한 조치는 남북 간 교통을 차단하는 결과를 초래했다. 광복 후 38선 폐쇄까지 10일밖에 걸리지 않았다. 미군이 아직 한반도에 진주하기 이전에 전격적으로 북한 지역 일대를 장악한 소련군은 앞에서 언급한 바와 같이 각 지방으로 진출했다. 그리고 자치단체를 조직하여 행정권을 행사했다.

소련군은 로마넨코(A. A. Romanenko)를 사령관으로 하는 소련군정 사령

부를 설치하여 자치단체 행정권을 감시 또는 조종했다. 소련군이 북한에 들어올 때 대동한 한국인 2세를 이용하여 북한 내 권력을 세대 교체했다. 이런 기미를 눈치 챈 북한 내 오피니언리더(Opinion leader)들은 38선을 넘기 시작했다. 대표적인 군 인물이 백선엽·정일권 전 육군참모총장, 채명신 전 주월한국군사령관 등이 그들이다.

한편 그 무렵 평양에서는 각계 인사들이 모여 서울 소식에 관심을 가지며 건국과 관련하여 발 빠르게 소통해 나갔다. 조만식을 중심으로 1945년 8월 17일 평양 종로 소재 오윤선 집에서 열린 〈유지간담회〉에서 「평안남도건국준비위원회」를 조직하기로 합의했다. 위원장에 조만식, 부위원장 오윤선, 총무부장 이주연 등을 위촉했다. 「평안남도건국준비위원회」는 이 날 1945년 8월 15일 발족한 여운형의 「건국준비위원회」의 성격과 노선을 잘 알지 못한 상태에서 산하 조직으로 하자는 것으로 의견을 모았다.

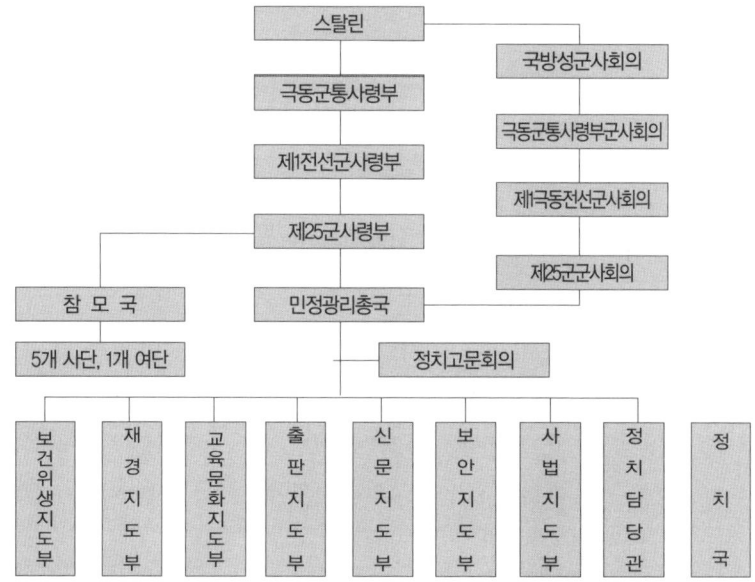

북한지역의 소련 군정 조직

소련 제25군 군사령관 대장 치스차코프는 1945년 8월 25일 소련 군정 기구로 〈북조선주둔소련군사령부〉를 설치했다. 치스차코프는 북한 주민들에게 "소비에트 질서를 강요하거나, 영토를 얻으려는 목적이 없다."라고 선전했다. 그러나 이것은 공산주의 사회 건설을 은폐하기 위한 전술이었다.

북한 주민들은 소련군 병사를 〈로스케〉라고 불렀다. 대부분이 죄수인 〈로스케〉는 대낮에 북한 여자들을 납치하여 방공호에서 윤간(輪姦)하고, 사람과 차량이 많이 다니는 한길에서 북한 주민들의 물건을 빼앗았다. 심지어 어떤 〈로스케〉는 강탈한 손목시계 여러 개를 팔뚝에 차고 대놓고 희희낙락하는 작태를 보였다.[2] 소련군을 환영했던 북한 주민들은 소련군과 공산주의자들을 불신하기 시작했다.[3]

「북조선주둔소련군사령부」는 동유럽 위성 공산국가 설립 때 쓴 방법을 그대로 적용하여 북한을 공산화하기 시작했다. 그 실태를 요약하면 다음과 같다. ① 정치 경제 모든 권한을 한국인에게 넘겨준다고 하면서 실제로는 한국명을 가진 소련 공산당원에게 넘겨주었다. ② 소련군 소좌이자 소련 공산당원인 김일성(본명 김성주)을 최고 권력자로 등장시키기 위해 영웅으로 조작했다. ③ 북한의 점진적 공산화를 위해 김일성 중심의 「평안남도인민정치위원회」를 발족시키면서 민주·민족진영 인사까지 포함한 민주정치 단체로 위장시켰다. ④ 기간산업, 철도수송, 은행 등 주요 경제기관을 국유화 구실로 「평안남도인민정치위원회」가 점유하게 하였다.

소련 군정은 첫 사업으로 조만식이 위원장인 「평안남도건국준비위원회」를 해산시키고, 대신 「평안남도인민정치위원회」 설치를 추진했다. 1945년 8월 26일 밤 「평안남도인민정치위원회」 임시 사무실인 구 철도 호텔로 조만식을 중심으로 한 민족진영 간부와 현준혁을 중심으로 한 공산주의 간부들을 초청했다. 이 자리에서 각 진영 16명의 대표를 선출했다. 이들에게 「평안남도인민정치위원회」를 조직하라고 강요했다.

이날 회의는 소련군 육군 소장 로마넨코가 주관했다. 그는 이 회의에서 "지금은 소자산 계급성 민주주의 혁명단계다. 좌익 우익이 모두 힘을 합하여 민주주의 완전 독립 국가를 건설해야 한다. 지금 「평안남도건국준비위원회」는 우익인사들로만 조직되어 있다. 이를 해체하고 공산주의자와 같은 비중으로 자치 조직을 만들어야 한다."라고 지시하며 1차 계획을 추진했다.

이 회의에서 민족진영 인사들은 「평안남도인민정치위원회」 명칭을 〈정치위원회〉로 제의했다. 공산주의자들은 〈인민위원회〉를 주장했다. 양 진영은 시비 끝에 명칭을 「평안남도인민정치위원회」로 했다. 평안남도에 한한 사업 진행 역할을 부여했다. 여타 지역은 공산주의자들이 내세운 〈인민위원회〉로 통칭하기로 합의했다. 각 지역 〈인민위원회〉가 창설할 때는 소련 제25군 군사령관 치스차코프가 반드시 참석하여 위원장을 직접 소개했다.

「평안남도인민정치위원회」 위원으로 선출된 사람은 조만식 등 총 32명이었다. 민족진영 인사가 14명, 공산주의자가 18명이었다. 「북조선주둔소련군사령부」는 「평안남도인민정치위원회」를 구성한 당일 일본인 도지사 이하 간부들을 불러, 모든 행정권을 「평안남도인민정치위원회」로 넘겨주도록 명령했다. 이에 따라 「평안남도인민정치위원회」와 각 도 〈인민위원회〉는 1945년 8월 27일부터 행정기관, 경찰관서, 경제기관 등 모든 공공기구를 접수하기 시작했다.

소련 군정은 위와 같은 조직이 설치되자, 경제적 약탈을 시작했다. 군량미 60만 톤을 비롯하여 북한 지역 생산 쌀 상당량을 소련으로 가져갔다. 기록된 반출 규모만 1945년 쌀 244만 석, 1946년 쌀 290만 석이었다. 이외 가축, 공장 설비, 수력발전소 발전기, 흥남 비료 공장 기계, 성천·운천·수안 등지의 금과 심지어 진남포 제련소 제품 2천여 톤도 실어 갔다. 이러한 소련 군정의 약탈은 함흥 학생의거와 같은 〈반공의거사건〉을 일으키는 계기로 작용했다.

소련 군정은 통일적인 행정지도를 위한 중앙기구를 조직하기 위해 1945년 10월 8일 북조선 5도 〈인민위원회〉를 소집했다. 이 회의 20일 후, 1945년 10월 28일 「북조선5도행정국」을 정식 발족했다. 「북조선5도행정국」은 예하 조직으로 산업·교육·보안·사법·교통·농림·재정·체신·보건·상업 등 10개의 국을 편성했다. 1945년 11월 중순까지 국장은 대부분 공산주의자로, 부국장은 소련 2세를 배치했다. 국장급으로 형식상 무소속 출신 등 몇 사람을 보직시켰다.

2. 김일성 등장

* 1945.12.17~18일에 개최된 조선공산당 북조선 분국 제3차 확대집행위에서 책임비서가 되어 북한 공산주의 실질적 지도자로 부상한 김일성, 그는 누구인가
* 김일성은 과연 소련 제25군 사령관 치스차코프 대장이 소개한 대로 빨치산 지도자이고 민족의 영웅인가?

가. 북한 공식 문서 〈김일성 장군 략전〉 비판

　김일성은 1945년 9월 19일 소련군 소령 신분을 갖고 블라디보스토크항을 출발하여 배편으로 원산항으로 들어왔다. 9월 22일 평양에 도착했다. 1945년 10월 14일 소련 제25군 군사령관 대장 치스차코프는 평양에서 열린 〈소련 해방군 환영〉 군중대회에서 33세의 김일성을 '빨치산 지도자인 동시에 민족의 영웅'으로 소개했다.[4] 이 대회는 김일성이 북한 권력 정상으로 향하는 첫걸음이 되었다. 이후 김일성은 1945년 12월 17일부터 12월 18일까지 개최된 조선공산당 북조선 분국 제3차 확대 집행위원회 회의에서 책임 비서가 되었다. 김일성이 북한 공산주의 체제 실질적 지도자로 부상한 것이었다.

　그러면 김일성은 누구인가? 소련 제25군 군사령관 대장 치스차코프가 소개한 대로 빨치산 지도자이고, 민족의 영웅인가? 북한 공식 문서에 나와 있는 김일성 소개 자료를 바탕으로 사실 여부를 확인해 본다.

　북한 정권은 1952년 4월 15일 로동신문 4면에 걸쳐 〈김일성 장군 략전〉을 게재했다. 이것이 김일성에 대한 최초의 공식 문서다. 이에 따르면 김

일성은 1912년 4월 15일 평안남도 대동군 만경대에서 김형직(金亨稷)의 아들로 태어났다. 그의 어머니는 다만 〈강씨〉라고만 기록되어 있다.[5] 이 노동신문에서는 김일성의 교육 배경과 당 경력 및 군 경력을 아래와 같이 소개하고 있다.

"14세의 몸으로 아버지를 찾아 압록강을 건너 중국 동북(만주 땅)으로 갔다. 그는 동북에 가서 길림 육문중학에 입학하였다.

① 육문중학교 재학 당시인 1926년에 〈공산청년동맹(조선공산당 만주총국 고려공산청년동맹을 의미)〉에 가입하였다.(중략)
② 중학을 졸업한 후, 그는 〈공산청년동맹〉 동만특별구 비서로 비밀리에 활동하였는바, 벌써 그때 그는 동만 공청 내의 가장 선봉적이며 혁명적인 우수한 청년 지도자 중의 한 사람으로 되어 있었다.(중략)
③ 김일성은 1931년에 공산당에 입당하였다. 일제의 동북 침략과 함께 동북 각지에서는 일제의 무력 침략을 반대하는 대중적 반일 운동이 폭발되었다.(중략)
④ 1934년에 이르러 동만반일유격대와 남만반일유격대를 통합하여 〈조선혁명군〉을 창설했다.
⑤ 그 이듬해인 1935년 5월 5일에는 〈조국광복회〉를 조직하고 그 회장으로 추천되었다.(중략)
⑥ 1937년 6월 4일 〈조선혁명군〉의 1부대를 인솔하고 고국의 땅을 향하여 압록강을 건너, 〈보천보〉에서 전투를 전개하여 일제에게 심중한 타격을 주었다.(중략)
⑦ 이 시기에 조선의 부르조아 신문들과 일본 신문들은 장군의 빨치산 부대를 성과 있게 토벌한다는 것을 자랑하기 위하여 매일 같이 김일성 장군 빨치산 부대와의 전투에 대한 기사를 게재하였으나, 조선 인민들에게 주는 정치적 영향을 두려워하여 일제는 1942년부터는 김일성 장군의 유격대에 대한 기사를 일제 금지하였다.(중략)"

저자는 지금부터 이 내용을 검증한다. 결론부터 말하자면 위 내용은 모두 허구다. 「청계연구소, 김준엽, 김창순 공저 한국공산주의운동사 제4권」 내용[6]을 근거로 그 허구를 지적한다.

반증1 "육문중학교 재학 당시인 1926년에 〈공산청년동맹〉에 가입했다."라고 했는데, 김일성 출생일을 1912년 4월 15일이라고 하면서, 〈공산청년동맹〉 가입일을 1926년에 했다고 하는 것은 둘 중 하나는 거짓이라는 것이다. 왜냐하면 조선공산당 만주총국 고려공산청년동맹 규약 제1조 B항은 〈공산청년동맹〉 가입 조건과 연령 제한은 18세부터 25세로 규정하고 있다. 김일성은 1926년이 되면 나이가 15살이다. 따라서 15살 나이로는 조선공산당 만주총국 고려공산청년동맹에 가입할 수 없다. 그렇지 않으면 김일성 생년월일이 잘못된 것이다.

반증2 김일성이 "1926년 육문중학을 졸업한 후 곧 〈공산청년동맹〉 「동만특별구」 비서로 활동했다."라고 했다. 이것도 사실무근의 허위다. 왜냐하면 김일성이 〈공산청년동맹〉을 했다는 길림 지방은 〈공산청년동맹〉 조직상 「동만특별구」가 아니라, 「남만특별구」에 속한다. 처음부터 〈공산청년동맹〉 「동만특별구」 간부 명단에도 김일성 이름이 본명 또는 가명으로도 존재하지 않기 때문이다.

반증3 김일성이 "1931년 공산당에 입당했다."라고 했다. 조선공산당에 가입했다는 것은 거짓말이다. 왜냐하면 조선공산당은 1928년 이미 코민테른의 12월 테제에 의하여 국내에서는 1929년 4월 해산됐다. 조선공산당 만주총국은 1930년 9월 해체되고 1국 1당 원칙에 따라 중국공산당으로 흡수됐기 때문이다.

또한 코민테른 주재 중공 대표에게 제출한 김일성 인물정보 보고서에는 "김일성, 고려인, 1931년 입당, 용감 적극, 중국어를 할 수 있음, 유격대원 출신, 대원들 가운데 말하기를 좋아함."⁷ 등으로 평가하고 있다. 이를 고려해 볼 때, 김일성은 '중국인으로 귀화하여 중국공산당에 입당'한 것으로 볼 수 있다. 왜냐하면 중국공산당은 '중국인 또는 중국으로 귀화한 중국인만 입당'할 수 있기 때문이다.

반증4 김일성이 "1934년에 〈조선혁명군〉을 창설했고, 그 후 1945년 8월 15일까지 일본군과 싸웠다고 했다."라고 썼다. 이 또한 거짓이다. 김일성이 그토록 일제와 싸웠는데, 일제 문서에서는 단 한 줄도 발견할 수 없다.

일제 관동군과 경찰에서는 만주 항일무력을 《공산비(共産匪)》와 《정치비(政治匪)》로 분류한다. 《공산비(共産匪)》는 중국공산당 만주성위 군사조직과 그 산하 인민유격대를 뜻한다. 《정치비(政治匪)》는 중국 국민당 동북 정권 장학량(張學良) 군대와 민족주의를 표방하는 『한국독립군』을 말하면서, 별도로 〈조선혁명군〉을 《선비(鮮匪)》라고 했다. 『한국독립군』으로는 《선비(鮮匪)》외 김일성 이름이 있는 유사비단(類似匪團)은 없다.⁸

만주는 결코 기록 없는 불모의 땅이 아니었다. 일제는 1909년 간도협약 이래 한인 보호 명분으로 영사관, 영사관 경찰서, 헌병대, 조선총독부 파견원을 만주에 설치하고 한인 동향을 파악했다. 특히 반일민족운동, 사상운동은 철저하게 사찰했다. 그러함에도 김일성이 그토록 어마어마하게 일제와 싸웠다는 사실에 대해 한마디 언급도 없다. 이 점은 일제가 유독 김일성에 대해서만 특례적으로 기록하지 않았다는 것이라고는 누구도 믿을 수 없는 상식 밖의 일이다.

〈조선혁명군〉은 다음과 같은 과정과 인물들에 의해 만들어졌다. 1926년 4월 5일 길림성 신개문에서 한인 민족진영의 당(黨)인 〈조선혁명당〉이 창당되었다.⁹ 1929년 4월 정의부, 참의부, 신민부 등 3부가 통합되어 국민부가 되었다. 국민부는 〈조선혁명당〉의 지도를 받았다.¹⁰ 국민부 중앙집행위원장은 현익철이다. 군사위원장 겸 사령관은 이웅이다. 산하 무장 조직으로 양서봉(梁瑞鳳)이 지휘하는 제1중대를 비롯하여 총 8개 중대를 편성하였다. 이 무장 조직이 〈조선혁명군〉이다.

1929년 4월 〈조선혁명군〉 창군 당시 주요 인물은 군사위원장 이웅, 1중대장 양서봉, 2중대장 윤환, 3중대장 이태성, 4중대장 김찬헌, 5중대장 장철, 6중대장 안홍, 7중대장 차용목, 8중대장 김덕국 등이다. 모두 민족진영 인사다.[11] 역대 사령관은 양서봉(梁瑞鳳 같은 이름 梁世奉), 김호석(金浩石), 고이허(高而虛), 한검추(韓劍秋) 등이다. 1936년부터 1937년까지의 〈조선혁명군〉을 지휘한 주요 인물을 보면 다음과 같다.

김동산(金東山) : 별명 김진방(金鎭邦), 1934년 조선혁명군 총령 겸 군민위원장, 충청남도 공주 출신, 전 한국육군 참모부 근무, 1921년 중국으로 망명. 조선통의부 군사부원, 동변도 일대의 사립학교에서 교육에 종사, 1932년 국민부 집행위원장.

고이허(高而虛) : 1936년 조선혁명군 군사위원장 겸 정치부장, 황해도 은율 출신, 1922년 경성학당 졸업 후 만주로 망명, 길림 정의부 중앙재정부장 역임, 1930년 남만으로 이동, 국민부 교양위원장 역임.
문무향(文武鄕): 김호석(金浩石)과 동일 인물, 1935년 조선혁명군 군사부장, 경기도 포천 출신.

박대호(朴大浩) : 1936년 조선혁명군 조직부장, 경북 청도 출신.
김두칠(金斗七): 1930년 조선혁명군 제1중대장 역임, 1935년 조선혁명군 외교부장, 경북 경산 출신.
윤일파(尹一波): 1935년 조선혁명군 교육부장, 평북 귀성 출신. 1928년 중국 황포군관학교 졸업.

한검추(韓劍秋) : 1937년 조선혁명군 제1사 사령, 평북 삭주군 출신, 1928년 중국 황포군관학교 졸업, 1933년 조선혁명군 제1중대장 역임.

최윤구(崔允龜): 1936년 조선혁명군 제2사 사령, 평북 초산 출신, 1919년 3 1운동 후 중국으로 망명, 길림 통의부 활동에 가담.

김석강(金石崗): 1936년 조선혁명군 제3사 사령 대리, 평북 영변 출신, 1919년 3·1운동 후 중국으로 망명.

문무찬(文武贊): 1937년 조선혁명군 제1중대장, 황해도 출신.

김창화(金昌和): 1937년 조선혁명군 제1사 제2중대장.

1936년부터 1937년까지 〈조선혁명군〉을 지휘한 주요 인물 역시 김동산, 고이허, 문무향, 박대호, 김두칠, 윤일파, 한검추, 최윤구, 김석강, 문무찬, 김창화 등으로 모두 민족진영이다. 김일성의 이름은 없다. 또한 모두 북한 김일성과는 아무런 관계가 없는 순수한 민족진영의 한국 독립군들임을 확인할 수 있다.[12]

반증5 김일성이 "1937년 6월 4일 이른바 조선혁명군 1부대를 인솔하여 압록강을 건너 보천보를 습격했다."라고 했다. 이도 거짓말이다. 왜냐하면 1937년 6월 4일에 보천보를 습격한 것은 〈조선혁명군〉이 아니다. 중국공산당 만주 게릴라 부대인 동북항일연군 제1로군 제2군 제6사이다.

북한 김일성 공식 전기가 주장하듯이 정말 김일성이 1부대를 이끌고 1937년 6월 4일 보천보를 습격했다면 김일성은 〈조선혁명군〉으로서가 아니라, 중공군으로서 중국공산당의 명령에 따라 행동한 것일 뿐이다. 일제 경찰 문서와 재판 관계 문서에서는 1937년 6월 4일 보천보 사건을 〈중국공산당 사건〉으로 처리하고 있다.

이 문서들은 1937년 6월 4일 중국공산당 만주 무력인 동북항일연군 제1로군 제2군 제6사 병력이 압록강을 넘어 보천보를 습격한 사실을 밝히고, 오늘의 북한 김일성이 중공군의 일원으로서 이 사건에 가담하고 있음을 분명하게 하고 있다.[13]

반증6 김일성이 "1936년 5월 5일 〈조국광복회〉를 조직하고 회장으로 추천되었다."라고 했다. 이 또한 거짓이다. 일제 기록에 의하면 〈조국광복회〉는 오성륜(吳成崙), 엄수명(嚴洙明), 이상준(李相俊) 3인에 의하여 1936년 6월 10일에 발기돼 〈재만한인조국광복선언〉을 발표했다고 돼 있다.

오성륜은 1932년 3월 28일 상해 황보구 부두에서 일본 육군대장 다나카 기이치에게 폭탄을 던진 주인공이다. 일제의 상해 감시망을 탈출하여 모스크바를 거쳐 만주에 들어온 혁명가였다. 오성륜은 한때 중국공산당 동북항일연군 최고 간부였고 김일성의 직속상관이었다. 바로 그 같은 지위에 있을 때 〈조국광복회〉를 그의 이름으로 만들었다. 이렇듯 오성륜의 이름으로 발기된 〈조국광복회〉를 김일성이 창설했다고 주장하는 것은 허위(虛僞)이다.

반증7 김일성은 "조선의 부르주아 신문들이 빨치산 투쟁을 성과 있게 토벌한다는 것을 일제의 자랑을 위하여 매일 같이 김일성 장군 빨치산 부대와의 전투에 대한 기사를 게재했으나, 1942년 이후부터는 조선 인민에게 주는 정치적 영향을 두려워하여 김일성 장군의 유격대에 대한 기사를 금지했다."라고 했다. 역시 거짓이다. 이것은 당시 신문이 중공군 김일성 부대를 혹평한 데 대한 정치적 응수에 불과하다. 또한 김일성이 만주를 떠난 이후에도 김일성을 기사화한 신문이 없다는 사실에 대한 왜곡이다.

중국공산당 동북항일연군 부대 일원인 김일성에 대한 국내 신문 보도에 나타난 몇 개의 사례를 소개하면 다음과 같다.

사례1 28일 오전 한 시경 함남 대안 십삼도구신창동삼포리 이주 동포촌락에 중국공산군 김일성의 1대와 제4연대장 김주현(金周賢)의 1대 50여 명이 습래하여 동 촌락민 전부를 한집에 감금하고서 대맥 10석, 축돈 등을 모조리 빼앗은 후, 도동리 주민 김영수(金永洙)와 8명을 납치하여 그들에게 운반시켜 두메로 돌아갔다.

28일 오후 아홉시경 십삼도구용천리갑산동 이주 동포촌을 습격하여 이송섭(李松燮) 등 5호에서 의류 등 가장과 곡류 전체를 빼앗아 가지고 갔는바, 최근 장백산 내에 집결하고 있는 수천 명의 공산군은 추석과 닥쳐올 동절 준비로써 배전 맹렬히 이주 동포촌락을 윤습(輪襲: 차례로 돌아가며 모조리 습격하는 것)하여 이주 동포들의 생명 재산은 풍전등화와 같은 위험한 상태에 있다 한다. (조선일보, 1936년 10월 1일)

사례2 함남도 보천보를 습격한 김일성, 조국안, 최현 등의 항일연합군 약 5백명은 의연히 팔도구 이명수리 부근 일대에 할거하여 일부 약 150명은 십구도구삼문절 수피지에 산채(山寨)를 구축 중인데, 9일 오전 9시경 경기관총 2정을 가진 백여 명이 돌연 십팔도구삼두강 동쪽 한가동(韓家洞) 부락에 나타나 좁쌀 1두 전분 5두, 보리 4두, 장 한초롱, 기타 식량을 약탈하고 중국인 7명을 납치하여 동쪽으로 떠났는데, 이 같은 공비는 극도의 식량난에 빠져 어느새 강안(江岸)에 나타날는지 알 수 없어 강안 일대는 의연 엄계를 계속하고 있다. (동아일보 1937년 7월 11일)

위에서 보는 바와 같이 조선일보, 동아일보 기사는 당시의 김일성이 중국공산당의 동북항일연군 부대 일원으로 약탈, 납치, 방화 등의 온갖 비적 노릇을 하고 있었음을 입증하고 있다. 그것도 일제 기관이나 그의 소속된 또는 그와 결탁한 세력에 대해서라면 또 몰라도 국내에서는 살 수가 없어 남부여대하여 만주로 건너간 불쌍한 이주 동포를 상대로 그와 같은 약탈을 자행하고 있었다.

　국내 신문에서 김일성 기사가 끊어진 것은 결코 로동신문에 게재된 최초의 공식 전기가 말하고 있는 것처럼 "조선 인민에게 주는 정치적 영향이 두려워서"가 아니다. 그때는 동아일보, 조선일보 등 민족 신문이 1940년 8월에 일제의 폐간 조치로 인해 이미 존재하지 않았기 때문이다.

　더 근본적으로는 중국공산당 동북항일연군이 일본 관동군의 섬멸적 공격으로 1940년 초에 사실상 해체되었기 때문이다. 또한 김일성도 중국공산당 동북항일연군이 사라지자, 수하 몇 명을 대동하고 1941년 1월 소련 하바롭스크로 떠났다. 김일성은 그곳에서 소련 88여단 소속으로 복무하던 중, 1945년 9월 19일 소련군 제25군 소속 소좌 계급을 달고 북한으로 들어왔다.

　한마디로 김일성은 "1930년대 대한민국 독립을 위해 일제와 싸우지 않았다. 중국인으로 귀화한 중국공산당 당원으로 만주 거주 한인들이 재산을 약탈한 비적(匪賊)이고, 국제공산당 코민테른 지침을 따라 모택동의 중국공산당 혁명을 위하여 일제와 싸운 인물이다. 김일성은 1930년대 말 동북항일연군이 일본 관동군에 의해 없어지자, 1941년 1월 소련으로 건너갔다. 1945년 9월 소련군 소좌 계급을 달고 북한으로 들어왔다."라고 평가할 수 있다.

　소련 군정은 북한 지역을 점령하면서, 처음에는 김일성이 아닌 북한에서 가장 신뢰받는 조만식을 소련 위성 정권 책임자로 내세우려고 했다. 조만식은 1883년 2월 1일 평안남도 강서에서 태어났다. 1950년 10월 6·25전쟁 중 북한 정권에 의해 피살되었다.

일본이 패망하자, 일제 평안남도 도지사 니시카와는 1945년 8월 15일 조만식에게 행정권 인수를 제안했다. 그러나 조만식은 이를 거절했다.[14] 조만식은 기개가 있는 대한민국의 애국 독립투사였다. 앞에서 서술한 바와 같이 소련 군정은 이러한 조만식을 「평안남도인민정치위원회」 위원장으로 내세웠다.

그러나 조만식은 민족주의와 강한 반공 입장을 견지하며, 소련 군정 요구에 호락호락하지 않았다. 이에 소련 군정 당국은 1945년 9월 말에 이르러 조만식을 통한 소련 위성 정권 수립이 어렵다는 것을 깨닫고 새로운 정치 세력과 제휴를 모색했다. 하지만 조만식을 대체할 인물은 찾는 데 어려움을 겪었다.

소련 군정이 조만식을 대체할 인물로 검토한 사람은 다음과 같다. 함경남도 오기섭(吳琪燮)·정달헌(鄭達憲)·이봉수(李鳳秀), 함경북도 김채용(金采龍), 원산 이주하(李舟河), 평양 현준혁(玄俊爀), 평안북도 고성창(高成昌)·고준(高俊, 본명 安秉珍)·김재갑(金載甲), 황해도 김덕영(金德永) 등이다.

모두 광복 후 재건한 박헌영의 조선공산당 소속 인물이었다. 소련은 조선공산당 박헌영을 좋아하지 않았다. 비호감이었다.[15] 그래서 선택한 인물이 김일성이다. 이 이야기는 제3장에서 조선노동당 역사를 설명할 때 자세하게 풀어볼 것이다.

3. 북한 정권 수립

* 소련 군정은 1946.2.8「북조선5도행정국(대표 조만식)」을 해산시켰다.
* 대체 조직으로「북조선임시인민위원회」만들어 김일성을 조직 책임자로 임명했다.
* 이로서 사실상의 북한정권이 성립된 것이다.

    1945년 12월 16일부터 12월 25일까지 모스크바에서 미국 영국 소련 3개국 외무부 장관이 세계 제2차 대전 전후 문제 처리를 위한 회의가 열렸다. 한국 문제에 대해서는 미국, 영국, 소련, 중국 등 4개 국가에 의한 신탁통치를 합의했다.

> 1. 한국을 독립국으로 재정립하고, 민주주의의 원칙으로 나라를 발전시키기 위한 환경을 조성하며, 길어진 일본의 조선 지배로 인한 참담한 결과를 최대한 신속히 청산하기 위해 '한국(Korea) 민주주의 임시정부'를 창설한다. 임시정부는 조선의 산업, 운수, 농촌경제 및 조선 인민의 민족문화의 발전을 위하여 모든 필요한 방책을 강구한다.
>
> 2. 임시정부 조직을 돕고 적절한 정책의 초안을 구체화하기 위해 미군사령부 대표들과 소련군 사령부 대표들로써 공동 위원회를 조직한다. 위원회는 제안을 작성할 때 한국에의 민주주의 정당들, 사회단체들과 반드시 협의한다. 위원회가 작성한 건의문은 공동 위원회 대표로 되어 있는 양국 정부의 최종적 결정이 있기 전에 미·소·영·중 각국 정부의 심의를 받는다.
>
> 3. 공동 위원회는 임시정부 정부 참가하에 조선민주주의 단체들을 끌어들여

> 한국 국민의 정치적, 경제적, 사회적 진보와 민주주의적 자치 발전과 또는 한국의 독립을 원조 협력(후견)하는 방책들도 담당한다. 공동 위원회의 제안은 한국 임시정부와 협의 후 5년 이내를 기한으로 하는 한국에 대한 4개국 신탁통치(후견)의 협정을 작성하기 위하여 미·소·영·중 각국 정부의 공동 심의를 받는다.
>
> 4. 한국 남부와 북부와 관련된 긴급한 여러 문제를 심의하고 미군정과 소련 군정의 행정 경제 부문에 있어서 조화를 확립하는 방안을 마련하기 위해 2주일 이내 한국에 주둔하는 미·소 양국 사령부 대표로서 회의를 소집한다.

남과 북에서는 자유민주주의자, 공산주의자 모두 신탁통치를 반대했다. 그러자 소련 군정에서는 조만식이 대표로 있는 「북조선5도행정국」에 모스크바 3상 회의 결정을 지지하도록 요구했다. 그러나 조만식의 「북조선5도행정국」은 소련 군정 측 요구를 거절했다.

조만식은 반대 의사 표시로 대표직을 사직했다. 민족진영 사람들도 모두 따라서 사직했다. 그 뒤 얼마 되지 않아 조만식은 소련 군정에 체포되었다. '남조선 반동분자와 관계, 일제와 은밀한 협력' 혐의로 기소되었다. 이렇게 해서 소련 군정은 공산주의자들을 한편으로 하고, 자유민주주의 민족주의자들을 다른 한편으로 하는 북한 내 두 정치 세력 간의 관계는 완전히 단절되었다.

소련 군정은 1946년 2월 8일 조만식이 대표로 있던 「북조선5도행정국」도 해산시켰다. 대체 조직으로 「북조선임시인민위원회」를 만들었다. 김일성을 이 조직 책임자로 임명했다. 사실상의 북한 정권이 수립된 것이었다. 이때부터 김일성 계열 공산주의자들이 권력을 장악하기 시작했다. 1946년 11월까지 도·시·군·면·지방 임시인민위원회 조직이 완료되었다.

김일성은 북한 단독 공산정권 수립을 위해 1946년 11월 3일 도·시 군 단위의 〈인민위원회〉 선거를 진행했다. 모든 선거에서는 공산주의자 단일 후보에게 흑백 투표를 하게 했다. 유권자의 99.6%가 투표에 참여하여, 97.1%가 찬성했다고 발표했다. 이 선거에서 당선된 정당별 비율은 북조선로동당 31.8%, 조선민주당 10%, 청우당 8.1%, 무소속 50.1%이다. 이 무소속은 전부 북조선로동당 추종 분자들이었다. 게다가 조선민주당과 청우당으로 나온 자 중에는 북조선로동당 프락치가 적지 않았다.[16]

김일성은 곧이어 마을 단위 〈인민위원회〉 선거를 진행했다. 이때도 모든 선구에서는 흑백 투표로 선거했다 마을 단위 인민 위원 선출이 끝나자, 이들에 의해 중앙 정권에 해당하는 〈북조선인민위원회〉를 1947년 2월 17일 공식 조직했다. 위원장에 김일성, 부위원장에 김책 등 17명으로 구성하였다.

한편 1947년 9월 미소공동위원회가 결렬되고 무기 휴회에 들어갔다. 유엔에서 한국 문제를 정식 안건으로 상정하였다. 그리고 결의를 통해, 한반도에 통일 정부를 수립하기 위해 남북한 총선거 감시 기구인 〈유엔한국위원단〉을 한국으로 파견하였다. 남한은 유엔 감시 남북 총선거를 찬성했다. 북한 정권은 이를 전면 거부했다.

유엔은 마침내 1948년 2월 25일 선거가 가능한 지역 내에서 자유선거를 추진했다. 그러자 북한 정권은 남한에 자유민주 정부가 들어서지 못하도록 방해하기 위해 북으로 피신해 가 있던 박헌영 등 남로당 지휘부와 함께 1948년 4월 3일 제주도에서 폭동을 일으켰다. 이른바 〈제주 4·3사건〉이다. 이 〈제주 4·3사건〉과 역시 남로당이 일으킨 〈여·순 10·19사건〉 모두는 대한민국 국군의 정체성과 관계가 있다. 따라서 부록에서 군사작전을 중심으로 별도 설명한다.

〈북조선인민위원회〉는 1948년 3월 2일 헌법 초안을 채택했다. 이어서 남한의 5·10 총선거와 때를 같이하여 1948년 5월 1일 헌법 초안을 공식 헌법으로 채택했다. 같은 해 7월 '전 조선이 통일될 때까지 이 헌법을 북한 지역에서 실시하고, 이 헌법에 의거 최고인민회의 선거를 결정 발표'했다.

이 결정에 따라 1948년 8월 25일 북한 전역에서 소련식으로 흑백 선거를 하고 같은 해 1948년 9월 9일 《조선민주주의인민공화국, Democratic People's Republic Korea》 성립을 선포하였다. 〈북조선인민위원회〉 위원장이었던 김일성은 같은 날 《조선민주주의인민공화국》 초대 내각 수상으로 선출되었다.

여기서 특기할 점이 있다. 김일성이 내각을 수립한 후, 1948년 9월 11일 행한 「조선민주주의인민공화국 선언」이다. 김일성은 이 선언에서 "조선민주주의인민공화국은 남북 조선 인민의 총의로 수립하였다. 중앙정부는 단일 민주주의 국가와 조국 통일 과업을 제1차 목표로 한다. 현재 대한민국이 제정한 모든 법률은 무효이고 위법이다."라고 했다. 이로써 북한 정권은 그들이 원하기만 하면 언제든지 소위 조국 통일이라는 허위 명분으로 침략전쟁을 감행할 수 있는 바탕을 마련한 것이었다.

소련 정부는 북한 정권이 수립된 후인 1948년 10월 12일 북한 정권을 공식적으로 승인하였다. 스탈린은 이때 "조선민주주의인민공화국 정부가 조선 사람들의 통일 정부 수립을 위해 노력할 것과 이를 지상의 과제로 생각해야 한다."라고 강조했다. 스탈린이 이때 사용한 〈통일〉이라는 말은 〈평화적인 통일〉이거나 〈무력적인 통일〉이거나 어떤 경우라도 북한 정권이 그것을 주도하라는 뜻이었다. 소련 정부가 북한 정권을 승인한 이후 다른 공산국가들도 그 뒤를 따랐다.

한편 소련 정부는 1948년 10월 18일 전 소련 군정 군사위원이며 미소공동위원회 소련 측 수석대표였던 슈티코프 장군을 초대 주북한소련대사로 임명했다. 슈티코프는 〈특별군사절단〉을 이끌고 1949년 1월 12일 평양에 도착했다. 그는 대사와 군사령관이라는 2개의 모자를 쓰고 있었다. 슈티코프는 분명 어떤 특수한 임무를 부여받고 있었다. 그 특수한 임무는 바로 1950년 6·25전쟁이었다.

광복 후 우리는 세 번의 분단을 겪었다. 첫 번째는 광복 후 그어진 38선이다. 두 번째는 미소공동위원회 결렬로 38선이 고착된 분단선으로 기능하는 순간부터다. 세 번째는 6·25전쟁으로 생긴 군사분계선이다. 이 세 번의 분단 원인은 모두 김일성과 북한 정권에 있음을 『북한 정권 탄생으로부터 정전협정 체결까지의 역사』는 우리에게 확인하여 말해주고 있다.

제3장 정치체제

주체사상을 통치이념으로 한다.

수령중심주의 통치체제다.

백두혈통 세습체제다.

조선로동당 1당 지배체제다.

사회주의 대가정 체제다.

신분 대물림과 성분 분류 사회다.

1. 특징

* 〈통치이념〉 주체사상   * 〈통치체제〉수령중심주의   * 〈세습체제〉 백두혈통
* 〈지배체제〉 조선로동당 1당   * 〈사회주의 대가정 체제〉 〈성분〉 대물림성분 분류 사회

가. 특징1 주체사상을 통치이념으로 한다.

북한 체제의 특징은 첫째, 주체사상을 통치이념으로 하고 있다는 것이다. 초창기 북한의 통치이념 역시 다른 사회주의 국가와 마찬가지로 〈마르크스-레닌주의〉였다. 그러나 1967년 주체사상이 공식 등장한 후, 1980년 10월 제6차 당 대회 때 당 공식 지도이념으로 규정했다. 김정일 등극 후에는 1995년 〈선군사상〉을 당 지도이념으로 채택한 후, 2009년 4월에 개정된 〈김일성 헌법〉에 〈선군사상〉을 통치이념으로 추가 정의했다.

김정은이 집권하자, 2012년 4월 〈김일성-김정일주의〉를 조선노동당의 영원한 지도사상이라고 주장했다. 그리고 2019년 5월 개정된 〈김일성-김정일 헌법〉 제3조에 주체사상과 선군사상을 대체하여 〈김일성-김정일주의〉를 국가 건설과 활동의 유일한 지도지침으로 정했다. 2021년 1월 제8차 당 대회에서는 당 규약에 〈김일성-김정일주의〉를 조선노동당의 유일한 지도사상으로 규정하였다. 주체사상, 선군사상, 김일성-김정일주의는 북한 통치이념 분야 소개 때 자세하게 설명한다.

나. 특징2 수령중심주의 통치체제다.

북한 체제 특징 두 번째는 북한군, 북한군 위에 조선로동당, 조선로동당 위에 수령 1명이 군림하는 〈수령중심주의〉 통치체제이다. 조선로동당은 수령을 중심으로 하는 정치조직이다. 수령·유일·영도 아래 통치되는 전체주의 독재체제이다.

〈수령중심주의〉 논리는 1974년에 나온 「당의 유일 사상체계 확립의 10대 원칙」과 1982년 김정일이 발표한 논문 「주체사상에 대하여」에서 정립했다. 즉 수령의 사상과 영도를 따라 수령·당·대중이 일심동체가 될 때 공고한 혁명의 주체가 된다. 수령의 유일적 영도에 따라 조직적으로 전 일체가 되어야 한다는 것이다.

수령은 조선로동당의 조직적 의사의 체현자(體現者)이다. 당의 최고 영도자다. 사회정치적 생명체 생명 활동을 통일적으로 조직한다. 지휘 및 영도의 유일 중심이다. 절대적 지위를 갖고 있다. 수령이라는 칭호는 김일성·김정일·김정은에 한정된 호칭이다.

2016년 개정된 김일성·김정일 헌법에서는 김일성과 김정일을 함께 〈영원한 수령〉으로 표기했다. 2016년 5월 제7차 당 대회를 기점으로 김정은에게 위대한 영도자 호칭을 붙여 김일성·김정일과 같은 〈수령〉 지위를 부여했다. 2019년 4월 개정된 헌법에서 국무위원장에게 북한 대표의 권한을 부여했다. 2021년 1월에 개최된 제8차 당 대회를 통해 김정은은 김일성·김정일 시대와 같은 조선노동당 총비서에 추대되었다.[17] 이로써 김정은은 김일성·김정일과 같은 반열의 지도자가 되었다.

다. 특징3 백두혈통 세습체제다.

세 번째 특징은 김일성-김정일-김정은으로 이어지는 소위 백두혈통 세습체제이다. 먼저 김일성→김정일 권력 세습 과정을 살펴본다.

(1) 김정일

(가) 출생과 성장

김정일은 1942년 2월 16일 소련 블라디보스토크 근처 보로시로프 야영에서 태어났다. 김일성과 김정숙은 김정일 이름을 소련 영웅 죠아의 남동생 이름을 따서 〈유라〉로 지었다. 그러나 북한 정권은 김정일이 소련에서 태어났다는 사실을 부인한다. 출생지를 백두산 밀영 귀틀집으로 조작했다. 이곳을 성역화하고 있다. 김일성 고향인 만경대와 더불어 〈고향 집〉으로 부르며 북한 주민들에게 혁명 전통 교육장으로 활용하고 있다. 이 귀틀집 뒤에 있는 산봉우리가 북한 정권이 선전하는 〈정일봉〉이다.

김정일은 광복 후 1945년 11월 25일 함경북도 웅기항을 통해 엄마 김정숙과 함께 북한으로 들어왔다. 김정일은 1948년 평양 남산인민학교 인민반에 입학했다. 이듬해 1949년 9월 22일 엄마 김정숙이 아이를 낳다 사망했다.

김정일에게는 1944년생 남동생 김영일이 있었으나, 김일성 관사 연못에 빠져 죽은 것으로 알려져 있다. 김정숙이 사망한 뒤 김정일은 여동생 김경희와 서로 의지하며 성장했다. 이복형제로 여동생 김경진, 남동생 김평일이 있다. 자식은 처 성혜림 사이에서 아들 김정남, 처 김영숙 사이에 딸 김설송·김춘송, 처 고영희 사이에 아들 김정철 김정은과 딸 김여정 등 총 6명의 자식을 두었다.

6·25전쟁 때에는 동생 김경희와 같이 중국 만주 지역으로 피난을 갔다. 전쟁이 끝나자 1953년 8월 평양으로 돌아왔다. 1954년 9월 평양 제1중학교에 입학했다. 1960년 8월 평양 남산고급중학교를 졸업하고, 1960년 김일성종합대학에 입학했다. 대학 재학 중이던 1961년 7월 조선로동당에 가입했다.

(나) 권력자로 부상

김정일이 권력자로 부상하기 시작한 것은 1964년 조선로동당 중앙위원회에 배치되면서부터다. 김정일의 조선로동당 최초 보직은 김일성 경호를 담당하는 호위과 지도원이다. 김정일 위상은 1967년 5월에 개최된 당 중앙위원회 제4기 15차 전원회의에서 〈갑산파〉 고위 간부 박금철, 이효순, 허학송 등을 숙청하면서 급부상했다. 〈갑산파〉는 일제 강점기 때 만주 장백현과 함경북도 갑산군 인근에서 활동하던 공산주의자들을 말한다.

김정일은 이 15차 전원회의 후, 〈유일사상체계〉 확립을 명분으로 김일성 개인 숭배체제를 만들어 갔다. 특히 선전 선동 방법 중 가장 중요하게 여기는 문화예술과 출판 부문을 직접 장악하여 전개했다. 김일성은 이런 김정일을 도와주기 위해 당 기계공업부장 이근모를 문화예술부장에, 혁명 2세대 김책 아들 김국태를 선전선동부장에 임명하였다. 이때부터 김정일을 '친애하는 지도자 동지'로 부르기 시작했다. 아울러 이를 계기로 김일성 측근들의 가계도 대를 이어 권세를 세습하는 뿌리가 내려졌다.

김정일의 권력 위상은 1970년대에 접어들면서 당내 활동의 폭을 넓히면서 더욱 공고해졌다. 그 결과 김정일은 1972년 10월 조선로동당 당 중앙위원회에 진출했다. 1973년 7월에는 당 부장으로 승진하면서 김정일 후계자론이 수면 위로 떠올랐다. 김일성 나이 50세였다. 김일성은 김정일 후계자 부상에 대비하여 1972년 말부터 충성도가 떨어지는 인물 제거를 위한 〈당증 교환사업〉을 추진했다.

이런 가운데 조선로동당 차원의 당원 세대교체 작업도 병행하여 전개했다. 이 세대교체 작업은 1973년 2월 사상·기술·문화 분야를 3대 혁명 과업으로 설정했다. 이를 효과적으로 수행하기 위해 젊은 엘리트를 소조 단위로 편성하여 추진했다. 이른바 〈3대 혁명 소조 운동〉이 본격화되었다.

(다) 후계자 등극과 수령 승계

김정일은 1973년 9월 당 중앙위원회 제5기 제7차 전원회의에서 비서국 조직 선전 담당 비서가 되었다. 다음 해 1974년 2월에 열린 당 중앙위원회 제5기 8차 전원회의에서 당 핵심 조직인 중앙위원회 정치위원이 되었다. 공식 후계자가 된 것이었다.

노동신문은 그를 〈당 중앙〉으로 부르기 시작했다. 김정일은 정치위원이 되자마자 당 실권을 급속하게 장악해갔다. 한편 계모 김성애는 1970년대 초반까지는 상당한 위상을 가졌으나, 김정일 부상과 함께 북한 선전매체에서 사라지는 등 힘을 잃어갔다.

> 1974년 정초에 조선로동당 중앙위원회 1호 청사 앞에서 중앙당 간부들이 신년 기념사진 촬영을 준비하고 있었다. 준비상태를 점검하러 나온 김정일이 김일성 자리 옆 의자를 가리키며 "누구 자리냐?"라고 물었다. 준비 요원이 "여성동맹위원장 김성애 여사 자리입니다."라고 답했다. 그러자 김정일은 "김성애가 무슨 당 간부야? 여기 있는 의자 당장 빼!"라고 호통 치며 의자를 찼다. 자리가 없어진 김성애는 기념사진 촬영도 못 했다.
>
> 김정일은 1974년 김성애 큰동생 김성갑을 평양시 당 비서에서 해임 시킨 후, 해군사령부 정치위원으로 좌천시켰다. 둘째 동생 김성호는 당 조직지도부 부부장직에서 노동단체 지도과장으로 강등시켰다.

> 김성애 호칭도 바꾸었다. 기존에 붙이던 존칭인 〈여사〉를 쓰지 못하도록 했다. 대신 〈김일성 동지와 그 부인〉이란 말만 쓰도록 했다.

김일성은 아들 김정일의 빠른 당 장악을 위해 동생 김영주를 당무에서 배제 시킨 후, 실권이 없는 부총리로 임명했다.

> 김일성 친동생 김영주는 1950년대 초반 소련 모스크바 공산대학 유학을 마치고 평양으로 돌아와 조선로동당 조직지도부에서 일했다. 1961년에는 당 중앙위 조직지도부장, 1969년 당 중앙위원회 정치위원 겸 당 조직 담당 비서로 당 사무를 전반적으로 담당했다. 1972년 남북조절위원회 북한 측 위원장을 지내는 등 당 서열 6위까지 올랐다.
>
> 그러나 1973년 9월 김정일이 당 중앙위원회 조직 선전 담당 비서로 임명되면서부터 김영주는 정무원 부총리로 격하되었다. 당 사업에서 손을 떼고 행정 업무 한직을 맡은 것이다.
>
> 김일성은 40대 후반과 50대 초반의 당 관료 출신들이 남북대화를 주장하면서 김영주를 정점으로 〈현실주의〉를 지지하는 등 김일성 독재체제에 대한 견제 세력으로 성장하려는 기미를 보이자 김영주를 배척하기 시작했다.
>
> 김정일은 1974년 2월 19일부터 15일간 열린 당 조직지도부 간부회의에서 "김영주는 관료주의와 형식주의, 그리고 당 세도만을 부려서 당의 조직지도사업을 쑥대밭으로 만들었다."라고 공개적으로 비난하였다. 이어서 김영주가 당 조직에 끼친 해독성을 뿌리 뽑는다는 명분으로 〈사상투쟁회의〉 제도를 신설하여 1976년 2월부터 모든 당 조직이 사상투쟁을 벌이도록 강요하였다.
>
> 김영주는 1970년 2월경부터 고혈압과 관절염 때문에 약 6개월간 루마니아에서 요양했다. 1973년 신병 치료를 위해 소련과 동독에서 휴양했다.

> 1975년에 병세가 더욱 나빠졌다. 김정일은 김영주가 건강상 이유로 모든 공직에서 물러났다고 발표하도록 했다. 김영주는 1977년 신병 치료 구실 아래 전 가족이 동구로 떠난 후, 북한 권력에서 사라져 버렸다.
>
> 조카 손자 김정은이 집권한 후 2012년 2월 김정일 훈장 수여, 2014년 3월 최고인민회의 대의원 재선, 최고인민회의 상임위원회 명예부위원장을 맡는 등 김일성 일족 자격으로 대우받았다. 2021년 2월 15일 사망했다.

김정일이 후계자로 모습을 공개한 것은 1980년 10월 조선로동당 제6차 대회였다. 이 회의에서 당 중앙위원회 정치위원회를 폐지하고 당의 모든 사업을 지도하는 〈정치국〉을 신설했다. 〈정치국〉 상무위원회 위원으로 김일성, 김일, 김정일, 오진우, 이종옥 등 5명을 선출했다. 〈정치국〉 위원으로 상무위원을 포함하여 박성철, 최현 등 19명과 후보위원 15명을 뽑았다. 〈비서국〉 비서로 김일성, 김정일을 비롯하여 19명을 선발했다. 〈군사위원회〉 위원으로 김일성, 김정일 등 19명을 선출했다.

김정일은 이렇게 당 지도부 인선에서 김일성을 제외하고, 유일하게 〈정치국〉, 〈비서국〉, 〈군사위원회〉 등 당 3대 권력 기구에 모두 선출된 것이었다. 이는 당 중앙위원회 공식 서열이 김일성-김일-오진우에 이은 4위였으나, 실질적인 권력 제2인자임을 의미했다. 특히 〈정치국〉 상무위원회 위원이 김일성, 김일, 김정일, 오진우, 이종옥 등 5명이지만, 김일은 건강 등의 이유로 은퇴한 상태였다. 이종옥은 정치적 영향력이 미미한 실무형 인물이었다. 오진우는 김정일을 후계자로 만든 1등 공신이었다. 그러니까 〈정치국〉은 김일성과 김정일 2명이 운영하는 조직에 불과했다.

김정일은 1990년에 들어서면서 최고 기관에서도 직책을 맡았다. 1990년 5월 최고인민회의 제9기 1차 회의에서 국방위원회 제1위원장을 맡았다. 1991년 12월 당 중앙위원회 제6기 19차 전원회의에서 6·25전쟁 초기 1950년 7월부터 김일성이 맡고 있는 북한군 최고사령관 직을 승계했다.

1992년 4월 20일 공화국 원수 칭호를 받았다. 1992년 4월 25일 북한군 창설 60회 기념 열병식에서 김정일에게 충성을 맹세하는 의식이 열렸다.

북한군 원수 오진우가 김정일에게 거수경례했다. 그리고는 "조선인민군 최고사령관 김정일 동지! 열병부대들은 영웅적 조선인민군 창건 예순돌을 축하할 열병식을 진행하겠습니다. 인민무력부장 오진우!" 김정일이 마이크 앞으로 다가섰다. 목청을 높였다. "영웅적 조선인민군 장병들에게 영광이 있으라!" 최고지도자로 공식 등장한 것이었다. 이후 1994년 4월 국방위원장이 되었다. 이런 가운데 김일성이 1994년 7월 8일 사망했다. 김정일은 김일성 3년 상을 치르면서 유훈통치를 시행했다. 1997년 10월 조선로동당 총비서로 추대되었다. 1998년 9월 5일 헌법 개정을 통해 국가수반에 해당하는 국방위원장에 취임하였다.

(2) 김정은

(가) 후계자 과정

이번에는 김정일→김정은 세습 과정을 살펴본다. 저자는 2008년 8월 말 어느 분과 저녁 식사를 하고 있었다. 휴대폰에 '김정일 사망'을 알리는 문자 뉴스가 떴다. 온 나라가 김정일이 사망했는지에 대해 관심이 쏠렸다. 그해 2008년 9월 9일 북한 정권 창설 제60주년 기념 열병식이 열렸다. 소위 꺾어지는 해 정주년 행사였다. 그러나 김정일은 나타나지 않았다. 뇌졸중으로 쓰러졌기 때문이다. 후계자 문제가 더 이상 미룰 수 없는 북한 정권 과제로 떠올랐다.

김정일은 1980년대 초반에 태어난 장남 김정철과, 1984년생 차남 김정은, 1988년생 딸 김여정 중 1명을 후계자로 선택해야 했다. 2009년 10월 9일 조선 중앙TV에서 김정일이 여동생 김경희, 매제 장성택을 비롯하여 조선로동당 고위 간부들을 대동하고 공연을 관람하는 모습을 보도했다. 북한 아나운서는 어깨를 들먹이며 김정일 찬양을 이어가면서 합창 〈발걸음〉을 보도했다. 이 노래는 이날부터 북한 주민들에게 보급되기 시작했다. 가사 중에는 '우리 김 대장 발걸음 2월의 위엄 받들어'가 나온다. 김정일에서 아들로 권력이 세습됨을 시사했다.

김정일은 2009년 한 해 동안 군부대 방문 25회, 경제시설 63회를 현지지도했다. 2010년에 들어서는 중국을 2회 방문했다. 중국 후진타오와 회담하며 대를 이어 양국 관계를 발전시키자고 했다. 김정일은 서둘러 당 대표자 대회를 개최했다. 2010년 9월 28일 33년 만에 개최했다. 이 당 대표자 대회에서 김정일은 명령 0051호를 통해 아들 김정은, 여동생 김경희, 최룡해 등 6명에게 대장 계급을 붙여줬다. 김정은 이름이 들어간 건 이것이 처음이었다. 역사상 유례없는 3대 세습의 선언이었다.

또한 이 대회에서 정치국 상무위원에 김정일, 김영남, 최영림, 리영호, 조명록이 선출되었다. 리영호 조명록 등 현역 군인 2명이 당 최고 간부가 된 것은 이례적인 일이었다. 정치국 위원으로는 김영춘, 전병호, 김국태, 김기남, 최태복, 양형섭, 강석주, 변영립, 리용무, 주상성, 홍석형, 김경희 등 12명이 뽑혔다. 이 가운데 양형섭, 강석주, 김경희를 제외하면 9명 모두가 신임이었다.

정치국 후보위원도 15명이 선출되었다. 김양건, 김영일, 박도춘, 최룡해, 태종수, 김평해, 문경덕, 주규창, 박정순, 장성택, 리태남, 김락희, 우동측, 김창섭, 김정각 등이다. 김경희를 제외하고 모두 사진과 경력이 소개되었다. 이 역시 이례적인 일이었다.

당 중앙군사위원회는 완전히 새로운 인물로 구성했다. 부위원장으로 김정은이 등장했다. 공식 직함에 처음으로 등장한 것이었다. 또 다른 부위원장으로 리영호가 거명되었다. 위원은 김영춘, 김정각, 최부일, 정명도, 리병철, 윤정린, 김영철, 최상려 등 16명이 임명되었다. 모두 리영호를 중심으로 한 신군부 인물이었다. 오극렬로 대표되는 구 군부 인물은 모두 배제되어 있었다.

당 대표자 대회 2개월 후인 2010년 11월 국방위원회 제1부위원장 조명록이 사망했다. 김정일은 조명록 후임을 임명하지 않았다. 군인으로 당 최고 간부로 승진한 리영호를 임명할 기미도 보이지 않았다. 김정일이 급사하여 국방위원장 자리가 비어 있어도 괜찮다는 것으로 해석되었다. 당 대표자 대회가 끝나자 평양 시내는 온갖 구호로 난무했다. 구호 중에는 '위대한 당, 어머니 당' 구호가 부활했다. '인민 생활에서 결정적 전환을!' 구호가 등장했다. 북한 사회를 군에서 당을 우선하는 분위기로 몰고 가는 듯했다.

(나) 권력 세습

김정일이 2011년 5월 1주일간 중국을 방문했다. 10월부터 12월까지 군 부대 현장 지도 등 총 20회 시찰했다. 그러던 중 2011년 12월 17일 심근경색으로 사망했다. 우리 나이로 69세였다. 북한 정권은 2011년 12월 19일 10:00시에 '김정일이 현지 지도를 위해 이동하던 열차 안에서 사망했다.'라고 공식 발표했다. 김정일은 자신이 가지고 있던 국방위원장, 당 총비서, 당 중앙군사위원장, 북한군 최고사령관 등 4개의 직책을 김정은에게 물려주지 않고 죽은 것이었다.

2011년 12월 28일 김정일 장례식이 열렸다. 김정일 관을 실은 차량 옆으로 8명이 나란히 걸었다. 김정은, 리영호, 장성택, 김영춘, 김기남, 김정각, 최태복, 우동측 등이었다. 이들 중 7명은 당 정치국 위원이었다. 4

명은 국방위원회 위원이었다.

2011년 12월 30일 조선로동당은 정치국 회의를 열었다. 회의 후, 김정은을 북한군 최고사령관으로 '높이 모시었다.'라고 발표했다. 국방위원회, 당 중앙군사위원회가 배제된 가운데 당 정치국에서 북한군 최고사령관을 추대했다는 것은 당 우선을 시사하는 것이었다. 선군정치 김정일 시대는 가고, 당 우선 정책을 시사하는 아들 김정은 시대가 열린 것이다. 백두혈통으로 3대 세습이었다.

라. 특징4 조선노동당 1당 지배체제다.

(1) 당의 유일적 영도체계 확립의 10대 원칙

북한 체제 네 번째 특징은 조선로동당 1당 지배체제라는 것이다. 우당(友黨)이라는 형식으로 북조선사회민주당, 천도교청우당이 있으나 이는 조선로동당 위성정당에 불과하다.

북한 법령체계는 맨 꼭대기에 〈수령의 말(言)〉이 있고, 그 아래에 〈당의 유일적 영도체계 확립의 10대 원칙〉이 있다. 〈당의 유일적 영도체계 확립의 10대 원칙〉 내용은 이렇다.
"서문 우리는 위대한 김일성 동지와 김정일 동지를 변함없이 높이 받들어 모시고 김일성-김정일주의 기치 따라 주체 혁명 위업을 빛나게 계승 완성해 나가는 력사적 시대에 살며 투쟁하고 있다.

우리 인민이 수천 년 력사에서 처음으로 맞이하고 높이 모신 위대한 김일성 동지와 김정일 동지는 천재적 사상 리론과 탁월한 령도로 자주의 새 시대를 개척하시고 혁명과 건설을 승리의 한길로 전진시키시어 주체 역

명위업 완성을 위한 만년 초석을 쌓으신 우리 당과 인민의 영원한 수령이며 주체의 태양이시다.(중략)

위대한 수령님과 장군님의 현명한 령도에 의하여 우리나라는 수령, 당, 대중이 일심단결되고 핵무력을 중추로 하는 무적의 군사력과 튼튼한 자립경제를 가진 사회주의 강국으로 위력을 떨치게 되었다.(중략)"

"원칙1 온 사회를 김일성-김정일주의화하기 위하여 투쟁하여야 한다. 온 사회를 김일성-김정일주의화하는 것은 우리 당의 최고 강령이며 당의 유일적 영도체계를 세우는 사업의 총적 목표이다.

원칙2 위대한 김일성 동지와 김정일 동지를 우리 당과 인민의 영원한 수령으로, 주체의 태양으로 높이 받들어 모셔야 한다. 위대한 김일성 동지와 김정일동지를 우리 당과 인민의 영원한 수령으로 주체의 태양으로 높이 받들어 모시는 것은 수령님의 후손, 장군님의 전사, 제자들의 가장 숭고한 의무이며 위대한 수령님과 장군님을 영원히 높이 받들어 모시는 여기에 김일성 민족, 김정일 조선의 무궁한 번영이 있다.

원칙3 위대한 김일성 동지와 김정일 동지의 권위, 당의 권위를 절대화하며 결사옹위하여야 한다. 위대한 김일성 동지와 김정일 동지의 권위, 당의 권위를 절대화하며 결사옹위하는 것은 우리 혁명의 지상의 요구이며 우리 군대와 인민의 혁명적 의지이다.

원칙4 위대한 김일성 동지와 김정일 동지의 혁명 사상과 그 구현인 당의 로선과 정책으로 철저히 무장하여야 한다. 위대한 김일성 동지와 김정일 동지의 혁명 사상과 그 구현인 당의 로선과 정책으로 철저히 무장하여야 한다는 것은 참다운 김일성-김정일주의자가 되기 위한 가장 중요한 요구이며 주체 혁명 위업의 승리를 위한 선결 조건이다.

원칙5 위대한 김일성 동지와 김정일 동지의 유훈, 당의 로선과 방침 관철에서 무조건성의 원칙을 철저히 지켜야 한다. 위대한 김일성 동지와 김정일 동지의 유훈, 당의 로선과 방침을 무조건 관철한다는 것은 당과 수령에 대한 충실성의 기본 요구이며 사회주의 강성 국가 건설의 승리를 위한 결정적 조건이다.

원칙6 령도자를 중심으로 하는 전당의 사상의 지적 통일과 혁명적 단결을 백방으로 강화하여야 한다. 령도자를 중심으로 하는 강철 같은 통일 단결은 당의 생명이고 불패의 힘의 원천이며 혁명 승리의 확고한 담보이다.

원칙7 위대한 김일성 동지와 김정일 동지를 따라 배워 고상한 정신도덕적 풍모와 혁명적 사업 방향, 인민적 사업 작풍을 지녀야 한다. 위대한 김일성 동지와 김정일 동지께서 지니신 숭고한 사상 정신 풍모와 혁명적 사업 방법, 인민적 사업 작풍을 따라 배우는 것은 모든 일군들과 당원들과 근로자들의 신성한 의무이며 수령님식, 장군님식으로 사업하고 생활하기 위한 필수적 요구이다.

원칙8 당과 수령이 안겨준 정치적 생명을 귀중히 간직하며 당의 신임과 배려에 높은 정치적 자각과 사업 실적으로 보답하여야 한다. 당과 수령이 안겨준 정치생명을 지닌 것은 혁명 전사의 가장 큰 영예이며 당과 수령의 신임과 배려에 높은 정치적 자각과 사업 실적으로 보답하는 여기에 고귀한 정치적 생명을 빛내어 나가는 참된 길이 있다.

원칙9 당 중앙의 유일적 령도 밑에 전당, 전국, 전군이 하나와 같이 움직이는 강한 조직 규률을 세워야 한다. 당 중앙의 유일적 령도 밑에 전당, 전국, 전군이 하나와 같이 움직이는 강한 조직 규률을 세우는 것은 당의 유일적 영도체계 확립의 중요한 요구이며 주체 혁명 위업의 승리를 위한 결정적 담보이다.

원칙10 위대한 김일성 동지께서 개척하시고 김일성 동지와 김정일 동지께서 이끌어 오신 주체 혁명 위업을 대를 이어 끝까지 계승 완성하여야 한다. 위대한 김일성 동지께서 개척하시고 김일성 동지와 김정일 동지께서 이끌어 오신 주체 혁명 위업을 대를 이어 끝까지 계승한다는 것은 우리 당의 드팀없는 의지이며 모든 일군들과 당원들과 근로자들의 숭고한 의무이다."

이와 같은 내용으로 되어 있는 〈당의 유일적 영도체계 확립의 10대 원칙〉을 한마디로 요약하면 이렇다. "김일성, 김정일은 영원한 북한의 수령이다. 김일성과 김정일을 영원히 받들어 모실 때만 김일성 민족, 김정일 조선의 번영이 있다. 따라서 김일성 혈육 즉 백두혈통으로의 권력 세습은 당연한 진리이며, 조선로동당을 중심으로 대를 이어 백두혈통을 받들어 모셔야 한다."이다.

〈당의 유일적 영도체계 확립의 10대 원칙〉 아래에 있는 법령은 〈조선로동당 규약〉이다. 〈조선로동당 규약〉 핵심 내용은 다음과 같다.

(2) 조선로동당 당 규약

"전문 조선로동당은 위대한 김일성-김정일주의 당이다. 김일성-김정일주의는 주체사상에 기초하여 전일적으로 체계화된 혁명과 건설의 백과전서이며, 인민 대중의 자주성을 실현하기 위한 실천 투쟁 속에서 그 진리성과 생활력이 검증된 혁명적이며 과학적인 사상이다.

 조선로동당의 당면 목적은 공화국 북반부에서 부강하고 문명한 사회주의 사회를 건설하며, 전국적 범위에서 사회의 자주적이며 민주주의적인 발전을 실현하는데 있으며, 최종 목적은 인민의 리상이 완전히 실현된 공산주의 사회를 건설하는 데 있다.

 조선로동당은 당의 사상과 배치되는 자본주의 사상, 봉건 유교 사상, 수정주의, 교조주의, 사대주의 비롯한 온갖 반동적, 기회주의적 사상 조류들을 반대 배격하며, 마르크스–레닌주의 혁명 원칙을 견지한다.

 조선로동당은 남조선에서 미제의 침략 무력을 철거시키고, 남조선에 대한 미국의 정치군사적 지배를 종국적으로 청산하며, 온갖 외세의 간섭을 철저히 배격하고, 강력한 국방력으로 근원적인 군사적 위협들을 제압하여 조선반도의 안전과 평화적 환경을 수호하며, 민족자주의 기치, 민족 대단결의 기치를 높이 들고 조국의 평화통일을 앞당기고 민족의 공동 번영을 이룩하기 위하여 투쟁한다."

 "제24조 조선로동당의 수반은 조선로동당 총비서이다. 조선로동당 총비서는 당을 대표하며 전당을 조직 령도한다.

 제30조 당 중앙군사위원회는 당 대회와 당 대회 사이의 당의 최고 군사 지도기관이다. 조선로동당 총비서는 당 중앙군사위원회 위원장으로 된다. 당 중앙군사위원회는 당의 군사로선과 정책을 관철하기 위한 대책을 토의 결정하며 공화국 무력을 지휘하고 군수공업을 발전시키기 위한 사업을 비롯하여 국방사업 전반을 당적으로 지도한다. 당 중앙군사위원회는 토의 문제의 성격에 따라 회의 성립 비률에 관계없이 필요한 성원들만

참가시키고 소집할 수 있다.

제47조 조선인민군은 국가방위의 기본력량, 혁명의 주력군으로서 사회주의 조국과 당과 혁명을 무장으로 옹호 보위하고 당의 령도를 앞장에서 받들어나가는 조선로동당의 혁명적 무장력이다. 조선인민군은 모든 군사정치활동을 당의 령도 밑에 진행한다.

제48조 조선인민군 각급 단위에는 당 조직을 두며 그를 망라하는 조선인민군 당 위원회를 조직한다. 조선인민군 당 위원회는 도당위원회 기능을 수행하며 당 중앙위원회의 지도 밑에 사업한다.

제49조 조선인민군 안의 각급 당 조직들은 다음과 같은 사업을 한다.

① 전군의 김일성-김정일주의화를 군 건설의 총적 과업으로 틀어쥐고 인민군대를 정치사상적으로, 군사기술적으로 철저히 준비시키기 위하여 투쟁한다.
② 당 중앙의 유일적 령군체계를 철저히 세우고 당의 명령 지시하에 하나와 같이 움직이는 혁명적 군풍을 확립하며 모든 사업을 당의 군사로선과 정책에 립각하여 조직 진행한다.
③ 군사지휘관들과 정치일군들을 튼튼히 꾸리고, 그 역할을 높이며, 당 사업을 당적 원칙에서 진행하고, 당원들에 대한 당 생활 조직과 지도를 강화하여 인민군대 안의 간부 대렬과 당 대렬을 질적으로 공고히 한다.
④ 정치사상 교양사업을 강화하여 모든 군인들을 당의 혁명 사상으로 튼튼히 무장하고 불굴의 혁명 정신과 주체전법을 체질화한 사상과 신념의 강자, 일당백 용사로 키운다.
⑤ 인민군 안의 청년동맹 조직들을 튼튼히 꾸리고, 그 기능과 역할을 높이도록 한다.
⑥ 당 위원회의 집체적 지도를 강화하고 군사사업을 당적으로, 정치적으로 힘 있게 밀어주어 당의 군사로선과 정책을 철저히 관철하며 전투준비를

> 끊임없이 완성하도록 한다.
> ⑦《일당백》구호를 높이 추켜들고 오중흡 7연대 칭호 쟁취운동과 근위 부대운동, 명사수, 명포수운동을 힘 있게 벌려 부대의 정치군사적 위력을 백방으로 강화한다.
> ⑧ 군인들 속에서 집단주의 정신, 대중적 영웅주의 정신을 배척하고 혁명적 동지애와 관병일치, 군민일치의 전통적 미풍을 높이 발양시킨다.

제50조 조선인민군 각급 단위에는 정치기관을 조직한다. 조선인민군 총정치국과 그 아래 각급 정치부들은 해당 당 위원회의 집행 부서로서 당 정치사업을 조직 집행한다.

제51조 조선인민군 각급 부대들에는 정치위원을 둔다. 정치위원은 해당 부대에 파견된 당의 대표로서 당 정치사업과 군사사업을 비롯한 부대 안의 전반 사업에 대하여 당적으로 정치적으로 책임지며, 부대의 모든 사업이 당의 로선과 정책에 맞게 진행되도록 장악 지도한다.

제52조 조선인민군 안의 각급 당 조직들과 정치기관들은 조선로동당 규약과 조선인민군 당 정치사업지도서에 따라 사업한다."

조선로동당을 위상 성격 권한을 한마디로 정의하면 다음과 같다. "조선로동당은 김일성-김정일주의 당이다. 조선로동당의 최종 목적은 한반도 전체의 공산주의 사회 건설이다. 조선로동당의 수반은 총비서이다. 북한군은 조선로동당의 혁명적 무장력이다. 조선로동당 중앙군사위원장은 조선로동당 총비서이다. 북한군은 모든 군사정치활동을 조선로동당 총비서 령도 밑에 진행한다."이다.

〈조선로동당 규약〉 하위 법령은 〈김일성-김정일 헌법〉이다. 핵심 내용을 보면 다음과 같다.

(3) 헌법

"전문 조선민주주의인민공화국은 위대한 수령 김일성 동지와 위대한 령도자 김정일 동지의 국가 건설사상과 업적이 구현된 주체의 사회주의 국가이다. 위대한 수령 김일성 동지는 조선민주주의인민공화국의 창건이시며 사회주의 조선의 시조이다.(중략)

위대한 령도자 김정일 동지는 위대한 수령 김일성 동지의 사상과 위업을 받들어 우리 공화국을 김일성 동지의 국가로 강화 발전시키시고 민족의 존엄과 국력을 최상의 경지에 올려세우신 절세의 애국자, 사회주의 조선의 수호자이시다.(중략)

조선민주주의인민공화국과 조선 인민은 위대한 김일성 동지와 위대한 김정일 동지를 주체 조선의 영원한 수령으로 높이 모시고 조선로동당의 령도 밑에 위대한 수령 김일성 동지와 위대한 영도자 김정일 동지의 사상과 업적을 옹호 고수하고 계승 발전시켜 주체 혁명 위업을 끝까지 완성하여 나갈 것이다.

조선민주주의인민공화국 사회주의 헌법은 위대한 수령 김일성 동지와 위대한 영도자 김정일의 주체적인 국가 건설사상과 국가 건설 업적을 법제화한 김일성-김정일 헌법이다.

제11조 조선민주주의인민공화국은 조선로동당의 령도 밑에 모든 활동을 진행한다.

제58조 조선민주주의인민공화국은 전인민적, 전국가적방위체계에 의거한다.

제59조 조선민주주의인민공화국 무장력의 사명은 위대한 김정은 동지를 수반으로 하는 당 중앙위원회를 결사옹위하고 근로인민의 리익을 옹호하며 외래 침략으로부터 사회주의제도와 혁명의 전취물, 조국의 자유와 독립, 평화를 지키는데 있다.

제60조 국가는 인민들과 인민군 장병들을 정치사상적으로 무장시키는 기초우에서 전군간부화, 전군현대화, 전민무장화, 전국요새화를 기본 내용으로 하는 자위적 군사로선을 관철한다.

제61조 국가는 군대 안에서 혁명적 령군체계와 군풍을 확립하고 군사규률과 군종규률을 강화하며 관병일치, 군정배합, 군민일치의 고상한 전통적 미풍을 높이 발양하도록 한다."

북한 헌법을 요약 정의하면 이렇다. "조선민주주의인민공화국은 조선로동당의 령도 밑에 모든 활동을 진행한다. 조선민주주의인민공화국 무장력의 사명은 위대한 김정은 동지를 수반으로 하는 당 중앙위원회를 결사옹위한다."이다.

위 내용을 종합해 보면, 북한 사회는 〈당의 유일적 영도체계 확립에 대한 10대 원칙〉에 의거 「수령 김정은」이 맨 꼭대기 정점에 자리 잡고 있다. 〈조선로동당 규약〉과 그 하위 법인 〈김일성-김정일 헌법〉에 근거하여 「수령 김정은」 아래에 「조선로동당」이, 「조선로동당」 아래에 「조선민주주의인민공화국」이 존재하는 구조로 돼 있는 체제다.

마. 특징5 사회주의 대가정 체제다.

북한 체제의 다섯 번째 특징은 집단주의 원칙에 의해 수령을 어버이로 하는 〈사회주의 대가정〉 체제이다. 북한 지식 사전에서는 이 〈사회주의 대가정〉 개념을 '사회 전체는 하나의 가정이다. 수령·당·인민의 관계는 아버지와 어머니, 자녀의 관계와 같다.'라고 정의하고 있다.

이 개념에 기초하여 수령이 은덕을 베풀면 모든 사회 구성원은 수령에게 충성과 효성을 바치는 것은 당연하다고 강조한다. 이 특징은 다른 사회주의 체제와는 다르게 수령에 대한 무조건적 충성과 숭배를 정당화하는 논리로 작용하고 있다.[18]

북한 헌법 제63조는 북한 주민의 권리와 의무를 "조선민주주의인민공화국에서 공민의 권리와 의무는 《하나는 전체를 위하여, 전체는 하나를 위하여》라는 집단주의 원칙에 기초한다."라고 규정하고 있다. 북한은 주민들이 개인적 목표 가치보다는 집단적 목표 가치를 우선으로 추구할 것을 요구하고 있다. 이런 구성원을 이상적인 인간형으로 간주한다.

북한은 2개의 가정이 존재한다고 주장하고 있다. 하나는 혈육으로 구성되는 보통의 가정이다. 또 하나는 수령 김정은을 어버이로 하는 〈사회주의 대가정〉이다. 북한 정권은 주민들에게 "집안에서 부모를 섬기듯 어버이인 수령 김정은에게 충성과 효성을 다해야 한다."라고 교육하고 있다.

북한에는 왕권주의, 남존여비 등 조선시대 관습과 전통이 상당히 남아있다. 이러다 보니 북한 사회는 〈사회주의 대가정〉 논리가 수령, 당, 인민대중의 전일적 통일체라는 전체주의 개념이 하나의 사상적 통치체계로 자연스럽게 작동하고 있다.

이러한 〈사회주의 대가정〉 문화는 북한 주민들의 정신세계를 군대처럼 종적 질서의 서열화한 사회체제를 당연한 것처럼 받아들이게 한다. 신분에 따른 서열화 문제에 이의를 제기하지 못하도록 하고 있다. 조선로동당 조직과 근로 단체에서 김일성과 김정일, 그리고 김정은의 지시를 집행하는 당 간부가 북한 주민 위에 군림하는 것을 자연스럽게 여기도록 한다. 주민 전체가 만 7세부터 65세까지 참여해야 하는 조직 생활을 통해 집단주의적 삶의 방식을 내재화했다.[19]

북한 주민은 모든 조직에서 일과 후 소조 활동에 참여해야 한다. 북한 정권은 '소조 활동은 개인별 소질과 재능을 장려하는 제도다.'라고 선전하고 있다. 하지만 실제로는 집단생활을 통한 개인의 사생활 통제에 그 목적을 두고 있다. 주민들은 매주 생활 총화를 통해 당 정책과 집단주의 준수 여부에 대한 자아비판과 상호비판을 한다. 〈사회주의 대가정〉 제도를 통해 북한 주민들은 사생활은 물론 기본 인권마저 침해받고 있다.

그러나 최근 북한 사회는 경제가 일부 시장화되면서 집단주의에 변화가 생기고 있다. 북한 주민들 사이에 자립경제 방식의 생존문화가 싹트면서 대한민국의 대중문화를 비롯한 외부 사조가 통제 곤란할 정도로 유입되고 있다.

이에 북한 정권은 〈반동사상 문화배격법〉이라는 새로운 법을 만들어 대한민국 드라마 등을 시청하거나, 복제 유포할 경우 최고 사형까지 집행하는 등 강도 높은 통제를 하고 있다. 그러나 이러한 상황에도 불구하고 북한군을 비롯하여 북한을 탈출하여 대한민국으로 오는 북한이탈주민 행렬은 꾸준하다. 이는 〈사회주의 대가정〉이라는 집단주의 사회구조가 밑으로부터 시나브로 붕괴하고 있음을 증거하고 있다.

바. 특징6 신분 대물림과 성분 분류 사회다.

북한 사회는 '신분 대물림'과 〈수령〉에 대한 충성도에 따라 그 주민을 3계층 64개 부류로 분류하여 관리한다. '신분 대물림'을 하는 사람이란 일제 강점기 때 김일성과 함께 활동했던 자들을 의미한다. 이들을 북한에서는 혁명 1세대라고 한다. 이들 혁명 1세대 자손 역시 김일성 자손처럼 부와 권력을 세습하고 있다. 이른바 북한판 금수저다.

대표적인 인물로는 최현의 아들 전 북한군 총참모장 최룡해다. 최현은 김일성 측근 중의 측근이다. 인민무력부장을 지냈다. 최현 일대기를 영화로 제작하기도 했다. 전 조선로동당 군정지도부장을 역임한 오일정은 오진우 아들이다. 오진우는 인민무력부장과 총참모장 등 3개 직위를 20년간 역임한 혁명 1세대다.

당 비서 태형철은 태병렬 아들이다. 태병렬은 당 군사부장을 지낸 혁명 1세대다. 최선희 외무상은 김일성 책임 서기로 10년간 근무한 전 내각 총리 최영림의 딸이다. 이외 혁명 1세대 오백룡 아들 전 북한군 공군사령관 오금철, 북한 초대 민족보위상 최용건 아들 전 부주석 최운주, 김일성 측근 오중흡 아들 전 북한군 총참모장 오극렬 등이다.

〈수령〉에 대한 충성도는 김일성-김정일-김정은이라는 절대 1인 독재자에게 충성해야 출세도 하고 돈도 가질 수 있다는 것이다. 실력과 능력은 〈수령〉에 대한 충성 앞에서 아무 쓸모가 없는 사회가 북한이다. 이와 같은 출신성분과 충성도를 고려하여 1967년부터 주민등록과 성분 재조사를 통해 〈핵심계층〉, 〈동요계층〉, 〈적대계층〉으로 분류하여 주민을 통제하고 있다.

〈핵심계층〉은 김정은을 따르고 사회주의 체제를 고수하는 데 헌신할 사람을 말한다. 117만여 세대 7,245,000여 명이다.[20] 일제 강점기 때 김일성과 함께 활동한 가족, 광복 이전 노동자 빈농(貧農: 가난한 농민), 당-정권-행정-경제-문화-교육기관 사무원, 조선로동당원, 혁명가 유가족, 애국열사 유가족, 광복 이후 양성된 엘리트, 6 25전쟁 전사자 가족, 영예 군인 등이다. 이들은 북한 사회의 중추를 이루고 있는 계층이며, 신분이 대물림 된다.

〈동요계층〉은 유사시에 적 아 간에 동요할 수 있다고 판별되는 계층이다. 일명 기본군중이라고 한다. 100만여 세대 6,150,000여 명이다. 과거 중소상인, 과거 수공업자, 과거 소공장 주인, 과거 하층 접대업자, 과거 중산층 접객업자, 과거 중농(中農: 중간 규모 농토를 가진 농민), 과거 민족 자본가, 과거 무소속, 중국 및 일본 귀화민, 광복 이전 엘리트, 안일-부화-방탕한 자, 과거 접대부, 미신 숭배자, 과거 유학생 및 지방유지, 경제사범, 월남자 가족 2 3부류 등이다.

월남자 가족 2부류는 노동자 또는 농민 출신으로서 6 25전쟁 때 범법행위를 하고 대한민국으로 월남한 자의 가족이다. 월남자 가족 3부류는 노동자 또는 농민 출신으로서 범법행위를 하지 않고 대한민국으로 월남한 자의 가족이다.

〈동요계층〉은 주로 하위조직 행정 간부, 기술자, 노동자, 농민, 의사, 간호사 등 전문직에 종사한다. 제한된 수입, 식량 배급, 기초 생필품 공급 외에는 특혜가 없다. 자녀들은 아무리 공부를 잘해도 김일성종합대학 같은 곳은 갈 수 없다. 뛰어난 수재일 경우 과학기술 인재 양성대학인 김책공업대학까지는 진학 할 수 있다. 조선로동당의 집단 배치 정책은 주로 이 계층 자녀들을 대상으로 시행한다.

〈적대계층〉은 유사시 김정은 체제를 배반하고 대한민국에 동조할 것으로 보이는 주민이다. 213만여 세대 11,605,000여 명이다. 과거 부농(富農: 많은 규모의 농토를 가진 부자 농민), 과거 지주, 출당자, 과거 자본가, 과거 적기관 복무자, 체포 및 투옥된 자의 가족, 간첩 연고자, 반당반혁명종파분자 가족, 처단자 가족, 광복이전 반동관료 및 친미친일분자, 과거 천도교청우당 당원, 과거 조선민주당 당원, 기독교 신자, 불교 신자, 천주교 신자, 천도교인, 입북자, 출당자, 정치범, 정치범 출소자, 6 25전쟁 포로와 그 가족, 월남자 가족 1부류 등이다. 월남자 가족 1부류는 친일친미반동관료배 출신으로서 6·25전쟁 때 대한민국으로 월남한 자의 가족이다.

〈적대계층〉은 구체적으로 독재 대상, 감시 대상, 교양-포섭 대상으로 세분화한다. 독재 대상은 일반 주민과 격리되어 산간 오지나 특별 독재 구역에서 대를 이어가면서 살아야 한다. 감시 대상은 항상 사상 동향과 언행을 감시받는다. 교양-포섭 대상은 특별히 집요한 사상 교양을 받는다. 간혹 개조과정을 통해 동요계층으로 신분이 상승하는 경우도 있다.

조선로동당이 규정한 주민 성분 64부류는 다음과 같다.

1부류 노동자→출신 및 사회 성분이 노동자였던 자는 핵심계층에 속한다.
2부류 고농(雇農: 고용 농민 즉 머슴)→8대로 머슴살이한 자는 핵심계층에 속한다.
3부류 빈농→과거 자작농으로서 50% 이상 잡곡으로 생계를 유지한 농민은 핵심계층에 속한다.
4부류 사무원→당, 정권, 행정, 경제, 문화 및 교육기관에서 근무하고 있는 자는 핵심계층에 속한다.

5부류 조선로동당원→조선로동당원은 핵심계층에 속한다.
6부류 혁명유가족→항일무장투쟁에서 희생된 자의 가족은 핵심계층에 속하므로 대대로 당, 정권기관, 군 간부로 등용해야 하며, 복무능력이 없는 대상에게는 사회 보장 혜택을 부여해야 한다.
7부류 애국열사가족→6·25전쟁 당시 비전투원으로 희생된 자의 가족은 핵심계층에 속하므로 당, 정권기관, 군 간부로 등용해야 하며 복무능력이 없는 대상에게는 사회 보장 혜택을 부여해야 한다.
8부류 8·15 이후 양성된 인텔리→이들 중 외국유학을 한 자는 감시 대상에 속하며, 국내에서 교육받은 자는 핵심계층에 속한다.
9부류 피살자 가족→6·25전쟁 때 피살된 자의 가족은 동요계층으로 분류한다.
10부류 전사자 가족→6·25전쟁 때 전사한 자의 가족은 동요계층으로 분류한다.
11부류 후방가족→북한군 현역장병의 후방가족은 동요계층으로 분류한다.
12부류 영예군인→모든 상이군인은 동요계층으로 분류한다.
13부류 소상인→ 과거 일정한 상업시설이 없이 장소를 이동하면서 영업하여 생계를 유지한 자는 동요계층으로 분류하며, 자본주의 사상을 내포하고 있는 대상으로 분류하며 포섭-교양 대상에 속한다.
14부류 중상인→과거 일정한 거처와 상업시설을 소유하고 자립으로 영업하여 생계를 유지한 자는 동요계층으로 분류하며 설득-교양 대상에 속한다.
15부류 수공업자→과거 소도구와 자체 노력으로 생계를 유지하던 자는 포섭-교양 대상자에 속한다.
16부류 소 공장주→과거 소 공장을 소유했던 자는 일반감시 대상으로 분류한다.
17부류 하층접객업자→과거 소규모 서비스업으로 생계를 유지하던 자는 포섭-교양 대상에 속한다.

18부류 중산층접객업자→과거 자체 건물과 시설을 소유하고 약간의 고용인을 두고 생계를 유지한 자는 포섭-교양 대상에 속한다.

19부류 월남자 가족 3부류→노동자, 농민 출신으로서 범법행위가 없이 월남한 자의 가족은 포섭-교양 대상에 속한다.

20부류 무소속→8·15 이후 직후 어느 당에도 입당하지 않은 자는 포섭-교양 대상에 속한다.

21부류 농민→과거 개인소유 농지로 겨우 생계나 유지하던 자는 동요계층으로 간주하고 포섭 대상으로 분류한다.

22부류 8·15 이후 노동자→사회주의 혁명 과정에서 노동자로 전락한 과거 중소기업가, 상공업자, 접객업자, 인텔리, 부농은 과거의 출신성분과 현행에 따라 감시 대상으로 분류한다.

23부류 부농→과거 1명 이상의 머슴을 두고 농사를 지은 농민, 농번기에 임시 고용인을 두고 영농하던 자는 반항(反抗) 요소가 농후한 계층으로서 감시 대상으로 분류한다.

24부류 민족자본가→민족자본에 의한 상공업자는 반항 요소가 농후한 대상으로서 일반감시 대상자로 분류한다.

25부류 지주→1946년 토지개혁 당시 5정보 이상의 토지를 몰수당한 자, 3정보까지 경작했으나 정미공장 또는 상공업을 영위한 자는 특수 감시 대상자로 분류한다.

26부류 친일친미주의자→친일친미행위를 한 자는 철저한 감시 대상으로 분류한다.

27부류 반동 관료배→일제강점 하에서 행정 및 권력기관에 종사한 자는 철저한 감시 대상으로 분류한다.

28부류 월남자 가족 1부류: 부농, 지주, 민족자본가, 친일친미반동관료배 출신으로서 6·25 때 월남한 자의 가족은 현행에 따라 일반 감시 대상 또는 특수 감시 대상으로 분류한다.

29부류 월남자 가족 2부류→노동자, 농민 출신으로서 6·25 당시 범법행위를 하고 월남한 자의 가족은 일반 감시 대상으로 분류한다.
30부류 천도교청우당 당원→과거 천도교청우당 당원이었던 자는 당원 시절 직책에 따라 일반 또는 특수감시 대상으로 분류한다.
31부류 중국 귀화민→1957년 이후 공산당원으로서 귀화한 자를 제외한 모든 중국 귀화민은 감시 대상으로 분류한다.
32부류 일본 귀화민→북송된 재일교포 중에서 조총련계 친북 분자는 로동당에 입당시키며 나머지는 감시 대상으로 분류한다.
33부류 월북자→8·15 이후 월북자는 철저한 감시 대상으로 분류한다.
34부류 8·15 이전 인텔리→일제하에서 고등교육을 받은 자는 일부만을 감시 대상으로 분류한다.
35부류 기독교인→과거 기독교 신봉자는 일반 또는 특수 감시 대상으로 분류한다.
36부류 불교 신자→과거 불교 신자는 일반 또는 특수 감시 대상으로 분류한다.
37부류 천주교 신자→과거 천주교 신자는 일반 또는 특수 감시 대상으로 분류한다.
38부류 유학자 및 지방 유지→과거 유학자 또는 지방 유지로 대우받던 자는 일반 감시 대상으로 분류한다.
39부류 출당자→당원자격을 박탈당한 자는 출당 사유에 따라 일반 또는 특수 감시 대상으로 분류한다.
40부류 철칙자→간부로 등용되었다가 직책에서 추방된 자는 책벌 종류를 경력란에 기재한다.
41부류 적 기관 복무자→6·25 당시 치안대, 한국기독교청년회, 경찰 등에 복무하다가 자수한 자는 출당자와 같은 조치에 처한다.
42부류 체포·투옥자 가족→형벌을 받기 위해 투옥된 자의 가족은 출당자와 같은 조치에 처한다.
43부류 간첩 연고자→침투 체포된 자 또는 간첩 사건에 연루되어 적발된 자는 특수 감시 대상으로 분류한다.

44부류 반당반혁명종파분자→1953년 남로당파 숙청에 관계된 자와 기타 반김정일파로 숙청된 자는 특수 감시 대상으로 분류한다.

45부류 처단자 가족→북한 정권 수립 이후 범법행위 또는 반당 행위로 처단된 자의 가족은 특수 감시 대상으로 분류한다.

46부류 출소자(정치범)→정치범으로서 형기 만료로 출소한 자는 출당자와 같은 조치에 처한다.

47부류 안일, 부화(간통), 방탕한 자→계층을 불문하고 안일, 부화, 방탕한 자는 일단 유사시 반혁명 계층으로 전환 가능성이 있는 대상으로 판단되므로 일반 감시 대상으로 분류한다.

48부류 접대부, 미신 숭배자, 무당, 점쟁이, 창녀, 기생 출신은 일단 유사시 반혁명 계층으로 전환 가능성이 판단되므로 일반 감시 대상으로 분류한다.

49부류 경제사범→절도, 강도, 횡령 등으로 복역 후 출소한 자, 기타 우범자는 일단 유사시 반혁명 계층으로 전환 가능성이 판단되므로 일반 감시 대상으로 분류한다.

50부류 조선민주당(광복 직후 고당 조만식이 당수로 있던 정당) 당원, 과거 조선민주당 당원으로 활동한 자와 그 가족은 당원 시절의 직책에 따라 일반 감시 대상 또는 특수 감시 대상으로 분류한다.

51부류 자본가→1946년 산업 국유화 당시 개인재산을 완전히 몰수당한 자는 철저한 감시 대상으로 분류한다.

김정일은 1980년 10월, 기존의 주민 성분 51부류에 감시 대상 13개 부류를 더 첨부하여 주민 성분 64개 부류를 만들어 주민 통제 및 감시를 더욱 강화했다. 김정일이 추가한 13개 부류는 다음과 같다.

52부류 남한 정부 반대행위 후 월북한 자

53부류: 남한에서 북한으로 납북된 자
54부류: 남한에서 북한으로 납북된 어부
55부류: 다른 나라에서 북한으로 송환된 자
56부류: 해외에서 북한으로 밀입국한 자
57부류: 감옥에서 석방된 간첩 연고자
58부류: 6·25전쟁 시기 월북한 자
59부류: 비밀 건설공사 기관에서 해고된 자
60부류: 중국에서 도망해 온 자
61부류: 러시아에서 도망해 온 자
62부류: 중국인 거주자
63부류: 일본인 거주자
64부류: 자본주의국가에서 들어온 자[21]

이상의 내용은 1997년 황장엽과 함께 대한민국으로 귀순해 온 김덕홍이 밝힌 1997년 기준 북한의 3계층 64개 부류 주민 성분 분류제도 내용이다. 2023년 현재 이 3계층 64개 부류 주민 성분 분류제도는 더 세분화, 강화됐을 것으로 추정된다.

2. 통치이념

* 통치이념
　마르크스-레닌주의 주체사상, 선군사상, 김일성-김정일주의

　북한은 조선로동당이 조선민주주의인민공화국이라는 반국가단체를 지도하고 이끌어가면서 지키는 하나의 원칙이 있다. 그 원칙을 당에서는 〈지도사상〉이라고 하고, 정권 차원에서는 〈지도지침〉이라고 한다. 북한에서는 이 원칙을 권력 세습 간 바꾸어 왔다. 정권 수립 초기에는 마르크스-레닌주의였다. 이 마르크스-레닌주의는 2023년 〈조선로동당 규약〉에서 '맑스-레닌주의 혁명 원칙을 견지한다.'라고 명기하여 유지하고 있다.

　앞부분 체제 특징에서 이미 설명한 바와 같이 〈조선로동당 규약〉 전문 첫머리에 "조선로동당은 위대한 김일성-김정일주의 당이다."라고 규정하고 있다. 그러면서 "김일성-김정일주의는 주체사상에 기초하여 전일적으로 체계화된 혁명과 건설의 백과전서이며, 인민대중의 자주성을 실현하기 위한 실천 투쟁 속에서 그 진리성과 생활력이 검증된 혁명적 진리이며 과학적인 사상이다."라고 정의하고 있다. 이 주체사상이 조선로동당 〈지도사상〉의 근원이다.

　이와 같은 통치이념은 〈김일성-김정일 헌법〉을 중심으로 시대별로 변천 내용을 정리하면 다음과 같다. ① 1956년부터 1980년까지는 마르크

스-레닌주의 ② 1980년부터 2009년까지는 주체사상 ③ 2009년부터 2012년까지는 선군사상 ④ 2012년부터 지금까지는 김일성-김정일주의로 바뀌어 왔다.

가. 마르크스-레닌주의

마르크스(1818~1883)는 1818년 5월 5일 독일에서 유태인 변호사의 아들로 태어났다. 본 대학과 베를린 대학에서 법학, 사학, 철학을 연구했다. 1841년 대학 졸업 후 당시 시대 상황에 깊은 관심을 가졌다. 1843년 6월 4살 연상의 베스트팔렌과 결혼하여 프랑스 파리로 옮겼다. 당시 프랑스 파리는 자유스러운 정치적 분위기로 인하여 각국에서 몰려온 급진주의적 혁명 사상가들이 많았다. 이들은 한결같이 당시의 국가체제나 질서를 무너뜨려야 한다고 주장했다.

이처럼 반체제 사상가들과 자연스럽게 어울리면서 영향을 받은 그는 사회주의에 관심을 가졌다. 이때 그의 평생 동료인 엥겔스(1820~1895)를 만난다. 마르크스는 1845년 2월 벨기에 브뤼셀로 거처를 옮겼다. 이곳에서 국제적 혁명운동에 관여했다. 이때부터 혁명가로 인정받았다. 〈공산주의연맹〉 강령인 〈공산당 선언〉을 이때 썼다.

마르크스는 1949년 활동무대를 다시 영국 런던으로 옮겼다. 런던의 생활은 참으로 비참하기 그지없었다. 그와 온 가족은 추위와 배고픔을 시달렸다. 엥겔스의 경제적 도움으로 겨우 살아남을 수 있었다. 이처럼 런던에서 겪은 극도의 가난과 추위, 배고픈 경험이 자본주의에 대한 그의 분노를 더욱 자극했다.

당시 유럽 사회가 안고 있던 부도덕성에 대한 심한 반발을 느껴 새로운 사회를 건설하기 위한 혁명 투쟁사상을 만들어냈다. 이 투쟁사상이 〈자본론〉이다. 그러나 그의 사상은 생존 시에는 별로 빛을 보지 못했다. 그가 공산주의 영웅으로 떠오른 것은 레닌이 공산주의 국가 소련을 수립한 이후다.

마르크스가 〈공산당 선언〉과 〈자본론〉에서 주장한 공산주의 내용은 다음과 같다. "자본주의 사회는 필연적으로 망한다. 자본주의 사회 다음으로는 공산주의 사회가 된다. 공산주의 사회는 능력에 따라 일하고 필요에 따라 배분받는 사회다. 세계는 지배계급인 유산자(有産者, 부르주아)와 피지배계급인 무산자(無産者, 프롤레타리아)로 양분할 수 있다. 양자 간 관계는 노동생산력의 착취로 인해 대립 갈등 관계에 놓인다. 이러한 계급 간 착취를 제거하기 위해서는 무산자에 의한 폭력 혁명을 실현함으로써 다수의 무산자가 소수의 유산자를 통치하는 공산주의 사회를 반드시 이루어야 한다."라고 주장한다.

마르크스가 주장하는 폭력 혁명 이론은 레닌(1870~1924)에 의해 현실이 되었다. 레닌은 1917년 2월 러시아 사회에서 공산주의 혁명을 성공시킨 인물이다. 공산주의 혁명에 성공하자 마르크스의 공산당 선언에 나오는 예언, 즉 '자본주의는 반드시 망하고 공산주의 사회가 열린다.'라는 내용을 설명해야 했다.

레닌은 마르크스 주장과는 달리 자본주의가 성숙하면 자본주의국가가 붕괴하고 공산주의가 필연적으로 도래한다고 보지 않았다. 산업자본주의가 독점자본주의 단계로 이행하여 제국주의로 변질한다고 보았다. 이와 같은 레닌의 입장은 자본주의 최후 단계를 제국주의 또는 독점자본주의로 규정했다. 그래서 그는 모든 자본주의가 제국주의 단계를 거쳐 멸망한다고 주장했다. 또한 자본주의국가 간에는 영토 야욕으로 인한 전쟁이 끊임없이 일어난다고 보았다.

하지만 당시 자본주의가 성숙하지 못한 러시아에서 프롤레타리아 계급인 노동자 농민은 혁명을 주도할 수 없었다. 그는 권력은 탈취해야 하는 것으로 생각했다. 그래서 노동자·농민을 지도할 세력으로 혁명가가 필요하다고 생각했다. 즉 볼셰비키(러시아사회주의로동당 다수파)가[22] 「직업 혁명가」를 동원하여 폭력으로 기존 정권을 뒤집어엎고 권력을 장악해야 한다고 주장했다.

레닌은 국내 권력 쟁탈에서 직업 혁명가의 역할이 중요하듯이 세계 공산혁명에도 소련이 주도적 역할을 해야 한다고 생각했다. 그 결과 1919년 3월 각국 공산당 대표들을 모스크바로 불러들여 〈코민테른〉이라는 국제공산당을 창설했다. 소련은 이를 계기로 그 위치를 확고히 하는 한편, 이를 바탕으로 각국에 폭력 혁명을 수출하고 국제 공산주의 사회 건설을 추진했다.

저자는 위 내용을 종합하여, 북한의 〈조선로동당 규약〉에 나와 있는 마르크스-레닌주의 혁명 원칙을 다음과 같이 해석한다.

> 마르크스가 공산당 선언에서 말한 것처럼 자본주의는 필연적으로 망하고, 공산주의 사회로 갈 수밖에 없다. 그러나 레닌이 말하고 행동한 것처럼 공산주의는 그냥 거저 주어지는 것이 아니다. 〈가진 것 없는 자〉가 폭력에 의하여 기존의 〈가진 자〉가 가지고 있는 권력을 쟁취할 때만 가능하다. 그리고 그 폭력은 전문 혁명가의 지도를 받을 때만 이루어질 수 있다.
>
> 공산주의 사회는, 전문 혁명가의 지휘 아래 폭력적 방법으로 프롤레타리아, 즉 〈가진 것 없는 자〉가 권력을 쟁취하여 지배하는 사회를 거쳐 간다. 하지만 〈가진 것 없는 자〉가 지배하는 사회에는 여전히 〈가진 자〉가 존재하며, 일정한

권력을 행사한다. 이 사회를 〈사회주의 사회〉라고 한다. 따라서 전문 혁명가 지도를 받으며 〈가진 자〉가 권력을 행사하지 않는(존재하지 않는) 사회를 만들 때 〈사회주의〉 사회는 비로소 〈공산주의〉 사회로 갈 수 있다.

레닌이 말한 〈혁명가〉는 북한에서는 김일성, 김정일, 김정은이 된다. 김일성, 김정일, 김정은은 레닌이 주장한 것처럼 「폭력」으로 〈가진 자〉를 몰아내야 한다고 주장한다. 여기서 〈가진 자〉는 대한민국과 미국이며, 북한 내 반(反) 백두혈통 세력이다.

대한민국과 미 제국주의를 몰아내고, 북한 내 반 백두혈통 세력을 척결하기 위해서는, 주체사상에 기초하여 체계화된 김일성-김정일주의 진리 사상으로 북한 주민을 무장시켜 김정은을 중심으로 한 〈조선로동당〉 기득권 세력에게 대를 이어 충성해야 한다.

나. 주체사상

(1) 생성과 성립

주체사상은 북한 정치, 경제, 사회, 문화를 비롯하여 주민들의 일상생활까지 영향을 미치는 북한 사회 나침반이다. 주체사상이 등장하여 변화 발전해온 역사는 북한 현대사 그 자체다. 북한 하면, 김일성-김정일-김정은과 함께 떠오르는 단어가 주체사상이다. 특히 김일성 자손을 뜻하는 〈백두혈통〉으로 권력이 세습될 때마다 〈지도사상〉을 계승하는 것이 권력 정통성과 맞물려 조선시대 옥새(玉璽: 국권의 상징으로 국가 문서에 사용하던 임금 도장) 같은 역할을 해 왔다.

북한에서 주체라는 용어가 처음 등장한 것은 1955년 12월 28일 김일성이 행한 〈사상사업에 교조주의와 형식주의를 퇴치하고 주체를 확립할 데 대하여〉라는 연설이다. 이 연설에서 김일성은 주체 개념을 소련과 중국 영향에서 벗어나겠다는 의지의 표현으로 사용하였다. 이후, 주체 개념을 정치에서의 자주, 경제에서의 자립, 군사에서의 자위 등으로 확대했다.

제일 먼저 나온 말은 〈경제에서의 자립〉이다. 김일성은 1956년 6월 1일부터 7월 19일까지 소련과 동유럽 공산국가들로부터 무상원조를 받기 위해 방문했다. 그러나 성과는 대단히 미흡했다. 그러자 그해 12월 11일 조선로동당 중앙위원회 전원회의 때 〈경제에서의 자립〉을 강조했다.

두 번째 나온 말이 〈정치에서의 자주〉다. 북한에서 1956년 8월 이른바 종파 사건이 발생했다. 종파 사건은 1956년 8월 당 중앙위원회 전원회의에서 김일성 반대 세력인 소련파, 연안파가 김일성의 당 독재와 개인숭배를 비판하다 숙청당한 사건이다.

김일성은 1956년 4월 제3차 당 대회에서 동북항일연군 소속으로 소련 제88여단에서 함께 일한 자파 인원들의 주요 보직 등용을 서두르며 스스로 신격화 사업을 추진하고 있었다. 그런데 소련 스탈린이 1953년 3월 5일 사망하자, 1956년 2월 14일부터 25일까지 개최된 소련공산당 제20차 대회에서 흐루시초프에 의해 스탈린 개인숭배가 비판받았다. 흐루시초프는 "스탈린의 신격화는 마르크스-레닌주의와 부합할 수 없는 허무맹랑한 것이다. 당 지도는 1인 지배체제에서 집단지도체제로 환원해야 한다. 국민 생활 전반에 다시 레닌의 통치방식이 운영되어야 한다."라고 주장했다.[23] 이 여파는 북한으로 밀려닥쳤다.

김일성 반대파 대표 주자는 중국공산당 지지를 받는 연안파 출신 내각 부수상 최창익이었다. 함께한 주요 인물은 직업총동맹위원장 서휘, 상업상 윤공흠, 황해남도당위원장 고봉기 등 연안파와 소련파 출신 부수상 박창옥, 국내파 공업국장 이필규, 석탄공업상 유축운 등이었다. 이들은 "김일성 개인숭배를 반대한다. 조선로동당은 집단지도체제로 가야 한다."라고 주장하며 당 전원회의에서 김일성을 합법적으로 당 위원장에서 해임하는 것을 목표로 삼았다.

1956년 8월 30일 평양예술극장에서 당 중앙위원회 전원회의가 개최되었다. 첫날 첫 번째 토론자로 나선 것은 상업상 윤공흠이었다. 그는 최창익을 비롯한 연안파와 박창옥을 비롯한 소련파 등 반 김일성 세력을 대표하여 "당의 경제정책과 인민 경제 5개년 계획 실패로 주민 생활이 위협받고 있다."라고 주장하며 김일성 정책 노선을 뒤엎으려고 했다.

그러자 그 자리에 있던 김일성 추종 세력 당 중앙위원들이 윤공흠을 단상에서 강제로 끌어냈다. 김일성은 윤공흠 연설을 〈반당종파행위〉로 규정했다. 그리고 반대파를 숙청했다. 윤공흠, 서휘, 이필규는 출당 조치를, 최창익과 박창옥은 당직과 내각 직책을 박탈시켰다.

이러한 사실이 소련과 중국공산당에 알려졌다. 소련은 부수상 미코얀을, 중국공산당은 6·25전쟁 중공군 사령관 팽덕회를 북한으로 급파하여 김일성 결정을 번복하도록 종용했다. 당시 소련과 중공으로부터 거액의 경제 원조를 받는 김일성 입장에서는 이 요구를 수용할 수밖에 없었다. 김일성은 1956년 9월 23일 당 전원회의를 소집하여 최창익·박창옥은 당 중앙위원으로, 윤공흠·서휘·이필규의 당적을 회복시켜 줬다.

하지만 김일성은 1957년 11월 소련의 흐루쇼프와 중공의 모택동에게 반대파 숙청 내용을 담은 〈8월종파의 정권전복 음모〉 사건을 보고하여 승인받았다. 1958년 3월 제1차 당 대표자 대회를 소집하여 최창익 박창옥은 국가 반란 음모죄 명목으로 숙청했다. 최고 두목 김두봉 등은 정치적으로 좌천시키고 사건을 종결했다. 결국 8월 종파 사건은 연안파·소련파의 패배로 끝이 났다. 이로써 김일성 독재체제는 더욱 공고해졌다. 김일성은 이 〈8월 종파 사건〉 처리와 함께 북한 사회 전반에 걸쳐 반종파 운동을 벌이면서 1957년 12월 5일 개최한 당 중앙위원회 전원회의에서 〈정치에서의 자주〉를 강조했다.

〈국방에서의 자위〉는 1950년 초반 쿠바 미사일 위기 때 소련이 미국에 굴복한 것을 계기로 1962년 12월 10일 당 중앙위원회 제4기 제5차 전원회의에서 제시된 개념이다. 핵심 내용은 전군(全軍)의 간부화, 전군(全軍)의 현대화, 전국(全國)의 요새화, 전민(全民)의 무장화다. 이는 현재 북한군의 군사전략으로 채택돼 지금은 물론 앞으로도 계속 추진할 것으로 보인다.

1962년 12월 19일 자 로동신문에서 처음으로 〈주체〉라는 말이 〈주체사상〉으로 발전하여 등장했다. 그러나 이 당시 〈주체사상〉은 사상이라고 표현하기는 했지만, 마르크스 사상처럼 체계를 갖춘 보편적인 사상이 아니었다. 대내외 정책 노선 수준에 불과했다. 즉 정적들을 수정주의자나 교조주의자로 숙청하고, 자신들은 주체의 지위를 지닌 세력으로 자리매김하기 위해 사상에서의 주체 개념을 자주, 자립, 자위로 특화한 것이다.

김일성은 1965년 인도네시아 알리아르함 사회과학원 연설에서 "주체사상으로 당을 무장해야 한다. 사상에서의 주체, 정치에서의 자주, 경제에서의 자립, 국방에서의 자위, 이것이 우리 당의 일관된 입장이다."라고 밝혔다. 김일성의 이 연설은 정리된 주체사상으로 국제적으로 전파한 첫 사례이다. 북한 정권은 1967년 12월 16일 최고인민회의 제4기 1차 회의에서 주체사상에 정권 운영을 위한 장전으로 위상을 확고하게 굳혔다. 이날 회의에 채택한 공화국 10대 정강 제1조에 주체사상을 포함했다.[24]

> 공화국 정부는 우리 당의 주체사상을 모든 부문에 걸쳐 훌륭히 구현함으로써 나라의 정치적 자주성을 공고히 하고, 우리 민족의 완전한 통일 독립과 번영을 보장할 수 있는 자립적 민족경제의 토대를 더욱 튼튼히 하며, 자체의 힘으로 조국의 안정을 믿음직하게 보위할 수 있도록 나라의 방위력을 강화하기 위한 자주, 자립, 자위의 로선을 철저히 관철할 것이다.

이로써 주체사상은 1955년 김일성이 처음 주체라는 말을 제안한 후, 12년 만에 북한 사회를 지도하는 공식 정강으로 자리매김하였다.

(2) 변화와 발전

김일성은 1967년을 기점으로 1인 독재체제를 구축했다고 평가할 수 있다. 김일성은 1967년 이전까지 끝없이 정적을 숙청했다. 정권 수립 과정에서 국내파 공산주의자 현준혁을 1945년 9월 암살했다. 현준혁 살해는 광복 후 발생한 최초의 테러 암살이었다. 이어서 민족 애국지사 조만식을 1946년 평양 고려호텔에 감금했다가, 평양 사동에 있던 일본 해군이 쓰던 건물 깊숙한 방에 가두었다가 끌고 나와 1950년 10월 중순 살해했다.[25]

이어 6·25전쟁 이전까지 함경도 지역 조선공산당원이었던 이영하, 오기섭 등을 숙청했다. 6·25전쟁 중에는 박헌영·이승엽 등 남조선로동당 약칭 남로당파를 간첩죄 등을 뒤집어씌워 사형시켰다. 6·25전쟁 후에는 김무정 김두봉 등 연안파와 허가이·김렬 등 소련파를 숙청했다. 그리고 1967년 5월 중국공산당 동북항일연군에서 김일성과 함께 활동한 박금철 등 김일성 직계라 할 수 있는 갑산파까지 숙청함으로써, 마침내 김일성 유일 지도체제를 구축했다.

북한 정권은 김일성 1인 지배체제를 강력하게 확립하기 위해 〈주체사상〉을 2개의 방향으로 발전시켜 나갔다. 하나는 이론적 체계를 갖춘 사상으로 만드는 것이었다. 또 다른 하나는 김일성 1인 지배 유일 체제와 김일성 자손으로의 권력 세습에 대한 정당성을 확보하기 위한 통치이념으로 내세우는 것이었다. 이와 같은 작업은 김정일 주도하에 1967년에 시작하여 1985년에 완료되었다.[26]

〈주체사상〉이 통치이념으로 발전한 것은 1970년 11월 조선로동당 제5차 당 대회 때 조선로동당 규약과 조선민주주의인민공화국 헌법에 마르크스-레닌주의와 함께 당 지도사상으로 최초 반영하면서 시작했다. 이후 1972년 개정된 헌법 제4조에 "마르크스-레닌주의를 우리나라의 현실에 창조적으로 적용한 조선로동당의 주체사상을 자기활동의 지도적 지침으로 삼는다."라고 규정하여 〈주체사상〉을 마르크스-레닌주의와 같거나 높은 위상을 부여했다. 그런 다음 1980년 당 대회 때는 마르크스-레닌주의를 삭제하고 주체사상을 유일한 지도사상으로 정의하여 말 그대로 북한의 최고 통치이념으로 자리를 잡았다.

(3) 이론체계

〈주체사상〉은 ① 철학적 원리, ② 사회 역사 원리, ③ 지도적 원리로 구성돼 있다.

첫 번째 철학적 원리는 다시 사람의 지위, 사람의 역할, 사람의 본질로 설계돼 있다. 사람의 지위는 '사람이 이 세상의 주인이다. 사람은 자기 운명의 주인이다.'라는 개념이다. 사람의 역할은 '사람이 모든 것을 결정한다. 사람이 세계를 개조한다. 사람은 자기 운명을 개척하는 데 결정적 역할을 한다.'라는 것이다. 사람의 본질은 '사람은 자주성, 창조성, 의식성을 가지고 있다. 자주성은 자주적으로 살며 발전하려는 사회적 인간의 속성이다. 창조성은 목적의식으로 세계를 개조하고 자기 운명을 개척해 나가는 사회적 인간의 속성이다. 의식성은 세계와 자기 자신을 파악하고 생각 따위를 근본적으로 바꾸기 위해 모든 활동을 규제하는 사회적 인간의 속성이다.'라고 말하고 있다.

　북한에서 주장하는 철학적 원리를 한마디로 정리해 보면, '사람이 모든 것의 주인이고, 모든 것을 결정하는 존재다.'라고 말할 수 있다. 즉 마르크스의 철학이 물질과 의식의 문제를 다뤘다면, 주체사상은 사람과 세계의 문제를 다뤄 세계를 지배하는 주인이 사람이고, 그를 개조하는 힘이 사람에게 있다는 것을 해명하여 사람을 중심으로 한 새로운 세계관을 정립했다고 주장한다.

　두 번째 사회적 역사 원리는 '사람은 사람이라는 개체에서 벗어나 집단화한 인민대중으로 전환된다. 집단화된 인민대중이 되면, 하나의 사회 역사적 개체이자 주체로 발전한다. 집단화된 인민대중은 당과 수령의 지도를 받아야 실질적인 개체이자 주체가 될 수 있다.'라고 말하고 있다. 이 사회적 역사 원리는 뒤에서 설명하는 〈혁명적 수령관〉과의 연결고리 역할을 하고 있다.

　세 번째 지도적 원리는 집단화된 인민대중이 정치 사회생활에서 수령과 당의 지도와 지침을 구현해 나가는 데 있어 준수해야 할 원칙을 의미한다. 이 지도적 원칙은 〈당의 유일적 영도체계 확립의 10대 원칙〉, 〈조선로동당 규약〉, 〈김일성-김정일 헌법〉 등 북한 법령체계의 기초를 이루고 있으며 〈생활 총화〉와 같은 사회생활 속 제도로 작동하고 있다. 즉 북한 주민들에 대한 북한 정권의 통제 시스템 바탕이 이 지도적 원리에서 출발하는 것이다.

(4) 통치이념으로 활용

(가) 혁명적 수령관

김정일은 1974년 공식 후계자가 되자, 〈주체사상〉에 대한 해석권을 독점했다. 그러면서 자신의 정치 기반을 위협하는 반대 세력 숙청에 이 〈주체사상〉을 이용했다. 무슨 말인가 하면, 〈주체사상〉에 〈혁명적 수령관〉과 〈사회정치적 생명체론〉을 만들어 접목한 것이다.

김정일은 수령 권위의 절대화, 수령 사상과 교시의 신조화, 수령 교시 집행의 무조건성을 제시하면서 "우리는 당의 유일사상체계를 세우는 작업을 철두철미하게 해야 한다. 수령님에 대한 절대적이고 무조건인 충실성을 배양하는 것을 기본으로 하여 계속 힘 있게 밀고 나가야 한다."라고 강조했다. 〈주체사상〉 체계를 세우는 작업은 '수령에 대한 충실성'이 선행해야 한다고 밝힌 것이다. 여기서 〈주체사상〉은 수령체제를 뒷받침하는 이론으로 활용되었다. 그 결과 〈혁명적 수령관〉이 나왔다.[27]

〈혁명적 수령관〉은 무엇일까? 그 해답은 〈수령〉에 대한 개념부터 알아야 가능하다. 북한에서 〈수령〉은 신과 같은 존재의 절대 권력을 상징한다. 권력 승계는 조선로동당 총비서, 조선민주주의인민공화국 국무위원장, 북한군 총사령관 등 직책이 아니다. 공식 직책이 아닌 〈수령〉 지위와 권위를 승계하는 것이다.

북한 주체사상 총서에서는 〈수령〉을 혁명 투쟁의 탁월한 지도자, 통일단결의 중심, 인민의 자애로운 어버이 등으로 지위를 규정하고 있다. 〈수령〉은 인민대중의 자주적 요구와 이익을 정확히 반영한 지도사상을 창시하고, 인민대중에게 혁명 투쟁의 앞길을 밝혀 주는 영도자로 그 역할을 정의하고 있다.

김정일은 당원·북한군·일반주민들의 〈수령〉에 대한 마음과 자세를 "수령을 위하여 자기의 모든 것을 다 바치며 티 없이 맑고 깨끗한 마음으로 수령을 높이 우러러 모시고 받들어 나가야 한다."라고 말했다.

북한에서 김일성에게 언제부터 〈수령〉 칭호를 붙였는지는 명확하지 않다. 북한에서 1947년 6월 출간한 〈김일성 장군은 전 조선 민족의 영도자이시다〉라는 책에서 김일성에게 〈수령〉이라는 칭호를 붙였다는 설과, 1952년 12월 개최된 당 중앙위원회 제5차 전원회의에서 '로동당의 조직적 사상적 강화는 우리 승리의 기초'라는 제목의 김일성 보고가 끝나자, 당원들이 "우리의 경애하는 수령 김일성 동지에게 영광을 드린다."라고 환호했다는 설에서 그 유래를 찾기도 한다. 어쨌든 1947년부터 수령 칭호를 사용했든, 1952년부터 수령 칭호를 사용했든 그 개념은 김일성을 마음에서 존경하는 차원의 호칭이자 수식어다.[28]

그러나 1967년 반대파를 완전하게 제거한 후 1인 지배체제가 확립되자, 단순한 존경의 의미가 아니라, 김일성의 절대적 권력을 상징하는 용어가 되었다. 이에 따라 수령의 지위와 역할, 수령을 대하는 당원·북한군·일반주민들의 자세 등에 대한 개념 정의와 체계화가 본격적으로 추진되었다. 이것이 〈혁명적 수령관〉으로 되었다. 〈혁명적 수령관〉은 〈수령〉의 지위 및 역할을 신념으로 받아들인 가운데, 〈수령〉에게 절대적으로 충성해야 한다는 것이다. 즉 혁명의 최고 수뇌인 수령이 없으면 당도 없고, 노동계급도 존재할 수 없다는 논리로서, 권력 세습을 위한 견강부회(牽强附會)한 초법적 통치이념이다.

실제로 김정일은 김일성 62회 생일 전날인 1974년 4월 14일 〈당의 유일사상체계 확립의 10대 원칙〉을 발표했다. 김정일은 〈혁명적 수령관〉을 더욱 세분화하여 무소불위의 초법적 지위를 부여했다. 특히 「원칙 10」에서 "위대한 수령 김일성 동지께서 개척하신 혁명 위업을 대를 이어 끝까지 계승하며 완성해 나가야 한다."라고 규정함으로써 김정일로의 권력 세습에 반대할 수 없는 사회적 분위기를 조성하는 데 성공했다.

(나) 사회정치적 생명론
〈사회정치적 생명체론〉은 김일성이 1959년부터 거론했다. 북한 정권은 "사람에게는 부모로부터 받는 육체적 생명과는 별도로 수령으로부터 받는 사회정치적 생명이 있다."라고 말한다. 북한에서 말하는 육체적 생명과 사회정치적 생명은 다음과 같은 몇 가지 차이가 있다.

① 육체적 생명은 부모가, 사회정치적 생명은 수령이 부여한다. 다만 인민이 사회정치적 생명을 수령으로부터 부여받기 위해서는 갖추어야 할 조건이 있다. 그것은 인민이 자주성을 확보하기 위한 투쟁을 벌여 나가고, 혁명적인 조직 생활에 임해야 한다. 모든 사람이 천성적으로 갖는 생명이 아니다. 사회정치적 생명을 부여받은 인민은 육체적 생명을 준 친부모에게 효성을 다하듯이 수령에 대해서 충성을 다해야 한다.
② 육체적 생명은 유한하나 사회정치적 생명은 영원하다. 만약 인간에게 육체적 생명만 있다면 혁명 선배가 죽었을 경우 혁명 과업이 후배에게 이어지기 어렵다. 육체적 생명은 죽으면 무(無)로 돌아가기 때문이다. 그러나 혁명 선배와 후배에게 영원한 사회정치적 생명이 있다면, 설사 혁명 선배가 육체적으로 사망해도 혁명 과업은 사회정치적 생명을 통해 이어질 수 있다. 이와 함께 사회정치적 생명이 혁명 선배에서 혁명 후배로 이어지는 것과 같은 논리로, 사회정치적 생명을 부여하는 수령도 대를 이어 지속되어야 한다. 북한 정권의 이러한 주장은 김일성에서 김정일로의 권력 세습을 원활하게 이행하기 위한 역시 견강부회(牽强附會)한 논리에 불과하다.

③ 생명을 유지하기 위한 수단에서의 차이다. 육체적 생명이 잘 유지되려면, 신체의 물질대사가 원활하게 이루어져야 한다. 이와 마찬가지로 사회정치적 생명이 잘 유지되려면 소속된 조직에서 조직 생활을 잘해야 한다. 김일성은 "조직 생활은 사상 단련의 용광로이며 혁명적 교양의 학교다. 누구나 강한 조직 생활을 통해서만 혁명적으로 단련될 수 있다. 로동 계급의 혁명 위업에 충실한 참된 혁명가로 자라날 수 있다."라고 말했다.

④ 생명에 담긴 의미의 차이다. 육체적 생명의 의미는 개인의 목숨이지만, 사회정치적 생명의 의미는 자주성으로 통한다. 자주성은 생명과 동등한 개념으로 통할 만큼 중요하다. 북한이 각종 대내외 정책에서 "우리의 자주성을 건드리지 말라."라고 목소리를 높이는 것은 이런 배경에서다.[29]

북한 정권이 말하는 〈사회정치적 생명론〉은 어버이 수령, 어머니 당, 자녀 대중이 혈연적으로 기초해 하나의 혁명적 대가정을 이루고 운명을 함께하면서 혁명을 이루어 나가는 사회체제를 말한다.

여기서 혁명적 의리와 동지애가 작동한다. 혁명적 의리와 동지애는 대중들 사이에서도 작동하지만, 특히 수령과 개인 사이에서 가장 높은 수준으로 나타난다. 수령이 대중에게 사회정치적 생명을 부여하면서 육친으로서 사랑하고 배려하면, 대중은 이에 감복해 충성과 효성을 가지고 수령을 절대적으로 받들어 모시기 때문에 수령과 대중 간에는 혁명적 의리와 동지애가 강할 수밖에 없다는 것이다. 특히 이 혁명적 의리와 동지애는 부부 사랑, 모자 사랑, 부자 사랑보다 더 귀중하다고 주장한다.[30]

북한 정권이 1955년부터 표방하고 있는 주체사상은 북한을 국제사회로부터 더욱 고립시킴에 따라 1992년부터 1996년 기간 중 300만여 명이 굶어 죽었다. 2020년에도 굶어 죽는 사람과 관련한 사건 보고가 400여 건에 달하는 등 심각한 경제난을 겪고 있다. 북한 주민들이 굶어 죽어가고 있다는 사실 하나만으로도 주체사상의 허구성과 한계는 명백하다.

주체사상은 대한민국 헌법 제10조와 세계 인권선언(1994년)에서 규정하고 있는 '모든 인간은 인간으로서의 존엄과 가치를 가지며, 행복을 추구할 권리를 가진다. 국가는 개인이 가지는 불가침의 기본적 인권을 확인하고 이를 보장할 의무를 진다.'라는 사람이 태어나면서부터 가지고 있는 가장 기본적인 권리를 말살하고 있을 뿐이다. 그리고 여기에 더하여 김일성 자손(子孫)만이 〈수령〉을 할 수 있는 권력 독점 및 세습, 그리고 우상화를 위한 정략적 도구로 활용하고 있는 견강부회(牽强附會)한 논리이자, 허망(虛妄: 거짓이 많고 망령됨)한 주장에 불과하다.

다. 선군사상

〈선군사상(先軍思想)〉은 말 그대로 북한군이 모든 북한 사업을 앞에서 이끌어간다는 것이다. 북한은 1992년부터 1996년까지 심각한 식량난을 겪는 등 총체적 어려움에 놓여있었다. 북한군을 앞세워 이를 극복해 나가겠다는 정치 행위가 〈선군사상〉이다.

〈선군사상〉은 김일성 사망 이후 1995년에 처음으로 등장하여 조선로동당의 지도사상으로 발전했다. 북한군이 정치, 경제뿐만 아니라 교육, 문화, 예술 등 전 분야에서 영향력을 미치기 시작했다. 당시 북한 정권은 '김정일 령도자의 선군사상', '우리 당의 선군사상', '위대한 수령님의 선군사상' 등으로 다양하게 표현하며 느슨해진 당 통제를 군 통제로 보완했다.

그러나 북한이 당면한 위기 상황의 근본적 원인이 〈수령〉 1인 독재체제와 1인 지배체제 권력 공고화를 위한 사상교육에 있음에도 불구하고, 오히려 김정일은 외부의 사상과 문화의 침투가 체제에 위협이 된다는 인식 하에 정권 수호를 위해 〈선군사상〉이라는 사상사업을 강조하는 길을 선택했다.

〈선군사상〉은 '원리'와 '원칙'으로 설계돼 있다. 먼저 원리는 '총대 철학'과 '군대는 당이고 국가이며 인민'이라는 2개의 개념으로 구성된다. 먼저 '총대 철학'은 미 제국주의가 무력을 사용해서 인민대중을 탄압하기 때문에 인민대중들도 총대를 잡아야 한다는 주장이다. 총대를 잡고 무력을 강화해야 미 제국주의와 싸워 이길 수 있고, 혁명의 수뇌 〈수령〉을 옹호할 수 있다는 것이다.

'군대는 당이고 국가이며 인민'이라는 원리는, 북한군이 강하면 당이 무너져도 다시 만들 수 있지만, 북한군이 약하면 당·국가·인민은 존재 자체를 유지하기가 어렵다는 논리다. 북한군이 비록 조선로동당의 지도를 받지만, 조선로동당의 발전은 북한군의 역량에 달려 있다. 따라서 북한군을 북한 체제에서 가장 중요한 조직으로 자리매김해야 한다는 주장이다.

원칙은 '군사선행(軍事先行)'과 '선군후로(先軍後勞)'로 돼 있다. '군사선행'은 선군사상 원리 중, '총대 철학'을 구현하는 수단이다. 정권을 운영하기 위한 사업 중에서 군사(軍事)를 가장 먼저 실행한다는 것이다. '선군후로'는 선군사상 원리 중 '군대는 당이고 국가이며 인민'이라는 원리를 구현하는 수단이다. 사업장에 투입하는 인력을 로동자에 우선하여 군인을 투입한다는 뜻이다.

이는 북한군이 모든 사회 활동의 기본 틀로 작용한다는 것을 말한다. 북한이 가난하고 못사는 것은 미 제국주의가 북한 붕괴를 지속 획책하고 있기 때문이라고 주장하면서 절체절명의 위기를 돌파하기 위해서 북한군을 혁명과 건설의 주력으로 내세운다는 것이다.

김정일은 1995년 〈선군사상〉을 내세운 후, 죽은 김일성을 '영원한 주석'으로 추대했다. 이어 1998년 중앙인민위원회를 폐지하고 국방위원회로 대체했다. 전시기구였던 국방위원회를 평시 행정기관으로 바꾼 후, 〈수령〉의 유일 영도 아래 북한 사회의 전반 사업을 '군사선행' 원칙에 따라 지도 관리하는 역할을 담당하게 했다.

김정일은 김정은에게로의 후계체제를 구축하기 위해 2009년 헌법을 개정하고, 2010년 조선로동당 규약을 개정하면서 '공산주의'에 관한 용어를 삭제했다. 공산주의 용어 자리에는 〈주체사상〉과 〈선군사상〉을 유일사상으로 나란히 명문화했다. 「주체사상-선군사상」의 통치 이념화는 김일성-김정일-김정은으로 이어지는 백두혈통 권력 세습의 정당화를 위한 계산된 이론 작업이었다.

라. 김일성-김정일주의

김정은 시대 통치이념은 〈김일성-김정일주의〉이다. 김정은은 2012년 4월 6일 담화를 통해 "위대한 김정일 동지를 우리 당의 영원한 총비서로 높이 모시고 주체 혁명 위업을 빛나게 완성해 나가자."라고 주장하면서 〈김일성-김정일주의〉를 처음으로 제시했다.

이후 2012년 4월 헌법 개정을 통해 '김일성을 영원한 주석으로, 김정일을 영원한 국방위원장으로' 명문화했다. 김정은 2012년 4월 당 대표자 대회에서는 "김일성-김정일주의는 주체의 사상·이론·방법의 전일적인 체계이며, 주체 시대를 대표하는 위대한 혁명 사상이다."라고 밝혔다. 〈김일성-김정일주의〉가 주체사상에 뿌리를 둔 통치이념이라는 점을 분명하게 나타낸 것이다. 그리고 2021년 1월 조선로동당 규약에 〈김일성-김정일주의〉를 당의 유일한 지도사상으로 규정했다.

북한에서 후계자는 선대 수령의 혁명 사상을 심화 발전시키는 과업이 가장 중요한 덕목이 된다. 김정은은 아버지 김정일의 갑작스러운 사망으로 〈수령〉에 올랐다. 혁명 과업을 심화 발전시킬 수 있는 실적이 없었다. 김일성의 〈주체사상〉, 김정일의 〈선군사상〉을 체계화하는 노력이라도 보여줘야 할 절박한 상황에 놓여있었다. 이러한 절박성을 직감한 김정은은 아버지 김정일이 1974년 〈주체사상〉을 〈김일성주의〉로 만든 것처럼, 할아버지 김일성의 〈주체사상〉과 아버지 김정일의 〈선군사상〉을 묶어서 〈김일성-김정일주의〉로 메이크업하여 자신의 통치이념으로 제시한 것이다.

김정은은 2016년 5월 제7차 당 대회 때 〈김일성-김정일주의〉를 당 최고 강령으로 채택하며 영원한 당 지도사상으로 규정했다. 2019년 개정된 헌법에서는 "조선민주주의인민공화국은 위대한 김일성-김정일주의를 국가 건설과 활동의 유일한 지도지침으로 삼는다."라고 명시했다. 2021년 1월 제8차 당 대회에서 개정한 북한 헌법 이름을 〈김일성-김정일 헌법〉으로 하는 등 북한 정권의 유일한 지도사상으로 자리매김하였다.

김정은은 2013년 1월 28일부터 29일까지 열린 조선로동당 제4차 당세포 비서대회에서 연설을 통해 "〈김일성-김정일주의〉는 본질에 있어서 인민대중 제일주의이며, 인민을 하늘처럼 숭배하고 인민을 위하여 헌신적으로 복무하는 사람이 바로 참다운 김일성-김정일주의자이다."라고 말했다.

북한은 2021년 제8차 당 대회에서 인민대중 제일주의를 '사회주의 기본 정치방식'으로 당 규약에 넣었다. 인민대중 제일주의는 북한이 추진하는 하나의 이념이다. 일시적인 정책에 그치는 게 아니라, 사회주의가 따라야 할 기본 정치방식으로 본다는 것이다.[31] 결론적으로 〈김일성-김정일주의〉는 수령과 당이 인민들을 잘 지도할 테니, 인민들도 수령과 당에 충성을 다하라는 독재체제를 유지하기 위한 논리 이념이다.

3. 권력구조

첫째, 실질적 권력을 장악한 하나의 당이 국가와 사회를 지배한다.
둘째, 국가와 사회에서 오직 하나의 이데올로기 만을 인정한다.
셋째, 모든 정치과정과 언론은 마르크스-레닌주의 정당이 장악함으로써 자율적 정치사회 체계는 존재할 수 없다.
넷째, 공산당의 권력 독점을 정당화하고 마르크스-레닌주의 정당의 지도적 역할을 구체화 하는 '민주주의 중앙집권제'원칙에 기초하여 국가를 조직한다.

가. 특징

사회주의 국가의 특성은 당이 국가 위에서 국가체계를 운영한다는 것이다. 사회주의 국가에서 볼 수 있는 공통적인 현상은 다음과 같다. 첫째, 실질적 권력을 장악한 하나의 당이 국가와 사회를 지배한다. 둘째, 국가와 사회에서 오직 하나의 이데올로기만을 인정한다. 셋째, 모든 정치과정과 언론매체들은 마르크스-레닌주의 정당이 장악함으로써 자율적인 정치·사회 하부체계는 존재할 수 없다. 넷째, 공산당의 권력 독점을 정당화하고 마르크스-레닌주의 정당의 '지도적 역할'을 구체화하는 '민주주의 중앙집권제' 원칙에 기초하여 국가를 조직한다.

민주주의 중앙집권제 원칙은 공산당의 정책 결정 과정 및 조직의 기저를 이루고 있다.[32] 북한에서는 조선로동당 규약(1980년)과 사회주의헌법(1998년)에서 민주주의 중앙집권제를 '민주주의와 중앙집권제를 유기적으로 결합한 활동 원칙 또는 그런 원칙이 관철되어 있는 제도', '위로부터의 통일적인 지도와 밑으로부터의 창발성을 결합시키는 노동계급의 당과 국가기관 및 사회단체들의 조직과 활동 원칙'으로 설명하고 있다.

북한 정치체제는 조선로동당, 입법부·행정부·사법부를 포괄하는 기구, 그리고 북한군 등 3개의 큰 조직으로 구성되어 있다. 북한 역시 여타 사회주의 국가가 그렇듯 〈조선로동당〉이 유일한 집권당이다. 북한에도 조선사회민주당, 천도교청우당 등 몇 개의 군소정당이 있지만 이들은 모두 〈조선로동당〉의 지도를 받는 들러리 정당(Satellite Party)에 불과하다.

북한의 모든 정책은 〈조선로동당〉의 지도와 통제 아래 추진된다. 즉 당이 정책을 수립 결정하는 기능을 수행한다. 당이 정책을 결정하면, 입법부 역할을 하는 최고인민회의는 법 제정 기능으로, 행정부 역할을 하는 국무위원회와 내각은 집행 기능으로, 사법부 역할을 하는 사법검찰기관(중앙재판소, 중앙검찰소)은 해석 기능으로 당 정책을 실행한다. 당의 지도와 통제하에 모든 정책을 추진하기 때문에, 자유민주주의 국가에서 나타나는 권력분립, 견제와 균형은 없다.

북한에서는 〈조선노동당〉 규약 제53조에 "인민정권은 당의 령도 밑에 활동한다."로, 헌법 제11조에서는 "조선민주주의인민공화국은 조선로동당의 령도 밑에 모든 활동을 진행한다."라고 규정하여 당 통제를 법적으로 뒷받침하고 있다.

북한군도 '당의 군대'로 규정되어 있다. 조선로동당 규약 제47조는 "조선인민군은 국가방위의 기본력량, 혁명의 주력군으로서 사회주의 조국과 당과 혁명을 무장으로 옹호 보위하고 당의 령도를 앞장에서 받들어나가는 조선로동당의 혁명적 무장력이다. 조선인민군은 모든 군사정치 활동을 당의 령도 밑에 진행한다."라고 규정하고 있다. 북한군 문제는 뒤에서 별도로 자세하게 이야기한다.

나. 조선로동당

(1) 연혁

(가) 광복 이전

조선로동당 역사는 북한 정권 역사이다. 조선로동당 연혁을 다루지 않으면 북한 정권을 설명할 수 없다. 우리나라 공산주의 역사는 누가? 언제? 어디서? 무엇을? 어떻게? 왜 만들었을까? 이 물음에 대한 답은 "매우 복잡하다."이다. 줄기를 더듬어 보면 가지가 나오는 듯하다가 다시 다른 줄기가 나오고, 다른 줄기는 또 다른 가지를 치는 형식으로 얽히고설키어 있다.

우리나라 공산주의 역사를 써간 사람들은 '왜 공산당을 만들었을까?' 이에 대한 물음에 답하지 않고 공산주의 역사를 이야기하면 큰 줄거리는 잡지 못하고 잡다한 가지만 잡는 형국이 된다. 저자는 이 물음에 이렇게 답을 한다. "공산주의자들은 일제에 빼앗긴 나라를 되찾기 위해 독립운동을 한 것이 아니라, 공산주의 사회 건설을 위해 일제와 투쟁하였다."라고.

저자는 위 내용에 대한 증거로 백범 김구와 이동휘가 나눈 대화를 제시한다. 백범일지에 기록돼 있는 내용을 원문(도진순 주해, 백범일지 310쪽) 그대로 인용한다.

> 어느 날 이 총리(이동휘)가 나에게 공원 산보를 청하기에 동반하였더니, 조용히 자기를 도와달라고 말하였다. 나는 좀 불쾌한 생각이 들어서 "제가 경무국장으로 총리를 보호하는 터에 직책상 무슨 잘못된 일이 있습니까?" 대답하니, 이 씨는 손을 저으면서 답변하였다.
>
> "그런 것이 아니오. 대저 혁명이란 유혈 사업으로 어느 민족에게나 대사인데, 현재 우리의 독립운동은 민주주의 혁명에 불과하오. 따라서 이대로 독립을 한 후 또다시 공산혁명을 하게 되니, 두 번 유혈은 우리 민족에게도 큰 불행이오.

> 그러니 적은이(적은이는 아우님이란 뜻이다. 이동휘가 수하 동지들에게 즐겨 쓰던 말이다.)도 나와 같이 공산혁명을 하는 것이 어떠하오?"
>
> 나는 반문했다. "우리가 공산혁명을 하는데 제3국당(코민테른)의 지휘 명령을 받지 않고 우리가 독자적으로 공산혁명을 할 수 있습니까?" 이 씨는 고개를 저으며 말하였다. "불가능하오."
>
> 나는 강경한 어조로 다시 말하였다. "우리 독립운동이 우리 한민족의 독자성을 떠나서 어느 제3자의 지도 명령의 지배를 받는다는 것은 자존성을 상실한 운동입니다. 선생은 우리 임시정부 헌장에 위배되는 말을 하심이 크게 옳지 못하니, 제(弟: 동생)는 선생의 지도를 따를 수 없으며 선생의 자중을 권고합니다." 그러자 이 씨는 불만스러운 낯빛으로 나와 헤어졌다.

위 내용에서 이동휘는 '자신의 임시정부 활동은 대한민국 독립이 아니라, 코민테른 지도와 명령하에 공산주의 사회 건설을 위한 위장된 독립운동'임을 분명하게 말하고 있다. 일제 강점기 공산주의 운동을 바로 이런 시각에서 봐야지만 후에 기술할 조선공산당(1925년)⇨조선공산당(1945년)⇨남조선로동당·북조선로동당⇨조선로동당⇨조선로동당 전위 조직(1968년 통혁당 등) 등에 대하여 정확하게 이해할 수가 있다.

우리나라에서의 공산주의 운동은 ① 한국인에 의한 공산주의가 시작된 후, ② 한반도에서 공산주의가 시작되었다. 그리고 '한반도에서의 공산주의'가 지금의 북한 〈조선로동당〉으로 변화 발전했다.

먼저 ① 한국인에 의한 공산주의 역사를 정리하면 이렇다. 소련에 거주하는 김철훈(金哲勳), 오하묵(吳夏默) 등이 소련 이르쿠츠크에서 1918년 1월 22일 〈이르쿠츠크 공산당 한인지부〉를 결성한 것이 최초이다. 두 번째 한인에 의한 공산주의는 이동휘(李東輝), 박진순(朴鎭淳) 등이 소련 하바롭스크에서 〈한인사회당〉을 1918년 6월에 조직한 것이다.

 당시에는 국제공산당 〈코민테른〉[33] 지침에 의해 1개 국가에 1개 공산당만 설립할 수 있었다. 한인이 만든 〈이르쿠츠크 공산당 한인지부〉와 〈한인사회당〉 모두 〈코민테른〉으로부터 공인받지 못했다. 공인받지 못한 가장 큰 이유는 코민테른으로부터 인정받기 위해 서로 비방하면서, 자기 당 승인만 요구했기 때문이다.

 이런 상황에서 〈이르쿠츠크 공산당 한인지부〉와 〈한인사회당〉은 1921년 소련 '스보보드니'[34]에서, 청산리 전투 후 이곳 자유시(한인들은 스보보드니를 자유시로 불렀다)로 피신해 온 최진동, 지청천, 홍범도 등 독립군 8개 무장 조직 3,500여 명을 자파(이르쿠츠크 공산당 한인지부와 한인사회당)로 끌어들이기 위해 무력으로 권력 다툼을 했다.

 이 과정에서 소련공산당 군대인 적군에 의해 독립군 대다수가 몰살당하는 자유시 사변을 겪었다. 이후 1922년 말부터 1923년 초 〈이르쿠츠크 공산당 한인지부〉와 〈한인사회당〉은 해체 후, 러시아공산당 연해현당 집행위원회 한 부서로 '꼬르뷰로'를 설치했다. 그리고 이 '꼬르뷰로'는 명칭을 '오르그뷰로' 바꿨다가 1925년 러일 기본조약이 체결되어 러-일 두 나라의 치안을 해치는 행동 금지에 관한 상호규정 발효와 동시에 없어졌다.

 소련 땅에서 위에서 본 바와 같이 한인들끼리 주도권을 놓고 다투고 있을 때, 서울에서는 박헌영을 중심으로 〈조선공산당〉 창당이 비밀리에 추진되었다. 1925년 4월 17일 13:00시부터 16:00시 사이에 서울 중구 을지로 지금의 롯데호텔과 조선호텔 담장 부근에 있던 중국 음식점 〈아서원〉 2층에서 〈조선공산당〉이 결성되었다. 이날은 조선기자대회 마지막 날이었다. 1925년 4월 15일부터 4월 21일까지 조선기자대회와 전조선 민중

제3장 정치체제

운동자 대회가 연쇄적으로 개최되었다. 일제 경찰의 관심을 이 두 대회에 쏠리게 한 후, 전격적으로 〈조선공산당〉을 창당한 것이다.

창당 자리에 참석한 공산주의자는 김재봉(金在鳳, 또 다른 이름 權田), 김낙준(金洛俊, 또 다른 이름 金燦), 김두전(金枓佺, 또 다른 이름 金若水), 주종건(朱種建), 윤덕병(尹德炳), 진병기(陳秉基), 조동우(趙東祐), 조봉암(曺奉岩, 또 다른 이름 朴哲煥), 송봉우(宋奉瑀), 김상주(金尙珠), 유진희(俞鎭熙), 독고전(獨孤佺) 등 12명이라는 설과 여기에 더하여 정운해(鄭雲海), 최원택(崔元澤), 이봉수(李鳳洙), 김기수(金基洙), 신동호(申東浩), 박헌영(朴憲永), 홍덕유(洪悳裕)가 참석했다는 말도 있다.

이들은 외관상 위장 주연을 베풀고 회의를 진행했다. 먼저 김재봉이 모두를 향하여 "오늘의 집회는 조선공산당 조직을 논의함에 있다."라고 개회를 선언했다. 이어 사회자 김두전(일명 김약수)은 공산당 결성의 필요성을 재강조하고 의견을 물었다. 참석자 전원이 찬성했다. 〈조선공산당〉이 탄생한 것이었다.

이 자리에서는 지방 대표들의 현지 정세 보고가 있었다. 신의주 출신 독고전은 국경지대 사상 동향이 우리에게 고무적이라고 하였다. 마산 출신 김상주는 공산주의 사상이 점차 광범위하게 보급되고 있어 장래가 유망하다고 하였다. 당의 명칭은 김찬의 제의에 따라 〈조선공산당〉으로 하였다.

이어 당 기관 조직과 간부 선출에 들어갔다. 김찬, 조동우, 조봉암 3명을 전형위원으로 선출했다. 이들에게 중앙집행위원회를 구성하는 7명의 집행위원과 중앙검사위원회를 구성하는 3명의 검사위원을 각각 선출할 것을 위임하였다. 이 결성대회는 일제 경찰의 추적을 피하여 전격적으로 황급히 진행한 관계로 정상적인 절차를 제대로 밟지 않은 가운데 당 강령 및 규약도 토의하지 못한 채 창당 대회를 끝냈다.

결당 대회에서 선출된 전형위원에 의해 김약수, 김찬, 유진희, 주종건, 조동우, 정운해, 김재봉 등 7명의 중앙집행위원을 피선했다. 김재봉 등 7명의 중앙집행위원 전원은 1925년 4월 18일 서울 종로 가회동 김찬의 아지트에 집합하여 제1차 중앙집행위원회를 개최했다. 이 회의에서 중앙당 기구로 비서부 김재봉, 조직부 김찬, 정경부 유진희, 인사부 김약수, 조사부 주종건, 선전부 조동우, 노농부 정운해를 각각 책임자로 보직시켰다.

당 결성을 끝낸 중앙집행위는 1925년 5월 조동우를 정식 대표로, 조봉암을 부대표로 하여 모스크바에 있는 국제공산당 코민테른에 파견했다. 그들은 1925년 6월 모스크바에 도착하여 코민테른에 〈조선공산당〉 성립을 보고했고, 코민테른은 이듬해 1926년 4월 이를 승인했다. 이때부터 역사상 처음으로 코민테른 조선지부로서의 1국 1당(一國一黨)의 존재가 〈조선공산당〉으로 되었다. 이 당을 통칭하여 '김재봉 당' 또는 '제1차 조선공산당'으로 부른다.

1925년 11월 이른바 신의주 사건으로 제1차 조선공산당 간부 검거 사건과 관련한 일제 사법 문서는 〈조선공산당〉 혁명적 의의를 적고 있는데, 곧 〈조선공산당〉 강령 정신을 그대로 말하는 것으로 간주해도 잘못이 없다. 그 내용을 보면 다음과 같다.[35]

> 조선공산당은 국제공산당이 그러함과 마찬가지로 그 한 지부로서 폭력 혁명에 의거하여 공산주의 국가의 건설을 목적으로 하고 있다. 조선 문제로서는 공산당 지도로 노동자 농민의 결합으로 공동 전선을 전개하고, 일본제국주의 통치를 변혁하여 그 사유재산제도를 부인하려는 데에 있다.

> 세계 프롤레타리아 국가의 건설을 위해서는 자본주의 일본제국주의를 타파하고 식민지 조선의 독립을 도모하지 않으면 아니 된다. 민족 문제 해결은 프롤레타리아 독재의 일부로 된다. 조선에서의 혁명적 의의는 이와 같이 이해되어야 할 것이다.
>
> 프롤레타리아 독재로의 민족운동을 원조함은 물론 전술로서 민족주의적 단체와 제휴하여 이를 이용하는 것은 이미 배우고 있다. 노동운동으로 소작쟁의로 파고 들어간다. 학교의 맹휴도 그 대상이 되고 있다. 그리하여 그 조직에서는 각 방면에 야체이카(기본 세포)를 부식하고 모든 표현단체에 프락치(조선공산당원을 어느 단체 및 조직에 파견하여 그 단체 및 조직을 조선공산당에 우호적으로 만드는 역할을 하는 요원)를 만든다.

이 문서를 분석해 보면, 〈조선공산당〉의 목적은 조선의 독립이 아니라, 조선에 국제공산당 코민테른 지도 및 명령하에 공산주의 국가를 건설하는 것임을 다시 한번 확인할 수 있다.

한편, 〈고려공산청년회〉가 1925년 4월 18일 서울 종로 훈정동 4번지 박헌영 집에서 결성되었다. 이날 결성대회에서 박헌영을 책임 비서로 선출했다. 중앙집행위원으로는 임원근(林元根), 권오설(權五卨), 김단야(金丹冶), 김찬(金燦), 홍회식(洪瑃植), 조봉암(曺奉岩), 박헌영(朴憲永) 등 7명이었다. 검사위원은 임형관(林亨寬), 조리환(曺利煥), 김동명(金東明) 등 3명이었다.

〈고려공산청년회〉의 주요 기능은 공산당원을 만들어내는 것이다. 즉 회원에게 일정한 공산주의 교양과 훈련을 시켜 당원으로서의 정치적, 사상적 준비를 갖추게 하는 제반 사업을 시행하는 것이다. 중앙집행위원은 반드시 〈조선공산당〉 중앙집행위원 중 1명을 선출하여 보직시켰다. 김찬(金燦)이 〈조선공산당〉 중앙집행위원이자 고려공산청년회 중앙집행위원이 된 이유다. 〈조선공산당〉과는 같은 몸이지만, 머리와 심장은 각각으로 작동하는 관계였다. 〈고려공산청년회〉도 1926년 4월 모스크바에 있는 국제 공산청년회로부터 공식 승인받았다.

세칭 '신의주 사건'이 1925년 11월 23일 신의주에서 발생했다. 이 사건으로 박헌영이 검거되는 등 〈조선공산당〉은 붕괴하기 시작했다. 사건의 발단과 배경은 이렇다. 〈조선공산당〉 책임 비서 김재봉과 〈고려공산청년동맹〉 책임 비서 박헌영은 신의주 주재 국경 연락책으로 독고전과 임형관을 임명하여 운영하고 있었다. 이런 상황에서 신의주 공산 청년단체 '신만청년회' 집행위원장 김득린, 회원 김경서 등 28명이 1925년 11월 22일 신의주 경성식당 2층에서 지방 연예인을 초청하여 노래 부르며 회식하고 있었다. 1층에서는 변호사 박유정, 의대생 송계하 등 5명이 회식하고 있었다.

식당 주인이 2층으로 올라가 "1층에 박유정 변호사 등이 회식하고 있으니 너무 소란스럽게 하지 말라."라고 주의를 주었다. 이에 김경서가 1층으로 내려와 변호사 박유정 등에게 "잘난 척하는 변호사, 자산가를 때려 부숴라!"라며 주먹으로 구타했다. 그 자리에 있던 일본 순사가 '신만청년회' 집행위원장 김득린이 붉은 완장 찬 모습을 보고 공산주의자로 판단하여 구타 사건에 가담한 자들을 소환하여 조사했다.

조사 결과, 박헌영이 상해에 있는 여운형에게 보내는 편지가 발견되었다. 편지 내용은 고려공청에서 소련으로 21명의 유학생을 보낸 사실과 소요 경비 조달을 위한 비밀 활동 등을 적은 것이었다. 박헌영은 이 편지를 신의주 국경 연락책 임형관을 통해 전달하도록 했고, 임형관은 이 편지를 구타 사건 관련자 김경서에게 맡김으로써 탄로 난 것이었다. 이렇게 하여 단순 폭행 사건이 〈조선공산당〉 검거 사건으로 확대된 것이었다.

〈조선공산당〉과 〈고려공산청년동맹〉이 1925년 4월 17일, 4월 18일 각각 창설한 이후 일제의 치안유지법 등을 교묘하게 피하며 지하 활동을 해왔는데, 이 '신의주 사건'으로 당과 공청(고려공산청년동맹) 간부는 물론이고 조직 성원들이 전국적으로 대량 검거되었다. 이른바 김재봉 당으로 불리는 제1차 〈조선공산당〉은 이렇게 무너졌다.

〈조선공산당〉은 1925년 12월 서울에서 극비리에 2차 재조직됐다. 1차 공산당에 가담했다가 일제 검거를 피한 인물들이 주축이었다. 당 책임 비서에 강달영(姜達永), 고려공산청년회 책임 비서에는 권오설(權五卨)이 선출됐다. 책임 비서 강달영은 좌우 연합의 국민적 당을 조직한 뒤 공산당이 실권(實權)을 장악하는 게 목표였다. 이에 따라 민족주의 진영 및 천도교 중진 등과 접촉했다. 좌우 연합당 창당을 추진했다. 그러나 일제에 의해 실현하지 못하고 주요 인물은 체포되는 등 강제 해산됐다. 이를 제2차 조선공산당 사건이라고 한다.

1926년 11월 일본 도쿄의 사회주의 유학생 단체인 일월회(一月會) 간부 안광천(安光泉), 하필원(河弼源) 등이 국내에 잠입해 선언서를 발표했다. 이들은 민족주의 운동을 무시해서는 안 되며 종래의 경제투쟁을 정치투쟁 형태로 바꾸어야 한다며 노선 전환을 촉구했다. 민족과 사회주의 양 진영의 협동을 추진하자는 이 선언을 정우회(正友會)선언으로 불렀다.

이 선언에 따라 1926년 12월 조선공산당이 3차로 재건됐다. 코민테른은 3차로 재건된 당에 조직 운영방침, 단일의 민족혁명전선 조직 및 운영방침 등 11개 조의 지령을 하달했다. 일제의 추적을 피할 목적으로 당 책임 비서를 김철수(金鐵洙)에서 김준연(金俊淵)으로, 다시 김세연(金世淵)으로 바꾸었지만 1928년 2월 모두 검거됐다. 이를 제3차 조선공산당 사건이라고 한다.

앞서 1927년 12월 정통파에서 배제된 이영(李英) 등이 서울 춘경원(春景園)에서 별도의 조선공산당을 결성했다. 그러나 코민테른의 승인을 얻지 못한 채 이듬해 체포됐다. 이를 '춘경원당'이라고 한다. 제3차 사건 때 검거되지 않은 차금봉(車今奉)을 책임 비서로, 안광천(安光泉)을 정치부장으로 1928년 7월 서울에서 제4차 조선공산당을 조직했으나, 곧 체포됐다. 이를 제4차 조선공산당 사건이라고 한다.

한편 코민테른에서는 1928년 12월 〈조선공산당〉이 파벌 대립이 심하고, 조직이 노동계급에 뿌리박지 못했다는 이유로 〈조선공산당〉을 해산시켰다. 이에 따라 이전 같으면 검거를 모면한 당원이 곧 규합하여 후계당 조직에 착수했을 것이나, 코민테른의 지령만을 기다리며 재건할 수밖에 없었다. 게다가 1925년 제1차 사건 이래 정통파 조직에 대한 검거 사건이 해마다 발생하였고, 비정통파 검거가 2차에 걸쳐 있었기 때문에 국내에는 당원의 씨가 마를 지경에 놓여 있어 공식적인 당 해체 선언도 못하고 사라졌다.

(나) 광복 이후

박헌영이 1933년 7월 중순 중국 상해에서 일제 경찰에 체포되어 6년간 복역을 마치고 1939년 출옥했다. 출옥한 박헌영은 지하조직 '경성콤그룹'을 지도하며 치밀한 공작을 벌였으나, 별 성과를 거두지 못한 채 다시 지하로 잠적했다. 그는 1945년 8월 15일 광복되자, 광주 벽돌공장에서 김성삼(金成三)이란 가명을 버리고 박헌영 이름으로 서울로 올라왔다. '경성콤그룹'이 1945년 8월 20일 박헌영을 지도자로 옹립하는 '조선공산당재건준비위원회'가 발족되었다.[36]

광복이 되자, 박헌영보다 먼저 조선공산당을 선포한 세력이 있었다. 서울파 출신인 이영과 정백, 화요파 출신인 이승엽·조동호·조두원, 상해파의 서중석, ML파의 하필원, 최익한 등은 1945년 8월 15일 밤 덕성여자실업학교 자리에서 재경혁명자 대회를 열었다. 소련군이 서울에 도착했다는 소식이 있자 회의를 중단했다가 8월 16일 아침 장안빌딩에서 회의를 속개하고 조선공산당을 결성하였다. 이를 '장안파조선공산당(이하 장안파)'이라고 불렀다. 장안파는 여러 파벌로 구성되어 있었다. 그들 대부분은 일제 강점기 때 공산주의 운동 변절자라는 공통점을 가지고 있었다.

이에 비하여 박헌영을 옹립한 '조선공산당재건준비위원회'는 지도자 박헌영을 비롯하여 김형선, 김삼룡, 이관술, 이현상, 이주하, 권오직, 이순금, 김태준 등 모두 비전향 골수 공산주의자였다. 박헌영과 이주하는 국내에서, 김태준은 중국에서 8·15광복 때까지 은신하였고, 김형선과 김삼룡은 그때까지 옥중에 있었다. 이관술, 이현상(훗날 빨치산 남부군 사령관), 권오직, 이순금 등은 비밀서클 투쟁으로 끝까지 투쟁 전선을 지키다가 광복을 맞이한 것이었다.

박헌영의 '조선공산당재건준비위원회'와 '장안파'는 조선공산당 재건과 관련한 주도권을 놓고 심각하게 대립하였다. 그러나 며칠을 가지 못하고 전향자들로 구성된 '장안파'에서 동요가 일어나기 시작했다. 〈조선공산당〉은 새롭게 창당하는 것이 아니라, 코민테른 지침에 의해 재건된 당이므로, 공산주의 운동에서 탈락한 자들이 당 재건을 주도할 수는 없는 것이었다. 급기야 1945년 8월 24일 '장안파 조선공산당'이 1:1 조건으로 박헌영의 '조선공산당재건위원회'와 합치기로 선언했다.

이에 따라 박헌영은 1945년 9월 11일 '조선공산당재건위원회'를 해체하고 그것을 모체로 〈조선공산당〉을 새롭게 내놓았다. 1928년 12월 코민테른 지령에 의거 1929년 6월 당이 해체된 이후 만 16년 만에 비로소 재건된 것이었다. 이 당시 주요 간부는 다음과 같다. [정치국]: 박헌영, 김일성, 이주하, 무정, 강진, 최창익, 이승엽, 권오직 [조직국]: 박헌영, 이현상, 김삼룡, 김형선 (서기국): 이주하, 허성택, 김태준, 이귀훈, 이순금, 강문석 등이다.

특이한 점은 김일성이 정치국 간부인 점이다. 김일성은 1945년 9월 19일 입국했다. 김일성이 국내로 들어오기 전에 어떻게 〈조선공산당〉 정치국 위원이 되었을까? 이 물음에 대한 답은 〈조선공산당 북조선 분국〉 탄생과정에서 찾을 수 있다.

광복 후 북한 지역에서도 자연 발생적으로 각도마다 공산당이 조직되었다. 서울의 박헌영은 북한 지역에 당 조직 연락책을 파견했다. 과거 공산주의 운동을 함께했던 인사들을 북한 지역 각 도 간부로 채웠다. 오기섭, 정달현, 이봉수, 이주하, 현준혁, 고성창, 고준(본명 안병진), 김재갑, 김덕영, 김변룡 등이 그들이다.

1945년 10월 13일 박헌영 옛 동지들이 각 도 핵심 간부를 차지한 상태에서 《조선공산당 이북5도당 책임자 및 열성자 대회》를 개최했다. 이 대회에서 '정치노선과 조직 확대 강화에 관한 결정서'가 채택되었다. 주요 내용 중 하나는 '당 중앙에 충실히 복종할 것을 맹세한다.'라는 것이었다.

한편 소련 군정은 이 당시 김일성을 북한 지도자로 부각하는 정책에 들어가 있었다. 그 정책 일환으로 북한 지역에 새로운 공산당을 만들어 김일성을 그 정상에 앉히는 공작을 추진했다. 즉 《조선공산당 이북5도당 책임자 및 열성자 대회》에 개입하여 북한 지역에서 자연 발생으로 조직된 각 도 공산당을 묶어 하나의 북조선 공산당 창당을 시도한 것이었다.

여기에 정면으로 반기를 든 인물이 오기섭이다. 오기섭은 1926년 조선일보 지방 기자 신분으로 제2차 조선공산당 당원으로 체포되어 옥고를 치렀다. 광복 때까지 함경도 지역을 무대로 비전향 투쟁을 해오다, 박헌영과 함께 조선공산당 함경도당을 건설한 인물이었다.

오기섭은 이 대회에서 "코민테른 지침은 1국 1당(一國一黨)이다. 서울에는 이미 〈조선공산당〉이 재건되어 있다. 38선은 일본군 무장해제를 위한 일시적 경계선에 불과하다. 이런 상황에서 북한 지역에 또 다른 공산당을 만든다는 것은 있을 수 없다. 결론적으로 조선에 2개의 공산당은 존재할 수 없다."라며 결사반대했다.

소련 군정과 김일성 일파는 오기섭 주장에 반론할 수 없었다. 그래서 생겨난 것이 〈조선공산당 북조선 분국〉이다. 서울의 〈조선공산당〉에서는 1945년 10월 23일 책임 비서를 김용범으로 하는 〈조선공산당 북조선 분국〉 설립을 정식으로 승인했다. 김용범은 평양 출신이다. 1932년 5월 모스크바 '동방노력자공산대학' 속성과를 졸업하고 입국하여 공산주의 운동을 벌이다 체포된 바 있는 인물이다.

〈조선공산당〉 중앙 승인하에 〈조선공산당북조선분국〉이 설립됐다는 사실은 매우 중요하다. 공산당은 어느 나라의 어느 당이든 하부는 상부에 절대 충성해야 한다. 〈조선공산당〉 역시 1945년 10월 13일 《조선공산당 이북5도당 책임자 및 열성자 대회》에서 채택한 결정서에 "당 중앙에 충실히 복종할 것을 맹세한다."라는 것을 분명하게 명기했다. 이는 〈조선공산당북조선분국〉은 서울의 〈조선공산당〉에게 절대복종하는 명백한 하부기관임을 의미하는 것이었다.

〈조선공산당북조선분국〉은 1945년 12월 17일 제3차 확대 집행위원회 회의를 개최하여 김일성을 분국 책임 비서로 선출했다. 이 사실은 당 중앙 총비서 박헌영 밑에 북조선 분국 비서로서 김일성이 선임되었음을 말해주는 것이다. 따라서 김일성은 박헌영에게 절대복종해야 하는 상하 관계에

놓인 것이다. 당 조직 규율상 이것은 움직일 수 없는 명백한 사실이다.[37]

〈조선공산당〉은 이러한 지휘체계(당 중앙 책임 비서 박헌영-북조선 분국 책임 비서 김일성)에서 정판사 위조지폐 사건(1946년 4월), 10·1 대구폭동사건(1946년 10월), 〈제주 4·3사건(1948년 4월)〉, 〈여순 10·19사건〉의 발생원인인 육군 14연대 반란 사건(1948년 10월), 지리산 빨치산 사건 등을 일으키며 한반도의 공산주의 국가 건설을 획책했다.

저자는 〈조선공산당, 훗날 남조선로동당〉이 일으킨 사건 중, 국군과 직접 관계가 있는 〈제주 4·3사건〉과 〈여·순 10·19사건〉을 이 책 뒤에 부록으로 구성하여 설명한다. 부록으로 구성한 이유는, 위 사건에 대한 시각과 해석의 다름이, 「군인의 지위 및 복무에 관한 기본법」 제5조 국군의 강령 정신(국군의 이념, 국군의 사명, 군인정신)을 훼손하는 것을 예방하기 위함이다. 아울러 해병대가 〈여·순 10·19사건〉을 계기로 창설된 역사의 정당성과 타당성을 보호하기 위해서다. 군이라는 울타리 안으로 한정하여 순수 군사작전 관점에서 살펴보았다.

지금부터는 〈조선공산당〉이 1945년 10월 13일부터 1949년 7월 1일 지금의 북한 〈조선로동당〉으로 바뀌는 과정을 살펴보겠다. 1946년 2월 2일 서울에서 〈경성특별위원회〉가 백남훈 주도로 결성되었다. 이 조직은 1946년 7월 14일 〈조선신민당〉으로 개칭되었다. 위원장은 백남훈이었고 부위원장은 정로식이다. 여운형을 위원장으로 하는 〈조선인민당〉이 1946년 11월 12일 창당되었다. 1946년 11월 23일 〈조선공산당〉과 〈조선인민당〉, 그리고 〈조선신민당〉 등 3개의 당이 합당하여 〈남조선로동당〉을 결성했다.

〈남조선로동당〉 위원장은 허헌(조선신민당), 부위원장은 박헌영(조선공산당), 이기석〈조선인민당〉이었다. 중앙위원은 〈조선공산당〉 14명, 〈조선인민당〉 9명, 〈조선신민당〉 6명 등 총 29명이었다. 얼핏 3당의 인물들이 적당하게 안배된 것 같이 보이지만, 〈조선인민당〉이나 〈조선신민당〉 당원들의 대다수는 〈조선공산당〉에서 파견한 프락치였다. 프락치(fraktsiya)는 러시아어로, 특수한 사명을 띠고 어떤 조직에 들어가서 자신의 신분을 속인 채 자신을 파견한 원래의 소속 조직을 위해 일하는 사람이다. 그러니까 〈남조선로동당〉은 규모를 키운 〈조선공산당〉에 불과하였다.

박헌영은 1945년 10월 8일부터 1945년 10월 9일까지 권오직, 이인동, 허성택 등을 대동하고 월북하여 김일성과 북조선분국의 중간 지도(指導) 기구적 위상을 확실하게 정립하기 위해 조선공산당 중앙위 소속 이북 5도당 분국 결정서를 채택했다.

박헌영은 이후 1945년 12월 28일부터 1946년 1월 1일까지 2차 월북, 1946년 4월 3일부터 1946년 4월 6일까지 3차 월북, 1946년 6월 27일부터 1946년 7월 12일까지 4차 월북, 1946년 7월 16일부터 1946년 7월 22일까지 5차 월북, 1946년 10월 11일 최종 월북하여 북한에 체류했다. 박헌영-김일성은 박헌영의 5차에 걸친 월북 회담을 통해 남로당 창당, 북로당 창당, 조선로동당 창당 등 당 지휘체계 및 운영에 대해 협의 및 합의했다.[38]

한편 북한 지역에서는 중국공산당 소속으로 일했던 김두봉이 1945년 12월 13일 조선독립동맹이라는 조직을 이끌고 입국한 후, 이듬해 1946년 2월 15일 조선독립동맹을 주축으로 〈조선신민당〉을 창당했다. 주석에 김두봉, 부주석에 최창익이다.

김일성은 〈조선공산당〉 책임 비서 박헌영과의 협의대로 1946년 4월 19

일 〈조선공산당북조선분국〉을 〈북조선공산당〉으로 변경했다. 이후 김일성은 1946년 8월 28일 〈북조선공산당〉과 〈조선신민당〉을 합당하여 〈북조선로동당〉을 만들었다. 1949년 6월 30일 〈북조선로동당〉과 서울에서 평양으로 도피한 〈남조선로동당〉이 〈남북로동당 연합중앙위원회〉를 개최하여 양당 합당을 결의하고 지금의 〈조선로동당〉을 탄생시켰다.

그러나 현재의 북한 정권은 이 〈북조선공산당〉을 1945년 10월 10일 창당한 것으로 날조하여 〈조선로동당〉의 창당일을 10월 10일로 정하여 기념하고 있다. 북한 정권이 자기들 역사까지 위조하는 이유는 김일성이 박헌영 밑에 있었다는 사실을 뒤집어엎어야만 정통성을 확보할 수 있기 때문이다. 즉 박헌영에 의해서 통일 재건된 〈조선공산당〉의 전통을 말살해야지만 김일성 정권의 전통·정통성을 확보할 수 있으므로, 김일성의 항일 빨치산을 조작하여 이데올로기로 내세우는 것이다. 이처럼 북한 정권이 만드는 역사는 모든 허위(虛僞)이다.

(2) 위상

〈조선로동당〉은 북한 권력 그 자체이며, 권력구조의 핵심이다. 〈조선로동당〉 위상과 성격에 대해 당 규약에서 "조선로동당은 김일성-김정일주의 당이다. 조선로동당은 위대한 수령들을 영원히 높이 모시고 수반을 중심으로 하여 조직사상적으로 공고하게 결합한 로동계급과 근로 인민대중의 핵심 부대, 전위부대이다."라고 규정하고 있다.

북한의 정치 사전에는, "당이란 일정한 계급의 리익을 수호하며 그의 요구와 지향을 실현하기 위하여 투쟁하는 계급의 선봉대이다. 로동 계급의 당은 수령의 혁명 사상을 실현하기 위한 선진 투사로서 조직되며 수령의 혁명 사상을 지도지침으로 하고 수령의 유일적 령도 밑에 혁명과 건설을 진행한다."라고 언급하고 있다.

　김정일은 북한 정치 사전 정의에 더하여 〈조선로동당〉을 '사회주의 사회의 유일한 향도적 역량'이라고 규정했다. 당의 지위와 역할은 다른 어떤 정치조직도 대신할 수 없다고 강조했다. 그것은 "사회주의 사회에 대한 영도권을 노동계급의 당이 아닌 다른 정당의 수중에 넘기는 것은 결국 사회주의를 포기하는 것"이라고 보았기 때문이다. 이렇게 볼 때, 북한에서 〈조선로동당〉은 수령체제 내에서 수령의 영도를 받아 인민대중에 대해 지도적 역할을 하는 조직이라고 할 수 있다.

　김정일 사후 김정은 유일 영도 체제의 형성을 위해 2012년 4월 11일 개최된 제4차 당 대표자회의에서 개정한 당 규약은 〈조선로동당〉을 김일성과 김정일의 당으로 규정하고 있다. 또한 김일성-김정일주의를 유일한 지도사상으로 내세움으로써 정치를 아우르는 포괄적 지도지침으로 밝히고 있다. 김정은은 이 대회에서 "김일성-김정일주의는 주체의 사상 이론 방법의 전일적인 체계이며, 주체 시대를 대표하는 위대한 혁명 사상이다."라고 밝혔다. 북한은 2023년 현재도 여전히 김일성의 주체사상이 권력 이데올로기로 작동하는 사회다.

　더불어 김정은의 영도에 따라 주체 혁명의 위업을 달성할 것 등의 내용이 반영되어 있다. 2021년 1월 제8차 당 대회에서 개정된 당 규약에서는 인민대중 제일주의를 재확인하고 '선군정치'를 대신해 '인민대중 제일주의 정치'를 사회주의 기본 정치로 제시했다.[39]
　북한 헌법 제11조는 〈조선로동당〉 위상과 관련하여, "조선민주주의인민공화국은 조선로동당의 령도 밑에 모든 활동을 진행한다."라고 명시하고 있다. 헌법상 독점적 당 지위를 규정한 것이다. 이는 〈조선로동당〉이 북한 권력의 산실임을 분명하게 하고 있다. 여타 기관보다 〈조선로동당〉

이 권력구조 면에서 우위에 있음을 확인시켜 주고 있다. 따라서 〈조선로동당〉은 수령의 영도를 받아 북한 주민을 통제하는 무소불위의 최고 권력 조직이다.[40]

(3) 조직과 기능

〈조선로동당〉 규약은 "당은 민주주의 중앙집권제 원칙에 따라 조직하며 활동한다."라고 규정하고 있다. 조직을 운영하는 데 있어, 상의하달의 중앙집권제 원칙을 적용한다. 이는 북한이 당을 수령의 영도를 실천하는 조직으로서의 역할에 큰 비중을 두고 있기 때문이다. 당의 영도적 역할은 당 생활 지도와 당 정책 지도로 구분된다. 당 생활 지도는 다시 조직 생활 지도와 사상 생활 지도로 세분화했다. 여기서 조직 생활 지도는 당 전문부서 중 조직지도부에서 담당하고 사상 생활 지도는 선전선동부에서 담당한다.

당 규약에서의 유일 지배 이념 강조, 당 총비서의 우월한 지위, 조직지도부를 통한 당무 지배 등을 고려할 때, 당은 최고지도자를 위해 봉사하며 최고지도자가 전권을 가지고 있는 조직으로서의 성격을 갖는다고 볼 수 있다.

(가) 당 대회와 당 대표자회

〈조선로동당〉의 공식적 최고 의사결정 기구는 당 대회다. 당 대회에서는 당 규약을 개정하여 당 노선과 정책 및 전략 전술에 관한 기본문제를 결정(총화)하도록 규정하고 있다. 그러나 실제로는 당 중앙위원회나 정치국이 내리는 결정을 사후적으로 추인하는 형식적 기능을 수행하고 있다.

제3차 당 대표자회(2010. 9. 28)에서 당 규약을 개정하기 전까지 당 대회는 5년에 1회 당 중앙위원회가 소집하는 것으로 되어 있었지만, 그 원칙은 지켜지지 않았다. 1946년 제1차 당 대회 이후 1980년까지 총 6차례의 당 대회가 소집되었다. 이후 35년간 당 대회를 개최하지 못했다. 이에 북한은 2010년 9월 28일 44년 만에 개최한 제3차 당 대표자회에서 5년 주기로 되어 있던 당 대회 개최 규정을 삭제하는 대신 당 중앙위원회가 당 대회를 소집하며 소집 날짜는 6개월 전에 발표하도록 했다.

북한은 2016년 제7차 당 대회 이후 5년 만인 2021년에 제8차 당 대회를 개최했다. 이 대회 구호는 이민위천, 일심단결, 자력갱생 등 3대 이념을 제시했다. 여기서 주목할 것은 자력갱생이다. 자력갱생이라는 말이 등장한 것은 북한 주민들의 먹고사는 문제가 권력을 위협할 정도로 심각하다는 것을 뜻한다. 실제로 2021년 이후 북한 주민들의 굶어 죽는 인구수가 계속 증가하는 추세다.

아울러 이 8차 당 대회에서 핵무력 고도화, 국방공업 발전 등 국방력 강화 방안을 제시했다. 여기서 '국가경제발전 5개년 계획'을 새롭게 내놓았다. 그러면서 국가경제발전 5개년 계획상의 경제전략을 단계적인 차원의 '정비전략', '보강전략'으로 규정했다.

당 대표자회는 당 대회와 당 대회 사이에 당의 노선과 정책 및 전략 전술의 긴급한 문제들을 토의 결정한다. 당 중앙지도기관 구성원을 소환하고 보선하기 위해 당 중앙위원회가 소집하는 회의로 규정되어 있다.

2010년 제3차 당 대표자회를 통해서는 당 중앙군사위원회 부위원장 직제 신설과 김정은 부위원장 임명, 김정일 당 총비서 재추대, 당 규약 개정, 당 중앙지도기관 선거 등이 핵심 의제로 다루어졌다. 당 대표자회 개최 결과로 '김정은으로의 3대 세습 공식화'를 비롯해 당 중앙위원회 위원, 정치국 비서국 당 중앙군사위원회 등 당 지도체제 재편 등이 이루어졌다.

김일성 시대의 당 대표자회는 국제 정세를 비롯한 당면한 대내외 정세 대응 차원에서 진행되었다면, 김정일·김정은 시기 당 대표자회는 주로 권력 승계 절차에 한정되었다는 특징이 있다. 북한은 당 시스템의 제도화와 효율성을 위해 당 규약 개정으로 당 대표자회에도 당 최고 지도기관 선거 및 당 규약 개정 권한을 부여했다.

2016년 개정된 당 규약에서는 당 총비서를 대신에 〈조선로동당위원장〉의 지위를 명기했으나, 2021년 제8차 당 대회에서 당 규약 개정을 통해 다시 총비서로 원위치했다. 그런 다음 '김일성-김정일주의', '인민대중 제일주의'를 최고 강령 정치방식으로 성문화했다. '국방력' 담보를 통한 통일 과업 실현을 명기하였다.

(나) 당 중앙위원회

당 중앙위원회는 당 최고 지도기관이다. 당내 중요 사안을 결정한다. 2023년 10월 기준 당 중앙위원회는 당 중앙군사위원회, 정치국, 비서국, 당 중앙검사위원회로 구성돼 있다.

당 중앙위원회 직할 전문조직은 조직지도부(부장 조용원), 선전선동부(부장 주창일), 간부부(부장 허철만), 경공업부(부장 한광상), 경제부(부장 오수용), 과학교육부(부장 최동명), 국제부(부장 김성남), 군수공업부(부장 조춘룡), 군정지도부(부장 박정천), 규율조사부(부장 김상건), 근로단체부(부장 리두성), 농업부(부장 리철만), 문서정리실(부장 박정남), 문화예술부(부장 알 수 없음), 민방위부(부장 오일정), 법무부(부장 김형식), 재정경리부(부장 김용수), 총무부(부장 김봉철), 통일전선부(부장 리선권), 32호실(부장 신룡만), 경제정책실(부장 알 수 없음) 등 22개 부로 편성돼 있다. 북한을 실질적으로 운영하는 조직이고 인물들이다.

당 중앙군사위원회 위원, 정치국 상무위원, 비서국 비서, 직할 부서 부장 등 4개 직위를 겸하고 있는 인물은 조용원 1명이다. 특히 조용원은 당 인사를 장악하고 있는 조직지도부장이다. 김정은 정권 실세 중 실세로 볼 수 있는 대목이다. 또한 당 중앙군사위원회 위원과 당 직할 부서인 민방위부 부장 2개 직위를 겸하고 있는 인물은 오일정이다. 오일정은 항일 빨치산 1세대이자 김정일 권력 세습의 1등 공신 오진우의 아들이다. 이 또한 김정은 정권 내부를 들여다볼 수 있는 키워드 중 하나로 평가된다.

당 대회가 열리지 않는 기간 동안 당 중앙위원회는 최고 지도기관의 역할을 대행하며 당 사업을 주관한다. 당 중앙위원회는 전원회의를 1년에 1회 이상 소집한다. 그러나 전원회의가 개최되지 않는 기간에는 그 권한이 당 정치국으로 위임된다. 당 중앙위원회는 당 대회에서 선출된 위원과 후보위원으로 구성된다. 이들이 모두 참여한 중앙위원회 전원회의는 당 내외 문제들을 논의 의결한다.

전원회의는 정치국과 정치국 상무위원회, 당 중앙위원회 비서국 비서, 당 중앙군사위원회 위원, 당 중앙검사위원회 위원을 선거한다. 비서국을 조직하는 권한과 함께 당 규약 수정 권한도 부여받고 있다. 그러나 김정일 시기에는 전원회의 자체가 1993년 제6기 제21차 회의를 마지막으로 2010년 9월 전원회의 개최 전까지 공개적으로 열리지 않고 있었다.

그러던 차에 김정은 3대 세습의 공식화와 이를 위한 제도적 기반을 마련하기 위해 2010년 9월에 제3차 당 대표자회 및 당 중앙위원회 전원회의가 개최되었다. 당 대회를 개최하지 못한 채 30년이 지나는 동안 당 중앙위원회 위원은 60여 명만 남아 있었으나, 제3차 당 대표자회를 통해 총

124명을 선출하였다. 그리고 그동안 공석이었던 당 중앙위원회 정치국 상무위원회와 정치국 구성원을 선거하고, 당 중앙위원회 비서국과 당 중앙군사위원회 등을 조직하게 되었다.

한편, 2013년 3월 31일에는 당 중앙위원회 전원회의를 개최하고 '경제 건설 및 핵무력 건설 병진 노선'을 채택하였다. 제7차 당 대회 기간 중인 2016년 5월 9일 당 중앙위원회 제7기 제1차 전원회의 개최를 통해 정치국과 정치국 상무위원회, 당 중앙위원회 부위원장 비서 선거와 정무국 비서국 조직, 당 중앙군사위원회 조직 등을 시행하였다.

2017년 10월 7일 제7기 제2차 전원회의를 개최하여 경제 핵무력 병진 노선의 지속적인 추진과 자력갱생을 통한 대북 제재 극복을 강조하였다. 아울러 당 중앙위원회와 당 중앙군사위원회에 대한 인사가 시행되었다. 2018년 4월 20일에는 제7기 제3차 전원회의를 개최하여 '새로운 전략 노선'을 내놓았다. 기존의 경제 핵무력 병진 노선의 승리를 선언하고 경제 건설에 집중하겠다고 선언했다.

2019년 4월 10일에 개최된 제7기 제4차 전원회의에서는 2020년 '5개년 전략'의 목표 달성을 위한 총동원을 지시하고, '당-국가 일체화' 방향에서 국가기구의 역할을 강화할 것을 지시했다. 4차 전원회의를 가진 지 8개월 만인 12월 28일부터 31일간 북한은 제5차 전원회의를 개최하여 자력갱생, 정치 외교 군사적 담보, 당의 통제 등을 핵심 요소로 하는 '새로운 길'을 제시했다. 대북 제재 국면의 장기화를 기정사실화하고 국방력 강화를 통한 자주권과 생존권 보위를 강조하였다.

5차 전원회의에서는 당 정치국 위원을 비롯한 당 조직 인사, 내각을 포함한 국가기관 인사 등 총 77명을 새로 선출하는 인사 개편을 단행하였다.

2020년에는 제7기 제6차 당 중앙위원회 전원회의를 8월 19일에 개최하였다. 이 회의에서는 "경제사업을 개선하지 못하여 계획되었던 국가 경제의 장성 목표들이 심히 미진되고 인민 생활이 뚜렷하게 향상되지 못하는 결과"가 빚어졌다고 언급하여 경제성과 미흡을 공식적으로 인정하였다.

2021년 제8기 제1차 전원회의는 1월 10일 개최하였다. 당 중앙위원회 정치국과 정치국 상무위원회를 선거하였다. 제8기 제2차 전원회의는 2월 8 11일에 개최했다. 제8차 당 대회가 제시한 전략적 과업을 철저히 관철하기 위한 2021년도 사업계획을 논의하였다. 제8기 제3차 전원회의는 6월 15 18일 개최했다. 당 주요 정책집행 정형을 중간 총화하였다. 그리고 제8기 제4차 전원회의는 12월 27 31일 개최했다. '21년 집행정형 총화 및 '22년 사업계획, 사회주의 농촌문제의 올바른 해결을 위한 당면과업 등을 논의하였다.

2022년에 들어와 제8기 제5차 전원회의가 6월 8~10일에 개최했다. 2022년 상반기 정책집행 성과(건설 및 코로나19 방역)에 대해 긍정적인 평가와 대외적 안보 환경에 대해서 '강 대 강, 정면승부의 투쟁원칙'을 선언하였다. 12월 26 31일에는 제8기 제6차 전원회의를 개최했다. 최고지도자가 직접 "대적 투쟁"을 언급하고 신형 ICBM, 전술핵무기 다량 생산, 핵탄 보유량 기하급수적 증대 등을 목표로 제시하였다.[41]

(다) 당 중앙위원회 정치국과 정치국 상무위원회

당 대회나 당 중앙위원회 전원회의가 장기간 열리지 않는 상황에서 당내 의사결정을 담당하는 권력 기구는 1980년 제6차 당 대회에서 신설된 당 중앙위원회 정치국과 정치국 상무위원회다. 김정일 집권 기간의 경우 정치국은 사실상 거의 운용되지 않았으나, 김정은 집권 이후에는 주요 안건들이 당 정치국 회의 또는 정치국 확대회의를 통해서 결정되고 있다.

2023년 10월 기준 정치국 상무위원은 김정은, 김덕훈, 조용원, 최룡해, 리병철, 리일환, 리영길, 오수용, 김재룡, 박태성, 정경택, 박정근, 강순남 등 13명이다. 이 중 김정은과 리병철, 리영길, 조용원, 강순남, 정경택 등 6명은 당 중앙군사위원을 겸하고 있다. 후보위원은 최선희, 주창일, 김상건, 김형식, 조춘룡, 한광상, 리철만, 김성남, 김영철, 리하용, 양승호, 주철규, 리창대, 리태섭, 우상철, 김수길, 리선권 등 17명이다.

(라) 당 중앙위원회 비서국

당 중앙위원회 비서국은 당 내부 사업과 그 밖의 실무적 문제들을 토의 결정하고 그 집행을 조직·지도하는 부서이다. 북한은 2016년 제7차 당 대회를 통해 1966년 제2차 당 대표자회 및 제4기 제14차 당 중앙위원회 전원회의를 통해 신설된 비서국을 정무국으로 개편하였다. 이후, 2021년 제8차 당 대회 및 당 규약 개정을 통해 '비서제'를 부활하고 정무국을 비서국으로 다시 변경하였다.

2023년 10월 기준 비서국은 총비서 김정은, 비서 조용원 리병철 리일환 리영길 오수용 김재룡 박태성 등 7명이다. 비서 7명 모두 정치국 상무위원을 겸하고 있다. 비서국 비서, 정치국 상무위원, 당 중앙군사위원회 위원 등 3개 직위를 겸하고 있는 인물은 김정은과 리병철, 리영길, 조용원, 강순남, 정경택 등 6명이다. 3개 직위 겸직 인물 중 군인은 리병철, 리영길, 강순남, 정경택 등 4명으로, 66%를 차지하고 있다. 이는 김정은 역시 아버지 김정일처럼 북한군을 가장 우대하고 있다는 것을 의미한다.

(마) 당 중앙군사위원회

노동당에 군사위원회를 설치한 것은 1962년 12월 당 중앙위원회 제4기 제5차 전원회의에서 김일성이 제시한 '4대 군사노선'을 채택하는 등 국방력 강화에 대한 결정이 이루어진 뒤였다. 당 중앙위원회 산하 기구였던 군사위원회는 1982년 승격되어 당 중앙군사위원회로 개칭되었다. 당 중앙군사위원회는 북한 전역을 병영체제화 하는 '4대 군사노선' 수행에 있어 핵심 역할을 담당했다. 전국적으로 도, 시, 군 단위에 각급 군사위원회를 두었다.

2010년 9월 이전까지만 해도 주목을 크게 받지 못했던 북한의 당 중앙군사위원회는 사실 김정일 시대에도 군 간부에 대한 인사권과 함께 군대의 지휘 및 군사정책과 관련된 단독 지시, 명령, 결정 등을 행사해 왔다. 2010년 제3차 당 대표자회에서 김정은이 당 중앙군사위원회 부위원장에 임명된 후부터는 사실상 당내 최고 군사지도기관으로 격상되었다. 특히 김정은 정권에 들어와 당 중앙군사위원회는 안보 및 군사 문제에 관한 최고 지도기관으로서 면모를 보이기 시작했다.

김정은 정권하에서 당 중앙군사위원회(확대회의)는 2012년, 2013년, 2014년, 2015년에는 수시로 개최하였다. 북한 정치의 중요한 정책을 결정했다. 2018년에는 5월 17일 당 중앙군사위원회 제7기 제1차 확대회의를 개최했다. 여기서는 4월 전원회의에서 제시한 '새로운 전략노선' 관철에 군이 해야 할 역할을 강조하였다.

2020년에는 당 중앙군사위원회를 4차례 개최하였다. 5월 23일에 개최된 당 중앙군사위원회 제7기 제4차 확대회의에서는 국가방위력과 전쟁억제력 강화를 제시했다. 6월 23일 제7기 제5차 회의 예비회의에서는 전쟁억제력 강화를 제시했다.

2021년 1월당 규약 개정을 통해서 당 중앙군사위원회는 당의 군사노선과 정책을 관철하기 위한 대책을 토의 결정하며 공화국 무력을 지휘하고 군수공업을 발전시키기 위한 사업을 비롯하여 국방사업 전반을 당적으로 지도하도록 하여 당 대회와 당 대회 사이의 당의 최고 군사 지도기관으로 새롭게 규정했다.

　당 중앙위원회 전원회의에서 선거하도록 하였고 당 중앙군사위원회를 소집하는 정족수를 없애고 "필요한 성원들만 참가시키고 소집할 수 있다."(제30조)라고 하여 유사시에 긴급하게 소수의 인원의 참석만으로도 군사정책을 결정할 수 있도록 하였다. 당 규약 개정 이후인 2021년 2월 24일 당 중앙군사위원회 제8기 제1차 확대회의를 개최했다. 이 회의에서는 당 중앙의 영군 체계를 철저히 확립하고 전투력을 강화하며 '정신 도덕적 우월성'을 발양하기 위한 과업을 당 조직과 정치기관에 강조했다.

　2022년 6월 21 23일에 당 중앙군사위원회 제8기 제3차 확대회의를 개최하였다. 이 회의에서는 당 중앙군사위 직제를 개편하여 리병철을 부위원장직에 복귀시키면서 부위원장직을 2명으로 증원하였고, 2022년 상반기 군사정치활동 총화, 국가방위력 강화 관련 주요 정책을 결정했다.

　2023년 10월 기준 당 중앙군사위원회는 위원장 김정은, 부위원장 리병철·리영길 등 2명이다. 위원은 조용원·김조국·정경택·박수일·강순남·리태섭·조경철·리창호·오일정 등 9명이다. 김정은을 포함, 13명 중 10명이 군인이다.

　(바) 당 중앙검사위원회
　당에 검사위원회가 창설된 것은, 1948년 3월 제2차 당회였다. 당 중앙검사위원회는 당의 재정과 경리 사업을 검사하는 역할을 한다. 당원의 당 규율 위반 책임 추궁 및 도당위원회 제의와 당원의 신소(申訴: 고하여 하소연함)를 심의 처리 업무를 수행하는 당 중앙검열위원회는 별도 기구로 존재했었다.

　2021년 1월 제8차 당 대회에서 김정은이 세도와 관료주의, 부정부패 현상 척결을 강조하면서 당 규약 개정을 통해서 당 중앙검열위원회를 당 중앙검사위원회로 통폐합함에 따라 당 중앙검사위원회는 기존의 당 재정관리사업에 대한 검사는 물론 '당 규율 위반행위들을 감독 조사하고 당 규율 문제를 심의하며 신소 청원을 처리하는 사업'도 담당하게 되어 그 권한과 기능을 확대하였다.

신속하고 효율적 운영을 위해 당 중앙검사위원회의 인선도 당 대회에서 당 중앙위원회 전원회의에서 선거하도록 변경하였다. 제8차 당 대회 마무리 과정에서 진행된 당 중앙위 제8기 제1차 전원회의에서는 당내 규율 강화를 위한 감독 조사 사업을 전담하는 집행 부서인 규율조사부와 법무부를 신설했다. 당 중앙검사위원회 위원장 및 부위원장의 인선도 정치국 위원 또는 정치국 후보위원급이 맡는 등 그 위상을 강화하였다.

2023년 10월 기준 당 중앙검사위원회 위원장은 김재룡, 부위원장 리하용·김상건, 위원 우상철·최근영·리경철·박광식·박광웅·전태수·정인철·김성철·장기호·김광철·오동일·김인철 등 12명이다.

(사) 당 지방조직

당 지방조직은 수직과 수평의 지배관계가 함께 구조화된 다층 집권체제 형태다. 전국적으로 형성되어 있다. 각급 당 위원회는 상하의 당 위원회에 대해 철저한 위계 구조를 형성하면서 다른 한편으로 여타 기관이나 사회단체에 대해 절대적 지배력을 행사한다. 당 중앙위원회 밑에는 도, 시 및 군 당 위원회를 거쳐 초급당, 분초급당, 부문당, 그리고 당원 5 30명으로 구성된 최하 기층조직인 당세포가 존재한다. 각 단위별 조직은 해당 관할 지역 내에서 중앙당의 축소판인 자체 조직 구조들을 운용하며 절대적 권력을 행사한다.

(4) 정, 군, 여타 단체와의 관계

(가) 당-정 관계

북한의 권력구조는 당을 중심으로 구성되기 때문에 내각 기관들은 당에 의해 결정된 정책을 입법화하고 집행하며 평가하는 역할을 담당한다. 내각 기관들에 대한 당의 통제는 당의 직위를 가진 인사가 내각 기관의 직책에 보임되는 등 겸직 장치와 더불어 내각 각 부서에 상응하는 기구의 당내 설치를 통한 견제와 사찰로 이루어진다. 북한은 행정 영역에 대해 당의 지도를 강화하는 것이 사회주의 체제를 유지 발전시키는 토대라고 강조한다. 이를 위해 당 조직들이 당 사업과 밀접히 결부되어 있다.

(나) 당-군 관계

군과의 관계에 있어서도 당은 노동당 규약에 따라 군을 통제하는 지위를 가진다. 당 규약을 통해 당 중앙군사위원회가 당 대회와 당 대회 사이의 당의 최고 군사 지도기관의 지위를 부여받고 있다. 당의 군사노선과 정책 관철을 위한 대책 토의 결정 및 국방사업 전반을 당적으로 지도한다. 군 통제를 위해 당은 군대 내 각급 단위에 당 조직들을 설치하고 정치위원을 파견한다. 북한군 내에는 당의 정치 사업을 주도 관리하는 총정치국이 있다. 총정치국은 북한군 내의 각급 당 위원회 및 조직을 총괄한다.

북한군에 대한 당 중앙위원회의 지도와 통제는 일반적으로 당 중앙위원회 전문부서들을 통해 이루어지고 있다. 예컨대, 조직지도부는 총정치국 조직부를 통해 북한군을 지도 통제한다. 한편, 군부 내 '사회주의애국청년동맹'(前 김일성-김정일주의청년동맹)은 총정치국 예하로 당의 군부 통제 기능을 보완한다. 그리고 군정을 담당하는 인민무력성과 군령을 담당하는 총참모부 관련 업무는 당 중앙위원회 군정지도부에서 담당한다.

(다) 당-외곽단체 관계

당은 여타 사회단체 및 조직에 대해서도 지도와 통제를 행사한다. 북한 헌법에 따르면 "국가는 민주주의적 정당, 사회단체의 자유로운 활동 조건을 보장한다."고 규정하고 있다. 그러나 실제로 북한의 정치 및 사회단체들 중 다수가 실체 없는 명목상의 단체이거나 노동당의 지도와 통제 하에 있다.

흔히 우당(友黨)으로 알려진 조선사회민주당이나 조선천도교청우당도 조선로동당의 위성정당으로 평가하고 있다. 근로대중 조직으로는 사회주의애국청년동맹, 조선직업총동맹, 조선농업근로자동맹, 조선사회주의여성동맹(前 조선민주여성동맹) 등이 있다. 이 단체들은 노동당의 외곽단체로서 당과 인민의 연결고리로서 인민의 사상 교양을 주도하며 당의 전위대 역할을 한다.

이 외에 조선아시아태평양평화위원회, 조국통일민주주의전선, 민족화해협의회 등과 같은 통일 관련 단체들도 노동당의 지휘체계 내에서 활동하고 있다. 2016년 6월 29일 최고인민회의 제13기 제4차 회의를 통해 외곽기구에서 정권 기관으로 변경된 '조국평화통일위원회'도 당-국가체제의 특성상 노동당의 지도 아래 활동하고 있다.

북한에서 당의 영도 아래 헌법에 명시된 정부의 행동강령을 시행하는 국가의 중앙기관으로는 최고정책 지도기관인 국무위원회, 최고 주권기관이자 입법기구인 최고인민회의, 국가 주권의 집행기관인 내각, 그리고 사법기관 등이 운영되고 있다.

다. 주요 기구

(1) 국무위원회

국무위원회는 최고 정책적 지도기관이다. 중요 정책 토의·결정, 국무위원장 명령, 국무위원회 정령, 결정, 지시 관련 집행 정형(상황) 감독 및 대책 수립, 국무위원장 명령, 국무위원회 정령, 결정, 지시에 위배 되는 기관의 결정, 지시 폐지, 최고인민회의 휴회 중 내각 총리의 제의에 의한 부총리, 위원장, 상(相) 등의 임명·해임 등의 임무와 권한을 가지고 있다. 국무위원장은 북한을 대표하는 최고 영도자로서 총사령관이 된다. 국가의 일체 무력을 지휘·통솔한다. 국무위원장은 국가사업 전반을 지도하며 국무위원회 사업을 직접 지도한다.

최고인민회의 법령, 국무위원회 중요 정령과 결정을 공포하고, 다른 나라에 주재하는 외교대표를 임명·소환한다. 또한, 국가 중요 간부의 임명 해임, 외국과의 중요 조약 비준과 폐기를 결정하고 특사권을 가진다. 전시에 국가방위위원회를 조직·지도한다. 북한은 2016년 6월 29일 최고인민회의 제13기 제4차 회의에서 헌법 개정을 통해 국방위원회를 국무위원회로 확대·개편하고, 김정은을 국무위원장으로 추대했다. 2019년 4월 11일 최고인민회의 제14기 제1차 회의에서 재추대하였다.

(2) 최고인민회의

입법권을 행사하는 최고인민회의는 우리의 국회에 해당한다. 북한 헌법은 제87조에서 최고인민회의를 북한의 최고 주권 기관으로 정하고 있다. 그러나 우리의 국회와 달리 사실상 노동당이 결정한 것을 추인하는 역할을 하고 있다.

최고인민회의의 임기는 5년이다. 최고인민회의는 정기 회의와 임시 회의가 있다. 정기 회의는 1년에 1~2차례 최고인민회의 상임위원회가 소집하여 개최된다. 임시 회의는 최고인민회의 상임위원회가 필요하다고 인정할 때 또는 대의원 전원의 3분의 1 이상의 요청이 있을 때 소집한다. 또한, 최고인민회의는 대의원 전원의 3분의 2 이상이 참석하여야 성립된다.

최고인민회의는 헌법 수정·보충, 법령 제정 또는 수정 보충의 권한이 있다. 대내외 정책의 기본원칙을 수립한다. 국무위원장의 제의로 국무위원회 제1부위원장, 부위원장, 위원들을 선출하고 소환한다. 최고인민회의 상임위원회(위원장, 부위원장, 서기장, 위원들), 내각(총리, 부총리, 위원장, 상 등), 중앙검찰소(소장), 중앙재판소(소장) 등 주요 기관 직위자들을 선출(임명)하고 소환(해임)한다. 그 밖에 국가의 경제 발전계획 및 예산 심의 승인과 조약의 비준 폐기권을 가지고 있다. 최고인민회의에서 토의되는 법령과 결정은 거수가결의 방법으로 참석 대의원 과반수의 찬성으로 채택한다. 다만, 헌법의 경우에는 최고인민회의 대의원 3분의 2 이상의 찬성으로 개정할 수 있다.

최고인민회의는 산하에 예산위원회, 법제위원회, 외교위원회 같은 '부문위원회'를 두고 있다. 부문위원회는 위원장, 부위원장, 위원들로 구성하며, 최고인민회의 사업을 도와 국가의 정책안과 법안을 작성 심의하고 집행을 위한 대책을 수립한다.

최고인민회의 휴회 중 최고 기관인 '최고인민회의 상임위원회'는 위원장, 부위원장, 서기장, 위원들로 구성되어 있다. 주요 임무와 권한으로는 최고인민회의 휴회 중 최고인민회의 소집, 법안 수정 및 보충안 심의 채택, 헌법과 현행 부문 법 규정의 해석, 내각의 성 위원회의 설치 폐지 그리고 조약의 비준 폐기, 다른 나라 국회 국제의회 기구들과의 사업을 수행한다. 최고인민회의 상임위원회 위원장은 북한을 대표하여 다른 나라 대사들의 신임장 소환장을 받는다. 최고인민회의 상임위원회는 전원회의(위원 전원)와 상무회의(위원장, 부위원장, 서기장)로 구성된다. 정령과 결정, 지시를 내고 부문위원회를 둘 수 있다.

(3) 내각

내각은 행정적 집행기관이며 전반적 북한 정권 관리기관이다. 내각은 국방 분야를 제외한 행정 및 경제 관련 사업을 관할한다. 내각에 소속된 각 위원회·성(省)은 부문별 집행기관이자 관리기관으로 해당 부문의 사업을 관장한다.

내각은 내각 총리를 비롯하여 부총리, 위원장, 상(相)과 그 밖의 필요한 성원들로 구성된다. 내각 총리는 최고인민회의에서 선출되어 내각 사업을 조직·지도하며 정부를 대표한다. 내각은 1972년 '사회주의헌법' 개정으로 '정무원'으로 변경되었으나, 1998년 헌법 개정 시 '내각'으로 부활했다. 이때 내각은 폐지된 국가주석과 중앙인민위원회의 일부 임무와 권한을 이양받아 정무원의 '행정적 집행기관' 기능에 '전반적 국가관리 기관'으로서의 권한을 추가했다.

(4) 사법기관

(가) 검찰기관

북한은 헌법에 검찰기관의 구성, 임무 및 내부 관계 등에 관한 규정을 두고 있다. 북한 헌법이 검찰에 관하여 이같이 명문화된 규정을 두는 것은 사회주의 국가에서 검찰기관이 갖는 특수한 기능 때문이다. 북한의 검찰은 법 집행 기능과 더불어 체제 수호 기능을 수행하고 있다.

북한의 검찰은 중앙검찰소, 도(직할시)·시(구역)·군·검찰소 및 특별검찰소를 두고 있다. 모든 검찰소는 상급검찰소 및 중앙검찰소에 복종해야 한다. 중앙검찰소장의 임명과 해임은 최고인민회의가 담당하고, 각급 검찰소 검사의 임명·해임은 중앙검찰소가 담당한다. 중앙검찰소는 최고인민회의(휴회 중 최고인민회의 상임위원회)에 책임을 진다.

(나) 재판기관

북한에서 재판은 중앙재판소, 도(직할시)재판소·시(구역)·군·인민재판소, 특별재판소가 담당한다. 중앙재판소 소장 및 각급 재판소의 판사와 인민참심원(배심원)의 임기는 해당 인민회의 임기와 같다. 재판은 판사 1명, 인민참심원 2명으로 구성된 재판소가 하는데 특별한 경우에는 판사 3명으로 구성하여 할 수 있다.

중앙재판소는 최고인민회의에서 선출된 소장과 최고인민회의 상임위원회에서 선출된 판사와 인민참심원 등으로 구성되며 최고 재판기관으로서 모든 재판소의 재판사업을 관장한다. 중앙재판소는 최고인민회의(휴회 중 최고인민회의 상임위원회)에 책임을 진다.

북한은 헌법 제166조에서 재판 활동의 독자성과 법에 의한 재판을 명시하고 있다. 하지만, 북한의 재판기관은 전적으로 당에 예속되어 있어, 자율적이며 중립적인 사법적 판단을 기대하기 어렵다.

라. 외곽기구

북한〈김일성-김정일 헌법〉제67조는 "국가는 민주주의적 정당, 사회단체의 자유로운 활동 조건을 보장한다."라고 규정하고 있다. 그러나 실제로는 정치단체 및 조직들은 당의 지도 통제를 받는다.

근로단체로 불리는 대규모 근로대중 조직으로는 '조선직업총동맹', '조선농업근로자동맹', '사회주의애국청년동맹', '조선사회주의여성동맹' 등이 있다. 이들 단체는 당의 외곽단체로서 사상 교양조직이자 '당과 대중의 인전대(引傳帶)', '당의 충실한 보조자'로서 역할 한다. 북한에 존재하는 대부분의 정당·사회단체들은 통일노선 선전과 대남·대미 비난·선동 활동을 수행하는 당의 전위조직이라고 볼 수 있다.

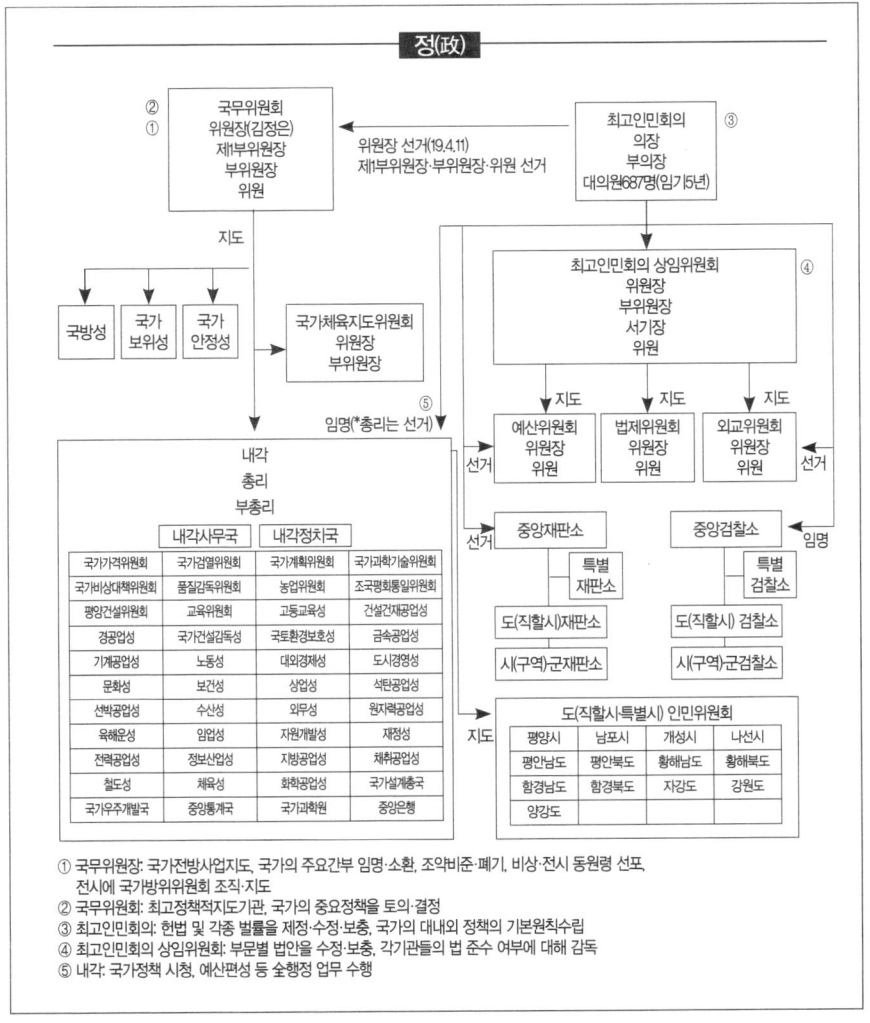

제4장 북한군

북한군은
대한민국 정부가 수립되기 7개월 전인 1948년 2월 8일 창설되었다.
이는 대한민국의 분단 원인과 책임이 김일성과 북한 정권에
있다는 사실을 역사에서는 북한군 창설일로 분명히 말하고 있다.

김정은은,
조선로동당 총비서, 당 중앙군사위원회 위원장, 국무위원회 위원장,
총사령관 직책을 갖고 북한 무력 일체를 지휘한다.

북한군 지휘체계는,
군 최고 직책인 총사령관을 필두로 당 집행기구인 총정치국, 총사령관
군령권을 실제 집행하는 총참모부, 그리고 군 관련 대외 업무와 군수
및 재정 업무를 담당하는 국방성으로 구성되어 있다.

북한군은,
현역 128만여 명, 예비전력 762만여 명이다.
김정은 등장 후 9만여 명 증가했다.

북한군은,
1953년 휴전 이후 2022년 12월까지 매월 3,8회 씩
도합 3,121회 도발했다.
북한군은 ① 위장평화 공세 시 ② 새로운 통치이념 등장 시
③ 백두혈통으로의 권력 세습 시에 고강도 도발을 해왔다.

1. 창군

* 북한은, 전 사회를 마치 하나의 유격대로 체계화 했다. 김일성-김정일-김정은은 그 유격대대장이다.
* 북한은, 1932.4.25일을 조선인민혁명군 창건일/1948.2.8일을 북한군 창설일로 분리해 부르고 있다.

가. 배태기(1945. 8. 15~1946. 8. 15)

광복 후, 북한 각 지역에서는 자발적인 민병조직인 자위대와 치안대가 사회질서와 각종 사고 예방 등 일부 치안 기능을 수행했다. 그러나 1945년 8월 24일 소련 제25군사령부가 평양에 주둔하면서부터 자발적 민병조직 활동은 제한되었다. 1945년 10월 12일 북한 주둔 소련군 제25군 군사령관 치스차코프 대장은 북한 지역 내에 있는 모든 무장세력 해산을 명령했다. 그 내용은 다음과 같다.

① 북한 지역 내 모든 무장 부대 해산 ② 모든 무기 탄약 및 군수 물자는 소련군사령부에 반납 ③ 각도 임시인민위원회는 소련군사령부와 협의하여 규정된 병력의 보안대 조직

1945년 10월 21일 각종 치안대와 자위대는 이 명령에 따라 해산되었다. 그 대신 새로운 조직으로 2,000여 명 규모의 〈보안대〉를 편성하였다. 이는 김일성에게 무력을 지원하기 위한 것이었다.

1945년 10월 21일 평안남도 진남포에서 〈평안남도보안대〉가 창설되었다. 이후 각 도 인민위원회 보안대가 설립되었다. 1945년 11월 소령군사령부 주도로 세워진 중앙행정기관인 5도 행정국을 창설할 때, 각 도 보안대를 관할하는 〈보안국〉을 설치했다. 김일성과 함께 중국공산당 무장세력 동북항일연군에서 활동했던 최용건을 초대 보안국장으로 보직시켰다. 이와 함께 당시 핵심 수송 수단인 철도를 경비하기 위해 1946년 1월 11일 〈철도보안대〉를 창설했다. 1946년 7월 철도보안대를 〈북조선 철도경비대〉로 확대했다.

〈보안대〉와 〈철도보안대〉가 창설한 후, 1946년 6월 이들에 대한 훈련을 위해 평안남도 개천에 〈보안훈련소〉를 새롭게 만들었다. 이어 신의주에 보안훈련소 제1분소, 정주에 보안훈련소 제2분소, 강계에 보안훈련소 제3분소를 설치했다. 이와 별도로 철도경비대 요원 훈련을 위한 〈철도경비대훈련소〉를 나남과 개천에 신설했다. 그리고 1946년 7월 군 초급간부 양성기관인 〈북조선중앙보안학교〉를 개설했다.

이후 1946년 8월 15일 북조선 중앙보안간부학교, 보안훈련소, 철도경비대훈련소를 통합하여 〈보안간부훈련대대〉를 조직했다. 이때 북한 지휘부는 '보안간부학교훈련소'라는 명칭을 사용했다. 이는 외부에 〈보안간부훈련대대〉가 군대라는 인상을 주지 않기 위한 조치였다. 〈보안간부훈련대대〉 주요 간부는 소련파 김책 안길 강건 최용건 최홍일 박영순 오백룡, 중국파 김무정 박일우 주연 등이었다. 〈보안간부훈련대대〉는 지휘부, 대대(3개), 경위대(1개), 보안간부훈련 분소(4개)로 구성했다.

제1대대는 4개 중대를 해주, 사리원, 강계, 신의주에 각각 두었다. 제2대대는 4개 중대를 성진, 길주, 함흥, 단천 삼상봉에 주둔시켰다. 제3대대는 4개 중대를 함흥, 신포, 양덕, 원산에 배치했다. 보안간부훈련 분소는 제1분소는 개천에, 제2분소는 나남에, 제3분소는 원산에, 제4분소를 평양에 두었다. 단일 지휘체제를 갖춘 이 무장 세력은 훗날 북한군 정규 사단으로 발전했다.

또한 김일성은 당과 인민위원회 간부 대상 정치사상 교육을 위해 1946년 2월 8일 진남포 도학리에 〈평양학원〉을 설립했다. 〈평양학원〉은 당정 간부 양성을 위한 '정치반'과 군 간부를 양성하기 위한 '군사반'을 편성하여 교육했다. 이 〈평양학원〉은 1949년 1월 평양 만경대로 이전하여 〈제2군관학교〉로 개편하였다.

나. 창설기(1946. 8. 15~1948. 2. 8)

〈보안간부훈련대대〉 소속 전 군인에게 1947년 5월 17일 소련군을 모방한 계급장을 수여했다. 아울러 〈보안간부훈련대대〉 본부를 〈인민집단군총사령부〉로 재편(사령관 최용건)했다. 〈인민집단군총사령부〉 주둔지는 평양 시내 옛 일본군 제97연대 자리였다.

〈보안간부훈련대대〉 각 분소를 사단으로 승격하여 고유 명칭을 부여하였다. 제1분소는 '인민집단군 제1경보병사단(사단장 전승화)'으로, 제2분소는 '인민집단군 제2경보병사단(사단장 강건)'으로, 제3분소는 '인민집단군 제3경혼성여단(여단장 최민철)'으로 개편했다. 원산에 있던 제3분소는 장비 보충이 충분하지 않아 혼성 여단으로 한 것이다.

그러나 '인민집단군'이라는 용어는 외부로 드러내지 않고 내부적으로만 사용했다. 그 이유는 미소공동위원회가 결렬될 것으로 예상하고 무장력을 체계적으로 강화하기 위함이었다. 또한 사령부 직속의 위생대는 중앙병원으로, 경위대는 경비연대로 각각 증편했다. 이와 동시에 소련으로부터 76.2mm 야포, 45mm 대전차포, 14.5mm 대공포, 120mm 박격포, 그리고 각종 기관총과 다발총 등의 중화기를 지원받아 실전 배치했다. 김일성은 1948년 2월 8일 "오늘 우리가 인민군대를 가지게 된 것은 우리 조국의 민주주의 조선 완전 자주독립을 촉진하기 위한 것이다."라며 〈조선인민군〉 창설을 공식 발표했다. 〈조선로동당〉 무장력으로서의 정규군이 탄생한 것이다.

한편 북한 정권은 1970년대 들어서는 '생산도 학습도 생활도 항일유격대식으로!'라는 구호가 전 사회에 울려 퍼지게 했다. 그러면서 '김일성이 1932년 4월 25일 조선인민혁명군을 창설했다.'라고 주장하면서 1978년부터 2017년까지 북한군 창설기념일로 1932년 4월 25일을 기념해 왔다.

북한 전 사회를 마치 하나의 유격대로 체계화한 것이었다. 김일성 김정일 김정은은 그 유격대의 대장이다. 그래서 일본인 북한학자 와다 하루키 같은 경우는 북한을 유격대 국가라고 부르고 있다. 아무튼 북한 정권은 2018년 1월 22일 정치국 결정서를 통해 1932년 4월 25일을 조선인민혁명군 창건일로, 1948년 2월 8일을 북한군 창설일로 분리하여 기념해 오고 있다.

그러나 김일성이 1932년 4월 25일 조선인민혁명군을 창군했다는 주장 역시 앞에서 설명했듯이 허위 날조된 역사다. 북한 정권은 1974년 4월 김일성 전기를 다시 수정하여 내놓았다. 이 전기에서 역시 '김일성이 1930년 6월에 조선혁명군을 결성하였고, 조선혁명군 안에 조선공산당과 공청을 만들었으며, 1932년 4월 안도현에서 반일 인민유격대인 조선인민혁명군을 창건했다.'라고 명기하고 있다.

하지만 이 같은 사실은 어느 기록에서도 발견할 수 없다. 북한 김일성

공식 전기가 주장하는 것처럼 1932년에 그가 정말 '조선인민혁명군'을 조직했다면 앞에서 지적한 바와 같이 어떤 형태로든 객관적 기록이 있을 것이기 때문이다. 왜냐하면 이때의 한인 독립운동에 관한 것은 크고 작은 것을 막론하고 일제의 관계 기록에 수록되어 있으며, 중요한 것은 상해 임시정부에 의해서도 파악되고 있었기 때문이다. 이는 결국 김일성의 과거가 보천보 전투에서 본 바와 같이 비 민족적이었다는 사실이 드러나는 것을 감추려는 정치적 조작에 지나지 않는 것이다.[42]

결론적으로 북한군 창설일은 1948년 2월 8일 하나뿐이다. 대한민국 정부가 수립되기 7개월 전이다. 이는 대한민국의 분단 원인과 책임이 김일성과 북한 정권에 있다는 사실을 북한군 창설일로 역사에 분명히 말하고 있다.

다. 6·25 전쟁 준비기(1948. 2. 8~1950. 6. 25)

(1) 육군

김일성은 북한군 창설을 공식 선포한 후, 〈인민집단군총사령부〉를 〈조선인민군총사령부〉로 증편했다. 또한 〈보안간부훈련대대〉를 제1군관학교로 개편하여 본격적으로 간부를 양성하기 시작했다. 1948년 9월 9일 〈조선민주주의인민공화국〉 수립을 선포한 후, 국방에 관한 업무를 민족보위성으로 통합하고 민족보위상이 〈조선인민군총사령부〉를 지휘하게 했다. 김일성은 이와 동시에 제1경보병사단을 제1사단으로 증편했다. 사단사령부는 평남 개천에, 예하 제1연대는 평북 신의주, 제2연대는 황해도 재령, 제3연대는 평북 강계, 포병연대는 사단사령부 위치에 배치했다.

제2경보병사단은 제2사단으로 증편했다. 사단사령부는 함남 함흥, 제4

연대는 함북 회령, 제5연대는 평양 평천리, 포병연대는 함북 강덕에 주둔시켰다. 제3경혼성사단은 1948년 9월 9일 이후 제3사단으로 승격되었다. 사단사령부는 함남 원산, 제7연대는 함남 덕원, 제8연대는 강원도 평강, 제9연대는 함북 흥남, 포병연대는 함남 원산에 배치했다. 또한 1948년 10월 15일 제4독립혼성여단을 새롭게 창설했다. 이 부대는 1949년 말에 제4사단으로 승격시켰다. 북한군 정규군이 위와 같이 순조롭게 창설되고 있을 때 중공군 출신들이 대거 입북했다. 김일성은 1949년 1월 중공통인 민족보위상 최용건과 포병사령관 김무정, 중앙검찰위원장 방우용 등을 중공으로 파견했다. 파견 이유는 중공군에 소속되어 있는 한인 부대를 북한으로 끌어들이기 위함이었다.

이 사업을 적극적으로 도와준 인물은 김일성이 일제 강점기 중공군 동북항일연군으로 활동할 당시 상관이었던 중공군 길림성 지역 사령관 주보중이다. 이 주보중이 지휘하던 동북항일연군이 1940년 가을 소련으로 피신하였다. 1948년 8월 동북항일연군 600~700명을 주축으로 주보중을 여장(旅長)으로 하는 동북항일연군교도려 일명 '독립88여단'이 정식 출범했다.[43] 이 부대는 정치적으로는 중공군 소속이면서 군사적으로는 소련군 소속이라는 이중적 성격을 갖고 있었다. 김일성이 이 88여단 소속으로 북한으로 들어왔음은 이미 앞에서 설명한 바 있다.

중공과 북한은 중공군 내 한인 부대원 28,000여 명을 1949년 9월까지 북한으로 송환하는 데 합의했다. 그 결과 1949년 7월 25일 중공군 제166사단 소속 한인 부대원을 방호산 지휘 아래 신의주로 입북하여 1949년 10월 안주에서 병력을 보충 받아 북한군 제6사단이 되었다. 이 북한군 제6사단은 6·25전쟁 때 마산까지 진출한 바 있다.

중공군 제164사단 소속 한인 부대가 김창덕 지휘하에 1949년 8월 23일

열차 편으로 나남으로 들어와 북한군 제5사단으로 증편되었다. 그리고 1950년 5월 초까지 중공군 제20사단 내 한인 부대원과 기타 중국 각지에 산재해 있던 한인 병력을 중공군 출신 전우 지휘 아래 원산으로 입북하여 북한군 제7사단으로 개편했다.

또한 1950년 3월 숙천에 있던 제2민청훈련소를 북한군 제10사단으로 개편하였고, 같은 시기에 신의주에 있던 제1민청훈련소를 제13사단으로, 회령에 있던 제3민청훈련소에 중공군 신분으로 입북한 한인 1개 대대 규모의 군관과 하전사를 기간으로 하여 북한군 제15사단을 창설했다. 이로써 1950년 5월까지 북한군은 총 10개 보병사단을 보유했다.

(2) 해군

1946년 7월, 해안경비를 전담하는 1개 대대 규모의 동해수상보안대를 원산에서 창설했다. 속초·장전·서호진·신포·고저 등지에 7개 지대를 설치했다. 서해수상보안대는 진남포에서 창설했다. 서해안 일대 각 포구와 도서에 지대를 배치했다. 중앙통제를 강화하기 위해 1946년 8월 원산에 두었던 수상보안대사령부를 평양으로 이전했다. 그리고 그해 12월 수상보안대 명칭을 해안경비대로 개칭했다. 동시에 원산 동해수상보안대는 동해경비위수사령부로, 진남포 서해수상보안대는 서해경비위수사령부로 개칭했다. 아울러 청진에 해안경비위수사령부를 새롭게 신설했다.

해안경비대 간부는 초기에는 평양학원과 북조선중앙간부학교 출신자로 임용했다. 해상 임무를 수행하는데 필요한 전문 기술 문제가 대두됨에 따라 1947년 해안경비간부학교를 원산에 설치했다. 그리고 그해 7월 7일 정식으로 해군군관학교로 개칭했다. 이 해군군관학교는 1949년 9월에 제1기생 250명, 1950년 5월에 제2기생 750명을 배출했다. 이때까지 해안경비대는 내무성 관할이었다. 이를 1949년 8월 28일 민족보위성으로 관할을 이전했다. 공식 북한 해군으로 발족하게 된 것이다. 이날을 북한 해군 창설일로 기념하고 있다. 초대 해군사령관에는 중장 한일무가, 참모장에는 김원무가 임명되었다.

해군사령부 예하에는 제1위수사령부(청진), 제2위수사령부(원산), 제3위수사령부(진남포), 해군군관학교(원산), 기술훈련소(원산) 등을 편성했다. 병력 규모는 해군사령부 1,000여 명, 원산기지 3,900여 명, 진남포 기지 5,000여 명, 해군군관학교 500여 명, 기술훈련소 200여 명 등 총 15,270여 명이었다. 1950년 5월에 이르러서는 원산과 진남포에 각각 1개 대대 규모의 육전대(해병대)를 신설하여 6·25 전쟁 전 해군 총병력은 16,200여 명이었다. 이 당시 북한군 해군은 일본 경비정과 발동선 등으로 구성되어 있었다. 1949년 12월 소련의 군사 지원을 받아 대소함정 35척을 보유했다. 북한 해군은 6·25 전쟁 기간 중 유엔군에 의해 전부 격멸되었다. 정전 당시 해군 세력은 불과 24척의 발동선 등 소형함정과 4,400여 명의 병력 뿐이었다.

(3) 공군

1945년 10월 25일 소련군 승인하에 일본 항공학교 출신인 이활, 임웅봉, 김명하, 강대용과 중국 비행학교 출신인 왕련 등이 중심이 돼 50여 명으로 구성된 민간 조직 〈신의주항공대〉가 발족했다. 이들은 신의주 비행장 주둔 소련 공군사령관 막사노트 소장으로부터 일본제 95식 연습기 3대를 인도받아 평양, 정주, 신의주, 청진 공역에서 비행훈련을 하였다. 소련 공군 맥실 소좌를 초대 고문관으로 임명하였다. 이 항공대는 소련군 당국에 의하여 북한 공군의 모체가 되었다.

〈신의주항공대〉에서 배출한 인원들과 중국, 일본 등지에서 귀국한 항공 관계 요원들로 구성된 당시 인원은 400여 명이다. 이 〈신의주항공대〉는 1946년 5월 신의주에서 평양으로 이전하여 평양학원에 편입되었다가 이후 평양학원 항공 중대로 재편되었다. 이로써 민간항공대 성격은 완전히 사라지고 북한 공군 교육기관으로 거듭났다. 평양학원 항공중대는 소련 유학을 마치고 돌아온 비행 요원 300여 명 등 모체 기간요원들로 1947년 8월 20일 비행대로 증편되었다. 이날을 북한 공군 창설일로 지정하여 행사하고 있다.

  북한군이 1948년 2월 8일 정규군으로 창설되자, 평양학원에 소속돼 있던 항공 중대를 그해 9월 9일 민족보위성으로 소속을 변경했다. 1949년 1월 평양학원이 진남포에서 평양 만경대로 이전하자, 이 항공 중대도 평양 비행장으로 이전하여 비행연대로 증편하였다. 비행연대는 예하에 습격대대, 추격대대, 후방지원대대로 편성하였다. 비행연대는 소련군 철수를 계기로 소련제 IL-10, YAK-9, PC-2 등의 기종을 보유했다. 또한 1949년 3월 김일성은 소련을 방문하여 IL-10, YAK-9 등 30대의 프로펠러 식 전투기 등을 도입했다.

  비행연대는 1949년 12월 비행사단으로 승격되었다. 예하대로는 습격기연대, 추격기연대, 교도연대, 공병대대 등이 편성되었다. 사단장에는 왕련, 부사단장에는 이활이 보직되었다. 대한민국 공격기지를 38선 근처인 평강과 신막에 설치했다.

  1949년 4월부터 IL-10, YAK-9 등 60여 대를 소련으로부터 추가 도입하여 추격기연대와 습격기연대에 실전 배치했다. 1949년 6월 18일 IL-10을 또 도입했다. 6·25 전쟁 직전 북한 공군력은 항공기 IL-10 IL-2, YAK-9 등 도합 226대, 조종사 200여 명, 정비사 400여 명, 기타 병력 등 총 2,000여 명이었다. 작전기지로는 신의주, 안주, 평강, 온정리, 신막, 평양, 선덕, 연포, 청진 등 10여 개의 기지를 가지고 있었다. 1950년 6월 25일 YAK-9 등이 김포 및 여의도 기지를 공습했다. 1950년 6월 29일부터 미 제5공군이 참전함에 따라 북한 공군은 6·25전쟁 초기에 사실상 전투력을 상실했다.

1950년 1월 잔존 항공기는 전부 중공 동부 지역으로 이동하여 재편성 단계에 들어갔다. 이후 약 1년 동안 중공 동부 길림성 일대에서 항공학교를 설치하여 조종사 훈련에 주력했다. 그 결과 항공기를 보유한 후 1951년 12월경 항공사령부를 다시 평양으로 이전시킨 후 정전회담 기간을 이용하여 공군력 재정비에 총력을 경주했다.[44]

다. 소련과 중공의 북한군 지원

소련군은 북한에서 철수하기 전 북한군 무장력 강화를 위해 군사고문단 설치를 결정했다. 이를 위해 1948년 12월 중순 모스크바에서 국방상 불가닌을 의장으로 극동군사령관 말리노프스키를 포함한 소련군 3군 수뇌와 제1부수상 말렌코프, 그리고 중공 및 북한군 대표자들이 참석한 한소 군사비밀회의를 개최하여 소련 특별군사사절단을 북한에 파견할 것을 다음과 같이 합의했다.

> ① 6개 경보사단을 전투사단으로 편성 ② 전투사단 편성을 위하여 중공은 만주에 주둔하는 한인계 중공군 20,000 25,000명을 입북시켜 신편사단의 기간요원으로 편성하도록 제공할 것 ③ 전투사단 외 8개 사단과 8개 예비사단을 편성하여 합 22개 사단으로 증편할 것 ④ 기갑부대 편성을 위하여 500여 대의 전차를 소련이 지원하고, 2개 기갑사단 편성

소련은 또한 1949년 3월 17일 중공 및 북한 수뇌들을 모스크바로 초청하여 소련군 철수에 따른 제반 대책을 담은 지침을 하달했다. 이 자리에서 북한과 중공은 조-중상호방위조약을 체결했다. 주요 내용은 '양측은 제국주의 침략에 공동방위한다. 중공은 1949년 7월 1일부터 8월 31일까지 만주와 중공 북부에서 무기, 물자, 한인계 병력을 북한에 제공한다.'는 것이다. 또한 1950년 3월 17일 조-소경제문화협정을 체결했다. 이는 표면상 경제 문화협정을 체결한 것처럼 보였으나, 그 내용은 북한군의 군사력 강화에 주안을 둔 것이다.

> ① 보병 6개 사단 장비 무기 등 추가 원조 ② 3개 기계화부대에 필요한 장비 추가 지원 ③ 7개 기동보안대 장비 추가 원조 ④ 북한 공군이 충분한 훈련이 되었을 때 항공기 원조 ⑤ 105~120명의 소련 군사고문단을 1949년 5월 1일부터 20일 이내에 북한으로 파견 ⑥ 1949년 5월 20일까지 10억 원에 해당하는 물자 반입

이상과 같은 소련 및 중공 지원으로 1950년까지 10개 보병사단을 전투사단으로 강화하는 동시에 기갑부대 창설을 서둘렀다. 1947년 평양 사동에 주둔하고 있던 소련군 1개 전차사단은 북한군 전차 기술병 양성을 위하여 북한군 제115전차연대를 창설했다. 1948년 소련 전차사단이 북한에서 철수하면서 1개 전차연대 분의 전차와 300여 명의 기간요원, 70여 명의 통역관을 잔류시켜 북한군 전차사단 편성을 위한 관계 요원 교육을 지원했다.

북한군 115전차연대는 소련군 철수와 함께 완전 편제를 갖추었다. 2개 전차대대와 공병중대, 정찰중대, 수리중대, 군의소 등으로 예하 부대를 편성했다. 1949년 5월 이 연대는 105전차여단으로 승격시켰다. 105전차여단은 제107·109·203전차연대와 제208교도연대 등으로 구성하였다. 1

개 전차연대에는 전차 36대를 배치하였다. 그 밖에 자주포로 무장한 싸마호트 대대, 206모터화 보병연대, 경기관총으로 무장한 200대의 모터찌크 부대인 제303기동정찰대와 제206통신대대, 공병대대, 수송대대, 전차수리소, 군의소 등을 편제하였다.

1949년 10월 이 여단의 주력부대인 제106전차연대는 황해도 남천 38선 접경으로 배치했다. 제203전차연대는 강원도 철원에 배치했다. 소련은 6·25 전쟁 도발 직전까지 105전차여단에 T-34전차 242대, 자주포 무장 싸마호트 154대, 모터찌크 560대, 트럭 380대의 화력과 기동력을 지원했다.

2. 성격

* 수령「김정은」을 〈조선로동당〉과 〈조선민주주의인민공화국〉보다 상위개념에 놓고 "김정은 결사 옹위!" "백두혈통 결사 옹위!"를 외치며「김정은」개인의 사병(私兵)화 성격을 갖고 있다.

북한군은 북한 정권 수립보다 먼저 창건되었다. 북한군은 광복 이후 지금까지 북한 사회 전반에 영향을 미쳤다. 김정일 시기 '선군정치'가 통치 이데올로기로 작동하였듯 대한민국 국군과 비교해 볼 때 매우 이상한 위상과 성격을 가지고 있다.

2021년 1월 개정된「조선노동당 규약」제47조에서 '수령의 군대', '당의 군대', '인민의 군대'라는 표현을 삭제했다. 대신, 군을 '국가방위의 기본역량, 혁명의 주력군으로서 사회주의 조국과 당과 혁명을 무장으로 옹호 보위하고, 당의 영도를 앞장에서 받들어나가는 조선노동당의 혁명적 무장력'이라고 규정했다. 그러면서 북한군은 '모든 군사 정치 활동을 당의 영도 밑에 진행한다.'라며 군에 대한 당의 영도를 분명하게 못 박았다.

북한군은 다음의 세 가지 기능을 수행하고 있다.
첫째, 수령「김정은」을 〈조선로동당〉과 〈조선민주주의인민공화국〉보다 상위 개념에 놓고 북한군 창설기념 열병식에서 "김정은 결사 옹위! 백두혈통 결사 보위!"를 외치는 등 수령「김정은」개인 사병(私兵) 성격을 띠고 있다.

둘째, 일반적인 군으로서의 기본적인 임무 및 기능이다. 대한민국 영토를 불법 점령한 북한 땅 보존, 북한 주민들의 생명과 재산 보호 등을 기본 임무로 하고 있다.

셋째, 군의 정치적 역할이다. 김정일은 '선군정치', '선군사상'을 중심으로 북한을 운영했다. 국방위원회를 중심으로 북한군이 직접 정치 행위를 했다. 김정은은 북한군 열병식을 통해 대내적으로 주민들에게 충성을 강요하고, 대외적으로 북한 정권 전략을 표명하는 등 고도의 정치 수단으로 활용하고 있다.

넷째, 군의 경제 및 사회적 역할이다. 김일성은 6·25 전쟁 이후 전후 복구사업에 군을 전면에 투입하였다. 김정일은 '고난의 행군' 시기 군을 동원하여 각종 현안을 해결했다.

김정은 시기에도 군은 평양 10만 호 주택건설, 원산 갈마 해안관광지구 토목공사, 삼지연시 공사, 양덕 온천 관광지구 건설, 단천발전소 건설, 태풍 수해복구 건설 등에서 주도적인 역할을 하도록 했다. 북한에서의 출세는 〈조선로동당〉에 가입해야 가능하다. 〈조선로동당〉에 가입하기 위해서는 군 복무가 필수 경력으로 작용할 만큼 북한군이 갖는 사회적 위상과 성격은 매우 중요하다.

3. 군사정책

2022년 현재, 890여 만(현역 128만, 예비병력 762만) 병력의 북한은 핵과 미사일 부대를 지휘하는 전략군 신설, 육군 기동여단의 획기적 증가, 다련장 및 방사포 증가 등 김정은이 강조한 「다병종 강군화」의 현실화로 육군 위주의 비선형 전투 형태 강화로 변화했다.

가. 김일성 시기

김일성 시기의 군사정책은 6·25 전쟁과 관련이 크다. 전쟁 발발 직전 약 20만 명 정도였던 북한군 총병력은 정전협정 직후 약 30만 명 규모로 증가했다. 이후 1955년에는 40만 명을 넘는 수준으로 증가하였다. 중공군이 철군하면서 상당량의 물자를 북한에 양도하여 장비의 증강도 함께 이루어졌다. 이때의 군사정책은 소위 '4대 군사노선'으로 설명할 수 있다. 1960년대 등장한 4대 군사노선은 중 소분쟁 시기 안보 우려 속에서 인민경제에 대한 희생을 감내하면서까지 제한된 자원을 중공업 중심의 국방 분야에 투입하는 일종의 국가전략 차원의 군사력 강화노선이라고 평가할 수 있다.

4대 군사노선 가운데 '전군현대화'를 제외한 3가지 내용은 1962년 12월 '경제 국방 병진 노선'이 제시된 당 중앙위 제4기 5차 전원회의에서 처음으로 나타났다. 1966년 10월 제2차 당 대표자회에서 '전군현대화'를 마지막으로 제시했다. 4대 군사노선은 1992년 개정 헌법에 명문화했다. 김일성은 이처럼 4대 군사노선을 내세우며 병력 증강뿐만 아니라 주요 장비의 독자 개발을 추진했다.

　이 시기 군수산업을 전담하는 조직도 만들었다. 1967년을 전후해 '제2기계공업성'이라는 군수산업 전담 조직을 설립했다. 1972년경에는 제2기계공업성을 내각에서 분리한 뒤 '제2경제위원회'로 확대 재편했다. 제2경제위원회는 각종 무기 및 물자의 연구·개발을 담당하는 국방과학원과 부문별 무기 및 물자의 생산을 담당하는 조직과 공장을 세워 민수 경제보다 군수 경제를 우선했다. 북한은 1970년대 전차, 자주포, 장갑차 등 주요 지상무기 체계와 잠수정, 고속정 등의 전투함정을 건조하는 등 독자적인 군수산업 능력을 성장시켜 상당한 수준으로 끌어올렸다. 1980년대 중후반에는 핵 미사일 개발도 본격적으로 추진하기 시작했다.[45]

나. 김정일 시기

　김정일 정권은 총체적이고 구조적인 경제난에서 쉽게 탈피하지 못하는 상황에서도 재래식 군사력을 강화하기 위한 노력을 계속했다. 1994년과 2012년을 비교해 보면, 총참모부가 직접 지휘하는 기계화군단이 4개에서 2개로 감소하는 대신 기갑사단 1개, 기계화 보병사단 4개가 증가했다. 이와 함께 김정일 시대 18년 동안 북한에서 전차는 400여 대, 각종 포는 2,600여 문이 각각 증가했다. 170mm 자주포가 새롭게 생산·배치되고, 구소련의 T-72형 전차를 모방한 천마호의 개량형을 생산 배치하는 등 장비 현대화를 지속 추진했다.

　북한 해군은 1994년 16개 전대에서 2012년 13개 전대로 부대 수가 감소했다. 그러나 26척에 불과했던 잠수함정이 70여 척으로, 상륙함정인 공기부양정 120여 척이 공기부양정과 고속상륙정으로 발전한 260여 척으로 증가했다. 북한 공군은 1994년 3개 항공전단사령부였던 것이 2011년에는 5개 비행사단과 1개 전술수송여단, 2개 공군저격여단, 방공부대 등으로 증가했다. 하지만 외부로부터의 지원이 없는 상황에서 공군 전력을 독자적으로 확충할만한 역량이 부족하여 장비 증가는 제한되었다.

이와 같은 북한군 재래식 전력의 변화는 경제난으로 여건이 충분하지 않은 상황으로 인해 제한적이었으나, 독자적인 군수산업을 토대로 군사력 증강을 위한 노력을 지속했다.

김정일은 재래식 군사력 증강 노력과 함께 핵 미사일 개발도 본격적으로 추진했다. 김일성 시대 미사일 개발에서 거둔 성과, 즉 스커드-B(사거리 300km), 스커드-C(사거리 500km), 노동 미사일(사거리 1,000~1,300km) 관련 기술을 기반으로 1998년에는 인공위성 발사를 내세우며 중 장거리 미사일로 평가되는 대포동-1호 미사일을 발사했다. 2006년에는 군사훈련 일환이라고 주장하며 대포동-2호를 발사했다. 2009년에는 우주개발을 명분으로 은하-2호 장거리 로켓을 쏘아 올리기도 했다. 또한 김정일 정권은 스커드 미사일 기술에 기반한 액체 연료 미사일의 취약점을 극복하기 위해 2000년대 중반부터 고체 연료 미사일(KN-02) 개발을 시작했다.

2002년 발생한 제2차 북한 핵 위기 해결 과정에서 미국이 대북 금융제재를 강화하자, 2006년 10월 9일 전격적으로 제1차 핵실험을 단행했다. 2008년 12월 6자회담 수석대표 회의를 끝으로 6자회담이 사실상 중단되자, 2009년 5월 25일 제2차 핵실험을 단행하기도 했다. 2010년 11월에는 미국의 핵 과학자를 북한으로 불러들여 원심분리기를 보여주며 우라늄 농축 사실을 공개했다.

김정일 정권은 제1차 핵실험과 제2차 핵실험을 단행하기 2 3개월 전에 장거리 미사일을 발사함으로써 핵과 미사일을 연계하겠다는 의지를 대내외에 표출했다.[46]

다. 김정은 시기

김정은은 4대 군사노선 기조를 유지하는 가운데, '인민군대의 강군화를 위한 군 건설의 전략적 노선'으로 '4대 전략적 노선'을 새롭게 제시하였다. 4대 전략적 노선은 '정치사상 강군화, 도덕 강군화, 전법 강군화, 다병종 강군화'를 말한다. 2015년 신년사에서 군사력 강화의 4대 전략적 노선을 언급한 김정은은 2019년 신년사에서 국가방위력을 다지기 위한 첫 번째 과제로 '4대 강군화 노선'을 강조하였다.

김정은은 이 중 정치사상 및 도덕 강군화를 통한 사상 무장을 특히 강조하고 했다. 2019년 2월 8일 북한군 창건 71주년 기념으로 인민무력성(現 국방성)을 방문하여 "정치사상 강군화, 도덕 강군화를 쌍기둥으로 틀어쥐고 사상사업을 공개적으로 다각적 입체적으로 벌여나가야 한다."고 지시하였다. 전법 강군화 및 다병종 강군화는 김정은 체제에서 고도화되고 있는 북한의 핵 미사일 능력 등과 같은 비대칭 전력 운용을 의미한다. 또한 북한은 군사정책을 뒷받침하기 위해 '제2경제'인 군수공업을 육성하는 한편, 국방 분야의 과학자를 양성하고 국방 과학기술의 현대화를 추진하고 있다.

김정은 시기에 가장 두드러지는 군사정책은 핵 미사일 고도화라고 할 수 있다. 김정일 시기에 두 차례에 불과했던 핵실험을 김정은 시기 들어 네 차례나 추가했다. 이와 함께 북한은 2013년 3월 경제건설 및 핵무력 건설 병진 노선 채택 직후, 영변 핵시설의 전면 재가동을 선언했다. 여기에는 5MWe 원자로(플루토늄 생산)와 우라늄 농축 시설(고농축 우라늄 생산) 등이 모두 포함된다.

또한 김정은 시대 들어 지대지 탄도 미사일의 사거리를 연장하였다. 고체 연료 미사일 개발에도 상당한 성과를 거두었다. 북한은 2016년 4월과

2017년 3월 새로운 대형 액체 엔진 시험을 각각 진행했다. 또한 2016년부터 2017년간 화성-10형, 화성-12형, 화성-14형, 화성-15형 미사일을 시험 발사하며 미국 본토에 대한 타격 능력을 과시하였다. 2015년부터는 고체 연료를 사용하는 SLBM 북극성의 시험 발사를 진행했다. 2017년 2월에는 북극성을 개량한 중거리 탄도 미사일 IRBM '북극성-2형'도 시험 발사했다. 2019년 5월부터 북한은 방사포 등 다양한 단거리 발사체를 시험 발사해 오고 있다.

또한 2019년 10월에는 신형 SLBM '북극성-3형'을 시험 발사하여 일본이 주장하는 배타적 경제수역 안에 낙하시키기도 했다. 2020년에는 초대형 방사포와 다종의 단거리 발사체를 시험 발사하였다. 2021 2022년에는 순항 및 탄도 미사일, 화성-8형, SLBM, 그리고 중거리 탄도 미사일 IRBM 등을 포함해 계속하여 탄도 미사일을 시험 발사하고 있다. 특히 2022년 1월 5일 준중거리 탄도 미사일(북한은 극초음속 미사일이라고 주장) 발사를 시작으로 11월에는 분단 이후 처음으로 동해 NLL을 넘어 SLBM을 발사하는 등 2022년 한해만 70여 발의 미사일을 발사하여 한반도 긴장을 더욱 고조시켰다.

한편 김정은은 핵 미사일을 고도화하면서 재래식 전력 증강도 선별적으로 추진했다. 구형 T-54/55 전차를 선군호와 준마호 등 신형으로 교체하고, 공군과 해군도 신형 무기체계를 개발하고 있다. 북한에서 노동당 창건 75주년을 맞아 2020년 10월 진행한 열병식에는 총 11종에 달하는 신형 재래식 무기체계가 등장했다.

김정은 시대 군사정책은 네 번의 변화 시점을 맞았다. 첫 번째 시점은 2013년 3월 '경제건설과 핵무력 건설 병진 노선'의 채택이다. 병진 노선의 채택과 함께 김정은은 한편으로는 '자위적 핵무력'을 강화 발전시키면서 다른 한편으로는 경제건설을 통해 '사회주의 강성 국가' 건설을 동시에 이루어 내겠다는 의지를 천명하였다.

두 번째 시점은 2016년 5월 제7차 당 대회이다. 7차 당 대회를 통해 당 중앙군사위원회를 개편하고, 6월 최고인민회의에서 국방위원회를 폐지하고 국무위원회를 설립하면서 군사 중심주의에서 벗어나기 위한 제도적 장치를 마련하였다.

세 번째 시점은 2018년 4월 병진 노선의 종료를 선언한 것이다. 노동당은 2018년 4월 20일 김정은이 참석한 가운데 열린 당 중앙위 제7기 제3차 전원회의에서 결정서「경제건설과 핵무력 건설 병진 로선의 위대한 승리를 선포함에 대하여」를 채택했다. 병진 노선의 '승리'와 함께 '사회주의 경제건설 총력집중'이라는 새로운 전략 노선을 발표했다.

네 번째 시점은 2021년 1월 제8차 당 대회로 '사업총화보고'에서 김정은은 "핵무력 건설을 중 단없이 강행 추진한다."는 점을 밝혔다. 그리고 핵무기의 소형경량화, 규격화, 전술 무기화를 완성한 상태에서 '더 위력한 핵탄두' 생산과 '첨단 핵 전술무기' 개발 등 핵 선제 및 보복 타격 능력을 고도화할 것임을 밝혔다.

2021년 10월 11일에는 처음으로 '전람회'라는 형태로 지난 5년간 개발 생산한 신형무기들을 전시하는 국방발전전람회 '자위-2021'을 개최하여 군사력을 과시했다. 2022년 3월 24일에는 4년 4개월 만에 ICBM을 시험 발사했다. 2018년 4월 선언한 핵 ICBM 시험을 중단하는 모라토리엄을 철회하고, 비타협적 핵 개발 전략으로 회귀했다. 그리고 2022년 9월 8일 최고인민회의 제14기 제7차 회의에서는 '조선민주주의인민공화국 핵무력 정책에 대하여'를 법령으로 채택하여 헌법에 핵보유국을 명기한 지 10년 만에 핵 선제공격을 명문화한 핵무력 정책을 법제화했다. 같은 날 시정 연설에서 김정은은 "이번 법제화로 핵보유국 지위가 불가역적인 것이 됐다."라며 "절대로 먼저 핵 포기란, 비핵화란 없다."라고 강조했다.[47]

김정은 집권 해인 2012년과 10년이 지난 2022년의 재래식 무기 변화를 살펴보면 다음과 같다. 먼저 병력면에서 2012년 119만여 명에서 2022년 128만여 명으로 9만여 명이 증가했다. 특히 해공군은 변화가 없는 가운데 육군이 8만여 명, 전략군을 새롭게 창설하면서 1만여 명 늘어났다.

육군의 경우 군단은 15개로 변화가 없으나, 사단은 88개에서 84개로 줄었고, 여단은 72개에서 117개로 무려 45개 부대가 증가했다. 전차는 4,200여 대에서 4,300여 대로 100여 대 증가했다. 장갑차는 2,200여 대에서 2,600여 대로 400여 대 증가했다. 야포는 8,600여 문에서 8,800여 문으로 늘었다. 다련장과 방사포는 4,800여 문에서 5,500여 문으로 증가했다. 지대지 유도무기는 100여 발사대로 큰 변화가 없었다.

해군은 전투함정 420여 척, 상륙함정 260여 척, 기뢰전함정 30여 척, 지원함정 30여 척에서 40여 척으로 10여 척 증가, 잠수함정 70여 척으로 큰 변화가 없다. 공군은 전투임무기 820여 대에서 810여 대로 소폭 감소, 감시통제기는 30여 대로 변화가 없다. 공중기동기는 330여 대에서 350여 대로 소폭 증가, 훈련기 170여 대에서 80여 대로 대폭 감소, 헬기 300여 대에서 290여 대로 소폭 감소 현상을 보였다.

한편 김정은은 2023년 9월 러시아 푸틴과의 정상회담 기간 중이던 9월 15일 러시아 하바롭스크 주에 있는 전투기 생산 공장을 방문하여 "러시아 비행기 제작 공업의 풍부한 자립적 잠재력과 현대성, 끊임없이 새로운 목표를 향한 진취적 노력에 깊은 감명을 받았다."라고 말하는 등 공군력에 깊은 관심을 가졌다. 이는 곧 2024년 이후부터 공군력 강화를 시사하는 것으로 평가할 수 있다. 예비병력은 770만여 명에서 762여 명으로 8만여 명이 줄었다. 그러나 2012년 현역 119만여 명, 예비병력 770만여 명 총 889만여 명에서, 2022년 현역 128만여 명, 예비병력 762만여 명으로 총 890만여 명으로 오히려 총병력 면에서는 1만여 명이 증가했다.

이를 종합 분석해 보면 해군은 큰 변화가 없고, 공군은 향후 전력 강화를 예상할 수 있으며, '핵과 미사일 부대를 지휘하는 전략군 신설, 육군의 기동여단의 획기적 증가, 다련장 및 방사포 증가 등은 김정은이 강조한 「다병종 강군화」의 현실화로서, 육군 위주의 비선형 전투 형태 강화로 변화한 것'으로 평가할 수 있다.

4. 대남 군사정책

* 북한은 2022년 새로 출범한 우리 정부의 '한국형 3축 체계 강화'등의 국방정책을 집중적으로 비난했다.
* 2022년 당 중앙위원회 제5차 전원회의 확대회의에서 대남사업을 '대적투쟁'으로 변경했다.

북한 정권은 2018년 평창동계올림픽에 선수단 파견을 결정함으로써, 남북 간 대화 재개의 여건을 마련하였다. 이를 토대로 남북은 2018년 4월에 남북정상회담을 개최하여 「판문점선언」을 채택했다. 9월에도 남북정상회담을 개최하여 「9월 평양공동선언(이하 평양공동선언)」 및 「판문점 선언 이행을 위한 군사 분야 합의서(이하 9·19 군사합의)」를 채택하였다.

그러나 2019년 2월 하노이 미·북 정상회담이 결렬된 이후 북한은 2020년 신년사를 대체한 당 전원회의 결정서에서 남북 관계를 언급하지 않는 등 남북대화 및 교류에 냉담한 태도로 변화했다. 이후 우리 정부의 남북대화 및 협력 제안에는 응하지 않고 있다.

2020년 6월 우리 민간단체의 전단 살포를 비난하며 '남북공동연락사무소'를 폭파했다. 같은 해 9월에는 서해 북측 해역에서 발견된 우리 국민을 총격으로 살해하고 시신을 불태우는 만행을 자행하였다. 그 이후 우리 국민 피격 사건과 관련된 우리 측의 공동 조사 요구에 대해 무반응으로 일관하고 있다.

북한은 2021년 1월 개최한 제8차 당 대회에서 남북 관계 악화의 책임을 우리 정부에 전가했다. 2021년 3월에는 김여정 명의의 담화를 통해 남북 군사합의를 파기할 수도 있음을 언급하였다. 그 이후 북한은 남북 관계 상황에 따라 남북 통신 연락선 차단과 복원을 반복하면서 우리 정부에 대해 불만을 표출하였다.

한편, 북한은 2022년 5월에 새로 출범한 우리 정부의 '한국형 3축 체계 강화' 등의 국방정책을 집중적으로 비난했다. 2022년 6월 당 중앙위원회 제8기 제5차 전원회의 확대회의를 개최하여 대남사업을 '대적 투쟁'으로 변경하였다.

2022년 8월에는 우리 정부가 제안한 「담대한 구상」을 김여정 담화를 통해 '비핵 개방 3000)의 복사판'이라고 비난하며 거부하였다. 이후, 한·미 확장 억제 실행력 제고 등을 비난하면서 최초로 동해 북방한계선(NLL: Northern Limit Line) 이남 해상 완충구역으로 미사일을 발사했다. 또한 다수의 소형무인기로 우리 영역을 침범하는 등 「9·19 군사합의」와 「정전협정」을 위반하며 군사적 긴장을 고조시키고 있다. 또한 2022년 12월 당 중앙위원회 제8기 제6차 전원회의 확대회의에서는 대남 '정면승부 대적 투쟁' 원칙을 재강조한 가운데, 우리를 '명백한 적'으로 규정했다.

아울러 2022년 4월에 김여정 담화를 통해 '핵 전투 무력 동원'을 언급하였고, 9월 최고인민회의 시정연설에서 '전술핵 운용공간 확장, 적용 수단의 다양화' 등을 발표했다. 2022년 12월 '600mm 초대형 방사포 증정식'에서는 '남조선 전역을 사정권', '전술핵 탑재 가능'을 주장하는 등 대남 전술핵무기 사용 위협을 지속하고 있다.[48]

5. 대외 군사정책

* 2022년 ICBM급 미사일을 발사 '핵실험 및 ICBM발사 중지 선언'을 사실상 파기.
* 2018년 폭파했던 풍계리 핵실험장 3번 갱도 복구
* 화성-17형 ICBM을 재차 발사하며 '강 대 강' 대응 의지 표출

북한은 국제사회의 고강도 대북 제재와 북한 인권문제 제기에 대하여 '자주·평화·친선'의 외교 원칙을 내세우면서 중국·러시아 등의 사회주의 국가들과 유대관계를 강화하는 등 대외환경 개선을 시도하고 있다.

미국과의 관계는 북한이 2018년 6월 싱가포르에서 역사상 최초로 미북 정상회담을 개최하면서 새로운 관계 구축을 시도했다. 그러나 2019년 2월 하노이 미·북 정상회담 결렬 이후 현재까지 교착 상태에 있다. 2020년 초에는 당 중앙위원회 제7기 제5차 전원회의에서 '정면돌파전'을 선언했다. 2021년에는 제8차 당 대회에서 '강대강 선대선' 원칙을 통해 미국의 양보 없이는 협상을 재개하지 않을 것이라고 표명하였다.

북한은 미국 바이든 정부 출범 후에도 대화 제의를 지속적으로 거부했다. 2022년 3월 ICBM급 미사일을 발사하여 '핵실험 및 ICBM 발사 중지 선언'을 사실상 파기하였고, 2018년에 폭파장면을 공개했던 풍계리 핵실험장 3번 갱도를 복구하였다. 11월에는 화성-17형 ICBM을 재차 발사하며 강대강 대응 의지를 표출하였다.

일본과는 2014년 5월 「스톡홀름 합의」에도 불구하고 실질적 관계 개선은 이루어지지 않고 있다. 북한은 일본의 지속적인 정상회담 제의에도 불구하고, 이를 거부하며 일본의 과거사 문제 청산, 대북정책 전환 등의 선결을 주장했다. 최근에는 일본의 방위전략 개정을 통한 '적기지 공격능력 보유 추진'을 강하게 비난하고 있다.

중국과의 관계는 2013년 북한의 제3차 핵실험 이후 중국이 국제사회의 대북 제재에 동참한 데 이어, 2014년 7월 시진핑 주석이 북한보다 한국에 먼저 방문하면서 관계가 경색되었다.

그러나 이후 2018년부터 2019년까지 5차례의 북중 정상회담을 통해 전통적인 우호 관계를 회복하였다. 2020년 1월 이후 코로나19로 인한 국경봉쇄 상황에서도 전통적 친선 관계를 유지하기 위해 정상 간 친서 축전 교환 등을 지속했다. 2022년 들어서는 국경 화물열차 운행을 재개하는 등 양국 간 교류협력을 강화하였다. 또한, 대만 문제와 관련해서 중국의 입장을 지지하며 국제사회에서 중국과의 연대를 도모하였다.

러시아와는 2014년 북한-러시아 경제공동위원회 개최 이후 2015년 3월에 '친선의 해'를 선포하고 공동결의문을 채택하는 등 기본적인 우호 관계를 유지하고 있다. 2019년 4월에는 푸틴 대통령과 정상회담을 하였다. 2020년에는 코로나19로 인해 인적 교류가 제한되는 상황에서도 러시아 주요 기념일에 축전을 교환하며 친선관계를 유지했다. 주요 인사의 연쇄 회동을 통해 협력을 강화하였다. 특히 2023년 정전협정 70주년 기념 열병식에 러시아 국방부 장관을 초청하는 등 우크라이나 전쟁 발발 이후 전쟁의 근본적인 원인이 미국과 서방의 패권주의 정책이라고 주장하는 등 러시아의 입장을 지지하고 있다.[49]

6. 군사전략

북한은 유사시 비대칭 전력 위주로 기습공격을 시도, 유리한 여건을 조성 한 후 조기에 전쟁을 종결하려 할 가능성이 높다. 아울러 6,800여 명의 사이버전 인력을 운용, 전력 증강을 위해 노력중이다.

　북한은 '국방에서의 자위' 원칙에 따라 1962년 4대 군사노선을 채택하고, 군사력을 지속 증강하고 있다. 북한군은 기습공격, 배합전, 속전속결을 중심으로 하는 군사전략과 핵무력 전략에 기초하여 다양한 전략 전술을 모색하고 있다. 핵 WMD(Weapons of Mass Destruction), 미사일, 장사정포, 잠수함, 특수전 부대, 사이버 전자전 부대 등 비대칭 전력 증강에 진력하면서 동시에 재래식 무기 성능 개량을 추진하고 있다. 특히 핵 미사일 능력 고도화를 달성하기 위해 각종 미사일을 연이어 시험 발사하고 있다. 아울러 6,800여 명의 사이버전 인력을 운영하여 최신 기술에 대한 연구 개발을 지속하는 등 사이버 전력 증강을 위해 노력하고 있다.

　북한군은 유사시 비대칭 전력 위주로 기습공격을 시도하여 유리한 여건을 조성한 후 조기에 전쟁을 종결하려 할 가능성이 높다. 특히 2021년 1월 제8차 당 대회에서 북한은 '강력한 국방력으로 조국 통일의 역사적 위업을 앞당길 것'이라는 내용을 당 규약에 포함하여 무력에 의한 통일 전략을 강조하였다. 또한, 2022년 9월 최고인민회의에서 핵무기 사용조건을 구체화한 '핵무력 정책' 관련 법령을 채택하면서 핵 사용 위협을 증대하고 있다. 향후 북한은 대외 전략적 환경변화와 경제난 등 대내 여건을 고려하여 군사전략의 변화를 지속 모색해 나갈 것으로 전망된다.

7. 지휘구조

군사 지휘체계는 군 최고 직책인 총사령관을 필두로 총정치국, 총참모부, 그리고 군 관련 대외 업무와 군수 및 재정을 담당하는 국방성으로 구성되었다.

가. 주요 기구와 직책

북한의 주요 군사 기구로는 당 중앙군사위원회, 국무위원회, 총정치국, 총참모부, 국방성 등이 있다. 기구별 주요 조직과 역할을 살펴보면 다음과 같다.

당 중앙군사위원회는 조선로동당의 최고 군사 기구이다. 2021년 1월 개정된 조선로동당 규약 제30조에서는 당 중앙군사위원회의 기능과 위상에 대해 "당 대회와 당 대회 사이의 당의 최고 군사 지도기관이다. 당의 군사노선과 정책을 관철하기 위한 대책을 토의 결정하며 공화국 무력을 지휘하고 군수공업을 발전시키기 위한 사업을 비롯하여 국방사업 전반을 당적으로 지도한다."라고 규정하고 있다.

북한 군사 지휘체계 내부 기구의 조직과 역할을 살펴보면 아래 도표와 같다.

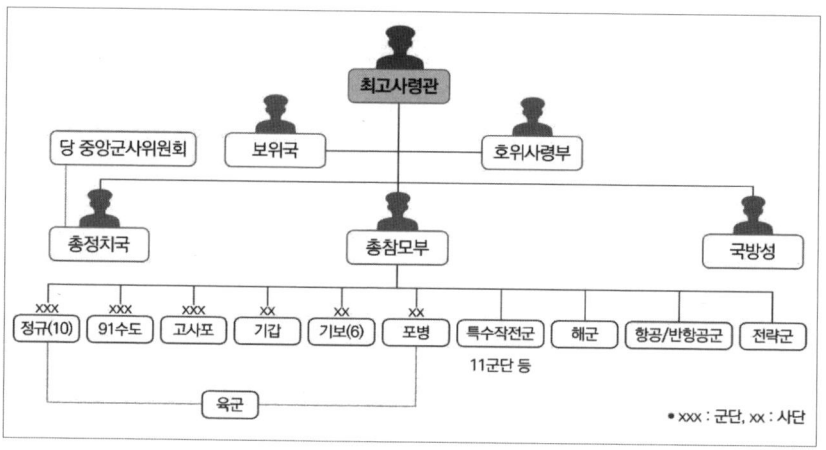

위 도표에서 보듯 북한의 군사 지휘체계는 군의 최고 직책인 총사령관을 필두로 당의 집행기구인 총정치국, 총사령관의 군령권을 실제 집행하는 총참모부, 그리고 군 관련 대외 업무와 군수 및 재정 업무를 담당하는 국방성으로 구성되어 있다.

총사령관은 군대에 대한 최고지도자의 지휘를 보장하는 북한 군 최고 직책이다. 총사령부는 6·25 전쟁 시 신속한 의사결정을 위해 단일지도 형식의 비상 기구로 신설되었다. 총사령관은 전시 정규군에 대한 지휘권을 가진다. 전시 및 동원령을 선포하고 해제할 수 있는 권한도 있다. 유사시에는 권한이 확대되어 전당·전군·전민을 통제할 수 있는 초법적 권한을 가지는 실제적인 군 최고의 집행기구이다.

총정치국은 군의 당 정치사업, 군 간부 선발, 군사작전 명령서에 대한 당적 통제 등 당 중앙군사위원회의 통제를 실질적으로 집행하는 역할을 하는 군 내부의 당 기관이다. 총정치국은 군·당 조직 집행기관으로 당의 결정을 심의하는 기구인 북한군 당 위원회의 직접적 운영기관이다. 당 중앙군사위원회와 당 군정지도부 및 당 조직지도부로부터 당적 지도를 받아 군을 지도하는 정치 지도적 영역을 통솔한다. 북한은 최근 당내에 전문부서 중 하나로 군정지도부를 신설하여 군에 대한 당의 통제를 더욱 강화하고 있다.

총참모부는 총사령관의 군령권을 실제 집행한다. 당의 철저한 지도 감독을 받으며 북한 무력 전반을 지휘하는 군 최고 군사 집행기관이다. 육해 공군의 군사전략 및 군사작전의 종합계획을 지휘, 관리, 통솔하는 역할을 한다. 총참모부 산하에는 10개의 정규군단, 91수도방어군단, 고사포군단, 1개 기갑사단, 5개 기계화보병사단, 1개 기계화포병사단(이상 육군), 해군사령부, 공군사령부, 전략군, 특수작전군 등이 있다. 총참모부는 각급 부대와 훈련소, 각 군 사령부의 전·평시 작전 및 훈련계획을 수립해 집행하고, 매년 발령되는 당 중앙군사위원장 명령 작성에 참여하는 등의 방법으로 산하 부대들을 지휘 통솔한다.

국방성은 현재 군을 대표하는 기능을 수행하면서 군사지휘기구도상 총정치국, 총참모부와 수평관계에 있다. 그 역할은 제한된 군정권 행사에 그치고 있다. 군인들의 식품, 의류, 유류, 의료 등을 공급하는 후방사업을 담당한다. 국방성은 1948년 민족보위성으로 출범했다. 1972년 인민무력부로 개칭된 이후 여러 번 명칭이 바뀌었다가 2020년 인민무력성에서 국방성으로 명칭을 변경하였다.

호위사령부는 반체제 쿠데타 진압, 최고지도자와 그 가족 신변 보호, 숙소 경계와 관리 등 경호를 담당하는 기구이다. 호위사령부는 최고지도자의 안위를 위해 운영된다는 점에서 그 위상이 매우 높다. 보위국은 군내의 모든 군사 범죄 활동에 대한 수사, 예심, 처형 등을 담당한다. 간첩과 반체제 활동 관련자를 색출하여 처벌하는 것을 주된 업무로 하고 있다.

김정은은 북한의 조선노동당 총비서, 당 중앙군사위원회 위원장, 국무위원회 위원장, 총사령관, 공화국 원수로서 당 정 군의 최고 직책을 겸하며 무력 일체를 장악하고 군정권과 군령권을 행사하고 있다.

나. 육군

육군은 총참모부 예하에 10개의 정규 전 후방군단, 91수도방어군단, 고사포군단, 1개 기갑사단, 5개 기계화보병사단, 1개 기계화포병사단 등으로 편성되어 있다. 국방성 예하에 도로건설군단, 총정치국 예하에는 공병군단 등 전문 건설부대가 편성되어 있다.

전차
4,300여 대

장갑차
2,600여 대

야포
8,800여 문

방사포
5,500여 문

전차

대전차미사일 탑재
장갑차

자주포

방사포

육군 전력의 약 70%를 평양-원산선 이남 지역에 배치하여 언제든지 기습공격을 감행할 태세를 갖추고 있다. 전방에 배치된 170mm 자주포와 240mm 방사포는 수도권 지역에 대한 기습적인 대량 집중 공격이 가능하다. 최근 사거리 신장 및 정밀유도가 가능한 300mm 방사포와 북한이 초대형방사포로 주장하는 600mm급 단거리 탄도 미사일을 개발하여 한반도 전역을 타격할 수 있는 방사포 위주로 화력을 보강하고 있다. 기갑 및 기계화부대는 6,900여 대의 전차와 장갑차를 보유하고 있으며, 최근 기동성과 생존성이 향상된 신형 전차와 다양한 대전차 미사일 기동포를 탑재한 장갑차를 개발하여 일부 노후 전력을 대체하고 있다.

다. 특수작전군

북한군은 '특수작전군'을 별도의 군종으로 분류하여 그 위상을 강화하고 있다. 특수전 부대는 11군단과 특수작전대대, 전방군단의 경보병사 여단 및 저격여단, 해군과 공군 소속 저격여단, 전방사단의 경보병연대 등 각군 및 제대별로 다양하게 편성되어 있다. 병력은 20만여 명이다.

특수전 부대는 전시 땅굴을 이용하거나 잠수함, 공기부양정, 고속상륙정, AN-2기, 헬기 등 다양한 침투 수단을 이용하여 전 후방 지역에 침투하여 주요 부대 시설 타격, 요인 암살, 후방 교란 등 배합작전을 수행한다. 공중 및 해상·지상 침투훈련과 우리나라의 주요 전략시설 모형을 구축하여 타격훈련을 실시하고, 무장장비를 현대화하는 등 지속적으로 전력을 보강하고 있다.

라. 해군

해군은 해군사령부 예하 동·서해 2개 함대사령부, 13개 전대, 2개의 해상저격여단으로 편성되어 있다. 해군은 전체 전력의 약 60%를 평양-원산선 이남에 전진 배치하여 언제든지 기습 공격할 수 있는 능력을 보유하고 있으나, 대부분 소형 고속함정 위주로 편성되어 원해 작전 능력은 제한된다.

　수상 전력은 유도탄정, 어뢰정, 소형경비정 및 화력 지원정 등 470여 척으로 구성되어 있다. 대부분 소형 고속함정으로 지상 작전과 연계하여 지상군 진출을 지원한다. 연안 방어를 주 임무로 수행한다. 최근에는 일부 함정 노후화에 따라 신형 함정을 건조 및 작전 배치하고 있다. 또한 일부 함정은 신형 대함미사일을 장착하여 원거리 공격 능력도 향상하고 있다.

　수중 전력은 로미오급 잠수함과 소형 잠수함정 등 70여 척으로 구성되어 있다. 전시 해상교통로 차단, 기뢰 부설, 수상함 공격, 특수전 부대 침투 지원 등의 임무를 수행한다. 최근에는 잠수함 발사 탄도 미사일(SLBM) 탑재가 가능하도록 로미오급 잠수함 개조를 진행하는 등 전력을 지속 증강하고 있다.

전투함정
4200여 척

지원함정
400여 척

잠수함정
70여 척

상륙함정
250여 척

지대함미사일

　상륙 전력은 공기부양정, 고속상륙정 등 250여 척으로 구성되어 있다. 대부분 고속 소형함정으로 수상 전력의 엄호 하에 특수전 부대를 우리 후방 지역에 침투시켜 주요 군사 전략시설을 타격하고 중요 상륙해안을 확보하는 임무를 수행할 것으로 예상한다. 해안방어 전력은 동·서해 해안을 따라 다수의 해안포와 지대함미사일을 배치하여 해상에서 접근하는 함정을 공격하고 대상륙 방어 등의 임무를 수행한다. 또한, 지속 지대함미사일의 성능을 개량하고, 사거리를 연장하는 등 연안 방어 능력을 향상하고 있다.

마. 공군

공군은 공군사령부 예하 5개 비행사단, 1개 전술수송여단, 2개 공군저격여단, 방공부대 등으로 편성되어 있다. 북한 공군은 북한 전역을 4개 권역으로 나누어 전력을 배치하고 있다. 총 1,570여 대의 항공기를 보유하고 있다. 전투임무기는 810여 대 중 약 40%를 평양-원산선 이남에 전진 배치하여 기습공격할 수 있는 태세를 갖추고 있다. AN-2기와 헬기를 이용한 특수전 부대의 침투 능력을 보유하고 있다.

또한, 노후 훈련기 도태, AN-2기와 경항공기의 추가 생산 및 배치, 다양한 정찰 및 공격용 무인기 개발 등 공군전력 효율화 및 현대화를 위한 노력을 지속하고 있다. 그러나 신규 전투임무기 도입이 제한되어 신형 지대공미사일 개발 및 배치 조정 등을 통해 방공력을 보강하고 있다.

방공체계는 공군사령부를 중심으로 항공기, 지대공미사일, 고사포, 레이더 부대 등으로 통합 구축되어 있다. 전방 지역과 동 서부 지역에 SA-2와 SA-5지대공 미사일이 배치되어 있다. 평양 지역에는 SA-2와 SA-3 지대공미사일과 고사포를 집중 배치하여 다중의 대공 방어망을 형성하고 있다. 또한, GPS 전파 교란기를 포함한 다양한 전자교란 장비를 개발하여 대공방어에도 운용하고 있다.

지상관제요격기지, 조기경보기지 등 다수의 레이더 방공부대는 북한 전역에 분산 배치되어 있다. 한반도 전역을 탐지할 수 있으며 레이더 방공부대의 탐지 정확도를 높이고 작전 대응시간을 단축하기 위하여 자동화방공지휘통제체계를 구축하여 운용하고 있다.

| 전투임무기 8100여 대 | 정찰기 30여 대 | 공중기동기 AN-2 포함, 350여 대 | 헬기 해군 포함, 290여 대 | 지대공미사일 |

바. 전략군

　북한은 별도의 군종사령부인 전략군 예하에 스커드, 노동, 무수단 등 13개 미사일여단을 편성하고 있다. 최근에는 신형 ICBM 및 작전 운용에 유리하고 정확성과 요격 회피 능력이 향상된 다양한 고체추진 탄도 미사일을 개발 중인 것으로 알려져 있다.

　북한은 전략적 공격 능력을 보강하기 위해 핵, 탄도 미사일, 화생 무기를 지속 개발하고 있다. 핵 분야는 1980년대부터 영변 등 핵시설 가동을 통해 핵물질을 생산한다. 최근까지도 핵 재처리를 통해 플루토늄 70여kg, 우라늄 농축프로그램을 통해 고농축 우라늄(HEU: High Enriched Uranium) 상당량을 보유하고 있는 것으로 평가된다. 또한, 2006년 10월부터 2017년 9월까지 총 6차례의 핵실험을 고려 시 핵무기 소형화 능력도 상당한 수준에 이른 것으로 평가된다.

　북한은 2018년 5월 24일 풍계리 핵실험장의 3개 갱도를 공개적으로 폭파하였으나, 2022년 3번 갱도를 복구하는 등 핵 능력 고도화를 위한 추가 핵실험 가능성이 고조되고 있어 우리 군은 감시를 강화하고 있다.

사. 예비전력

구분	병력	비고
계	762만여 명	
교도대	62만여 명	동원예비군 성격(17~50세 남자, 17~30세 미혼여자)
노농적위군	572만여 명	지역예비군 성격(17~60세 남자, 17~30세 교도대 미편성 여자)
붉은청년근위대	94만여 명	고급중학교 군사조직(14~16세 남녀)
준군사부대	34만여 명	호위사령부, 사회안전성 등

북한은 4대 군사노선 중 전민 무장화에 따라 14세부터 60세까지를 동원 대상으로 하고 있다. 현재 전 인구의 약 30%에 달하는 762만여 명의 예비전력을 확보하고 있다. 이들은 개인 화기부터 공용 화기까지 각종 전투 장비를 휴대한 상태에서 비상소집 및 병영 훈련을 연간 1회 이상 각각 15~30일간 받고 있다.

북한은 6·25 전쟁에 참전했던 중국군이 1958년 완전히 철수하자 1959년 우리의 예비군 및 민방위대와 유사한 노농적위대를 창설하였다. 1960년대 초 로농적위대 병력 중 제대 군인을 주축으로 교도대를 조직하였다. 1970년에는 고등중학교(현 고급중학교) 군사 조직인 붉은청년근위대를 발족시켰다.

교도대는 정규 보병사단 및 여단에 준하는 편제와 무장을 하고 있다. 이들은 전쟁 발발 시 정규군에 배속되어 전방 지역에 투입되거나 후방 지역 방어 임무를 수행한다. 교도대는 만 17세 이상 50세까지 남성과 만 17세에서 30세까지의 미혼 여성 지원자를 대상으로 한다. 행정단위와 직장 규모에 따라 사단과 여단으로 편성되어 있다. 교도대 소속 대학생은 전시에 정규군의 병종과 병과의 초급장교 임무를 수행할 수 있도록 전공별로 조직된다. 대학생 교도대는 연간 190여 시간의 교내훈련과 2학년 재학 시 6개월간 군부대에 동원되어 실시하는 입영 집체훈련을 실시하고 있다.

로농적위대는 2010년 10월 10일 당 창건 65주년 기념 열병식 이후 '로농적위군'으로 호칭하고 있다. 평시에는 사회안전성을 지원하는 민방위 업무와 함께 직장 및 주요시설의 경계, 지역방위, 대공방어 등을 주요 임무로 하고 있다. 유사시에는 정규군 보충 및 군수품 수송 등을 담당하고, 특수 적위군은 새로 편성되는 사단에 배속되어 정규군과 함께 게릴라 활동을 한다.

붉은청년근위대는 학교 단위별로 중대 또는 대대급으로 편성되어 있다. 연간 160시간의 교내훈련과 재학 중 여름 방학 기간을 이용하여 1회 7일간의 야영훈련소 입영훈련과 비상소집 훈련 등을 받는다. 주요 임무는 반혁명적 요소를 제거하여 총사령관을 결사옹위하는 친위대로서 전투력 향상의 선도적 역할을 하도록 하고 있다. 유사시에는 후방 지역 방어와 군대 하급 간부 보완을 위한 후비대·결사대의 역할을 한다. 기타 준군사부대인 호위사령부, 사회안전성 등 34만여 명에 이르는 예비병력이 있다. 이들은 상시 동원이 가능하다.

8. 생활 실상

* 북한군 병사는 군 복무 기간의 절반 또는 3분의 1을 건설, 영농 등 비군사 활동에 종사한다.
* 병사 급식은 미사일 발사, 핵실험 등 군사적 도발로 국제사회의 대북 지원이 감소 또는 중단으로 인해 악화되고 있다.
* 주식은 보급되지만 부식은 지역 특성에 따라 영농, 어로채취 등 방식으로 자체적 해결을 하고 있다.

가. 복무

북한은 1956년 민족보위성 명령으로 '인민군 복무조례'를 발표했다. 형식적으로는 지원제였으나 사실상 징병제였다. 북한은 2003년 3월 26일 최고인민회의 제10기 6차 회의에서 「군사복무법」을 제정하여 전민군사복무제를 시행하였다. 전민군사복무제의 시행에 따라 군 복무 기간은 남성의 경우 10년, 여성은 7년이다.

2003년 이전까지 북한은 초모제(招募制)를 시행해 왔다. 북한의 모든 남자는 만 14세가 되면 초모대상자(招募對象者)로 등록하고, 군 입대를 위한 두 차례의 신체검사를 받으며, 고급중학교 졸업 후, 사단 또는 군단에 입대한다. 신체검사 합격 기준은 신장 148cm, 체중 43kg 이상이다.

북한군에게는 군무 생활 10대 준수사항이라는 것이 있다. ① 군사 규정 철저 준수 ② 무기의 정통(精通)과 철저한 관리 ③ 군사 명령의 철저 집행 ④ 당 및 정치 조직에서 준 분공(分工)의 어김없는 집행 ⑤ 국가 기밀, 군사 기밀, 당 조직 비밀 엄격 유지 ⑥ 사회주의식 법과 질서 철저 준수 ⑦

어김없는 군사 정치 훈련 참여 ⑧ 인민에 대한 사랑 및 인민 재산의 침해 금지 ⑨ 국가 재산과 군수 물자의 철저한 보호 및 절약 노력 ⑩ 군대 안의 일치단결, 미풍 확립 등이다. 이 규율을 어기면 군관이나 하전사를 불문하고 군기 사고자는 제대 후 직장 생활에서 각종 불이익을 받는다.

북한군 병사는 주요 특수부대를 제외하고 평균 군 복무 기간의 3분의 1에서 2분의 1을 건설, 영농 등 비군사 활동에 종사하게 된다. 병사에 대한 급식 상황은 2000년대 초 외부 지원 등의 영향으로 다소 개선되었으나, 미사일 발사, 핵실험 등 군사적 도발로 국제사회의 대북 지원이 감소 중단되면서 다시 악화했다. 주식은 보급되고 있지만, 부식은 직접 구매하거나 부대가 소재한 지역의 특징에 따라 영농, 어로, 채취 등 방식을 통해 자체적으로 해결한다.

단백질 보충을 위해 대다수 부대가 염소와 돼지 등 가축을 부대에서 직접 사육하고 콩 작물을 경작하는 등 다양한 방식으로 식량 문제를 자체적으로 해결한다. 2002년 '7·1 경제관리 개선 조치' 이후 군대에서도 부대 운영을 위해 자체 해결해야 할 사안들이 적지 않아 상당수의 부대에서 외화벌이, 영리활동, 근로 동원 등 수익 사업을 위한 경제활동을 묵인하고 있다. 또한 생필품과 부식 보급이 열악하여 일부 군인들의 일탈 행위가 나타나고 있고, 군민(軍民) 관계를 해치는 사례도 발생하고 있다. 이에 대해 북한군 당국은 군의 민간에 대한 부담과 각종 폐해 일소를 위해 군민 관계 훼손 시 사형 등 엄중 처벌하고 있다.

나. 계급

북한군은 계급을 '군사 칭호'라고 한다. 국군의 장교에 해당하는 군관(軍官)은 12종이다. ① 장령급에 대장, 상장, 중장, 소장 ② 좌급 군관에 대좌, 상좌, 중좌, 소좌 ③ 위급 군관에 대위, 상위, 중위, 소위 등으로 구분되어 있다. 북한군에는 국군의 부사관에 해당하는 계층이 없다. 하전사는 우리의 병사를 아우르는 '군사 칭호'다. 특무상사, 상사, 중사, 하사, 상급병사, 중급 병사, 초급 병사, 병사 등 8종으로 구분하고 있다. 하전사 계급 가운데 초기복무상사·중사·하사가 있다. 초기(超期)복무사관은 별도의 계급 체계는 아니다. 말 그대로 10년 의무 복무 기간을 초과하여 근무하는 하전사 계층이다. 1957년부터 운영하고 있다. 초기복무사관은 레이더, 통신기기 등 특수 분야에서 복무하던 사병들을 제대시키지 않고 장기 복무시켜 공백 기간 없이 전문성을 유지하려는 의도에서 만든 제도이다.

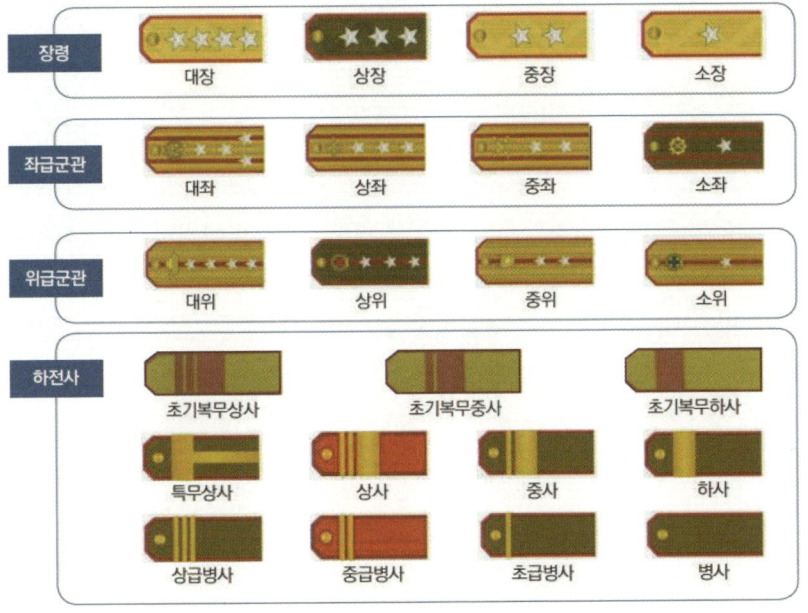

김일성은 80회 생일을 이틀 앞둔 1992년 4월 13일 '공화국 대원수'로 추대되었다. 살아서 대원수가 된 것이다. 하지만 김정일은 사망 후인 2012년 2월 14일 '공화국 대원수'로 추대되었다. 김정은은 2012년 7월 17일 '공화국 원수' 칭호를 부여받았다. 2010년 9월 당 대표자회에서 대장 칭호를 받은 김정은은 '차수' 계급을 건너뛰고 불과 2년 만에 공화국 원수로 승진했다. 김일성과 김정일은 모두 '공화국 원수'를 거쳐 '대원수' 호칭을 받았다. 김정은이 할아버지 김일성처럼 살아서 공화국 대원수가 될지, 아버지 김정일처럼 죽어서 공화국 대원수가 될지 귀추가 주목된다.

다. 군종, 병과, 일과, 위생

북한군은 육군, 해군, 공군, 전략군, 특수작전군 등 5개 군종으로 구성돼 있다. 이 중 육군 병과만 파악돼 있다. 나머지 군종은 자료 부족으로 이번에 수록하지 못했다. 기회와 여건이 허락하는 대로 육군 외 병과는 물론, 군종별 주특기도 수집하여 자료화할 계획이다.

육군은 보병, 포병, 땅크, 공병, 통신, 화학, 로케트, 후방, 운수, 군의, 검찰, 예술, 군악의 13개 기본(일반) 병종으로 돼 있다.[50] 병은 다시 정치, 보위, 저격, 경보, 정찰, 민경, 육전으로, 땅크는 땅크와 장갑차로, 포병은 지상포병, 해안포병, 고사포병으로, 공병은 건설, 도하, 기술, 도로관리 등 병종 내 전문 병과로 구분하고 있다.

부대 특성에 따라 05:00시에 기상하는 경우, 06:30에 기상하는 경우가 있으나, 대개의 경우 06:00시에 기상한다. 기상과 동시 아침 점검을 준비한다. 우리 군의 일조 점호다. 인원 점검과 운동을 한 후, 청소한다. 걸어 다닐 시간이 없을 정도로 아침은 바쁘다. 바깥 청소하는 사람은 마당 쓸고, 안을 청소하는 사람은 병실을 쓸고 닦는다. 세면 후 아침을 먹고 나면 08:30 정도 된다. 이어서 정치사상 교육을 09:00시부터 11:00시까지 한다. 김일성, 김정일, 김정은 우상화 교육이다. 예를 들면 〈당의 유일적 영도체계 확립의 10대 원칙〉에 나와 있는 "위대한 김일성 동지와 김정일 동지를 우리 당과 인민의 영원한 수령으로, 주체의 태양으로 높이 받들어 모시는 것은 수령님의 후손, 장군님의 전사, 제자들의 가장 숭고한 의무이며 위대한 수령님과 장군님을 영원히 받들어 모시는 여기에 김일성 민족, 김정일 조선의 무궁한 번영이 있다."라는 내용을 암기하는 것 등이다.

정치사상 교육이 끝나면 12:00시까지 일반적인 일을 한다. 예를 들면, 여름철에는 김매기를 하거나 막사 주변 풀을 뽑고 정리한다. 12:00시에 점심을 먹고 난 후, 13:00~17:00시까지 교육훈련을 한다. 18:00시에 저녁 식사를 하는 경우가 많으나, 19:00, 20:00시에 저녁 식사를 하는 부대도 있다. 저녁 점검은 21:00시에 직일관이 한다. 직일관은 통상 상사 또는 특무상사가 한다. 점검은 매우 엄하게 진행한다. 한 사람이라도 없으면 잠을 못 잔다. 침상 정리 같은 것을 점검한다. 옷 벗어서 두부모처럼 주름 잡아서 정리해야 한다. 옷 접어놓는 곳에 혁대 놓고 모자 놓고 신발 가운데 놓고 발싸개 절반 접어서 놓는다. 취침은 21:40에 한다.

북한군은 사람 몸에 기생하며 피를 빨아 먹는 '이'에 시달린다. 겨울만 되면 일과 시작 5분 전 내지 10분 전에 옷을 벗어서 이 잡는 시간을 가진다. 통상 냄새가 고약한 DDT를 뿌린다. '손톱깎이'는 중대 단위로 보급한다. 중대원들이 공동으로 돌려가며 사용한다. 돌려가며 깎는 것이 쉽지 않으면 대검이나 낫을 사용하기도 한다. 대대급 이하 부대에는 별도의 목욕탕이 없다. 식당 솥과 세면장 솥을 관으로 연결하여 더운물을 만들어 목욕한다.

라. 외출·외박·휴가

북한군 규정에 외출 조항은 있지만, 외박은 없다. 외출 승인권자는 연대장 또는 대대장이다. 외출이 결정되면 중대장이 필요한 교육을 하고 외출증을 지급한다. 외출 군인은 중대 당직 근무자인 직일관에게 '언제까지

어디로 외출한다.'라는 것을 보고한다. 복귀 후에는 중대장에게 보고하고 중대 직일관에게도 신고한다. 중대 직일관은 외출자의 도착시간을 중대 일직관 일지에 기록한다. 도시 부근에 있는 부대의 경우 외출이 가끔 실시되나, 전연(GOP) 부대에서는 부대 업무 이외의 외출은 없다. 북한군 출신 북한이탈주민들이 이구동성으로 하는 말은 '외출 나오면 특별히 무엇을 한 기억은 없고 배가 고파 먹을 것을 찾아갔다.'는 것이다.

군 복무 중 휴가는 규정상으로는 연 1회 정기 휴가 15일이 허용된다. 표창 수여 또는 결혼이나 부모 사망 때는 10 15일간의 특별 휴가가 있으나, 제대로 지켜지는 경우가 많지 않다. 실제로는 부모 사망 또는 부대 내 물자 구입 목적으로 10일 정도 휴가 또는 출장이 주어지는 경우가 있다고 한다. 군 복무 기간에 부모가 있는 집을 다녀온 병사는 약 20% 정도인 것으로 알려져 있다.

군 복무 중 휴가는 규정상으로는 연 1회 정기 휴가 15일이 허용된다. 표창 수여 또는 결혼이나 부모 사망 때는 10~15일간의 특별 휴가가 있으나, 제대로 지켜지는 경우가 많지 않다. 이유는 교통이 어려워 집에 가는 데 1박 2일 또는 2박 3일 걸리고, 부대 복귀하는 데 또 1박 2일 또는 2박 3일 걸리는 데다, 부대 복귀 시 상급자에게 뇌물을 바치기 때문에 휴가를 안 간다고 북한군 출신 북한이탈주민들은 증언하고 있다. 북한이탈주민 중 군 복무 경험자들에 대한 설문조사 결과, 군 복무 기간 중 휴가를 다녀왔다고 답한 결과는 3%였다.

마. 편지 전화 면회

통신수단이 발달하지 않은 북한군에게 있어서 편지는 가족 및 지인과의 유일한 연락 수단이다. 편지는 10년 복무를 견딜 수 있게 해 주는 힘의

원동력이다. 그러나 편지를 보내고 받는 것이 쉽지 않다. 편지를 잘 이용하지 않는 이유는 다음과 같다.

① 종이 부족이다. 편지를 쓰고 싶어도 부대 내에 종이가 없기 때문이다. ② 오래 걸린다. 편지를 운송할 교통체계가 매우 열악하여 편지 배달에 최소 1개월에서 최대 12개월까지 걸린다. ③ 상급자 검열이다. 부대에서 발송 전, 수령 전 보안을 이유로 편지를 뜯어보기 때문이다. 이러한 제약으로 북한 병사들은 군사우편을 이용하기보다는 부대 주변 민간 주민 집 주소를 이용하여 편지를 발송하고 받는다. 하지만 이마저도 부대 환경이 좋은 경우에만 가능하다. 북한군은 가족과 연락을 할 수 있는 권리마저 박탈당하고 있다.

북한군은 열악한 통신 인프라와 보안을 위해 외부와의 전화 연결을 철저하게 통제하고 있다. 게다가 각도마다 통신체계가 다르고 복잡해 전화 사용이 사실상 불가능하다. 설령 전화 통화가 가능하더라도 상급자에게 뇌물을 줘야지만 통화를 할 수 있는 환경에 놓여 있다. 여단급 이상 제대에서만 민간 사회와 통화가 가능하다. 여단급 이하 부대에서는 인접 부대 간 통화만 가능하다.

면회는 소위 고난의 행군 시기(1992년부터 1996년) 이후 군내 식량 부족, 약품 및 물품 부족 문제 해결의 방법으로 활용했다. 그러나 면회를 허용해도 실제로 면회가 이루어지는 경우는 흔하지 않다. 면회가 이루어지지 않는 원인은 다음과 같다. ① 열악한 교통체계다. 면회를 오는데 15일 이상 소요되는 경우가 있어 면회를 포기하기도 한다. ② 경제적 어려움이다. 군사 복무지가 멀리 떨어져 있으면 교통비가 만만치 않은데다, 식량·약품 등 준비 비용과 상급자에게 바칠 뇌물 마련에 드는 돈을 감당하기 어렵기 때문이다. ③ 보안 유지다. 북한군은 부대 내 허약자가 많이 발생하자 면회를 통해 이 문제를 해결하려고 했다. 그러나 허약자는 부대 울타리 안 면회가 아니라, 부대 밖 면회를 했다. 당연히 부대 내 부조리가 노출될 수밖에 없었다. 여기에 더하여 구타·성폭력 등 부대 내 여러 부정적 상황까지 노출되었다. 이러한 문제는 지휘 부담이 되었다. 그래서 각급 부대에서는 보안을 이유로 면회 조건을 까다롭게 만들어 통제하고 있다.

바. 군관 양성

군관은 군관학교를 졸업한 자원을 말한다. 소위부터 대원수까지 16단계로 구분돼 있다. 우리의 장군에 해당하는 장령 수는 2020년 12월 기준 1,741명이다. 수관은 공화국 원수 김정은 등 8명이고, 대장 28명, 상장 44명, 중장 107명, 소장 1,554명이다. 이 중 여군 장령은 4명으로 모두 소장(우리 준장)이다.[51]

군관 병 생활 5~7년 자원 중에서 우수자를 뽑는다. 최근에는 군관 선발에도 비리가 있는 것으로 알려져 있다. 군관 선발은 군단 간부부에서 뽑는다. 군단 간부부 선발 업무 담당자에게 뇌물을 주거나, 부모가 힘이 있어서 자기 아들을 뽑으라고 압력을 넣어야 선발될 수 있다. 그러나 고위층 간부들은 출세하는 데 군관이 최고의 지름길은 아니라고 생각하여 빨리 제대시키려고 노력한다. 중간급 간부들은 군관으로 복무한 경력이 있으면, 전역 후 일반 노동자는 안 되기 때문에 군관 복무를 희망하는 사람이 많은 편이다.

군관학교는 총 45개가 있다. 대부분 2년제다. 종합군관학교, 병과별 군관학교 그리고 군단별 군관학교가 있다. 종합군관학교는 강건종합군관학교와 김정숙종합군관학교가 있다. 역사와 규모 면에서는 강건종합군관학교가 최고의 위상을 가지고 있다.[52] 학생 수는 20,000명 정도이고, 본교 외에 분교도 있다.

병과별 군관학교는 땅크 군관을 양성하는 류경수 군관학교가 있다. 학생 수는 3,000여 명이다. 그리고 포병을 양성하는 김철주 포병군관학교, 군수전문 군관을 양성하는 후방군관학교, 공병을 양성하는 공병군관학교, 통신군관을 양성하는 통신군관학교가 있다. 특수군관학교로는 김형권 군관학교, 오백룡 군관학교, 최현 군관학교, 차광수비행군관학교, 신의주영예군인학원, 인민군예술학원 등이 있다. 최현 군관학교는 특수작전 군관을 양성한다. 군 주요 교육기관으로는 김일성군사종합대학, 김일성정치대학, 김정숙해군대학, 김책공군대학, 김혁군사대학, 김형직군의대학 등이 있다.

이외 야전부대인 군단에서 군관을 양성하는 군단 군관학교가 있다. 군관 양성 속성과정은 6개월이다. 군단 군관학교 출신 군관들을 '직발 군관'이라고 부른다. '직발 군관'은 충성심과 자질이 우수한 병사 중에서 선발한다. 단기 6개월 교육 후 소위로 임관한다. 이들은 대부분 중위까지 진급한다. 극히 일부가 상위까지 진급하기도 한다. 외국어를 전문으로 가르치는 학교는 평양에 소재하고 있는 마동희정찰대학이다. 이 학교는 정찰 군관을 양성하는 학교다. 영어, 일어, 중국어, 러시아어를 가르친다. 임관 후 보병사단급 정찰과에 배치된다. 전시에 이들은 미군 포로 심문, 미군 자료 번역 등의 임무를 수행한다. 최근에는 모든 군관학교에서 영어는 필수적으로 가르치고 있다.

사단급 부대에서 정치 군관, 군의 군관, 일반 군관, 전문 군관, 특수군관, 보위 군관 등 분야별로 추천받아 선발한다. 추천받은 후 3개월간 양성 교육을 받는다. 교육 중 평가를 거쳐 군사 대학 또는 군관학교에 입교한다. 이 기간은 국군의 가입교 과정과 비슷하다. 체력단련을 중점적으로 실시한다. 80% 정도가 이 과정에서 도태된다. 군관이 되기 위해서는 이 같이 어려운 추천 관문을 통과하고, 양성 교육과정(3개월)을 극복해야 비로소 군사 대학이나 군관학교에 입교할 수 있는 자격이 부여된다.

사. 진급

군관학교를 졸업한 소위의 나이는 25~27세 정도다. 소위 임관 후 큰 문제가 없는 한 2 3년 후 중위로 진급한다. 4~5년 후 중대장이 된다. 중대장까지는 특별한 하자가 없는 한 대체로 진급한다. 그러나 대대장이 되기 위해서는 김일성군사종합대학 3년을 수료해야 한다. 이후 연대 참모, 참모장으로 승진한다. 연대장, 여단장이 되기 위해서는 김일성군사종합대학 전술연구반 2년을 수료해야 한다.

일반적으로 중대장·대대장까지 3~7년 정도 걸린다. 중대장 나이는 30~36세, 대대장 나이는 36~40세, 여단장은 40대다. 대좌 중에서 누구나 장령으로 진급하는 것은 아니다. 김일성군사종합대학, 김일성정치대학 졸업생만 장령(장군)이 될 수 있다. 진급할 때 가장 중요한 것은 출신 성분이다. 북한에서는 아무리 머리가 좋고 아무리 능력이 좋아도 출신 성분이 나쁘면 안 된다. 핵심계층은 진급이 잘되고, 동요계층은 능력이 출중해야 진급할 수 있다. 그러나 대한민국에 친척이 있거나 월남한 사람 등이 있는 적대계층은 진급이 어렵다.

북한군 지휘관 임기는 규정상으로 정해져 있지는 않다. 통상 1~3년 주기로 교체한다. 계급별 정년 연령은 중위·상위·대위는 37세, 소좌 43세, 중좌 50세, 상좌 55세, 대좌 60세, 장령과 원수는 연령 제한이 없다. 그래서 80세 이상 노인이 현역 장령으로 근무하기도 한다.

아. 여군

북한 여군은 북한군 128만여 명 중, 1/3에 해당하는 40만여 명이다. 북한은 1980년대 이후 여군을 전투부대와 군 주요 직위에 활용하고 순수 여군부대 창설을 통해 전력화했다. 여군 신체적 특성상 남군에 비해 다소 제한된 비전투 분야에서 근무시키던 기존의 인사방침을 수정하여 해안 포병, 특수전 요원, 조종사 등 전투 분야에도 광범위하게 활용하고 있다. 2004년부터 전방사단에 여군 중대를 증편했다. 후방군단에는 여군 보병연대를 편성했다. 기보여단에는 여군대대를 편성하여 운영하고 있다.

여군 군관에 대한 인사관리는 남군 군관과 동일하게 총정치국 간부부에서 담당한다. 여군 병사는 각 부대 대열과 즉 우리 국군의 인사과에서 관장한다. 북한 여군은 병사계급에 많은 인원이 편성되어 있다. 한 부대에서 장기간 근무하고 있다는 점은 전투력 발휘와 전문화 측면에서 장점으로 평가할 수 있다.

북한 여군은 〈대동강〉이라는 1회용 생리대를 월 최고 20개까지 보급 받는다. 그러나 중간에서 착복하는 경우가 많아 10개 이하를 받는 경우도 허다한 것으로 알려져 있다. 1회용 생리 대신에 거즈 천을 보급하는 부대도 있다. 군단 단위로 보급 기준이 다르다 보니 발생하는 현상이다. 매년 4월과 10월 2번 이 거즈 천을 보급하면, 여군 개인이 이를 잘라서 생리대를 만들어 사용한다. 거즈 천 1개로 6개 정도의 생리대를 자체적으로 만들어 사용하고 있다. 생리 기간 휴식이 필요한 여군은 모자에 부착한 별 모양을 돌려놓는 방식으로 생리 여부를 알린다. 하지만 부대마다, 지휘관마다 생리하는 여군에 대한 조치가 다르다. 어느 부대는 사전에 승인을 받으면 휴식을 준다. 어느 지휘관은 행군만 빼준다.

우리 여군은 2020년 현재 1만여 명이다. 1948년 8월 26일 탄생했다. 우리 군 최초 간호장교이자 여성 군인 30명이 임관한 날이다. 1950년 9월 6일 6·25 전쟁 기간 중 임시 수도 부산에서 여자 의용군 교육대가 정식으로 발족했다. 2,000명의 응시자 중, 4:1의 경쟁을 뚫고 500명이 선발되어 복무를 시작했다. 1953년 9월 6일 여군 창설 3주년을 맞이했다. 이날 국방부장관으로부터 최초로 여군기를 수여 받고 9월 6일이 여군의 날로 공식 제정되었다. 대한민국 국군에 여성 장군이 있듯이 북한 여군에도 장군이 있다.[53] 대한민국 국군보다 9년 빠른 1992년에 배출했다. 김정은은 여군부대 훈련장을 자주 방문하고 있다.[54] 여군 기 살리기에 공을 들이고 있다는 평가다.

자. 병영

주둔지 기본 단위는 대대이다. 주둔지에는 담장이 없다. 예산이 부족해 흙으로 담장을 쌓는다. 장마철만 되면 없어진다. 흙이니까 비만 오면 터져서 그렇다. 담장 마무리 공사를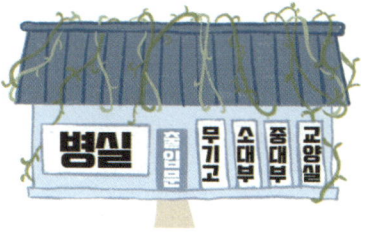
시멘트로 해야 하는데, 상급 부대에서 공사용 시멘트를 보급하나, 간부들이 부대 주변 민간인에게 팔아먹는 경우가 다반사다. 겨울에는 하루하루 돌아가면서 화목을 한다. 11월만 되면 무조건 땔감을 준비한다. 4월까지 땔 수 있는 양을 준비한다. 그러나 통상 1월 2월이면 다 없어진다. 3월 4월은 추가 화목 준비로 부대가 전쟁터를 방불케 한다. 어떤 병사는 너무 추우니까 개인이 외부 민간에서 모포를 사서 갖다 놓고 사용하기도 한다.

전방 지역 상당수의 부대는 수도가 없다. 우물을 직접 파서 떠먹기도 하고 펌프질해서 먹기도 한다. 하지만 고지 정상에 있는 부대는 일일이 등짐으로 물을 날라 먹는 실정이다. 야외 훈련 중에는 강물·계곡물을 먹는다. 침을 뱉어 퍼지지 않고 뭉쳐 있으면 못 먹는 물로 판단한다. 침을 뱉어서 퍼지면 먹는 물로 판단한다.

우리의 생활관에 해당하는 것이 북한군 병실이다. 통상 중대 단위로 되어 있다. 지붕은 대부분 기와다. 담쟁이넝쿨이 지붕을 덮어 위장과 차광 효과를 하도록 하고 있다. 출입문 우측에는 무기고, 소대부, 중대부, 교양실이 있다. 무기고는 2중 철창문으로 되어 있다. 출입문 입구에는 게시판과 일과표가 부착되어 있다. 출입문 바로 옆에 직일병(당직병)이 근무하고, 좌측에는 병실이 있다.

침상은 2층짜리 나무로 돼 있다. 부대 인근 야산에서 벤 통나무 목재로 되어 있다. 바닥에는 벼깍지(볏짚)를 넣은 마다라스(매트릭스)를 깔고 그 위에 백포 1장과 담요 1장을 덮고 잔다. 마다라스의 규격은 세로 170 180cm, 침상 높이 60cm다. 침대 뒤에 개인 담요와 베개가 있고 그 위쪽에 장구류가 있다. 침실 옆에는 세탁 및 목욕실, 세면 도구함이 있다. 그 옆에 장작을 때는 화구간이 있다. 화구간 위에는 방열판을 올려놓는다.

병실로부터 50m 정도 떨어진 곳에 변소가 있다. 매일 아침 화장실 앞에서 5분 이상 줄을 서서 용변 보기 대기를 한다. 중대원이 통상 100~200명 정도인데 중대당 1동씩 있다. 긴 소변대 1개, 대변기 6~7칸으로 되어 있다. 소변대에는 칸막이가 없다. 횡으로 길게 늘어진 형태로 되어 있다.

대변기는 재래식으로 널빤지 중앙부위에 직사각형으로 홈을 만들어 쪼그려 앉아 자세로 해결한다. 화장실 용변(대변) 후 뒤처리는 휴지 대용으로 신문지나 책장을 적당한 크기로 자른 것을 사용하거나 옥수수 알맹이를 감싸고 있는 얇고 부드러운 잎사귀인 옥수수 송치를 사용한다. 북한 신문은 노동신문만 있다. 노동신문으로 용변 뒤 처리할 때는 행여나 총사령관(김정은) 사진에 오물(똥)이 묻을까 노심초사한다. 재래식 화장실이다 보니 파리나 구더기 등이 득실거린다. 담배 재를 물에 섞어 뿌리는 등의 방법으로 구더기를 박멸한다.

차. 보급

군복은 여름 피복, 겨울 피복이 있다. 하전사일 경우 여름 피복이 2년에 1벌씩 보급된다. 처음 입대할 때 2벌 보급한다. 자대 배치되면 2벌로 2년을 입어야 한다. 겨울 피복도 역시 처음에 2벌 나온다. 이 2벌로 바꿔 입으며 2년을 보낸다. 2년 있다 새것이 나오면 두 벌 중에 제일 낡은 것을 회수하는 조건으로 새 피복을 준다. 회수하지 못하면 새것을 보급하지 않는다. 3벌은 보유할 수 없다.

겨울 피복에는 나일론 솜을 넣는다. 일반 면 솜보다 밀도가 약하다. 그래서 북한군은 나일론 솜을 '똥 솜'으로 부른다. 그런데 이것마저 없어 담배 필터를 쓰기도 한다. 담배 필터를 뜯고 말려서 세 번 정도 세탁하면 냄새가 사라지는데, 그걸 피복공장에서 수매하여 사용한다. 면내의는 2벌 보급한다. 그런데 그거로는 겨울을 날 수가 없다. 그래서 병사들이 부대 밖에서 민간 빨래를 훔쳐 사용하는 경우가 많다. 북한군은 '발싸개'라는 양말을 신는다. 겨울 발싸개가 있고 여름 발싸개가 있다. 면으로 된 겨울 발싸개는 두툼하다. 60cm~30cm 정도 되는 걸 두 겹을 접어서 싸맨다. 발싸개 감는 시간은 대개 5분 정도 걸린다.

우리의 전투화를 북한군은 '지하족'이라고 하는 노동화를 신는다. 국군이 1970년대 신었던 '통일화', 일제 강점기 일본군이 신었던 '찌카타비'와 비슷하다. 바닥은 고무이고 발목은 헝겊으로 돼 있다. 1~2개월 신으면, 발가락이 헝겊을 뚫고 튀어나와 기워 신는다. 6개월에 한 번 나오는데 이

마저 제대로 보급되지 않는다. 전시에는 가죽으로 된 군화를 보급한다. 하지만 북한군 출신 북한이탈주민에 의하면 보거나 신어 본 경험이 있는 자가 거의 없다는 것이 공통된 증언이다.

카. 먹거리와 허약

취사는 중대 단위기 기본이다. 취사병은 우리처럼 고정 보직이 아니다. 대체로 입대 후 1년 정도 지나면 될 수 있는데 분대 단위(2~3명)로 1주씩 교대제로 운영한다. 취사병은 선호 보직이기 때문에 중대장이 표창 수여자 등 모범 병사를 보직시킨다. 병영에 염소와 돼지를 기르는 막사가 있다. 염소는 고기보다는 허약자나 영양실조에 걸린 병사들에게 염소젖을 공급해 주기 위해 부대마다 기르고 있다.

허약한 군인을 위한 '임시 보양소'를 중대 단위에서 운영한다. 허약 군인은 1개 대대 20명 정도인 것으로 알려져 있다. 굶주림으로 인해 임무 수행이 제한되는 병사들이 많아서 이들의 영양 상태에 따라 허약 1도, 2도, 3도로 구분하고 있다. 허약 3도는 북한군 내에서는 요즘 보기 힘들고 정치범수용소 등에서는 나타나는 것으로 알려져 있다.

김정은 지시로 군인 5명당 염소 1마리, 1인당 토끼 1마리, 20명당 돼지 1마리 등 마릿수를 규정해주고 사육하게 하고 있다. 그러다 보니 자칫 마릿수가 부족할 경우 검열에서 벌을 받는다. 그래서 잘 사는 집 군인들은 집에 가서 돈을 가져와서 염소를 구매하여 마릿수를 채우기도 한다. 초소마다 염소 구입 증명서만 보이면 무사히 통과할 정도다. 연대급 이상 부대에서는 김정은 지시로 메기양식장을 운영한다. 메기탕은 주로 허약자나 군관들에게 돌아가고 일반 병사들에게는 한 달에 1~2회 정도 급식한다.

또한 부족한 식량을 조달하기 위해 부대마다 부업 밭을 경영한다. 부대 주변을 개간하여 벼, 채소, 옥수수 등을 심어 식량을 보충한다. 1년 중 1개월은 자체 생산한 식량으로 조달한다. 이를 위해 군인 1명당 250평 정도의 농경지가 배정되어 콩, 강냉이, 채소 등을 심어 먹고 있다. 부대 임무 및 특성에 따라 다르나, 공통으로 1개월분의 식량을 공급받아 보관한다.

전연 사단의 경우 민경 초소와 1제대 보병부대 및 포병부대에는 약 1개월 분량의 식량이 비축되어 있다. 1,000고지 이상 높은 곳에 있는 미사일 부대 등은 약 6개월 분량을 비축하고 있다. 고지 정상에 주둔하고 있는 부대는 삭도(索道)로 물을 나르거나, 고무로 된 물 배낭을 병사들이 지고 나른다. 취사용, 샤워 및 목욕용 물도 물 등짐을 2인 1조로 어깨에 지고 나르며, 드럼통을 1/2로 쪼개어 물을 보관하여 사용한다.

전투식량은 전시에 3일 분을 보급한다. 평시에는 보급하지 않는다. 종류는 물을 넣으면 밥이 되는 찐쌀, 땅콩이 섞인 초콜릿, 찹쌀죽 통조림, 생선 통조림, 고기 통조림 등이 있다. 야전 생존 훈련을 강조하는데, 밥통 없이 밥 짓는 법으로 젖은 휴지, 페트병, 젖은 천 사용요령에 대해 교육한다. 물 없이 밥 짓는 법으로는 눈, 이슬, 나무 액을 이용할 것을 교육하고, 벌레나 곤충 먹는 법, 간단한 응급처치 등도 교육한다.

설, 김정은 생일 1월 8일, 김정일 생일 2월 16일, 김일성 생일 4월 15일 등 3부자 생일과 추석, 북한군 창건일 2월 8일 등에 아침은 떡, 점심과 저녁은 흰쌀밥을 먹을 수 있다. 김정은 정권 이후 '병사의 날'을 운영하고 있다. 이날은 군인 가족이 부대로 들어와 반찬을 만들어 먹기도 한다. 부대별로 조금씩 차이는 있으나 명절 외에 한 달에 한두 차례는 떡, 국수, 튀김 등을 해 먹기도 한다.

9. 인권

북한의 인권침해 유형
* 개인의 존엄성 및 자유권(성폭행, 불법 체포, 구금, 고문 및 폭행 - 38.4%
* 공개처형 등 생명권 침해 - 18.7%
* 입당, 입대 거부 등 정치 참여권 침해 - 15.7%
* 노동권 침해 - 14.2%
사건 원인- 형사범 24.2% 연좌제 21.4% 국경관리범죄 14% 생활 사범 10.2%

「북한인권정보센터」 부설 기구인 〈북한인권기록보존소〉는 북한 인권 문제를 전문적으로 수집 분석하여 「북한인권정보센터」 내 〈NKDB 통합인권DB〉에 관련 자료를 입력하여 관리하고 있다. 이곳에 축적된 자료 중, 북한군 관련 인권 문제 599건을 별도로 분석 평가한 내용은 다음과 같다.

북한군 인권 침해 유형 면에서는 개인의 존엄성 및 자유권(성폭행, 불법 체포 구금, 고문 및 폭행 등을 포함)이 230건으로 38.4%를 차지했다. 그다음은 공개 처형 등 생명권이 112건 18.7%, 입당·입대 거부 등 정치 참여권 94건 15.7%, 노동권 85건 14.2% 순으로 나타났다. 사건 원인 면에서는 연좌제가 188건 21.4%, 형사범 145건 24.2%, 국경관리범죄 84건 14%, 생활 사범 61건 10.2% 순으로 조사됐다. 연좌제가 가장 높은 이유는 토대 및 성분 불량에 따른 입대 입당, 대학 또는 군관 진출 좌절로 분석했다.[55]

가. 일반 인권

북한에서 토대 및 성분은 입대뿐만 아니라 부대 배치에도 영향을 미친다. 고위 간부 자녀라도 군 복무를 해야 간부가 될 수 있다. 핵심계층 자식은 물자나 배급이 원활하고 상대적으로 편한 보직에 복무한 후 대학 추천을 받는 식으로 복무한다. 동요 계층과 적대 계층은 인맥을 동원하거나 군사동원부 책임자에게 뇌물을 바치고 밀수하기 좋은 함경북도, 양강도 지역 국경경비대에 배치되는 경우가 많다.

매우 드물게 토대가 나쁘더라도 좋은 자원만이 가는 김정은 경호부대〈호위사령부〉로 자대 배치되는 경우가 있으나, 공병 등 실제 경호 임무와 거리가 먼 힘든 직책에 보직되고 있다. 출신이 좋은 경우라도 평양시에 주둔하는 부대나 출세에 유리한 부대에 배치받기 위해서는 인사 부서 근무자에게 뇌물을 주어야 가능하다.「북한인권정보센터」설문조사에 응한 북한군 출신 북한이탈주민은 '중국 돈 2천 위안을 뇌물로 주면 평양시에 있는 경무부(국군 군사경찰)나 보위 부대(국군 방첩부대)에 배치 받을 수 있다.'고 증언했다.

> 좋은 부대를 가려면 중국 돈 2천 위안을 주면 갈 수 있어요. 평양시 경무부가 선호됩니다. 보위 소대도 선호합니다. 중국 돈 2천~3천 위안 정도 줘야 합니다. 금액이 그렇게 많지 않더라도 이런 데 가려면 뇌물은 기본이고, 토대가 좋아야 합니다. 집에 행방불명된 자가 있으면 안 됩니다. 사촌까지 봅니다.[56]

북한군 대다수는 입당을 군 복무 목적으로 생각하고 있다. 입당은 부대 내 정치지도원 추천과 입당보증인이 있어야 한다. 1년간 후보 당원 기간을 갖는다. 주로 소대 정치 단위인 세포 심의를 거쳐 중대-대대-연대-사단 심의를 거쳐 최종 결정된다. 최종 승인은 사단 비서처에서 한다. 후보 당원 기간에는 주로 김일성 김정일 김정숙 김정은 관련 정치 학습, 조선로동당 당 규약, 당의 유일적 영도체계 확립에 대한 10대 원칙 등을 통달해야만 심사를 통과할 수 있다.

부모가 고위 간부인 경우는 심사 기간이 생략된 채 바로 입당할 수 있다. 군 복무 중에는 후보 당원으로 있다가, 제대 후 사회생활 과정에서 정당원이 되기도 한다. 입당 과정에서도 뇌물을 바치는 풍조가 만연해 있다. 병사들은 뇌물을 마련하기 위해 부모의 도움을 받거나, 그렇지 못한 경우 부대 인근 마을 주민들의 재산 갈취, 도둑질 등의 범죄를 저지르기도 한다. 병들은 부대 내 정치지도원이 개별적으로 '입당 청원서'를 제출하라고 하면 이를 '뇌물을 가지고 오라'는 암시로 받아들인다. 반면 토대와 성분이 좋은 자원은 보직과 입당이 비교적 쉽게 된다. 특히 사단장 이상 고위 직위자 운전병은 특별한 하자가 없는 한 당원이 된다.

> 원래 공식적으로는 소대 세포에서 입당을 추천합니다. 대대 초급 당 위원회에 올라가서 결재가 통과되면 여단으로 올라갑니다. 여단에서 최종 승인합니다. 이것이 공식 절차입니다. 그러나 실제로는 대대 정치지도원이 결정합니다. 사회와 군대가 같습니다. 대대 정치지도원이 먼저 나한테 청원서를 쓰라고 했습니다. 이건 뇌물을 달라는 암시입니다. 입당 절차는 이렇게 시작합니다. 저는 뇌물을 많이 줬습니다. 돈도 주고 그랬습니다. 돼지고기도 주고 그랬습니다. 자기 출장 가는 데 출장비가 없다고 해서 북한 돈으로 몇 백만 원을 줬습니다.[57]

군관이 아닌 일반 병사에 해당하는 하전사의 경우 10년 복무를 마치고 나면 개인의 의사와는 무관하게 당국 명령으로 직장에 배치된다. 대다수의 경우 대규모 노동력이 필요한 탄광, 광산, 농장 등에 수백 명에서 수천 명이 일괄 배치된다. 이를 북한에서는 '무리 배치'라고 한다. '무리 배치'에 불만이 있어도 당의 지시이기 때문에 뇌물 주고 다른 사람을 대신 넣기도 한다.

나. 공개 및 비공개 처형

북한군 내에는 공개 또는 비공개 처형이 일상화돼 있다. 북한 형법에서 공개 총살형을 부과할 수 있는 범죄는 제59조 국가전복음모죄, 제60조 테러죄, 제62조 파괴암해죄, 제67조 민족반역죄, 제278조 고의적 중 살인죄 등이다.

공개 처형은 북한 정권이 주민들을 위협하기 위해 사용하는 일반적 수단이다. 북한군 내에도 전략적으로 사용한다. 공개 처형 목적은 동료 군인으로부터 고발된 자를 하나의 사례로 활용하기 위해 한다. 군에 대한 두려움과 김정은에 대한 충성심을 끌어올리기 위해 집행 전 기소된 군인의 죄목을 집합한 군인들 앞에서 발표한다.

처형 방법은 대부분 총살형이다. 반혁명죄로 처형된 자는 군인들이 집합한 가운데 사망한 자의 시신에 또 사격하여 두 번 총살하기도 한다. 공개 처형 사례는 김일성 김정일 집권 때보다 김정은 집권 후 더 늘어나고 있는 것으로 알려져 있다.

「북한인권정보센터」에서는 북한군인 150명을 집단으로 공개 처형한 특이한 사례를 소개하고 있다. 내용은 이렇다. '일자 미상에 건설부대인 7총국 군인 150명이 민간인 생일 집에서 밥을 얻어먹었다. 집주인하고 사소한 말싸움이 벌어졌다. 마침 이때 민간인 생일 집 주위에 있던 연락소 사람이 싸움을 말렸다.

그런데 이 과정에서 연락소 사람이 군인을 팼다. 연락소 사람은 조선로동당에서 어려서부터 키워온 당 인재였다. 이 인물에 의해 군인이 얻어맞자, 그 자리에 있던 북한군인 150명이 곡괭이와 삽으로 연락소 사람을 패죽였다. 사건 발생 2년 후 살인에 가담한 7총국 150명을 모두 공개 처형했다.'라는 것이다. 다음 내용은 북한군 출신 M-4의 집단 총살에 대한 증언이다.

> 평양시 만경대구역 7총국(건설부대) 150명이 집단 총살됐어요. 1개 중대라고 들었어요. 집에 부모님 생신 때문에 내려갔는데 자기네 집 주위에 7총국들이 일을 했었나 봐요.
>
> 이 사람이 트렁크를 가지고 가는데 이 사람한테 담배를 달라고 했던 거 같은데, 야가 그러면 담배를 주고 그러니까 트렁크에 뭐 있냐고 한 거예요. 우리 부모님 생신을 준비하니까 내일 와서 밥이라도 먹으라고 한 거예요.
>
> 다음 날 왔는데 깽판을 놓은 거예요. 7총국을 〈마흐노 부대〉라고 불러요. 19세기 러시아 무정부주의 군사 조직을 뜻하는 부대였어요. 민간인들한테 도적질하는 부대입니다. 먹는 거는 괜찮은데 도적질하는 부대였어요.
>
> 그날 먹고 조용히 가면 되는데, 7총국 애들이 무리한 요구를 했어요. 연락소 사람이 7총국 애들을 말리다가 때렸어요. 그러자 7총국 150명이 곡괭이 삽을 가지고 연락소 사람을 때렸는데, 거기서 죽은 거예요.
>
> 그게 바로 다음다음 해 중앙당에 직보된 거예요. 걔들은 이 양반이 어디 사람인지 몰랐는데, 다음다음 해에 7총국장까지 데리고 나와서 너희 뭐냐 중요한 사람이 죽었다고 했어요. 당에서 어릴 때부터 키운 사람인데. 그 후 보름 만에 공개 총살을 했어요. 그 부대를 다 죽였어요.[58]

북한군 공개 처형 유형을 보면 형사 범죄 65.5%, 경제 범죄 9.1%, 기타 7.3%, 국경관리범죄 3.6% 등이다. 형사 범죄는 살인이 36.9%, 절도가 16.7%, 인신 매매 8.3%, 강간 5.6%, 기타 2.8% 순이다.

이 중 특이한 것은 공개 처형 병 중에서 경제 범죄가 대부분이라는 점이다. 식량이 부족하고 영양실조로 고통 받는 병사가 늘어남에 따라 군관은 병사들이 민간인 가정이나 집단 농장에서 음식을 훔치는 것을 눈감아 주거나 심지어 장려하기도 한다. 군인에 의한 절도 범죄를 공개 처형하는 이유는 크게 두 가지다.

첫째, 주민 불만 차단을 위한 공개 처형이다. 민간인의 음식을 약탈하는 것은 군대 내에서 일반화되어 있다. 그로 인해 병사들은 주기적으로 처형당한다. 심지어 민간인이 절도 과정에서 상해를 입지 않았어도 처형할 때가 있다. 절도 규모가 지나치게 커지고 군대에 대해 봉사의 마음을 교육받은 주민들조차 불만을 드러내는 사회적 차원의 반발을 무마하기 위해 병사들을 본보기로 공개 처형하는 것이다.

둘째, 주민을 살해했을 경우 공개 처형한다. 식량 절도 과정에서 북한 군인들이 종종 주민들과 충돌을 겪고 때때로 사망 사건이 발생하기도 한다. 어떤 경우엔 많은 수의 군인이 농작물을 지키려는 농장원들을 공격하기도 한다. 그러나 대부분의 살인 사건은 젊은 병사에 의한 주민 살인이다. 생존을 위한 단순 절도가 살인죄로 발전하고, 끝내 공개 처형하는 악순환을 반복하고 있다.

이러한 현상은 북한 군인 개인 스스로 생존을 책임져야 하는 경제적 난국이 초래한 북한군만의 기이한 상황이다. 국경을 넘어 중국으로 팔아넘기는 군량미에서부터 전차 연료에 이르기까지 군수품 절도 행위 또한 북한 군인의 공개 처형 사유 중 하나다. 군수품 절도는 대다수 군관에 의해 자행된다. 군관 범죄는 1~2 단계 상급자까지 연대 처벌을 받는다.

북한군 내에서는 비공개 처형도 하고 있다. 일반적으로 군 내부 감시 및 통제, 군사 범죄 활동에 대한 수사 업무를 담당하는 보위국 예하 각급 보위 부대에서 비공개 총살을 집행하고 있다. 명령 불복종, 음란행위 등 사회에 공개해 봐야 주민들의 동요와 반발만 일으킬 수 있다고 판단되면 비공개 처형한다. 통상 땅을 1m 깊이로 판 후, 무릎을 꿇고 앉으면 총살 후 파놓은 구덩이에 파묻는 것으로 알려져 있다.

다. 사망사고

(1) 노동력 동원 사망

북한군에는 건설 전문부대가 있다. 국방성 예하에 〈도로건설군단〉, 총정치국 예하에 〈공병군단〉이 그것이다. 이들 부대뿐만 아니라, 모든 부대를 각종 건설 현장에 수시로 동원하고 있다. 10대의 북한군 병사들은 입대 당시 조선로동당 입당 등 신분 상승을 꿈꾼다. 그러나 군 생활의 대부분을 강제 노동으로 보내는 경우가 다반사여서 군 복무에 염증을 느끼는 분위기가 확산하고 있다.

북한의 중앙계획경제체계는 붕괴했다. 북한군은 이에 따라 물자 부족이 심각한 수준이다. 사회의 경제적 궁핍은 북한군도 예외가 아니다. 북한군 내 만성적 전기 부족, 장비 부족은 영양실조 상태의 병사들이 장비에 의존하지 못하고 각자의 신체적 힘을 활용하여 작업해야만 한다. 이 문제는 단순한 불편을 넘어 신체적 상해와 사망으로 이어지고 있다.

> 우리는 비행기 폭탄을 많이 다룬다는 거죠. 147kg짜리 발사 폭탄은 여기 한국에서 그걸 다 기계로 다루지만, 북한에서는 사람이 어깨에 걸쳐 멥니다. 147kg짜리를 두 명이 앞뒤로 해서 어깨에 걸쳐 올려놓는데 그게 앞부분이 되게 무거워요. 그거 앞부분 떨어지면 손을 바로 못 치우면 팔목이 잘려요. 병신 되거나 죽는 거지요.[59]

게다가 건설 현장에 노동력으로 동원된 북한군은 공사 안전 수칙에 대한 교육도 제대로 받지 않는다. 오직 공사 기간 등에 대한 지시사항만 교육받은 상태에서 노동을 강요당한다. 이런 상황에서 장비 부족은 건설 현장의 북한군 병사에게는 심각한 생존 문제가 된다. 심지어 500여 명의 병사들이 공사 간 현장에서 집단 사망하는 사고가 발생한 경우도 있다.

> 건설부대에서 작업하다가 몰살된 적이 있어요. 병사 500여 명이 죽었어요. 시체를 배분해서 장례를 하라고 해서 현장을 가봤어요. 아파트가 무너져서 죽은 거예요. 굴착기로 밀어 철근에 얽혀 죽은 사람을 매장했어요.[60]

또한 작업 중 발생한 사고를 전문 군의관이 제때 치료하지 못해 죽기도 한다. 사망사고의 또 다른 원인이다. 이러한 사망사고는 자식을 군에 보낸 부모에게 슬퍼할 기회도 주지 않는다. 북한인권정보센터가 수집한 증언에 따르면, 사망한 군인 부모에게 통보되는 내용에 사망 원인은 없고 '훈련 중 사망'이라는 거짓 설명만 있을 뿐이다.

(2) 구타 고문 사망

북한군 내에서는 구타에 의한 사망사고가 수시로 발생하고 있다. 하전사 계층에서는 시간 미준수, 목욕물 과다 사용 등 단순 내용으로 선임자로부터 얻어맞아 사망하는 경우가 종종 있다.

> 목욕하다가 물을 쓴다고, 양심 없이 많이 쓴다고 맞아서 사망했어요. 우리도 장례식을 갔댔는데 부모에게 알리지도 않더라고요. 군대 나와서 얼마 안 됐어요. 인권 생각을 못 하니까 그냥 죽었구나 생각했죠. 신병훈련 받고 일은 힘들지, 군의소에 입원했는데 죽었다고 해서 가보니까 맞아 죽었더라고요. 같이 입원한 애들 속에서 말이 나온 거죠. 발로 췌장인가를 잘못 차 놔서 죽었다고 하더라고요.[61]

일반적 고문은 극한의 추위에 맨몸으로 벌을 받는 것이다. 함경북도, 양강도, 자강도, 평안북도 등 두만강 압록강을 연하는 지역에서 근무하는 북한 군인은 동계 피복도 제대로 갖추지 못한 채 영하 30도를 오르내리는 혹한을 버텨야 한다. 이런 환경에서 작은 실수만 범해도 혹한의 실외에서 옷을 벗은 채 몇 시간씩 세워두어 사망에 이르게 하는 사고가 발생하는 사례도 있다.

> 사관장(상사 또는 특무상사를 말함)이었어요. 이 사람이 자기 사병이 말을 안 들어서 사병을 겨울에 내의 바람에 세웠어요. 그리고 그다음에 방열판(온도를 높이기 위해 병실에 설치된 철판)이 있어요. 불 때우는 거기에 세워서 기합 줬지요. 그날 밤에 죽었다고 했어요.[62]

북한군은 군 복무 간 작업 중 사망, 구타에 의한 사망, 고문에 의한 사망 등의 사고가 발생해도 사고부대 지휘관에 대한 문책을 회피하기 위하여 부대 내에서 화장하여 장례를 치른 후, 유가족에게는 '공사장에서 임무 수행 중 죽었다.'라는 등의 허위 사실을 통보해 주는 경우가 일반화되어 있다.

(3) 영양실조 사망

북한은 1992년부터 1996년 기간 중 자료마다 차이는 있으나, 대략 300만여 명이 굶어 죽었다. 북한군은 1990년대 초까지는 비교적 양호한 쌀을 보급 받았다. 그러나 1992년부터 고난의 행군 시기를 거치면서 식량 문제가 북한군에도 영향을 미쳤다. 군인들이 굶어서 영양실조에 걸린 병사가 급증했다. 부대에서 감당하기에는 역부족이었다. 영양실조에 걸린 병사들을 임시방편으로 1~3개월간 집으로 보냈다가 회복하면 부대로 복귀시켰다.

북한군 내 영양실조 문제는 2020년 이후에도 사정은 마찬가지다. 국가정보원에 따르면 북한 내 아사자 발생 건수는 2020년 1 7월 기준 240여건이다. 최근 5년간 매년 같은 기간 평균(110여 건)보다 2.2배로 증가했다. 북한은 배급 순위표 최상단에 있는 군인에게 지급하는 1인당 하루 곡물 배급량까지 기존 620g에서 580g으로 감량했다.[63]

군내 식량 부족에 따른 영양실조 문제는 국방성으로부터 보급되는 양 부족이 근본 원인이다. 하지만 사단급 이하 부대 실무자들이 상급자의 담배, 술 등의 상납을 위해 쌀을 유용하여 외부에 팔아먹는 것도 또 하나의 원인이다. 2022년부터 북한군 1일 곡물 기준 배급량보다 훨씬 적은 300g 이하만 보급하고 있다. 이마저 곡물 취급 실무자들이 유용하여 1일 140g 이하 보급도 안 된다.

> 김정은이 집권을 하면서 전연 부대에 백미를 공급하라는 지시가 있었는데, 그게 되나요? 쌀이 없는데. 백미 공급을 한 달 했던 거 같아요. 하니까 부대 내에서 이때라고 해서 후방시설을 보는 사람들이 100% 팔아먹는 거죠. 옥수수로 바꿔서 먹이는 거죠.[64]

북한군은 제대로 먹지 못해 발생하는 허약 환자를 1·2·3단계로 구분하여 관리한다. 저자와 함께 대한민국 국군 장병 대상 '북한군 실상과 위협'에 대한 교육을 진행하는 북한군 출신 북한이탈주민들은 이구동성으로 "대대 기준 허약자가 최고 60%에 달하는 부대도 있다."고 증언하고 있다. 3단계는 허약자는 사망 직전의 몸 상태를 의미한다. 항문의 괄약근이 풀어지기 직전이다. "부대마다 다소의 차이는 있으나, 대대급 부대 기준 허약 3단계 병사가 평균 3~6명 정도가 존재하고 있다."라고 증언하고 있다. 또한 북한인권정보센터 설문조사에서도 비슷한 내용이 다음과 같이 수집되었다.

> 우리 부대는 허약자가 60%였어요. 식량 공급이 잘 안되었어요. 한 끼에 그냥 밥으로 다지면 숟가락 3~4개 정도였어요. 강냉이 쌀이었어요. 반찬은 시기마다 다른데 염장 무를 먹으면 잘 먹는 거였어요. 저희 같은 경우는 시기마다 나오는 채소를 먹었어요. 염장 무를 3~4쪽을 잘게 썰어 줬어요.[65]

(4) 치료 미흡 사망

북한 노동신문은 2022년 5월 14일 보도를 통해 코로나 경환자 치료는 '고려 치료 방법(한방)을 적극 도입하는 것이 중요하다.'라면서 패독산, 안궁우황환, 상향우황청심환 등을 권했다. 민간요법이라며 금은화를 우려 먹는 방안도 안내했다. 북한 사회는 이처럼 민간요법에 치료를 의지하는 등 의료체계가 제 기능을 발휘하지 못하고 있다. 북한군도 마찬가지다. 환자가 발생해도 치료를 제때 제대로 못해 사망하는 경우가 부지기수로 많다.

북한군 내에 흔히 퍼지는 질병 종류는 결핵, 간염, 옴 같은 병이다. 북한군 병사들이 겪는 병은 열악한 위생 상태가 가장 큰 원인이다. 북한군 병사는 2년에 1회에 한하여 새로운 의복을 보급 받는다. 속옷 1벌로 2년을 나야 하는 것이다. 이같이 부실한 위생 기준은 개인위생 불결을 넘어 같은 공간에 거주하는 모든 병사의 위생 불결로 이어진다. 실례로 우리의 생활관에 해당하는 병실 공간의 협소로 1명이 '옴'에 감염되면 전 인원이 순식간에 감염되고 만다.

> 하피복을 1년에 한 번 준다고 해도 안 줘요. 위에서 떼먹고, 전역하는 사람들 새 옷을 가져가고 비리가 있어서. 속옷이 문제인데 제대로 공급이 안 돼요. 1년에 1회는 공급이 돼야 하는데, 2년에 1번 돼요. 1년에 한 가지를 가지고 1년을 못 입으니까, 세탁기가 있어서 깨끗한 것도 아니고 그저 찬 물에 비누도 없이 하니까. 세탁을 못 해요. 그래서 그냥 끓이는 거죠. 이불용으로 사용하는 담요는 너덜너덜할 때까지 빨지 않고 사용해요.[66]

> 전염병 같은 것도 수시로 돌아요. 한 번은 옴이 걸려서 온 중대가 그랬던 적이 생각이 나요. 방독면 쓰고 유황을 태우면서 창고 안에 중대장이 싹 집어넣고 땀을 흘리면서 유황 가스를 씌워야 낫는다고 해서 한 달 동안 고생한 기억이 나요.[67]

북한 정권은 '완전하고 보편적인 무상의료 정책'이 북한 헌법에 명시되어 있음에도 의료시설 부실, 불충분한 장비와 약품은 북한군 병사들의 높은 사망률의 원인이 되고 있다. 북한군 의무 규정에는 대대급 이하에서 환자가 발생하면, 대대 위생소로 보내고, 더 심각하면 연대 군의소로, 장기간 치료가 필요하면 군단 야전병원으로 후송해야 한다. 그러나 모든 제대의 군의소 시설이 낙후돼 있고, 약품이 부족하여 후송 자체가 의미가 없다.

여기에 더하여 전문 의료 인력이 부족하여 치료가 매우 제한되고 있다. 대대급 이하 부대에서는 우리의 군의관 임무를, 우리의 의무병인 위생지도원이 수행한다. 위생지도원의 1차 임무는 연대 군의소로 보낼 환자인지, 군단 야전병원으로 보낼 환자인지를 판단하는 것이다. 위생지도원은 군 생활이 편해서 뇌물을 주고 보직 받는 경우가 대다수다. 대대장으로부터 위생지도원으로 추천받으면 위생사관학교에서 6개월간 환자 관리, 응급처치법 등에 대한 기초교육만 받고 수료한다.

시간을 다투는 환자가 발생하면 황금시간으로 불리는 적정 시간에 치료해야만 살릴 수 있다. 하지만 6개월 기본 의무교육만 받은 위생지도원은 그럴 능력도 실력도 없다. 뇌출혈 환자는 가만히 눕혀 놓고 다음 절차를 치료해야 하는데, 의학 지식이 없는 대대급 위생지도원은 환자를 업고 뛰다 소중한 생명을 죽이는 것이 북한군 의무다. 장비가 없어서, 약품이 없어서, 운반 수단이 없어서, 전문 의료 인력이 없어서 소중한 생명이 치료다운 치료 한 번 제대로 받지 못하고 죽어가는 것이 북한군 생명권 실태다.

라. 성폭력

북한은 헌법 제77조에 '여자는 남자와 똑같은 사회적 지위와 권리를 가진다.'라고 명시하고 있다. 형법 제319조 320조에서는 여성을 대상으로 하는 성적 폭력에 대해 최고 9년 이상의 노동교화형을 선고할 수 있도록 규정하고 있다. 형법 부칙 제9조에서는 강간 행위의 정상이 특히 무거운 경우 무기 노동교화형 또는 사형까지 부과할 수 있도록 정하고 있다. 이같이 여성에 대한 차별 금지를 법적으로 명시하고 있음에도 불구하고, 북한군 내에는 성폭력이 존재하고 있다.

북한 여군은 주로 간호, 통신, 고사총부대에 배치되어 남군과 함께 복무하고 있다. 여군 성폭행 가해자는 직속상관인 경우가 대부분이다. 직속상관은 조선로동당 입당 등 각종 이권을 제공해줄 수 있음을 내세우거나, 불이익을 줄 수 있음을 내세워 상습적으로 여군을 성추행하거나 성폭행하는 사례가 많다. 피해당한 여군은 불이익을 우려하여 성추행이나 성폭행당하고도 묵인하는 사례가 많다. 군내에서 성범죄 사건이 발생하면 사건에 대한 조사나 가해자 처벌은 확실하게 이루어지지 않는다. 오히려 피해자가 불명예제대를 당했다는 경우마저 있다.

> 직속상관이 "서류 문건 정리할 수 있는 여군 하나 보내라."라고 지시하면, 다 알면서도 상급이 보내라고 하니깐 할 수 없이 보내죠. 명령으로 시작해서 명령으로 끝나는 게 북한 군대입니다. 말은 서류 정리한다는 거지 실제는 그 여군을 성폭행하기 위해서 부르는 거죠. 그리고 여군들은 상급에서 그렇게

> 한다면 어떻게 할 수가 없어요.[68]
>
> 여단 통신이나 군의소에 있는 여군들은 여단장에게 몸을 줘야 입당하고, 제대도 할 수 있어요. 여단 정치위원에게도 몸을 바쳐야 합니다. 우리 여단은 여군이 20여 명인 데, 다 제 짝이 다 있단 말입니다. 여자는 군대 가면 몸을 다 망친다고 합니다. 그 숫한 남자들 속에서 어떻게 몸을 지키고 그렇겠어요. 우리 여단장 누가 어떤 간호원과 했다든지 그런 게 있습니다. 간부들은 간호원을 다 데리고 놀았으니까요.[69]

    북한 여군에 대한 반복되는 성폭력 문제는 여군의 정신적 건강에 심각한 위협이 되고 있다. 성폭행당한 충격을 이기지 못하고 자살하기도 한다. 신체적 피해는 성폭력 과정에서 성추행과 성폭행을 거부하다 심하게 구타당하거나, 임신 후 불법 낙태 과정에서 건강이 아주 나빠진다. 북한군은 군내 이성 관계 및 결혼을 금지하고 있다. 그래서 정식 병원이 아닌 불법 의료시설에서 낙태 수술을 받는 경우가 대부분이다. 잘못된 낙태 시술로 목숨을 잃기도 한다.

> 여자들도 임신해서 자살해 죽고, 그런 애들이 많아요. 여단장 여단 정치위원이 임신시켰다든지. 그런 거는 금방 소문이 퍼져요. 여단에 내가 부분대장 승급 받으러 가보니 여자 병사가 자살해서 죽었다고 해서 들어보니까 배가 불러오니까 말도 못 하고 그래서 고민하다가 죽었다는 거예요.[70]
>
> 사관장이었는데, 군의소에 가서 갸들 말을 안 들으면 때리는 것도 있고, 수면제를 다량 먹고 죽었어요. 죽은 여군이 약국 간호원이었어요. 사관장이 폭행해 놓고 나중에 임신시켜서 아를 떨구느라고 수면제를 먹어서 그게 죽은 거죠. 그냥 병으로 해서 처리했어요. 부검인가 했는데 임신한 걸 발견했는데 병으로 해서 처리해 버렸어요.[71]

    북한군 내 성폭행 문제는 남군에 의한 여군 성폭행뿐만 아니라, 남군에 의한 남군 성폭행도 비일비재하다. 북한군은 10대 후반부터 20대 후반의 청년들이 10년 동안 복무한다. 면회 휴가도 제대로 가지 못한다. 군내 이성 교제도 금지돼 있다. 성 문제가 당연히 발생하는 구조다. 20대 후반 선임병은 갓 입대한 10대 후반 신병을 주로 성폭행한다. 그런데 신병은 이를 선임으로부터 받는 '예쁨'으로 인식해 피해 사실을 자각하지 못하는 경우도 많다.

> 제대할 때 나이가 27살, 28살 정도 되는데, 20대 남자가 성에 대해서 생각 안 한다는 건 말도 안 되죠. 군대에서 아무래도 어린애들이 들어오면 괴롭히죠. 상급자는 분대장이나 해서 예뻐하는 식으로 그런 게 있어요. 유사성행위죠. 분대장이 자기 성기를 흔들어 달라는 거예요. 여자를 안고 자듯이 하는 거예요. 나도 당해봐서 알아요. 위에 제기하고 그런 게 안 돼요. 하기 싫지만 할 수 없어요. 하기 싫다는 말을 못 해요.[72]

마. 구금 생활

구금시설은 일반적으로 사법경찰기관이 그 직무 수행을 위하여 형사피의자나 피고인을 조사, 유치 또는 수용하는 데 사용하는 시설을 의미한다. 대한민국의 대표적인 구금시설은 경찰서 유치장, 구치소, 교도소(군교도소 포함) 등이 있다.

북한의 구금시설은 미결수용자를 구금하기 위한 구류장과 국경지대 탈북자 등을 임시 수용하는 집결소와 교양소, 형이 확정된 자를 처벌하는 교화소와 노동단련대가 있다. 모두 사회안전성에서 관리한다. 그리고 일반 구금시설과는 성격이 전혀 다른 정치범수용소가 있다. 정치범수용소는 2020년 기준 총 5곳에 있다. 수용인원은 170,000여 명이다. 구체적으로는 개천수용소(14호) 50,000여 명, 요덕수용소(15호) 50,000여 명, 화성수용소(16호) 15,000여 명, 회령수용소(22호) 50,000여 명, 수성수용소(25호) 5,000여 명 등이다. 이상 4개소는 국가보위성에서 관리한다. 사회안전성에서 관리하는 곳은 개천에 있는 북창수용소(18호) 1개소인데, 소규모로 알려져 있다.[73]

북한군은 606·607호 교양소 등 2개의 교화소를 운영하고 있다. 606호 교양소는 함경남도 금야군 금사리에 있다. 수감자는 500여 명이다. 607호 교양소는 평안남도 회창군 지동리에 있다. 수감자는 1,000여 명이다. 수감 원인은 대한민국과 연락한 민족반역죄(5.7%), 살인(11.5%), 성폭행(5.8%), 강도(5.8%), 절도(13.5%), 폭행(11.5%), 인신매매(1.9%), 마약(1.9%), 비법월경(7.7%), 밀수(1.9%), 탈영(19.2%), 증명서 미소지(1.9%), 횡령(1.9%), 미상(9.6%) 등이다.

군 교양소 입소 전 신체검사를 통해 전염병 보균 여부를 검사한다. 주로 피검사와 결핵 검사를 한다. 보균자로 판명되면 다시 인솔자인 구류장 계호(戒護: 범죄자나 용의자 따위를 경계하여 지키는 임무를 수행하는 자)를 통해 돌려보낸다. 그러나 대다수의 계호는 책임을 회피하기 위해 교양소 측에 뇌물을 주고 입소시킨다. 신체검사를 통과하면 본격 입소 전 몸수색을 당한다. 여군의 경우 남자 군의관으로부터 비위생적인 방법으로 자궁 검사를 받는다.

> 계호들이 교양소에 데려다 줍니다. 신체검사했습니다. 결핵, 간염 검사했습니다. 결핵이면 다시 구류장으로 보냈습니다. 계호들이 어떻게든 꾀어서 입소시키려고 합니다. 안 그러면 자기들이 데려가서 병원에 보내야 해서 그렇습니다.[74]

주식은 하루 3끼 모두 옥수수죽 100g과 소금국이다. 가끔 가다 옥수수

밥에 배춧국을 제공하기도 한다. 수감자는 강도 높은 노동에 시달리고 있어 면회를 통해 먹거리를 제공받지 못하면 금방 허약에 걸린다.

> 밥이랑 주는 게 너무 싱겁거든요. 허약에 들어가면 짠 걸 더 찾거든요. 그런데 짠 걸 먹으면 부종이 오기 때문에 못 먹게 해요. 옥수수죽은 마구잡이로 탈곡한 거를 죽처럼 해서 바닥에다가 식히면 두부처럼 말랑말랑해지는데 그걸 잘라서 줍니다.[75]

교양소 일과는 05:00시에 기상하여 07:00시까지 세면 및 청소를 한다. 08:00시에 아침 식사를 마치고 12:00시까지 강제 노동을 한다. 점심은 12:00시부터 13:00시까지다. 오후에도 18:00시까지 강제 노동을 한다. 저녁 식사는 18:00시부터 19:00시까지다. 저녁 식사 후 20:00시까지 생활 준칙 등에 대하여 교육받는다. 22:00시에 취침한다.

강제노동은 다음과 같은 형태로 한다. ① 교양소 내 작업이다. 파손된 건물 보수 때 자재나 도구가 제대로 갖추어 있지 않아 많은 고통을 받는다. ② 농사 활동이다. 종사 심기, 김매기, 퇴비 만들기, 콩·옥수수·배추 심고 수확하기 등이다. 마찬가지로 호미·곡괭이 같은 농기구가 없어 맨손으로 작업한다. 일을 하는 도중에 허리를 펴지 못한다. 허리를 펴면 구타당한다. 수감자는 자신들이 가꾼 농작물을 못 먹는다. 수확된 농작물은 교양소 간부에게 돌아간다. ③ 건설 현장 노동 동원이다. 발전소 건설 현장, 아파트 건설 현장 등에 가서 벽돌 나르기, 시멘트 나르기, 콘크리트 다지기 등의 고된 작업을 한다. 일 자체도 힘들지만, 건설 현장 역시 도구가 없어 맨손으로 일을 하고, 자기 옷을 이용하여 벽돌을 나른다.

교양소에는 '담당 선생'이라고 불리는 군인이 수감자들을 감시한다. 수감자 중에서 선발한 반장 또는 부반장을 통해 감시하고, 일반 수감자끼

리도 서로 감시하게 한다. 교양소 내에는 구타가 만연해 있다. 주로 '담당 선생' 지시에 의거 반장이 구타한다. 교양소에서 구타 등으로 사망자가 발생하면 가족에게 통보하지 않고 교양소 인근 산이나 골짜기에 묻는다. 시신을 묻을 때 땅을 깊게 파지 않아 시신이 훼손되는 경우가 발생하기도 한다.

> 구타는 매일 있다시피 해요. 반장이 몽둥이로 막 때려요. 몸이 약한데다, 뼈만 남았으니까 조금만 맞아도 금방 죽어요. 교양소에 뱀골이라는 곳이 있어요. 시신을 여기에 묻어요. 묻을 때 보니까 땅을 팔 자리가 없어 대략 묻어요. 다음 날 가보면 개들이 시체를 파먹어요.[76]

10. 군사 위협

핵	1980년대 들어 핵 실험장 건설 등 핵무기 개발에 긴요한 기반시설을 본격적으로 갖춰 나갔다.
미사일	2022.11.18. 최대사거리 15,000km로 미 본토 동부지역까지 타격할 수 있는 대륙간 탄도 미사일 시험 발사 성공
생화학무기	저장시설에 1천여 톤 비축, 수포성, 신경성, 질식성, 혈액성, 최루성 등 다양한 무기
사이버전력	사이버병력 6,800여 중 작전병 1,700여, 지원 및 기술인력 5,100여 명, 총 13개 조직

북한은 전략무기 확보를 위해 핵, 탄도 미사일, 생화학무기 등과 같은 대량살상무기 WMD: Weapons of Mass Destruction를 지속 개발하고 있다. 대외적으로는 군사력 우위를 확보하여 이를 협상 수단으로 활용하는 한편 내부적으로는 체제 결속을 도모하려는 의도다.

김정일 집권 때인 2006년 10월 제1차 핵실험을 시작으로 2009년 5월 제2차 실험을 했다. 김정은은 2013년 2월, 2016년 1월과 9월, 2017년 9월 등 4회 시험했다. 김정일·김정은은 총 6차례의 핵폭발 실험을 했다. 아울러 장거리 탄도 미사일도 여러 차례 발사했다. 핵실험과 장거리 탄도 미사일 발사는 국제적으로 공감대를 형성하고 있는 WMD 비확산 체제에 대한 중대한 도전이다. 유엔을 비롯한 국제사회의 비난과 제재를 받고 있다.

가. 핵

북한은 1956년 「북·소 원자력협력협정」을 체결했다. 구소련의 드브나 핵 연구소에 과학자들을 파견하여 선진기술 확보 및 전문 인력 양성의 기초를 마련한 것이다. 1959년에는 중국과도 원자력협력협정을 체결하였다. 1963년 구소련의 도움을 받아 연구용 원자로를 도입했다. 이를 토대로 1965년부터 평안북도 영변 지역에 대규모 핵 단지를 조성하기 시작했다.

북한은 1980년대 들어 핵물질 생산시설 구비, 핵 전문 인력 양성, 핵실험장 건설 등 핵무기 개발에 긴요한 기반 시설을 본격적으로 갖춰나갔다. 영변에 조성된 핵 단지에 플루토늄 생산에 필요한 핵심 시설인 5MWe 원자로, 폐연료봉 재처리 시설, 핵연료봉 제조공장 등을 차례로 건설했다.

1989년 프랑스 상업위성에 의해 영변 핵 단지가 노출되면서 북한의 핵 개발 의혹이 국제사회에 제기되었다. 북한은 국제원자력기구 IAEA와 1991년 체결한 안전조치협정에 따라 사찰을 받았다. 사찰 결과와 북한의 신고 내역 사이에 중대한 불일치가 발견되었다. 이른바 '제1차 북핵 위기'가 국제사회의 주요 이슈로 대두되었다. 제1차 북핵 위기는 1994년 북한과 미국 사이에 아래 내용으로 「제네바 기본 합의」가 타결돼 일단락되었다. 북한의 핵 활동은 2002년까지 동결되었다.

> ① 북한에서 유일하게 가동 중인 영변의 5MWe급 원자로를 동결하고 북한 내의 다른 두 개의 원자로 건설을 중단함과 동시에, 북한의 모든 핵시설을 IAEA의 감시하에 둔다. ② 미국은 2003년까지 북한에 200만Kw 발전 능력의 경수로형 원자력 발전소를 건설하기 위한 국제 컨소시엄의 구성을 지원하고, 경수로 건설 기간 중 매년 중유 50만 톤을 제공하여 북한의 에너지난을 덜어준다. ③ 미국은 미 북 관계를 정상화하기 위해 외교적 관계를 확대한다. ④ 경수로 완공 이전 북한은 의무적인 특별 사찰을 받는다. 경수로가 완공되면 기존의 5MWe급 원자로는 물론, 건설 중인 두 개의 원자로까지 폐기한다.

2002년 10월 미국의 부시 행정부가 '북한이 고농축 우라늄 프로그램에 의한 핵무기 개발을 비밀리에 추진하고 있다는 점을 시인하였다.'라고 발표했다. 소위 '제2차 북핵 위기'가 시작된 것이다. 부시 행정부는 북한에 대한 중유 지원과 경수로 건설 중단 등 「제네바 기본 합의」 파기를 선언했다. 북한도 국제원자력기구 사찰관 추방, 영변 핵시설 동결 해제, 폐연료봉 재처리 등으로 대응했다. 제2차 북핵 위기를 해결하기 위해 6자회담이 2003년 8월 시작되어 2005년 「9·19 공동성명」, 2007년 「2·13 합의」 및 「10·3 합의」 등의 성과를 거뒀지만, 2008년 12월 열린 수석대표 회의를 마지막으로 재개하지 않았다.

한편 김정은은 2018년 4월 20일 당 중앙위원회 제7기 제3차 전원회의에서 2013년 4월부터 추진하였던 '경제건설 및 핵무력 건설 병진 노선'의 사실상 종료와 함께 풍계리 핵실험장 폐기, 핵실험 및 ICBM 시험 발사 중단 등을 선언했다. 2018년에만 3차례 열린 남북정상회담, 역사상 처음으로 개최된 미·북 정상회담 등에서 '완전한 비핵화'를 공약했다. 2018년 5월에는 풍계리 핵실험장을 전격적으로 폭파했다.

2019년 2월 베트남 하노이에서 열렸던 제2차 미·북 정상회담에서 성과를 거두지 못하자 북한은 중단했던 핵 미사일 능력 진전을 다시 추진하기 시작했다. 2020년 당 중앙군사위원회 제7기 제4차 확대회의, 하노이 정상회담 2주년 기념 리선권 외무상 담화, 「정전협정」 체결 67주년 기념 전국 노병대회 등에서 "핵전쟁 억제력" 등을 언급하는 등 최근에도 핵을 통한 억제력을 강조하고 있다. 2021년 1월 제8차 당 대회에서는 핵보유국 지위를 강조하면서 "핵무력 고도화를 위한 투쟁"을 선언했다.

또한 8차 당 대회에서 김정은은 국방공업을 보다 강화 발전시키기 위한 중핵적인 구상과 전략적 과업들을 언급하면서 '국방과학발전 및 무기체계개발 5개년 계획'의 전략무기 부문 5대 최우선 과제를 제시했다. 극초음속 미사일 개발 도입, 수중 및 지상에서 발사하는 고체형 ICBM 개발, 핵잠수함 및 수중 발사 핵전략무기 보유, 초대형 핵탄두의 생산, 15,000km 사정권 안의 타격명중률 제고가 그것이다.

2021년 9월 28일 새로 개발한 극초음속 미사일 '화성-8형' 시험 발사를 진행한 북한은 2022년 1월 5일에 이어 1월 11일에는 김정은의 참관 아래 극초음속 미사일 시험 발사를 진행했다. 이에 대해 1월 12일자 노동신문은 "국방력 발전 5개년 계획의 핵심 5대 과업 중 가장 중요한 전략적 의의를 가지는 극초음속 무기 개발 부문에서 대성공을 이룩했다."라고 보도했다.

2022년 1월 19일 당 중앙위원회 제8기 제6차 정치국 회의에서 김정은이 신뢰 구축 조치의 전면 재고를 결정했다. 잠정 중지하였던 모든 활동들을 재가동하는 문제를 신속히 검토하라고 지시하고, ICMB 시험 발사를 진행하여 모라토리엄을 사실상 붕괴시켰다. 2022년 4월 25일 창군 90주년 열병식에서 김정은은 핵무력을 최대의 급속한 속도로 강화 발전시킬 것을 강조했다. 이어 9월 8일에는 기존의 2013 〈핵보유국법〉을 대체하는 2022 〈핵무력정책법〉을 제정했다. 그러면서 자칭 '핵보유국'을 재확인하고 핵무기 사용을 법제화했다.

김정은은 핵무기 사용 시점을 〈핵무력정책법〉 제6조에 "① 핵무기, 기타 대량살상무기 공격이 실행 또는 임박했다고 판단되는 경우 ② 국가지도부와 국가 핵무력 지휘 기구에 대한 적대 세력의 핵, 비핵공격이 실행 또는 임박했다고 판단되는 경우 ③ 중요 전략적 대상에 대한 치명적 군사적 공격이 실행 또는 임박했다고 판단되는 경우 ④ 전쟁 확대 및 장기화를 막고 전쟁의 주도권을 장악하기 위한 작전상 필요가 불가피한 경우 ⑤ 국가 존립과 인민의 생명 안전에 파국적인 위기를 초래하는 사태로 핵무기로 대응할 수밖에 없는 불가피한 경우 ⑥ 국가 핵무력에 대한 지휘 통제 체제가 적대 세력의 공격으로 위험에 처하는 경우 핵 타격이 자동으로 즉시 단행한다."라고 명시했다.

①번부터 ④번은 군사적 상황인 데 반해, ⑤번은 정치적 체제적 위기 상황에서도 핵 사용 가능을 제시했다. 더욱이 핵 사용 조건을 적대적 행동의 실행뿐만 아니라, '임박했다고 판단되는 경우'로까지 확대하여 '핵 사용 문턱'을 크게 낮추었다. 게다가 정치·군사적 대치 국면에서도 임의로 선제 타격용으로 핵 사용을 가능하게 했다.

북한의 핵 개발 주요일지

북, 핵무인수중공격정·전략순항미사일 폭발 시험

국방부에서는, 북한군이 2020년 현재 핵무기를 만들 수 있는 플루토늄 50여kg과 고농축 우라늄을 상당량 보유한 것으로 추정하고 있다. 2006년 10월부터 2017년 9월까지 총 6차례의 핵실험 고려 시 핵무기 소형화 능력도 상당한 수준에 이른 것으로 보고 있다.

나. 미사일

미사일은 최초 발견된 지역을 미사일 명칭에 붙이고 있다. 우리 귀에 익은 노동, 대포동, 무수단 등이 그렇게 붙인 이름이다. 각각은 함경북도 함주군 노동리, 함경북도 화대군 대포동을 나타낸다. 대포동 지명은 이후 무수단으로 바뀌어 무수단으로 부르는 미사일 이름이 여기서 나왔다. 한미 당국은 북한군 미사일 종류가 다양해지면서 체계적인 분류의 필요성을 느꼈다. 개발 중이거나 실전 배치한 미사일은 KN이라는 이니셜 뒤에 숫자를 붙이는 식으로 했다. KN은 북한은 뜻하는 'Korea North'에서 온 것이다.

액체 연료를 기반으로 하는 미사일에는 '화성', 고체 연료를 사용하는 미사일에는 '북극성'이라는 이름을 붙이고 있다. '은하'는 인공위성 발사체라고 주장한다. 우리는 이 '은하'를 대포동이라고 칭한다. 또한 개발 중인 미사일은 '형'으로 완성된 미사일은 '호'라고 부른다.

북한은 액체 추진 탄도 미사일인 스커드, 노동, 무수난을 삭선 배치하여 한반도를 포함한 주변국을 직접 타격할 수 있는 능력을 보유하고 있다. 북한은 1970년대부터 탄도 미사일 개발에 착수하여 1980년대 중반 사거리 300km의 스커드-B와 500km의 스커드-C를 작전 배치했다. 1990년대 후반에는 사거리 1,300km의 노동 미사일을 작전 배치했다. 그 후 스커드의 사거리를 연장한 스커드-ER을 작전 배치했다. 2007년에는 사거리 3,000km 이상의 무수단 미사일을 시험 발사 없이 작전 배치했으나, 2016년 성능시험에 실패하였다.

북한은 2012년부터 신형 액체·고체 추진 탄도 미사일에 대한 연구 개발을 추진하고 있다. 액체 추진 탄도 미사일은 2016년 개발에 성공한 백두산 엔진을 기반으로 신형 중거리 탄도 미사일인 화성-12형을 개발했다. 2017년 이후 총 3회에 걸쳐 정상 각도로 일본 상공을 통과하는 시험 발사를 했다. 대륙간 탄도 미사일은 2017년에 화성-14형과 화성-15형을 발사했다. 미국 본토를 위협할 수 있는 비행 능력을 보여주었다. 2022년 11월 18일 대륙간 탄도 미사일 ICBM 화성-17형 시험 발사한 결과 성공했다고 발표했다. 최대사거리 15,000km로 미 본토 동부 지역까지 완벽하게 타격할 수 있는 무기다.

북한의 모든 ICBM 시험 발사는 고각 발사로만 진행되어 미국 본토를 위협할 수 있는 사거리 비행 능력을 보여주었다. 정상 각도로 시험 발사는 하지 않았기 때문에 탄두의 대기권 재진입 등 ICBM 핵심기술 확보 여부는 추가적인 확인이 필요하다. 또한, 북한이 '극초음속 미사일'이라고 주장하는 미사일은 2021년 이후 총 3회에 걸쳐 시험 발사하는 등 개발 중이다.

북한은 작전 운용상 액체 추진 탄도 미사일보다 유리한 고체 추진 탄도 미사일을 2019년부터 개발하여 시험 발사를 지속하고 있다. 신뢰도가 검증되었다고 자평한 북한판 이스칸데르형 전술유도탄을 기반으로 에이태큼스형, 고중량탄두형, 근거리형 등 다양한 단거리 탄도 미사일을 개발하였다. 또한, 발사 방식을 다양화하기 위해 차륜형·궤도형·철도기동형·잠수함 발사형 등 다양한 플랫폼을 발전시키고 있다.

북한 탄도 미사일 종류

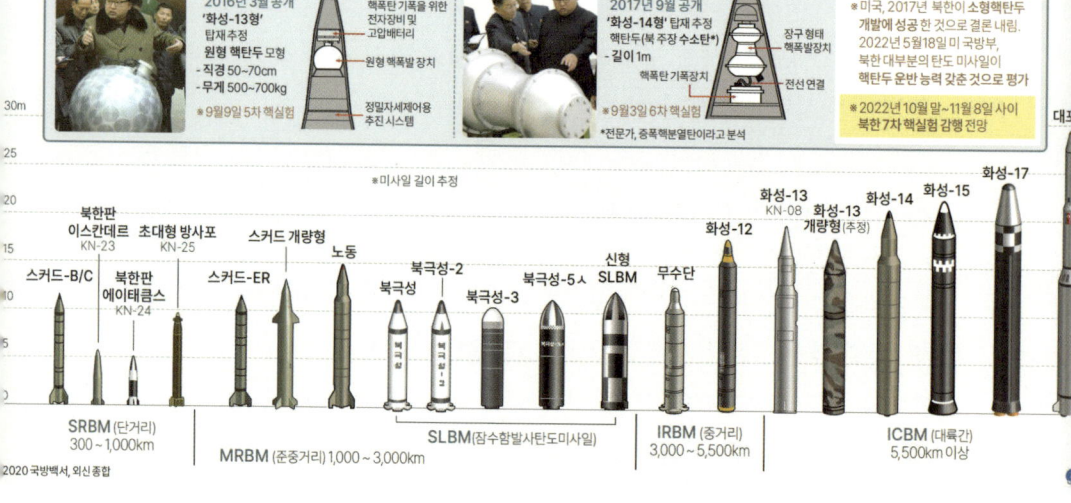

북한 탄도 미사일 사거리

한편, 북한판 이스칸데르 미사일로 불리는 단거리 탄도 미사일 초대형 600mm 방사포도 보유하고 있다. 이스칸데르는 구소련에서 개발한 단거리 탄도 미사일이다. 북한군은 2019년 5월 처음 시험 발사했다. 사거리가 600km로 대한민국 전역과 주일 주한 주일 미군 기지를 타격할 수 있다. 고체 연료를 사용하고 있어 즉각 발사할 수 있다. 사전 탐지가 매우 어렵다.[77]

북한판 에이태킴스(ATACMS)로 불리는 전술용 단거리 지대지 미사일도 실전 배치했다. 에이태킴스는 미국 록히드 마틴사가 개발한 최대사거리 400km 미사일이다. 제주를 제외한 대한민국 전역을 타격할 수 있다. 고체 연료를 사용한다. 45~60도 경사 발사가 가능하다. 수직 발사는 절차가 까다롭고 시간이 걸리는 반면, 경사 발사는 시간이 짧고 미사일 재장전도 쉬워 전술적 운용에 뛰어난 것으로 알려져 있다.

신형 대구경 조종 방사포도 배치했다. 최대사거리 250km다. 평택 오산기지, 청주기지, 성주 사드 기지 등을 타격할 수 있다. 매우 낮게 비행하고 동시다발 공격이 가능하여 요격이 매우 어려운 것으로 알려져 있다. 북한군이 ① 북한판 이스칸테르 ② 북한판 에이태킴스 ③ 신형 대구경 조종 방사포 ④ 초대형 방사포 4종류의 신무기를 섞어서 공격하면, 재래식 무기들을 갖고도 핵무기 위력에 버금가는 효과를 발휘하는 새로운 패러다임의 복합(複合) 화력 체계를 갖추고 있다.

게다가 북한군은 SLBM으로 부르는 잠수함 발사 탄도 미사일도 개발하고 있다. 북극성-4ㅅ이 그것이다. 여러 개의 핵탄두를 장착할 수 있는 것으로 알려져 있다. 우리나라 전 지역을 언제 어디서든지 기습 타격이 가능한 매우 위협적인 무기다.[78] 잠수함 발사 탄도 미사일(SLBM)은 북극성 계열과 잠수함 발사형 전술유도탄(북한판 이스칸데르 파생형)이 있다.

북한군은 신형 SLBM을 시험 또는 탑재하기 위해 함경남도 신포조선소에서 핵 추진 잠수함을 건조 중인 것으로 알려져 있다. 함경남도 신포조선소는 원래 수상 선박·잠수함을 건조하는 조선소였다. 김정은 집권 후 SLBM과 관련한 각종 시설이 속속 건설돼 SLBM 전략기지로 탈바꿈했다.[79] 만일 북한군이 신형 핵잠수함을 실전 배치하면 초강대국이나 보유한 ICBM, SLBM, 전략폭격기 등 3대 핵전력 중에서 ICBM, SLBM 등 2개나 보유하게 된다.[80] 또한, 2000년대 초반부터 지대함 위주로 순항미사일을 개발해 왔다. 이를 통해 축적한 기술을 이용하여 장거리 지대지 순항미사일 개발에 주력하고 있다. 향후 북한의 장거리 지대지 순항미사일 개발이 완료된다면, 우리에 대한 미사일 위협이 증대될 것으로 예상한다.

북한은 2022년 9월 8일 '핵무력 정책'을 법제화하여 선제 핵 사용 가능성을 공식화한 이후 전술핵 탑재가 가능하다고 주장하는 다양한 탄도 미사일을 동 서해상으로 발사했다. 2022년 11월 2일에 미사일 1발을 의도적으로 NLL 이남 26km 공해상에 발사하여 「9 19 군사합의」를 위반하였다.

다. 생화학무기

북한에는 총 8개의 생화학무기 시설이 있다. 연간 생산능력은 평시 4천 5백여 톤, 전시 1만 2천여 톤을 생산할 수 있다. 생산된 화학작용제는 평강 등 3개 저장시설에 1천여 톤을 비축하고 있다. 만포 등 3개 전술 시험장에서 화학탄 사격 시험 훈련을 하고 있다.[81]

북한이 보유하고 있는 화학작용제 종류는 수포성, 신경성, 질식성, 혈액성, 최루성 등 다양하다. 특히 일본 열도를 공포에 떨게 했던 비지속성이다. 급속 살상용 신경성 작용제인 사린(GB)가스 등도 다량 보유하고 있는 것으로 알려져 있다. 투발 수단으로는 박격포, 야포, FROG-6/7, 스커드, 방사포 등 다양하다. 해상으로는 화력 지원정, 공중으로는 전투기, 폭격기, 수송기 등을 이용하여 한반도 전역을 공격할 수 있다.

재래식 무기에 의한 전쟁 재발 시 피해는 6·25 전쟁 당시와 현 상황을 단순 비교하여 추정해 보면, 현시점에서 전쟁이 일어나면 예상 피해는 1

주일 이내에 240만여 명에 달하는 인명피해와, 주요시설의 60%, 장비 물자 54%가 파괴될 것으로 보고 있다. 1개월 이내에 대한민국 전 인구의 10% 이상이 사상을 입고, 시설 장비 물자 대부분이 파괴 손실되는 가공할 피해가 발생한다는 결론에 이른다.[82] 지금까지 북한의 생화학무기는 핵 미사일 문제에 가려져서 상대적으로 부각되지 않았지만, 핵무기에 버금가는 잠재적인 군사 위협으로 평가하고 있다.

국방부에서는 북한이 1980년대부터 생산하기 시작하여 현재 약 2,500 5,000톤의 화학무기를 저장하고 있는 것으로 추정한다. 탄저균, 천연두, 페스트 등 다양한 종류의 생물학 무기를 자체적으로 배양하고 생산할 수 있는 능력도 보유하고 있는 것으로 알려졌다.

라. 재래식 무기 현대화

북한군 전차는 구소련 T-52 T-53, T-62 전차를 복사한 천마호, 폭풍호, 선군호 등이 있다. 지난 당 창건 75주년 때 신형 전차가 등장했다. 이 전차에는 115mm 전차포와 불새 대전차 미사일을 장착했다. 중국 수출형 전차 VT-4와 유사하게 생겼다. 또한 전차장용 조준경까지 갖추고 있다. 기존 북한 주력 전차인 선군과 폭풍은 6축인데, 신형 전차는 7축이다. 대한민국 주력 전차 K1A1 킬러 전차로 등장할 수 있다는 우려가 있다.

미 육군 스트라이커 장갑차와 유사한 북한판 스트라이커 4축 8륜 장갑차를 개발했다. 기동포와 불새 대전차 미사일을 탑재했다. 중국 VTT-323, 러시아 BTR 계열을 카피하여 생산한 것이 아니다. 북한군이 독자 설계한 것이다. 이 신형 장갑차를 플랫폼으로 하여 다양한 형태의 파생형 장갑차가 나올 것으로 예상한다.

2021부터 북한판 워리어 플랫폼 신형 전투 장구가 등장했다. 우리 국군 화강암 디지털 패턴과 유사하다. 미군 멀티캠 군복과도 유사하다. 중국 QBZ-95 불펍 소총과 유사한 신형 불펍 소총을 휴대했다. 개량형 AK소총에는 조준경, 소음기, 피카트니레일, 플래시 등을 장착했다. 신형 방독면과 화생방 보호의를 휴대한다. 이는 '1992년 우리 육군 제3사단 은하계곡 침투' 때처럼 북한군이 한국군 신형 전투복과 같은 전투복을 착용하고 도발할 수 있다는 것을 말해주고 있다.

마. 사이버 전력

북한은 1980년대 중반 이후 핵 미사일 개발과 함께 사이버 전력도 꾸준히 증강해 왔다. 1986년 '지휘자동화대학' 일명 미림대학을 설립하면서 사이버 인력 양성을 본격화하고 데이터 해킹 등의 기술을 교육해 온 것으로 알려져 있다. 김정은은 사이버전戰을 "핵미사일과 함께 우리 인민군대의 무자비한 타격 능력을 담보하는 만능의 보검"으로 3대 전쟁 수단으로 간주했다. 사이버 공격의 낮은 진입 비용, 책임 귀속 규명의 어려움, 효과적인 억제력 부족 등의 특성으로 인해 북한은 사이버 전력을 핵과 미사일 능력과 함께 대표적인 비대칭전략으로 육성하고 있다.

북한군 사이버 병력은 13개 조직 6,800여 명이다. 이 중 작전 병력은 1,700여 명이고, 지원 및 기술 인력은 5,100여 명 등이다. 2000년대 초부터 대한민국의 행정 및 군사기관, 방산업체, 금융시스템 등을 대상으로 기밀을 유출 탈취하거나, 기간 전산망 마비 등 사이버 공격을 지속해 오고 있다. 최근에는 국제 결제 시스템 및 암호화폐(cryptocurrency) 거래소에 대한 해킹 및 랜섬웨어 공격 등을 통해 불법적으로 디지털 자금을 탈취해 오고 있다.

특히 정찰총국 121국(공식 명칭 기술정찰국) 산하에는 라자루스, 킴수키 등의 해킹 그룹을 편성하여 해외에서도 활동하고 있다. 이렇게 사이버 공간에서 약탈한 불법적 자금과 정보는 국제적 경제 제재를 회피하여 외화를 획득하고 핵 미사일 등 대량살상무기 개발 자금 등으로 사용하고 있다.

2017년부터 북한이 전 세계에서 탈취한 가상자산의 규모는 약 1조 5,000억 원 이상이다. 2022년에만 약 8,000억 원 상당을 탈취했다. 또한 국가정보원에서는 지난 2022년 12월 22일 국회 보고를 통해 '국내 해킹 시도가 하루 평균 118만 건에 이른다. 이 중 절반가량은 북한 소행으로 추정하고 있다.'라고 보고한 바 있다. 이에 따라 우리 정부는 2020년 2월 10일 불법 사이버 활동을 통해 핵 미사일 개발 자금을 조달해온 혐의로 북한 정찰총국 산하 기술정찰국, 110호 연구소, 그리고 지휘자동화대학 등을 독자 제재 대상으로 지정하였다.

① 2014년 12월 한국수력원자력 조직도와 설계도면 등 85건 유출하여 블로그에 올리고 돈 요구 ② 2016년 2월 방글라데시 중앙은행 해킹으로 8,100만 달러를 탈취하는 국가 차원 첫 사이버 공격 자행 ③ 2017년 국내 가상 통화 거래소 2곳을 해킹하여 가상화폐 260억 원 탈취 ④ 2018년 10월 〈ATP38〉이라고 이름 붙인 조직이 미국 멕시코 러시아 베트남 등 최소 11국의 주요 금융기관과 NGO를 해킹하여 외화 11억 달러(한화 1조 2,300억여 원)를 탈취해 이 중 수억 달러를 북한으로 송금

바. 장사정포

북한군 장사정포 위협은 대단히 높다는 것이 군 당국의 평가다. 다음 두 개의 사례를 통해 그 위협을 평가해 본다. 먼저 미국의 소리 방송 보도 내용이다. 미국의 소리 방송은 지난 2020년 8월 8일 미국 랜드 연구소가 발표한 '북한의 재래식 포: 보복, 강압, 억제, 또는 사람들을 공포에 떨게 하는 수단(North Korean Conventional Artillery A Means to Retaliate, Coerce,

Deter, or Terrorize Populations)'이란 보고서를 인용해, 북한의 핵과 생화학무기가 아닌 재래식 포격만으로도 한 시간 내 최대 20만 명의 사상자가 발생할 것이라고 보도했다.

가상 시나리오를 기반으로 작성된 이 보고서에는 북한군이 파주에 위치한 LG 디스플레이 공장을 포격하거나, 혹은 비무장지대에서 1분간 짧은 포격을 가할 경우와 1시간 동안 일제사격을 퍼붓는 경우, 그리고 마지막으로 서울을 겨냥한 단시간의 포격과 1시간 동안의 집중 사격 등 5가지 상황을 놓고 피해를 예측했다. 특히 서울에 대한 집중 포격은 장사정포 즉 사거리 40km 이상 사격이 가능한 170mm 자주포, 240mm 방사포 등 총 324문을 동원해 1시간 동안 14,000여 발 발사하는 것을 전제했다. 이 경우 사망자 10,680명을 포함해 총 130,000여 명의 사상자가 발생하는 것으로 예상했다. 결과를 보면 매우 충격적이다.

두 번째 사례는 이스라엘과 팔레스타인 무장단체 하마스 간 포격전이다. 팔레스타인 무장단체 하마스가 지난 2023년 10월 7일 오전 가자 지구에서 5천 7천여 개의 드럼통으로 만든 수제 로켓 5,000여 발로 이스라엘을 공격했다. 명중률 90% 이상으로 세계 최강을 자랑하는 이스라엘 아이언 돔은 하마스의 로켓 공격을 막아내지 못했다. 이를 계기로 2023년 국회 국방위 국정감사에서는 북한군이 보유하고 있는 재래식 야포 공격에 대한 대한민국 국군의 대비실태가 주요 질의 사항이 되었다. 합참은 만반의 대비 태세를 갖추고 있다고 답변했다.

그러면 실제 북한군의 야포 능력은 어떨까? 북한군은 야포 8,800여 문, 다련장 방사포 5,500여 문으로 총 14,300여 문의 장사정포를 보유하고 있다. 총 14,300여 문의 장사정포 중, 1,100여 문을 전연 지역에 작전 배치하고 있다. 수도권에는 700여 문을 집중하여 운영하고 있다. 1시간에 최대 16,000여 발을 발사할 수 있다. 하마스가 이스라엘에 기습적으로 발사한 5,000여 발에 비교해 보았을 때, 북한군 능력이 월등하게 높음을 확인할 수 있다.

북한군 군단 단위 포병 능력도 대단히 위협적이다. 북한군은 각 군단에 1개 방사포 여단을 편성하고 있다. 방사포 여단은 122mm 2개 대대, 240mm 1개 대대로 구성돼 있다. 122mm 1개 대대는 18문으로 총 36문을 보유하고 있다. 36문의 122mm는 시간당 최대 1,400발을 발사할 수 있다. 240mm 방사포는 직경 240mm 로켓 발사관 12개 또는 22개를 한 다발로 묶은 형태로 1발이 직경 80m 지역을 초토화할 수 있다. 전연 지역에 200여 문을 배치하고 있다. 이들 방사포는 유사시 시간당 최대 6,400여 발을 쏠 수 있다. 순식간에 비무장지대 전 지역의 무력화를 시도할 수 있는 전력이다.

여기에 더 심각한 것은, 이들 장사정포 진지가 100% 갱도(坑道: 땅속에 만든 길이라는 뜻으로, 지하에 만든 포병 진지를 의미)로 되어 있다는 것이다. 사전에 적진지 무력화를 위해 대한민국 국군이 특수부대와 공대지 미사일과 지대지 미사일, 각종 포병사격을 집중한다 해도 갱도 안에 있는 북한군 장사정포를 무력화하기란 쉽지 않다. 북한군은 이미 6·25 전쟁 기간 중 땅굴 9,519개, 엄체호 78만 개를 구축한 바 있다. 여기에 더하여 4대 군사노선 중 하나인 전국 요새화 전략에 의해 선(線) 방위 개념을 면(面) 방위 개념으로 바꾼 후, 지하 갱도에 주요 군사시설과 산업시설을 설치했다.

사. GOP 지역 77만여 명 배치

북한에는 해군 사령관과 공군 사령관은 있지만, 우리의 육군 참모총장에 해당하는 육군 사령관은 존재하지 않는다. 대신 우리의 합참의장과 동

격인 총참모장이 북한군에 대한 전반적 군령권을 행사하면서 육군 정규 군단과 기갑·기계화보병·기계화포병사단을 직접 지휘·통제하고 있다. 북한군 지휘체계 내에서는 육군 정규군단과 기갑·기계화보병·기계화포병사단을 군종 사령부에 해당하는 해군사령부, 공군사령부와 동일 위상에 놓고 있다. 이는 총참모장이 육군, 해군, 공군 등 군종 사령부에 군령권을 행사하고, 군종 사령관이 예하 부대를 지휘·통제하는 일반적인 군사 지휘체계와는 다른 형태로, 북한군에서 나타나는 특징 중 하나이다.

이처럼 북한군 총참모장이 육군의 군단 및 사단급 부대에 대한 군령권을 직접 행사하는 것은 전체 병력에서 86%를 차지하는 육군을 중심으로 군을 지휘 운영하는 것을 말한다. 해군과 공군 비중은 각각 4.7%와 8.6%에 불과하다.

평양-원산을 연결하는 남쪽 지역에 육군 전력의 약 70%인 77만여 명을 배치하고 있다. 언제든지 기습공격이 가능한 전투태세를 유지하고 있다. 군사분계선을 중심으로 서쪽에서 동쪽으로 4·2·5·1군단 등 4개 군단이 실전 배치돼 있다. 이들 군단장은 전구사령관이 되어 자신의 전력뿐만 아니라, 작전 지역 내 여타 전력을 모두 통합적으로 운용하는 통합군 체제다. 또한 이들 군단에는 경보병 사단이 편성돼 있다. 경보병 사단 임무는 군단 공격 작전 시 포위 소멸 작전 전력으로 참가하여 아군 퇴로 차단 및 증원 거부 임무를 수행한다. 연대급 제대 편성 없이 9개 대대급 제대로 편성돼 있다. 대대는 5개 중대이다. 중대는 3개 소대다. 시단 직할부대로는 통신중대, 운수중대, 경비소대, 사관중대, 신병대대 등의 전투 전투지원 전투근무지원 부대가 편성돼 있다.

4군단은 옹진반도가 작전 지역이다. 예하에 27·26사단이 예속돼 있다. 2군단은 개성 축선을 작전 지역으로 하고 있다. 예하에 9·6·15·3사단이 편성돼 있다. 2군단은 6·25 전쟁 때 춘천 축선으로 남침해 온 군단이다. 예하 3사단은 6·25 전쟁 때 서울 입성 부대이고, 6사단은 충청 호남 지역으로 진출하여 부산을 서부에서 압박했던 최정예 부대다.

북한군 5군단은 철원 축선을 작전 지역으로 하고 있다. 예하에는 5·4·25사단이 있다. 모두 6·25 전쟁 때 주력 사단으로 전투력을 발휘한 부대다. 북한군 1군단은 화천·양구·인제·동해안을 작전 지역으로 한다. 예하에는 46·13·2·1사단이 있다. 북한군 1군단은 6·25 전쟁 때 주공부대로 서울을 점령했다. 예하 13·2·1사단 역시 주공부대로 활약한 북한군 최정예 사단이다. 후방에는 평양에 91수도군단, 평남 남포 지역에 3군단, 함경남도 원산에 10군단, 평안남도 구장 남쪽에 폭풍군단으로 불리는 11군단, 함경남도 김책시 주변에 7군단, 자강도 화평읍 지역에 12군단, 함경북도 삼지연 지역에 9군단 등이 있다.

아. 전쟁 지속능력

북한은 전시에 약 1~3개월 정도 전쟁을 지속할 수 있는 전쟁물자를 확보하고 있다. 북한의 군수공장은 전시 단기간 내 전환이 가능한 100여 개의 민수용 공장을 포함하여 300여 개가 있다. 유사시 신속하게 군수품 생산이 가능하도록 전시 동원체계를 갖추고 있다.

주요 군수 물자 생산 및 비축시설은 지하 요새화되어 전시 생존성이 보장된 가운데 전투임무기를 제외한 주요 무기·탄약을 자체 생산할 수 있는 능력 또한 갖추고 있다. 그러나 국제사회의 대북 제재가 오랫동안 계속되고 있어, 에너지난과 원자재난이 심각한 상태인 관계로 지속적인 군수산업 육성에 어려움이 있을 것으로 평가된다.

자. 전시사업세칙(당·군·내각·민간의 전시 대비 행동 지침서)

북한군도 〈전시사업세칙〉이라는 우리 정부 전시 대비 계획인 충무계획과 같은 계획을 만들어 놓고 있다. 이 계획은 북한군뿐만 아니라 당, 내각, 민간 등 북한 전 기관의 임무 및 기능을 부여하고 있다. 2005년 1월 김정일 지시로 작성된 이 계획이 경향신문에 보도됨으로써 공개되었다. 세칙은 2쪽 분량의 지시문과 본문 365개 조항으로 구성돼 있다. 핵심 내용은 전시 개념, 전시 사업의 기본 사항, 북한군 대내 사업, 후방 부문 사업 등이다.

총사령관 명의로 전쟁이 선포되면 정치, 군사, 경제, 외교 등 모든 사업은 총사령관 결정에 따라 집행한다. 북한의 가용 전력 모두는 '혁명의 수뇌부를 결사옹위하고, 사회주의 조국을 튼튼히 보위하여 조국 통일의 역사적 위업을 이룩'하는 것을 기본사업으로 정하고 있다. 이를 위해 모든 기관은 총사령관 지시를 무조건 집행해야 한다고 강조하고 있다.

이 세칙에서는 전시 지휘소와 지휘거점에 대한 병과와 직책별 임무 및 기능을 세부적으로 명시했다. 또한 동원령 선포에 따른 부대 증편 계획, 기밀문건 처리 절차, 김일성·김정일·김정숙 초상화와 동상에 대한 안전대책, 전시 총사령관 활동 기록영화 제작 등 북한 체제의 특수성을 반영하고 있다.

이 계획은 김정은 집권 이후 개정된 것으로 알려져 있다. 주요 개정 내용은 전쟁 선포 시기·주체를 다음과 같이 신설하여 정의했다. ① 미국과 한국의 침략전쟁 의도가 확정되거나 무력 침공했을 때 ② 한국 내 애국역량의 지원 요구가 있거나, 국내외에서 통일에 유리한 국면 조성 시 ③ 한미가 일부 지역에서 일으킨 군사적 도발 행위가 확대될 때 등으로 정하고 있다.

여기에서 우리가 주목해야 할 것은 '한국 내 애국 역량의 지원 요구'다. 이는 〈남조선혁명역량〉 강화라는 대남전략전술인 〈인민민주주의혁명〉을 의미한다. 즉 한국 내 조선로동당의 지시를 받고 침투한 간첩 또는 자생적으로 북한 정권을 지지하고 따르는 세력이 대한민국 헌정질서를 장악한 상태에서 북한군의 대한민국 공격을 요청하는 것을 말한다. 아울러 매년 8월 시행하는 한미 UFS(을지자유방패훈련)를 침략전쟁으로 결정하거나, 서해 NLL 지역에서 국지도발이 확대되면 전쟁을 선포하겠다는 의도를 나타내고 있다는 것이다. 이 세칙에서 정의한 전쟁 선포 시기 및 조건을 분석해 보면 결국 전쟁을 일으킬 주체는 북한 정권과 북한군이라는 것으로 귀결된다.

전쟁 선포의 주체는 개정 전에는 총사령관 단독 권한이었다. 개정 후에는 총사령관, 당 중앙위원회, 당 중앙군사위원회, 국무위원회 공동명령으로 규정하고 있다. 김정은은 이들 조직의 모든 수뇌 직책을 겸직하고 있어 개정 전이나 개정 후에도 별다른 변화는 없다.

이 밖에도 전시 총괄 지도기관을 당 중앙군사위원회로 변경했다. 이는 내각에서 국방위원회를 삭제했기 때문이다. 그리고 여기에 더하여 김일성, 김정일 시신이 안치된 금수산태양궁전을 결사 보위한다는 내용이 추가되었다.

차. 전쟁 시나리오

저자는 국방부, 합참 등 전략부대 차원의 군사훈련과, 지작사, 군단 등 작전급 제대 군사훈련, 사단급 이하 전술부대 군사훈련을 모두 경험했다. 이를 토대로 오랫동안 전면전이 발생하면 어떤 양상으로 전개될지 고민해 보았다. 그리고 관련 학자, 군 출신 전문가와 토의해 보았다. 그 내용을 다음과 같이 소개한다.

개전 1일 북한군은 개전 직전에 세계 최대 규모인 20만여 명의 특수작전부대를 대거 대한민국에 침투시켜 지휘, 보급 등 주요 군사시설과 공항, 항구, 통신 등 사회 기간시설을 공격할 것이다. 이와 동시에 북한군은 비무장지대 북방에 배치된 장사정포 화력을 집중, 총공격을 시작하면서 화학무기 등을 장착한 미사일로 한국군 지휘소, 보급소, 수송센터 및 서울까지 공격할 것이다. 또한 북한군은 전투기 폭격기를 동원하여 활주로에 대기하고 있는 한 미연합 항공기 등 주요 공군시설에 대한 공격도 기도할 것이다.

포병 화력 지원 하에 전방 4군단, 2군단, 5군단, 1군단 예하 13개 사단이 비무장지대를 넘어 진격할 것이다. 이에 한국군은 지형을 이용하여 사전에 구축된 살상지대로 북한군을 유인하여 지루한 유혈 전투를 벌일 것이다. 동 전투가 지상전의 향방을 결정하는 중요한 고비가 될 것이다. 이 전투에서 북한군 사상사 수는 최소한 15만여 명이 될 것이나, 북한군은 수적 우세를 바탕으로 우리 측 영토 일부를 점령할 수도 있다.

개전 1주 한미 연합 공군 전투기들이 늦어도 2~3일 만에 제공권을 완전히 장악할 것이다. 북한군 주요 방공시스템 및 전비 시설을 강타할 것이다. 미 7함대 등 주력함대가 본격 개입하면서 수십 척의 공격용 잠수함으로 구성된 북한 해군력을 무력화시키고 반격을 너욱 강화하여 북한 내륙지대에 대한 공습 및 미사일을 공격할 것이다. 한 미연합군은 기동성, 정확성 등 뛰어난 전력을 바탕으로 북한의 포병 화력 대부분을 격파함으로써 북한군에 비해 우세한 화력 지원 능력을 확보할 것이다.

개전 2주 전쟁의 장기화 여부는 기계화부대로 구성된 북한군 제 2제대

공격 부대가 아무런 손상을 받지 않고 전장에 투입될 수 있는지와, 이 부대가 서울까지 진출할 수 있느냐에 따라 결정될 것이다. 이 단계에서 전세는 완전히 한·미연합군의 승리 쪽으로 기울어질 것이다. 한·미연합군은 계속해서 북한군을 격퇴하려고 노력할 것이다. 전쟁 전 오랫동안 군사적 긴장이 고조되어 이미 증원 병력이 현장에 배치되어 있지 않는 한 미 본토로부터 병력이 증원되기에는 시간이 부족할 것이다.

전쟁 종료 시까지 북한군은 서울을 우회, 남으로 기동을 계속할 것이다. 북한군이 서울 확보를 시도하면, 적은 교착 상태에 빠질 것이다. 이 단계에서 북한군의 유일한 희망은 미 증원군 도착 전에 전쟁을 종결하는 것일 것이다. 만일 제2제대가 서울 접근에 성공하게 되면 제3제대는 서울을 우회, 부산으로 기동을 계속할 것이다. 이 경우 6·25 전쟁의 재판이 될 가능성이 있다.

그러나 북한군의 현 상황을 고려해 볼 때 막대한 희생을 치르면서 서울 북방까지만 남진할 수 있을 것이다. 한·미연합군의 역습은 전 한반도에서 북한군을 강타할 것이다. 한·미연합군의 북진 정도는 중국을 고려한 정치적 계산에 따라 결정될 것이다.

주요 변수 한미연합군이 전열을 재정비한 후 북한 전역에 대해 반격을 가하게 될 것이나, 반격 수준은 중국의 개입으로 인한 미 중 간 전쟁 가능성과 북한군의 핵무기 사용 여부에 달려 있다. 중국은 대한민국이 먼저 공격하지 않는 한 개입하지 않을 것이다. 중국이 이 전쟁에 개입하려면 경제발전을 포기할 때만 가능하다.

북한 정권과 북한군이 핵을 사용하려고 하면, 국군이 한국형 3축 체계인 킬체인과 KAMD, KMPR로 북한군이 핵 공격 전에 김정은 관저와 조선로동당 사무실 등을 폭파하여 정권 종말을 만들 것이기 때문에 핵은 사용하지 못할 것이다. 설령 북한군이 핵 공격을 감행하더라도 결과가 전쟁 판도를 크게 바꾸지는 않을 것이다.

결론 전쟁에 대응하고 승리하기 위한 준비는 쉽지 않다. 한미연합군은 값비싼 대가를 요구하는 전쟁을 억제하기 위해 고도의 결전 태세를 유지해야 한다. 북한군이 만약 전쟁을 도발한다면 궁극적인 결과는 의심할 바 없이 지구에서 사라질 것이라는 점이다.

카. 도발 사례

(1) 6·25 전쟁

북한군은 1950년 6월 25일 대한민국을 공격했다. 이른 바 6·25 전쟁이다. 북한군이 38선 북쪽에서 38선 남쪽으로 침략 공격해 왔기 때문에 남침이라고 한다. 북한군은 대한민국을 공산화하기 위해 치밀한 계획으로 남침 전쟁 준비에 들어갔다. 김일성은 소련과 중국을 비밀리에 방문해 군사 비밀 협정을 맺었고 남침을 위한 북한군의 역량을 강화했다.

북한 정권은 남침을 위해 군사력을 대대적으로 증강했다. 전쟁을 일으키기 위한 대내외적 여건을 조성하는 데 주력했다. 당시 동북아에서는 중국이 내전을 통해서 공산화했다. 소련은 북한을 통한 한반도의 공산화를 노리는 등 국제 정세의 불안정성이 가중되고 있었다.

반면 미국은 아시아 지역에서의 방위선을 후퇴시키고 한국에 주둔하고 있던 전투부대를 철수시켰다. 1950년 1월 12일에는 한반도와 타이완을 미국의 태평양 방위선에서 제외한다는 '애치슨 라인'(Acheson Line)을 발표했다.

이 시기를 무력 통일 전쟁의 호기로 판단한 북한은 1950년 6월 25일 휴일 새벽, 선전포고도 없이 38도선 전역에 걸쳐서 전차를 앞세운 기습 남침을 개시했다. 국군은 북한군의 월등한 화력과 전투력에 밀려 침공 사흘째인 6월 28일 서울을 완전히 빼앗기고 후퇴를 거듭했다. 이후 미군과 국군은 낙동강을 연하는 최후 방어선을 형성하고 지연전을 했다.

북한의 침략에 대해 미국은 1950년 6월 26일, 유엔 안전보장이사회를 소집해 북한의 불법 남침을 '침략행위'로 규정했다. 북한군의 공격을 격퇴하기 위한 결의안을 통과시켰다. 그 결과 미국을 비롯한 16개국으로 구성된 유엔군이 조직되어 한국에 파견되었다. 이후 국군과 유엔군은 북한군을 격퇴하고 1950년 9월 15일에는 국군 해병대와 유엔군이 인천상륙작전을 성공시켜 전세를 뒤집었다. 9월 28일에는 서울을 다시 찾았다.

하지만 그해 10월 19일 중공군이 압록강을 건너 6·25 전쟁에 참전하여 전세가 다시 역전되었다. 이후 일진일퇴의 고진쟁탈전은 장기간 계속되었다. 6·25 전쟁 중반부인 1951년 초여름부터 전선은 교착 상태에 빠져들었다. 1951년 7월부터 판문점에서 본격적인 휴전회담이 열렸다. 장기간의 협상 끝에 1953년 7월 27일에 정전협정이 체결되었다. 이후 정전협정에 따라 군사분계선과 4km 너비의 비무장지대가 설치되었다. 판문점에는 국제연합군과 공산군 장교로 구성되는 군사정전위원회 본부와 스위스·스웨덴·체코슬로바키아·폴란드로 구성된 중립국 감시위원단이 설치되었다.

(2) 1960년대~1970년대

북한은 1960년대에 남조선혁명론에 근거해 대남 전략을 공세적으로 구사했다. 이 전략에 따라 북한 정권은 대한민국에서의 지하당 건설 시도와 남조선혁명 운동을 위한 방편으로 수차례에 걸쳐 국지적인 군사적 모험을 감행했다.

북한은 박정희 대통령 등 우리 측 요인을 암살하고자 이른바 청와대 기습 사건을 일으켰다. 이는 1968년 1월 21일 북한군 제124군부대 소속 무장 공비 31명이 휴전선을 넘어 침투해 청와대를 습격하려 한 사건이었다.

북한은 1968년 10월 30일부터 11월 2일까지 3차례에 걸쳐 울진·삼척 지구에 무장 공비 8개 조 120명을 침투시켰다. 군경과 예비군이 본격적인 토벌에 착수해 공비 107명을 사살하고 7명을 생포했다. 6명은 도주했다. 이 사건으로 우리 측에서도 군경과 민간인 전사 82명, 부상 67명, 피랍 1명 등의 많은 희생을 치렀다.[83]

북한은 1970년대에 들어와서도 초반까지는 남조선혁명론에 기반을 둔 대남정책을 계속 구사했다. 대표적인 사건은 1976년 8월 18일에 발생한 판문점 도끼 만행 사건이다. 당시 북한은 판문점 공동경비구역(JSA)에서 미루나무 가지치기 작업을 하던 유엔군 소속 미군 장교 2명을 도끼로 살해하고 국군과 미군 병사 9명에게 중경상을 입혔다. 전군에는 데프콘Ⅲ이 발령되었다. 한국 특전사 요원들은 북한군 초소를 모두 파괴했다. 사건 발생 후 주한 미군사령부는 항공모함을 한국 해역으로 이동시키는 등 강경한 대응 태세를 취했다. 한·미 양국의 강경한 태도에 북한의 김일성은 8월 21일 유엔군 사령관에게 유감 메시지를 보냈다.

(3) 1980년대~1990년대

1980년대에 들어와 북한은 이전의 게릴라 침투방식과는 달리 폭탄테러를 자행했다. 남북 관계를 극도로 긴장시키고 악화시켰다. 대표적인 사건이 1983년의 미얀마 아웅산 묘소 폭파 사건과 1987년의 KAL기 폭파 사건이다.

북한은 1983년 10월 9일 미얀마를 친선 방문 중이던 전두환 대통령과 수행원들의 아웅산 국립묘소 참배 때 이들을 암살하기 위해 폭탄을 폭발

시켜 부총리와 장관 등 수행원 17명을 사망케 하고 14명을 부상시키는 테러를 감행했다. KAL기 폭파 사건은 제13대 대통령 선거를 앞둔 시점인 1987년 11월 29일 대한항공 858기가 북한 공작원에 의해 공중에서 폭파된 사건이었다. 이 여객기에는 승객 95명과 승무원 20명 등 모두 115명이 탑승하고 있었고, 전원이 사망했다.

1996년 9월 18일 강릉시 해안가에 북한의 소형 잠수함이 좌초된 상태로 발견되었다. 군경과 예비군이 소탕 작전에 돌입했다. 이후 사살당한 것으로 추정되는 11명의 북한군 사체를 발견했다. 도주한 북한군을 추적해 교전 끝에 13명을 사살했으나 우리 측에서도 군인 11명, 경찰·예비군 2명, 민간인 4명이 피살되는 등 인명피해를 입었다. 1998년 6월 22일 강원도 속초시 앞바다에서 북한의 유고급 잠수정 1척이 표류하다 우리 해군 함정에 의해 6월 23일 새벽 동해안으로 예인되었다. 이 잠수정에서는 승조원과 공작원 등으로 추정되는 9구의 시신이 자폭한 채 발견되었다.

(4) 2000년대~2021년

북한은 1999년부터 2009년까지 서해상에서 북방한계선을 침범함으로써 세 차례의 군사적 충돌을 일으켰다. 제1차 연평해전은 1999년 6월 15일 북한 경비정 6척이 연평도 서방 10km 지점에서 북방한계선을 넘어 우리 측 영해를 침범해 들어와 우리 해군의 경고를 무시하고 우리 측 함정에 선제사격을 가함으로써 결국 남북 함정 간의 치열한 포격전으로 발전했다. 이 전투는 6·25 전쟁 이후 남북의 정규군 간에 벌어진 첫 해상 전투였다.

제2차 연평해전은 2002년 6월 29일 연평도 근해 북방한계선에서 남북 사이에 또다시 벌어진 전투다. 이 전투는 1999년의 제1차 연평해전에서 대패한 북한이 계획적으로 북방한계선을 침범해 우리 해군을 의도적으로 공격해 발생했다. 이 전투에서 우리 해군 6명이 전사하고 18명이 크게 다쳤다. 북한 해군 중 30여 명의 사상자가 발생했다. 대청해전은 2009년 11월 10일 서해 북방한계선 부근인 대청도 동쪽 약 9km 지점에서 발생했다. 이번에도 북한은 북방한계선을 무단 침범해 남하했다. 우리 해군의 경고에도 불구하고 사격을 개시해 전투가 이뤄졌다. 다행히 우리 해군의 인명피해는 없었다.

북한은 2010년 3월 26일 잠수정의 기습적인 어뢰 공격을 감행해 우리 해군의 초계함인 천안함을 공격하여 침몰시켰다. 이 사건으로 우리 해군 46명이 희생되었다. 북한은 이 사건을 남한 측이 날조했다고 주장하면서 오히려 남북 관계에 긴장과 전쟁 위협을 더욱 고조시켰다. 이에 정부는 5월 24일 대통령의 대국민 담화를 통해 남북 간의 교역과 교류의 전면 중단과 북한 선박의 우리 영해 항행 금지 등을 내용으로 하는 '5·24 조치'를 발표하였다.

북한은 2010년 11월 23일 우리 영토인 연평도에 대해 포격 도발을 감행했다. 이에 우리 군도 대응 사격을 했다. 북한의 연평도 포격 도발은 연평도 내의 군부대뿐 아니라 민가를 구별하지 않고 무차별적으로 이뤄졌다. 이 포격 도발로 우리 해병 2명이 전사하고 16명이 중경상을 입었다. 민간인은 2명이 사망하고 다수의 부상자가 발행했다. 또한 건물도 133동이 파손되는 등의 피해가 발생했다.

2015년 8월 4일 북한은 서부전선 일대에서 DMZ 지뢰 도발을 자행하였다. 이에 정부는 대북 경고 성명을 발표하고 응징 차원에서 11년 만에 대북 확성기 방송을 재개했다. 북한은 이에 대응해서 8월 20일 최전방 서부전선인 경기도 연천 지역에 포격을 자행했다. 우리 군도 강력한 대응 사격을 하였다. 북한의 지뢰 도발과 포격으로 촉발된 군사 대치 상황을 해소하기 위해 8월 22일부터 3일간 진행된 남북 고위당국자 접촉에서 극적으로 '8·25 합의'를 도출했다.

2017년에는 1월 17일 북한 상선이 강원도 고성군 거진 지역 해상 NLL을 침범한 사례가 있었다. 11월 13일에는 JSA에서 귀순하는 북한 병사에게 북한군이 총격을 가하는 사건이 있었다. 2018년, 2019년은 침투·국지도발이 없었으나, 2020년에는 국지도발 1건(2020년 5월 3일 철원 지역 북한 GP에서 아군 GP로 총격)이 발생하였다.

(5) 2022년 이후

2022년에는 미사일을 42회에 걸쳐 71발을 쐈다. 북한 공군의 집단 무력시위 도발도 있었다. 2022년 10월 6일 북한 전투기 8대, 폭격기 4대 등 12대가 우리 군이 설정한 특별감시선 이남으로 남하했다. 우리 공군 5세대 스텔스 전투기 F-35A가 출격하자 북상했다. 2022년 10월 8일에는 북한 공군 150여 대가 전술조치선 이남으로 남하했다. 만성적인 연료난을 겪고 있는 북한 공군이 동시에 150여 대를 출격시킨 것은 이례적인 일이었으며, 명백한 위력 도발이었다.

2022년 11월 2일 08:51쯤 북한군이 원산에서 동해상으로 SRBM 단거리 탄도 미사일 3발을 발사했다. 이 가운데 1발은 NLL 이남 26km, 또 1발은 속초에서 57km, 1발은 울릉도 167km 기준선에서 22km인 영해 근접 지역에 떨어졌다. 분단 후, 우리 영토를 겨냥한 전례 없는 미사일 도발이었다. 같은 날 고성군 일대에서는 NLL 북방 동해 해상 완충구역 내로 100여 발의 포 사격을 했고, 원산에서 미사일을 25발 쏘는 등 10시간 가까이 도발을 이어갔다.

우리 군도 즉각 대응에 나섰다. 공군 F-15K, KF-16이 출격해 장거리

공대지 미사일 슬램이알 2발, 스파이스 2000 1발을 발사했다. 비례 원칙에 따라 북한군이 쏜 탄착지점과 비슷한 NLL 이북 공해상 지점으로 쐈다. 국가안전보장회의 NSC 전체 회의를 긴급 소집했다. 9·19 군사합의를 위반한 북한군의 행태를 강력히 규탄했다. 그러자 북한군은 대륙간 탄도 미사일 화성-17형을 발사했다. 우리 군은 2022년 11월 4일까지 계획돼 있던 비질런트 스톰 훈련을 하루 더 연장했다. 이에 당시 북한 조선로동당 당 중앙군사위원회 부위원장 박정천은 "한미는 돌이킬 수 없는 엄청난 실수를 저지른 것을 알 것이다."라고 위협적 언사를 했다. 그런 후 곧바로 황해도 곡산에서 동해상으로 단거리 탄도 미사일 3발을 쐈고, 서해 NLL 인근 해상 완충구역으로 80여 발의 포 사격을 했다.

2022년 12월 26일에는 북한 소형무인기 5대가 김포 전방 MDL을 침범했다. 2023년 3월 9일에는 우리 공군기지를 목표로 설정하여 초대형 600mm 방사포를 발사했다. 비행거리는 390km, 340km였다. 390km는 미 전략자산이 전개하는 군산기지를, 340km는 5세대 스텔스 전투기가 이륙하는 청주기지를 의미하는 것이었다.

북한은 2023년 3월 21일부터 3월 24일까지 수중 핵무기 폭발 실험을 했다. 무인 공격정은 함경남도 리원군에서 출발해 60시간 가까이 잠항해 목표 지역 홍원만에서 시험용 전투부를 수중 폭발시켰다. 이 무인 공격정은 임의 해안이나, 항구 또는 수상 선박을 강제로 끌고 가는 예선작전(曳船作戰)에 투입할 수 있나. 한국과 미국의 해상 훈련을 겨냥해 항모전단이 입항하는 항구를 노린 것이다.

2023년 3월 22일에는 함경남도 함흥에서 순항미사일을 발사했다. 화살 1형과 화살 2형이라는 이름의 이 미사일은 타원과 8자형 궤도로 각각 1,500km, 1,800km를 비행한 뒤 수중 600m 높이에서 공중 폭발시켰다.

상륙전단과 이를 보호하는 함대를 타격하고, 상륙전단과 함대들이 출발하는 기항지가 되는 항구를 미리 선제 타격하겠다는 의도다.

핵무기는 빛과 열을 내는 광복사와 압력 폭풍파, 방사능 낙진 등으로 피해를 준다. 어느 높이에서 폭발시키느냐에 따라 그 피해 규모가 달라진다. 폭발 고도가 높으면 폭풍파와 방사능 낙진에 의한 피해가 줄어드는 대신, 강한 빛과 열에 의한 광복사 피해가 늘고, 고도가 낮아지면 광복사 피해가 줄지만, 방사능 낙진 피해가 커진다. 수중 600m 공중 폭발 실험은 고도를 바꿔가면서 살상력을 최대화하기 위한 높이 설정 실험이었다. 즉 어느 정도 고도에서 폭발시키느냐에 따라 효과가 달라지는데, 이 실험은 경표적, 특별히 사람을 표적으로 설정했다는 것을 의미한다. 제2차 세계대전 당시 히로시마 원폭은 지상 570m 상공에서 폭발력 15kt을 투하했다. 10만여 명이 숨졌다. 전문가들은 북한이 시도한 폭발 고도가 히로시마 때보다 더 높은 만큼 파괴력이 더 큰 핵탄두를 가정해 실험한 것으로 해석한다.

또한 우리 군의 탐지와 추적을 피할 수 있는 장소를 골라 가며 다양한 미사일을 발사하고 있다. 2023년 3월 19일 미사일 발사 영상을 보면 엔진 화염이 V형이다. 이는 지하에서 만들어진 격납고 사일로에서 발사된 것을 의미한다. 지난 3월 22일에는 해안가 절벽에서 순항미사일을 쐈다. 이외 열차에서, 저수지에서, 또 잠수함에서 잇따라 미사일을 발사했다. 발사 플랫폼을 최대한 다양화하는 것이다. 한미의 원점 타격 능력을 비롯하여 여러 가지 타격 능력이 있다고 하지만 이런 것들을 분산시켜서 결국은 은밀한 발사 플랫폼의 생존성을 높이는 효과를 노리는 것이다.

게다가 북한 매체는 순식간에 학생과 청년 140만 명이 군대 입대를 자원했다고 선전하고 있다. 조선 중앙 TV는 2023년 3월부터 전국 각지의 체육관, 야외극장 등에 모인 청년들이 저마다 앞 다퉈 뛰어나가 입대 지원서에 자기 이름을 적는 모습을 보여주고 있다.

내각이나 철도성 등 기관에 근무하는 젊은이, 각 기업, 공장, 농장의 청년 근로자, 김일성종합대학 대학생, 그리고 고등학교 졸업반 17살짜리 학생까지 입대 지원서를 썼다고 선전하고 있다. 이미 10년 동안 군 생활을 마치고 제대한 예비역들까지 다시 입대하겠다고 나서고 있다고 선동하고 있다. 심지어 중국에서 일하는 중국 무역상과 노동자들 사이에서도 입대 및 재입대 탄원이 이루어지고 있다고 선전하고 있다. 북한 식당에서는 손님을 받지 않을 정도로 격앙되는 분위기가 이어지고 있는 것으로 알려져 있다.

북한 방송은 2023년 들어 북한 청년들이 전쟁가요를 부르며 평양 시가지를 활보하는 것을 보도하고 있다. 전쟁 영화 등 전쟁 특집 프로그램을 편성하여 전쟁 분위기를 조장하고 있다. 김정은은 2023년 8월 10일 당 중앙군사위원회 회의 장면을 공개했다. 김정은은 이날 회의에서 대한민국 서울, 평택, 계룡대를 손가락으로 지목하는 모습을 연출했다. 서울은 대통령실, 국방부, 합참을 의미하는 것이었다. 평택은 한미연합군사령부와 공군작전사령부를 겨냥한 것이었다. 계룡대는 육군·해군·공군본부를 콕 짚은 것이었다. 김정은은 우리 국군을 적으로 규정하고 있다. 이런 가운데 우리 군의 머리와 심장을 직접 목표로 삼고 있음을 분명히 하고 있다.

타. 도발 유형 분석

북한군은 6·25 전쟁을 비롯하여 분단 후 지금까지 수많은 군사 도발을 하고 있다. 〈2022 국방백서〉 기준으로 1953년 7월 27일 이후 총 3,121회 도발했다. 여기서 북한군 도발 정의는, 군사용어 사전에 따라, '적이 특정 임무 수행을 위해, 우리 영역을 침범하는 등 군사적 비군사적 모든 위해

행위'를 망라한 우리 군의 개념이다. 북한군이 그동안 도발한 3,121회 유형을 분석해 보니 ① 위장평화 공세 시 도발 ② 권력 공고화를 위한 새로운 통치이념 등장 시 도발 ③ 백두혈통으로 권력 세습 시 도발 등의 특징을 보였다.

첫째, 위장평화 공세 시 도발 사례를 보면 다음과 같다. 김일성은 1950년 6월 3일 평양방송을 통해 "530만 명의 북한 인민은 평화적으로 조국통일을 제안하고 서명했다."라고 발표했다. 그러면서 이 호소문을 전달하기 위해 1950년 6월 10일 3명의 북한 대표가 38선 북방 '여현'에서 이날 10:00~17:00시까지 기다릴 것이라고 말했다.[84] 이어 1950년 6월 10일에는 민족지도자 조만식과 조선로동당 남한 총책 김삼룡 이주하를 38선상에서 교환하자고 제안했다. 그런 후 도발해 온 것이 6·25 전쟁이다. 북한군은 6·25 전쟁 이후 남북 간 첫 대화가 1971년 8월 12일 시작되고 있을 때 땅굴을 파기 시작했다.[85] 1998년 남북정상회담을 위한 특사 교환이 이루어지고 있을 때, 제1연평해전을, 분단 후 첫 남북정상회담으로 화해 분위기가 무르익어가던 중, 제2연평해전을 도발했다.

둘째, 권력 공고화를 위해 새로운 통치이념을 등장시킬 때 도발했다. 김일성은 1967년부터 권력 공고화와 세습체계 구축을 위해 주체사상을 유일사상 체계로 발전시키면서[86] 1968년 청와대 기습 사건과 울진 삼척 지구 무장 공비 침투 사건을 일으켰다. 김정일은 집권 후, 1995년부터 선군사상을 당 지도이념으로 내세우며[87] 1996년 강릉 잠수함 무장 공비 침투 사건을 자행했다.[88] 김정은 역시 권력 세습의 정통성 확립을 위해 2012년부터 김일성-김정일주의를 당 지도이념으로 내세운 가운데, 2015년 김일성-김정일주의 실천 과업으로 '김정일 애국주의'를 5대 교양 사업으로 채택하며 지뢰 도발을 하였다.

셋째, 김일성 자손을 의미하는 백두혈통으로의 권력 세습이 진행될 때 강도 높은 도발을 했다. 김정일은 1974년 공식 후계자로 등장[89]한 후, 1975년 판문점에서 미군 장교 구타 사건을 일으키고, 이어서 1976년 8 18 도끼 만행 사건 등을 저질렀다.[90] 김정은 역시 2010년 대내외에 후계자로 공식 발표하던 해인 2010년 천안함 피격 사건과 연평도 포격전 등을 도발했다.[91]

최근 우리의 대내외 상황은 6·25 전쟁 때와 비슷하다. 국제 정세 면에서 우크라이나 전쟁에서 볼 수 있듯이 소련-중국-북한 간 공조 체제가 단단해지고 있는 등 6·25 전쟁 때와 비슷한 냉전체제가 구축되고 있다.

남북 상황도 6·25 전쟁 때와 유사하다. ① 최고 권력자 나이가 비슷하다. 6·25 전쟁 때 김일성 나이 38세, 2020년 기준 김정은 나이 39세다. ② 그때와 지금의 병력 비율이 북한군 2 : 국군 1로 비슷하다. 1950년 북한군 20만여 명, 국군 10만여 명, 2020년 북한군 128만여 명, 국군 50만여 명이다. ③ 북한군이 보유한 전력을 국군은 보유하고 있지 않다. 6·25 전쟁 때 북한군은 전차가 있었다. 국군은 전차가 없었다. 2020년 북한군은 핵무기를 다루는 전략군 1만여 명을 보유하고 있다.[92] 국군은 전략군이 없다.

여기에 더하여 2022년부터 김정은 딸 김주애가 공식 석상에 등장하는 것과 관련하여 통일부 등 관계기관에서는 백두혈통으로의 4대 세습을 전망하고 있다. 권력이 세습될 때 북한군은 고강도 도발을 해왔다. 강력한 결전 태세로 불안전한 평화가 유지되고 있는 형국이다.

제5장 국군 포로

국군 포로 조창호가 돌아왔다.
1994년 10월 4일 02:00시 압록강에 조각배 한 척이 떠 있었다.
43년의 세월을 건너는 데 단 10분이 걸리지 않았다.

그는 1994년 11월 25일 중위로 진급했다.
그러나 문제가 발생했다. 그는 국립묘지에 봉안된 위패 속에
전사자로 돼 있는 죽은 자였다. 조창호는 직접 자신의 죽은 자 명패를 지웠다.
죽어서 중위로 추서되었던 그가 살아서 중위로 특진되는 순간이었다.

북한군은 1951년 6월 25일 최초로 국군·유엔군 포로 수를
108,257명으로 밝혔다. 이를 근거로 판단해 볼 때
국군과 유엔군 포로 숫자는 최소 108,257명 이상이 돼야 한다.
그러나 돌아온 사람은 13,803명에 불과하다.

1. 살아서 돌아온 국군 포로 1호

* 조창호는 1951년 5월 현재 국군9사단 101포병대대 관측장교로 중공군의 포로가 되었고 살아 돌아온 국군포로 1호다.
* 조창호는 보따리장수 이영걸을 통해 서울의 형제에게 편지를 보냈다. '먼 기억의 실마리를 더듬어 사랑하는 혈육의 이름을 꾹꾹 눌러 적는다. 그를 알리는 강렬한 표시였다.

두 아들과 딸을 둔 어느 탄광 노동자가 1994년 한반도에서 가장 춥다는 자강도 중강진군 호하리에 살고 있었다. 그는 스물한 살 때 대한민국 군인이었다. 6·25전쟁이 한창이던 1951년 5월 강원도 인제에서 국군 9사단 101포병대대 관측장교 임무를 수행하던 중, 중공군에게 포로가 되었다. 그는 살아서 돌아온 국군 포로 1호 중위 조창호다.

조창호는 나이가 들수록 그가 꿈꿔왔던 모든 것이 불가능해 보였다. 고향으로 돌아가겠다는 꿈도, 통일이 올 것이라는 희망도 모든 것이 시들해졌다. 그는 아이들에게 "이름도 남기지 말고 그저 남쪽에서 온 사람이다."라는 유언까지 남겨 놓았다.

북한 사회에 변화의 바람이 불었다. 1990년 초부터 중국의 개방화 바람이 압록강을 넘어왔다. 한 조선족 보따리장수 이영걸이 조창호에게 새로운 희망을 일으켰다. 조창호는 보따리장수 이영걸을 통해 서울의 형제에게 편지를 보냈다. '먼 기억의 실마리를 더듬어 사랑하는 혈육의 이름을 적는다. 조창숙, 조창수, 조창원, 조창억, 조창윤, 조창애 눈물을 삼키며.' 누나와 동생들의 이름을 꾹꾹 눌러 적었다. 그를 알리는 강렬한 표시였다.

조창호 편지는 1991년 어느 겨울날 서울의 누나에게 전달되었다. 억수같이 비가 내리던 1994년 10월 4일 02:00시 압록강가에 조각배 한 척이 떠 있었다. 43년의 세월을 건너는 데는 단 10분이 걸리지 않았다.

며칠 후 국군수도통합병원에서 누나와 동생들을 만났다. 스물한 살 청춘은 하얀 머리털만 듬성듬성한 노인이 되어 있었다. 큰누나는 엄마 모습이었다. 동생은 아버지 모습이었다. 그는 1994년 11월 25일 중위로 진급했다. 같은 해 12월 26일 전역 신고를 했다. 그러나 문제가 발생했다. 그는 죽은 자였다. 국립묘지에 봉안된 위패 속에 그는 1951년 9월 10일 전사자로 기록돼 있었다. 조창호는 직접 자신의 죽은 자 명패를 지웠다. 죽어서 중위로 추서되었던 그가 살아서 중위로 특진 되는 순간이었다.

국방부에서는 〈국군 포로의 송환 및 대우 등에 관한 법률〉을 제정하여 범정부 차원의 대책을 마련하고 있다.[93] 그러나 북한이 국군 포로 존재 자체를 부인하고 있어 문제의 근본적 해결이 쉽지 않은 상황이다.

우리 군은 6·25전쟁 당시 나라를 위해 하나밖에 없는 목숨을 바쳤으나 아직도 이름 모를 산야에 홀로 남겨진 12만 3천여 위의 유해를 찾아 조국의 품으로 모시기 위한 작업을 계속하고 있다.

2. 규모

* 1951년/북한발표-유엔군과 국군포로 108,257명, 휴전 후 돌아온 국군, UN군포로 13,803명(아직 돌아오지 못한 포로 94,454명)
* 2006년 확인된 북한 억류 국군포로 - 1,774명
* 2020년 8월 기준 억류 포로 생존자 - 545명 이하

1950년 6월 25일 38선 북쪽에 있는 북한군이, 38선 남쪽에 있는 대한민국을 침략해 왔다. 이 전쟁을 〈6·25전쟁〉이라고 한다. 흔히 6·25 남침이라고 했다. 요즘 세대는 한자어에 익숙하지 않다. 그러다 보니, 남침을 남쪽이 북쪽을 침략한 것으로 이해한다. 그래서 위와 같이 정리해야 그 시비가 없다.

이 〈6·25전쟁〉 기간 중, 국군과 유엔군에게 잡힌 북한군 중공군 포로는 17만여 명이다. 북한군 중공군에게 잡힌 국군과 유엔군 포로는 북한군이 구체적으로 밝히지 않아 정확하게 알 수 없다. 북한군은 1951년 6월 25일 최초로 국군·유엔군 포로 수를 108,257명으로 밝혔다. 이를 근거로 판단해 볼 때 국군과 유엔군 포로 숫자는 최소 108,257명 이상이 돼야 한다.

정전과 함께 대한민국으로 돌아온 국군 유엔군 포로는 다치고 병든 포로를 의미하는 상병(傷病) 포로, 일반 포로, 사망자, 탈출자 등을 모두 포함하여 13,803명에 불과하다. 돌아오지 못한 국군과 유엔군 포로 규모는, 북한군이 처음으로 공식 발표한 인원 108,257명에서 대한민국으로 돌아온 13,803명을 뺀 94,454명 이상이라는 결론에 도달한다.

북한 정권은 '억류 중인 국군 포로는 없다.'라고 주장하고 있어 근본적 문제 해결에 어려움을 겪고 있다. 이런 가운데 북한으로부터 귀환하여 생존해 있는 국군 포로는 2023년 12월 기준 12명이다.[94] 1990년대 중반 이후 북한 탈출 일반 북한이탈주민과 탈북한 국군 포로 증언을 통해 종합한 생존 국군 포로는 2006년 11월 기준 1,744명이다.

이상의 내용을 바탕으로 국군 포로 숫자를 계량화하면 다음과 같다. 〈6·5전쟁〉 기간 중 북한군·중공군에 붙잡힌 국군·유엔군 포로는 최소 108,257명 이상이며, 대한민국으로 돌아오지 못한 국군·유엔군 포로는 94,454명 이상이고, 2006년 11월 기준 확인된 북한 정권 억류 국군 포로는 1,744명이고, 억류 포로 중 생존자는 2020년 8월 기준 545명 이하이다.[95]

3. 생활 실태

* 적대 계층으로 분류된 국군 포로들은 폐쇄적이고 감시체계 속에서 맹종하면서 살고 있다.
* 자녀들은 최하층으로 분류되어 천대받으며 상급학교 진학 못하고 군대도 가지 못해…
* 형제들도 포로 출신이라는 이유로 불이익 받아…

　대한민국으로 돌아오지 못한 국군 포로는 21개 대대로 편제된 국방성 산하 군사 건설국, 내각 산하 건설대 등으로 편입됐다. 내각 산하 건설대는 대한민국에서 북한으로 귀환한 북한군 포로와 대한민국으로 돌아오지 못한 국군 포로를 중심으로 2여단, 103여단 등 2개 여단으로 편제되어 있었다. 정전협정 직후 도로, 철도, 주택 복구 등 전후 북한 복구사업에 투입됐다. 1956년 이후에는 탄광이나 광산 등지에 배치됐다.

　북한 탄광과 광산 내는 안전시설이 제대로 갖추어 있지 않다. 기계설비도 열악하다. 그래서 육체적으로 힘들다. 주거환경도 나쁘다. 자녀들은 대를 이어 탄광과 광산에 배치되어 근무한다. 채탄·채광을 오랫동안 하면 폐가 약화된다. 인간답게 제대로 살지도 못하고 죽는다. 전북 군산 대야면 출신 국군 포로는 1992년 자살했다.

　국군 포로는 적대계층으로 분류한다. 폐쇄적이고 3중 감시체계 속에서 살아남기 위해 불만을 드러내 놓지 못하고 맹종하면서 살고 있다. 자녀들은 최하층으로 분류되어 천대받으며 살아야 한다. 상급학교 진학, 북한군 입대, 진급, 입당, 결혼 등에서 차별을 받는다. 북한 정권은 정전 후 만일 통일

된다면, 포로들을 남한에서 자기네 간부들로 활용할 계획이었다. 그러나 점차 시간이 지나면서 국군 포로들을 멸시했다.[96] 국군 포로들이 가장 차별을 느낄 때가 자녀들이 상급학교 진학에 어려움을 겪을 때와 군대에 가지 못하는 경우다. 형제들도 포로 출신이라는 이유로 불이익을 받는다.

> 북한 사회에서 국군 포로를 43호라고 부른다. "아, 난 아버지 때문에 공부를 못 합니다."라는 말을 들을 때 정말 죽을 생각도 했다. 이렇게 살아서 무엇을 하는가? 어째 내 신세가 이렇게 됐는가? 하는 생각만 들었다. 그저 아들에게 면목이 없었다.[97]
>
> 국군 포로 최기호는 북한에서 의용군으로 끌려간 동생 최기학을 만났다. 동생은 북한군 소위였다. 국군 포로 형 최기호를 만난 후, 동생 최기학은 강제로 전역당했다. 신창지구 종합탄광으로 배치됐다. 이 때문에 동생 가족들의 원망이 대단했다. 처남들 또한 매형(최기호)이 포로 출신이기 때문에 승진이나 출세에 방해가 되었다. 즉, "처남이 군대에서 10년 복무하고 나온 후 김일성종합대학을 통신 과정으로 수료했다. 시 보위부장으로 가게 돼 있었다. 그런데 당에서 신원조회를 해 보니까 내(최기호)가 국군 포로이니까 누이하고 매부 사이를 이혼시키면 그 자리에 가고, 아니면 옷을 벗어라."라는 압력을 받았다. 결국 처남은 노동만 하는 생활을 해야 했다.[98]

4. 시베리아 이송설

시베리아 이송설에 대해 러시아 문서에 의한 명확한 근거는 찾지 못했지만 국군포로의 시베리아 이송설은 실제 가능성이 있다. – 군사편찬연구소 보고서 〈6.25전쟁과 국군포로〉 인용

　국군 포로가 시베리아로 이송돼 갔다는 설이 첩보 수준으로 또는 언론 보도를 통해 꾸준히 제기되고 있다. 6·25전쟁 초기 국군과 유엔군 포로가 러시아로 보내졌다는 첩보가 있었다. 정전 직후 미군 포로의 시베리아 이송설은 아군 포로들이 귀환하면서 제기된 바도 있었다. 미국 정부도 1,000여 명의 미군 포로들이 중국으로 끌려가서 러시아 열차로 시베리아로 끌려갔다고 파악했다.[99]

　첩보보다 구체적인 국군 포로 시베리아 이송설은 1993년 11월 중순 국내 언론에서 6·25전쟁 기간 중 미군 포로의 러시아 생존 여부 확인과 유해 반환을 위해 〈미·러합동위원회〉 보고서를 인용하여 '6·25전쟁 때 공산군에 붙잡힌 국군 포로 수천 명이 비밀리에 옛 소련으로 끌려갔다.'라고 보도했다. 그 내용은 ① 북한군 소속으로 국군 포로 업무를 취급했던 '고간산'이라는 인물이 1992년 11월 국군 포로가 시베리아로 이송돼 갔다는 사실을 폭로했다. ② 소련은 국군 포로와 미군 포로를 육상과 해상으로 비밀리에 이동시켰다. ③ 육로는 만주 횡단 철도와 북한에서 러시아 극동 프리모르크샤로 이어지는 철도편을 사용했다. ④ 상당수의 포로는 선박에 실려 오호츠크 해 연변 옛 소련 항구들로 수송된 후 그곳에서 다시 철

도편으로 옮겨졌다. ⑤ 중앙아시아에 있는 300~400개소의 비밀수용소에 보내졌다 등이다.[100]

국방부 군사편찬연구소에서는 위 첩보 및 언론 보도 내용을 확인한 보고서 〈6·25전쟁과 국군포로〉에서 다음과 같이 결론을 맺고 있다.(같은 책 257~258쪽)

국군 포로의 시베리아 이송설에 대해 러시아 국방부의 부인으로 관련 문서를 확보하는 데는 어려움이 많다. 하지만 미 국방부 포로 실종국 자료 등을 통해 그 가능성에 대해 약간 더 다가갔다. 즉, ① 1954년 1월 마가단 수용소에서 독일군 포로가 국군 포로를 목격했다는 진술 ② 함경북도 양정국 간부인 박기영의 시베리아 수용소 국군 포로용으로 쌀과 강냉이를 이송했다는 증언 ③ 러시아 국방부 문서상의 국군 포로 규모 확인 ④ 소련 군정 시기 북한 지역 반공주의자들을 시베리아 수용소로 보냈던 역사적 경험 등을 비추어 보면, 러시아 문서에 의한 명확한 근거는 찾지 못했지만, 국군 포로의 시베리아 이송설은 실제 가능성이 있다.

5. 대한민국 정부 조치

* 이산가족 상봉 행사에서 밝혀진 국군포로 56명 중 18명 재회
* 2019년 '제3차 남북이산가족 교류 촉진 기본계획'을 통해 국군포로를 이산가족으로 명문화하는 등 문제 해결 노력

국방부는 1994년 국군 포로 고(故) 조창호 중위의 귀환 이후 2006년 「국군 포로의 송환 및 대우 등에 관한 법률」을 제정하여 범정부 차원의 국군 포로 송환 대책을 마련하였다. 또한, 남북대화를 통해 국군 포로의 생사 확인과 송환 문제를 남북 화해와 인도주의 차원에서 우선 협의 해결할 것을 북측에 지속적으로 제의하고 있다.

국방부는 제3국으로 탈북한 국군 포로와 그 가족이 안전하게 국내로 송환될 수 있도록 노력하고 있다. 국군 포로와 그 가족의 탈북 사실이 확인되면 '범정부 국군 포로대책반'을 구성하여 재외국민 보호 차원에서 신변 안전을 보장하고, 이들을 조속히 국내로 송환하기 위한 임무를 수행할 수 있도록 준비태세를 갖추고 있다.

2000년 6월 정상회담 이후 개최된 남북적십자회담과 남북 장관급회담에서 국군 포로 문제를 이산가족 문제와 함께 협의해 나가기로 하였다. 특히, 2002년 9월 제4차 남북적십자회담 합의문에 '전쟁 시기 소식을 알 수 없게 된 자들에 대한 생사 주소 확인 문제 협의·해결'을 최초로 명시하였다.

2006년 2월 제7차 남북적십자회담에서는 이를 '이산가족 문제에 포함하여 협의·해결'하기로 합의하였다. 2007년 3월 제20차 남북 장관급회담과 4월 제8차 남북적십자회담에서도 이러한 원칙을 재확인하였다.

지금까지 이산가족 상봉 행사를 통해 생사가 확인된 국군 포로는 56명이며, 이 중 18명이 가족과 재회하였다. 정부는 2019년 12월 '제3차 남북이산가족 교류촉진 기본계획'을 통해 국군 포로를 이산가족의 범위에 명문화하는 등 국군 포로 문제의 해결을 위해 노력하고 있다.[101]

제6장 사회문화

이순신 장군은 양반 지주 계급 무관으로서 봉건 왕권에 충성하여
양반 지주 계급을 위해 싸웠다.

3·1운동은 부르죠아 민족운동 상층 분자들이 먹자판을 벌여 놓고
스스로 자수하여 투항했다. 탁월한 수령의 령도, 혁명적 당의 지도가 없이는
어떤 혁명운동도 승리할 수 없다는 교훈을 남겼다.

북한에는 국악이 존재하지 않는다.
북한에는 정통·전통 국악인이 없다.
정통·전통 국악 교육기관(단체, 조직)도 없다.
정통·전통 국악인에 의한 교육(사교육 포함)이 존재하지 않는다.
정통·전통 국악 공연도 열리지 않는다.

1. 교육

* 모든 교육, 문화 기관은 로동당의 지도 감독을 받는다.
* 정치사상교육, 과학기술교육을 깊이 있게, 체육, 예술, 예능교육을 결합, 김일성 김정일주의자로 하는 사상교육, 영어, 과학, 기술교육, 교육 정보화 추진 강화

가. 행정

북한의 학교 교육 이념은 주체사상에 기초한 사회주의 사상으로 무장한 인재 육성이다. 교육 목표는 참다운 애국자, 지덕체를 갖춘 사회주의 건설의 역군 양성이다. 「교육법」 제1조에서는 '사회주의 교육은 자주적인 사상 의식과 창조적인 능력을 가진 인재를 양성한다.'라고 명시돼 있다. 같은 법 제3조에서는 '건전한 사상 의식과 깊은 과학기술 지식, 튼튼한 체력을 가진 믿음직한 인재를 인간상으로 한다.'라고 제시하고 있다.

또한 '정치사상 교육과 함께 과학기술 교육을 깊이 있게 하고 체육, 예능 교육을 결합할 것'을 강조한다. 김정은은 '김일성-김정일주의자'로 자라나게 하기 위한 사상교육을 강조한다. 동시에 영어와 과학·기술 교육, 교육 정보화 추진을 강화하고 있다.

모든 교육·문화기관은 노동당의 지도·감독을 받는다. 중요 정책은 당 중앙위원회 전원회의에서 토의 결정한다. 당 중앙위원회 산하 교육 관련 부서인 과학교육부는 교육 집행계획 지침을 각 단위 행정기구에 하달한

다. 중앙교육행정기구인 내각 산하 교육위원회에는 보통교육국과 고등교육성이 편제돼 있다.

보통교육국에서는 유치원과 소학교·중학교·교원대학을, 고등교육성에서는 일반대학과 사범대학, 공장대학 사업을 관장한다. 교육위원회는 교육 지침을 각 도에 위치한 인민위원회 교육처로 하달한다. 인민위원회 교육처는 이를 다시 해당 시·군·구역에 위치한 인민위원회 교육과로 송부하여 각급 학교에 전달하여 지도한다.

학교 행정은 행정조직과 정치조직으로 구분된다. 행정조직은 교장과 부교장을 책임자로 하고 교무부와 경리부가 실제 행정을 담당한다. 정치조직은 당세포비서를 겸하고 있는 부교장을 중심으로 학교 당 위원회, 소년단위원회, 청년동맹위원회 등이 있다. 북한의 학교 교육은 당 중심의 위계적 구조를 지니고 있다. 교원과 학생들의 조직 생활과 사상·교양 사업을 담당하는 부교장에 비해 행정과 재정 업무 중심의 학교장 권한이 상대적으로 제한적이다.

나. 학제

학교 교육은 보통교육과 고등교육으로 나눈다. 보통교육은 취학 전 교육, 보통교육, 고등교육으로 설계돼 있다. 취학 전 교육은 유치원에서 1년간 한다. 보통교육은 초등교육과 중등교육으로 나누어진다. 초등교육은 대한민국 초등학교에 해당하는 소학교에서 5년간 한다. 중등교육은 우리의 중학교에 해당하는 초급중학교에서 3년을, 우리의 고등학교에 해당하는 고급중학교에서 3년간 한다. 고등교육은 일반대학과 박사원 교육과정으로 구성돼 있다.

고급중학교 중에는 '기술고급중학교'가 있다. '일반중학교'에서는 일반 지식을 위주로 가르치는 데 비해, '기술고급중학교'에서는 '일반 교육'과 함께 해당 지역의 경제 지리적 특성에 따른 '기초기술교육'을 한다. 각 도에 11개의 '기술고급중학교'가 있다. 모든 시 군에는 '기술고급중학교'를 1개씩 운영하고 있다. 2022년 기준 전국적으로 금속, 전력, 석탄, 화학, 농산, 수산 등 10개 부문에 500여 개의 '기술고급중학교'가 있다.

특수교육 학원도 있다. 대표적인 특수교육 학원으로는 혁명 학원인 만경대혁명학원이 있다. 1947년 설립됐다. 초·중등 교육과정을 이수한다. 혁명가 자녀, 전사자 가족, 당정 고위 간부 자녀가 다닌다. 영재양성 학교로는 제1중학교가 있다. 1984년에 김정일 지시로 설립됐다. 6년제 중등교육 과정이다. 과학 수학 물리 등 이과 위주 교육으로 과학자 양성이 목적이다. 이외 외국어 특수 교육 기관인 평양외국어학원, 예체능 특수 교육기관인 금성학원, 평양음악학원, 남포중앙체육학원, 태권도학원 등이 있다.

다. 교과 내용

초등 교육과정은 소학교 재학 5년 동안 일반 과목과 정치사상 과목을 배운다. 일반 과목은 국어, 수학, 자연, 영어, 정보기술 등 총 9개 과목을 수업한다. 주당 수업 시간은 국어·수학·체육·음악무용·도화공작·자연의 순으로 많다. 우리의 과학을 자연으로, 실과를 정보기술로, 음악을 음악무용으로, 미술을 도화공작, 도덕을 사회주의 도덕으로 부른다. 교과 비중은 우리에 비해 국어, 수학 등의 기초과목과 정치사상 교육의 비중이 상대적으로 높다. 정보기술(컴퓨터) 교과는 1주 집중 교수 방식을 취하고 있다.

정치사항 과목은 ① 위대한 수령 김일성 대원수님 어린 시절(5년간 주 1시간), ② 위대한 영도자 김정일 대원수님 어린 시절(5년간 주 1시간) ③ 항일의 여성 영웅 김정숙 어머님 어린 시절(1학년 때 주 1시간) ④ 경애하는 김정은 원수님 어린 시절(5년간 주 1시간)을 배운다.

초급중학교 과정은 주당 수업 시간이 32시간이다. 정규 수업 시간 이외에 과외 학습, 소년단 생활, 과외 체육 등을 실시한다. 초급중학교도 일반 과목과 정치사상 과목으로 편성돼 있다. 일반 과목은 사회주의 도덕, 국어, 영어, 조선 역사, 조선 지리, 수학, 자연과학, 정보 기술, 기초기술, 체육, 음악 무용, 미술 등 12개 과목이다. 정치사상 과목은 ① 위대한 수령 김일성 대원수님 혁명 활동(1·2학년 때 주 2시간) ② 위대한 영도자 김정일 대원수님 혁명 활동(2·3학년 때 주 2시간) ③ 경애하는 김정숙 어머님 혁명 활동(1학년 때 주 1시간) ④ 경애하는 김정은 원수님 혁명 활동(1·2·3학년 때 주 1시간) 등을 교육받는다.

고급중학교에서는 총 22개 과목을 배운다. 일반 과목은 사회주의 도덕과 법, 심리와 론리, 국어 문학, 한문, 영어, 역사, 지리, 수학, 물리, 화학, 생물, 정보기술, 기초기술, 공업(농업)기초, 〈군사 활동 초보〉, 체육, 예술 등 17개 과목이다. 일반 과목에서 특이한 점은 〈군사 활동 초보〉 과목을 2~3학년 때 1주간 교육받는 것이다. 〈군사 활동 초보〉 과목은 졸업생들이 장기 군 생활을 하는 데 대한 준비 과목 역할을 한다. 교과 수업 이외에도 견학 1주, '붉은청년근위대' 훈련 1주, 나무 심기 3주, 생산노동 9주 등의 활동을 한다.

정치사상 과목은 총 4개이다. ① 위대한 수령 김일성 대원수님 혁명 역사(1학년 주 3시간, 2학년 주 2시간) ② 위대한 영도자 김정일 대원수님 혁명 역사(2학년 주 2시간, 3학년 주 4시간) ③ 항일의 여성 영웅 김정숙 어머님 혁명 역사(2학년 때 1/2시간) ④ 경애하는 김정은 원수님 혁명 역사(1·2·3학년

주 1시간) ⑤ 당 정책(1·2·3학년 각 1주) 등이다.

고등교육은 우리의 대학 교육이다. 1946년 10월 김일성종합대학을 평양에 설립하면서 시작되었다. 김일성종합대학은 내각 총리 직속 대학이다. 김일성종합대학 외 여타 대학은 내각 산하 교육위원회 고등교육성 관할이다. 교육과정은 학교와 전공별로 다양하다. 정치사상 교과, 일반 교과, 일반 기초, 전공 기초, 전공 등 다섯 가지 영역으로 구분되어 있다. 정치사상 교과와 외국어, 체육 등 일반 교과는 전공과 무관하게 모두 이수해야 한다. 일반 기초 과정은 전공과목과 전 대학에 규정된 공통 과목으로 구성된다. 전공 기초 과정은 전공에 필요한 준비 과목으로 구성되며, 전공 과정은 지정과목과 선택과목이 있다.

대표적 일반대학으로는 평북종합대학, 함흥화학공업종합대학, 한덕수평양경공업대학, 장철구평양상업대학, 평양기계대학 등이 있다. 또한 전민과학기술인재화 방침에 따라 주요 대학 산하에 첨단 핵심기술 연구 사업을 추진할 연구원을 설립하여, 학부 과정부터 박사과정까지 일괄 이수할 수 있도록 하는 '연속교육 체계'를 시행하고 있다. 대표적 기관으로는 김책공업종합대학 산하 '미래과학기술원', 김일성종합대학 산하 '첨단기술개발원' 등이다. 고등교육은 학교나 학부 성격에 따라 다양한 학제를 채택하고 있다. 교원대학과 전문대학은 3년제, 대학교원을 양성하기 위한 기관인 김형직사범대학(5년제)을 제외한 사범대학은 4년제, 단과대학과 종합대학은 학부에 따라 4~6년제 등 다양한 학제를 시행하고 있다.

대학 진학은 입학 추천을 위한 예비시험과 도별 각 대학의 본시험 등 일정한 절차를 거쳐 이루어진다. 내각 교육위원회가 도별로 각 대학 등에 본시험을 위한 수험생 수를 정하면, 시·군·인민위원회는 도에서 할당한 인원수를 바탕으로 예비시험에 합격한 학생에게 수험통지서를 발급해 준다.

예비시험을 거쳐 대학 추천을 받은 학생이 고등교육기관으로 진학하는 비율은 19%에서 26.8% 수준이다. 예비시험이나 대학 입학시험에 떨어지면 남학생은 군대에 가고 여학생은 직장에 배치된다. 북한에는 재수생이 없다. 군대나 직장에 배치되었다가 추천받아 다시 대학 시험에 응시할 수 있다. 중학교를 졸업하면서 곧바로 대학에 진학하는 학생들은 성적뿐 아니라 출신성분이 우수한 학생이다. '직통생' 또는 '직발생' 등으로 불린다.

라. 학과 외 교육

학과 외 교육은 과외 학습, 소조 활동, 생산노동 등이다. 소학교에서는 5년간 정규 시간 이외에 과외 학습 900시간, 소년단 생활 432시간, 과외 체육 513시간을 이수한다. 초급중학교에서는 3년간 교과 이외에 과외 학습 540시간, 소년단 생활 432시간, 과외 체육 306시간을 한다. 고급중학교에서는 3년간 과외 학습 465시간, 청년동맹 생활 372시간, 과외 체육 243시간을 이수한다. 과외 학습은 학교 수업 시작 전에 노동신문 사설이나 논설 등을 읽는다. 수업이 시작되기 직전에 담임 선생들을 통해 '아침 학습'이나 '수업 전 학습', '365일 교양' 등의 형태로 사상 교양을 한다. 정규 수업이 끝나면 학생들은 하루를 되돌아보며 '총화'를 실시하고, 이후 과외 학습 시간이 이어진다.

소조 활동은 학생소년궁전, 학생소년회관, 도서관, 소년단야영소 등 '과외 교양기지'를 거점으로 '소조 활동'을 한다. 매일 일과 후 2~3시간 교사로부터 소조 활동 지도를 받는다. 소조 유형은 교과, 음악, 미술, 체육 등 매우 다양하다. 학급의 교과 우등생이나 조직 생활 모범생을 대상으로 하는 '다 과목 소조' 또는 '교과목 학습 소조', '문학 소조', 노래나 합창 등 '성악 소조', '취주악 소조', '미술 소조', 축구, 배구, 태권도, 씨름, 수영, 체조 등의 '체육 소조'가 있다.

학생들은 모내기, 김매기 등 다양한 생산노동에 의무적으로 참여해야 한다. 상급학교로 진학할수록 동원 기간이 길어지고 동원되는 부문도 다양해진다. 특히 정권 차원에서 '나무 심기' 사업을 중요 사업으로 선정함에 따라 나무 심기 활동을 교육강령 내에 명시하고 있다.

초급중학교에서는 매 학년 1주 가운데 봄에 4일간은 나무 심기를 한다. 가을에 3일간은 나무 열매 따기를 진행한다. 고급중학교에서는 매 학년 나무 심기 1주와 생산노동 3주를 명시하고 있다. 과외 활동은 지역사회에 대해 기여할 것을 중시한다. 개인의 흥미나 관심, 자율성보다는 집단주의적 가치관과 공동체 활동, 사상 교양 학습 등을 강조한다.

마. 역사 인물 사건 교육 실태

(1) 이순신 장군

북한에서는 이순신 장군, 안중근 의사, 3 1운동, 임시정부 관련 내용을 역사 교과서에 어떻게 기술하여 가르칠까? 결론부터 말하면 모두 왜곡 날조하여 교육하고 있다. 북한 역사 교육은 1912년을 기준으로 이전과 이후가 확연하게 다르다. 1912년 이전의 역사는 비교적 사실에 입각하되, 위대한 수령의 영도를 받지 못해 실패한 역사로 가르치고 있다. 1912년 이후의 역사는 철저하게 김일성 중심의 역사로 왜곡 날조하고 있다. 1912년은 김일성이 태어난 해이다.

먼저 북한 고급중학교 조선 역사 교과서 29쪽에 나와 있는 이순신 장군 내용을 보면 다음과 같다.

> 인민이 주인인 사회주의 조국을 위해 싸운 우리 시대 영웅들의 진정한 애국심과는 거리가 먼 것이다. 양반 지주 계급, 무관으로서 봉건 왕권에

> 충성하여 양반 지주 계급을 위해 싸웠다. 인민의 국가가 아니라, 봉건 통치배들의 이익을 위한 계급적 시대적 제한성을 벗어나지 못했다.

과연 이순신 장군은 봉건 왕조에 충성한 군인이었을까? 김일성, 김정일, 김정은보다 위대한 역사적 인물은 없다고 강조하기 위해 왜곡하여 교육하는 것으로 평가할 수 있다. 이순신 장군에 대한 팩트를 체크해 본다.

1592년 임진왜란이 발생했다. 선조 임금은 의주까지 피신을 갔다. 명나라가 참전했다. 1593년 3월 서울을 수복했다. 이후 4년간 명나라와 일본 간에 휴전협정 회의가 열렸다. 회의가 결렬됐다. 일본군이 1597년 2월 다시 침략해 왔다. 정유재란이다. 이때 일본군이 역 첩보를 흘렸다. 내용은 "모월 모일 일본군 가토 기요마사가 부산 앞 바다를 통해 공격해 올 것이다. 이날 이순신 장군이 부산 앞 바다로 출동하여 일본군을 공격하면 조선의 승리로 이 전쟁을 끝낼 수 있다."라는 것이었다.

선조 임금은 이순신에게 출동을 명령했다. 이순신 장군은 이 첩보가 일본군의 간계인 것을 갈파했다. 이순신 장군은 "내가 어명을 받고 출동하지 않으면 어명을 어긴 죄로 죽임을 당할 것이다. 그렇다고 출동하면 일본군에 힘 한 번 제대로 쓰지 못하고 4년 동안 건설한 판옥선 280여 척 등 조선 수군이 수장(水葬) 당할 것이다."라고 고민한 후 조선 수군을 살리기 위해 어명을 어기고 출전하지 않았다.

후임자 원균은 출동했다. 거제도 앞 바다 칠천량 전투에서 조선 수군은 궤멸했다. 선조 임금이 이순신 장군을 다시 삼도수군통제사로 임명했다. 조선에는 전함 12척만 남아 있었다. 이순신 장군은 그 배 12척에 판옥선 1척을 더하여 전남 해남과 진도 사이 울돌목에서 일본 전함 330척과 싸워 대승을 거두었다. 명량대첩이다. 전투가 끝난 후, 천민 신분으로 전사한

자, 노비 신분으로 부상한 자 명단을 자세하게 보고했다. 이순신 장군은 국가와 국민에게 충성한 참 군인이었다.

(2) 안중근 의사

북한 고급중학교 조선 역사 교과서 102쪽에는 안중근 의사에 대해 다음과 같이 기술하여 교육하고 있다.

> 1909년 10월 26일 애국렬사 안중근은 할빈역두에서 침략의 원흉 이등박문을 격살하고 〈조선독립만세〉를 높이 웨쳐 조선 사람의 기개를 과시하였다. 안중근의 투쟁은 비록 일제 놈들에게 큰 타격을 주고 우리 인민의 애국적 투지를 과시하였으나 나라의 독립은 이룩하지 못하였다. 이로부터 나라의 독립을 위하여서는 인민대중이 탁월한 수령의 령도 밑에서 조직적으로 싸워야 한다는 교훈을 남겼다.

북한 정권의 주장처럼 안중근 의사는 혁명적 당과 위대한 수령의 지도를 받지 못했기 때문에 실패한 것일까? 팩트를 체크해 본다. 안중근은 나라의 기운이 어지럽게 되자 서울로 올라와 남대문 밖 제중원에 머물고 있었다. 안중근은 1907년 8월 1일 대한제국 군대가 해산되고 일본군과 전투를 벌인 그 현장을 목격하고 안창호 등과 싸움터에 뛰어들어 부상자를 입원시키는 등의 역할을 했다. 그리고 두만강 건너 북간도 지역으로 망명했다.

북만주 지역에서 의병 독립전쟁에 임했다. 북만주 지역에서 애국지사 최재형의 후원을 받아 동의단지회를 결성하고 의병 전쟁을 이끌 즈음, 조선 침략의 원흉 이토 히로부미가 1909년 10월 26일 하얼빈 역을 방문한다는 소식을 접했다. 동료 우덕순, 조도선이 채가구역에서 이토를 주살(誅殺: 죄를 물어 죽임)하려 했으나, 채가구역 일대가 통행금지 됨에 따라 이곳에서 의거를 단행하지 못하게 되자, 플랜 B에 의거 이토의 얼굴에 점이 있다는 사실만 알고 있는 상태에서 하얼빈 역에서 이토를 처단했다.

안중근 의사는 1910년 3월 25일 순국 하루 전날 위국헌신군인본분이라는 글을 남겼다. 군인은 모름지기 국가가 위기에 처하면 목숨 바쳐 나라를 구해야 한다는 뜻이다. 안 의사 의거에 영향을 받은 민족주의 계열 애국인사들은 3·1운동과 임시정부를 수립하여 독립전쟁을 지도하고 이끌었다. 안중근 의사 의거는 성공한 위대한 대한민국 역사다.

(3) 3·1운동

지난 2019년은 3·1운동 100주년이었다. 대한민국 정부에선 북한 정권 측에 3·1운동 100주년 기념행사를 공동으로 개최할 것을 제안했다. 그러나 북한은 이를 거절했다. 왜 그랬을까? 2018년 남북정상회담이 열리는 등 한반도에는 화해 분위기가 무르익어가고 있었는데 말이다. 북한 고급중학교 조선 역사 113쪽 내용은 다음과 같다.

> 3·1인민봉기의 불길은 먼저 평양과 서울에서부터 타올랐다. 평양에서는 우리나라 반일민족해방운동의 탁월한 김형직 선생님의 혁명적 영향을 받은 평양 숭실중학교의 애국적인 청년 학생들이 주동적인 역할을 놀았다. 3·1인민봉기는 노동자, 농민을 비롯하여 청년 학생, 지식인 소자산계급 등 각 계 각층 애국적인 인민들의 희생적인 투쟁이었다. 평화적 시위가 폭동적 시위로 변하자 이에 놀란 부르주아 민족운동 상층분자들이 시위를 막아보려고 책동했다.

> 부르주아 민중운동 상층 인물로 스스로 민족대표를 자처하여 나선 손병희 등 33인들은 미국 대통령 윌슨의 민족자결론에 헛된 기대를 걸고 청탁과 구걸의 방법으로 조선 독립을 이룩해 보려는 투항주의 분자들이었다. 태화관에 모인 뒤에도 그날 오후 2시 먹자판을 벌여 놓고 독립선언서도 낭독하지 않은 채 불교 대표 한용운의 짤막한 연설에 이어 조선총독부 경무총감부에

> 스스로 전화를 걸어 자수 대부분 투항했다. 부르주아 민족운동 상층분자들의 투항주의적인 배신행위에도 불구하고 정각 오후 2시 30분 수많은 군중이 가슴을 불태우며 지켜보는 가운데 한 청년 학생 대표가 탑동공원 6각당 단우에 뛰여 올라 독립선언서를 랑독하고 조선은 자주독립 국가라고 선포하였다.

북한에서는 3·1운동을 실패한 역사로 평가하고 있다. '탁월한 수령의 령도, 혁명적 당의 지도가 없이는 어떤 혁명운동도 승리할 수 없다. 부르주아 민족주의자들이 더는 민족해방운동의 사상적 기치로 될 수 없고, 자체 혁명력량을 튼튼히 마련하여야 한다는 것을 가르쳐 주었다.'라고 교육하고 있다.

그럼 3·1운동은 과연 북한이 말하는 것처럼 실패한 것일까? 팩트를 체크해 본다. 중국 북경 데일리 뉴스는 매일 3·운동에 대하여 보도하면서 중국 국민의 궐기를 촉구했다. 미국 연합통신에서는 1919년부터 1920년까지 한국 관련 기사를 9,000회 이상 보도했다. 미 의회에서는 1882년 한미수호통상조약 이행을 해야 한다고 주장했다. 미국 뉴욕 주 상·하원 의원에서는 3·1운동을 세계사적 비폭력 저항정신 역사로 규정하여 3·1운동 기념의 날을 지정했다. 실패한 운동이었으면 이렇게 했을까?

3·1운동으로 인해 백성들은 임금의 신하에서 비로소 나라의 주인인 국민이 되었다. 3·1운동은 대한민국 헌법 정신으로 우리의 삶 속에 살아있는 성공한 자랑스러운 우리의 역사다.

(4) 임시정부

북한이 3·1운동을 부패 타락한 부르주아 민족주의 상층분자들이 먹자판을 벌인 운동이라고 했는데, 그럼 3·1운동에 의해 탄생한 임시정부는 어떻게 평가하고 있을까? 조선 대백과사전 제13권 546쪽에는 임시정부를 다음과 같이 기술하고 있다.

림시정부는 조선의 반일독립운동자들이 중국의 상해에서 조직했다. 1919년 4월 상해에 있는 프랑스 조계지에서 진행된 림시의정원 제1차 회의에서 조직되었다.(중략) 림시정부는 그 어떤 대중적 기반도 못 가진《정부》였으며, 그 누구에게서도 인정받지 못한 망명 집단이었다. 림시정부 요인들은 자치파니, 독립파니 하는 파벌을 이루고 서로 지도적 자리를 차지하려고 추악한 파벌싸움과 내각 개편 놀음을 끊임없이 벌였다.

또한 림시정부 안의 숭미 사대주의자들은 림시정부 직속 기관으로 《구미위원부》라는 것을 두고 미제를 비롯한 제국주의 렬강들에 빌붙어 조선독립을 구걸하기 위한《청원운동》을 벌리였다. 림시정부 우두머리들은 애국동포들로부터《운동자금》이라는 이름으로 많은 금품을 모아 사욕을 채우고, 부패타락한 생활에 탕진하였다. 반공사상에 물젖은 이 집단은 공산주의자들을 적대시하면서 그들에 대한 테로 행위를 서슴없이 감행하였다. 1945년 태평양 전쟁의 종말과 함께 해체되었다.

　북한 조선대백과사전에는 이봉창, 윤봉길 등 임시정부와 관련된 인물들에 대한 소개도 없다. 다만 김구에 대해서만, "위대한 수령 김일성 동지의 초청을 받고 1948년 4월 평양에서 열린 남북조선 정당, 사회단체 대표자 대회에 참가하였으며, 경애하는 수령님의 접견을 받은 후부터는 완전히 연공합작의 길에 나섰다. 남조선에 나간 후 변함없이 조국의 평화적 통일을 위하여 의지를 굽히지 않고 싸웠다. 조선민주주의인민공화국 중앙인민위원회의 정령에 의하여 1990년 8월 15일 그에게 조국통일상이 수여되었다."라고 기록하고 있을 뿐이다.

　임시정부에 대하여 팩트를 체크해 본다. 대한민국 국사편찬위원회에서 만든 한국사 제48권에 수록된 임시정부 내용은 다음과 같다. ① 임시정부는 민족정권의 정통성을 잇는 망명정부다. ② 민주공화제 정부로서 이는 민족사의 신기원을 이룬 일대사다. ③ 모든 세력이 참가한 통일성 정부였다. ④ 독립전쟁을 지휘하는 군 통수체계를 갖춘 정부였다. ⑤ 연통제를 시행해 실질적으로 국내를 통치했다. ⑥ 광복 후 대한민국 수립을 준비했다. ⑦ 카이로 선언을 이끌어내 대한민국 독립을 확정지었다. ⑧ 세계 유일의 최장수 임시정부였다. 대한민국 헌법은 대한민국이 임시정부의 법통을 계승하고 있음을 분명하게 명시하고 있다. 임시정부는 자랑스러운 우리의 역사다.

2. 문화

* 북한은 국악이 존재하지 않는다. - 김일성이 국악을 착취계급 음악으로 규정한 뒤 사라졌다.
* 양악 예술단체는 다양하다. - 대표적 중앙 예술단 〈만수대예술단〉

가. 국악

(1) 월북 국악인과 북한 국악

북한에는 국악이 존재하지 않는다. 북한에는 공적 영역이든 사적 영역이든 ① 정통·전통 국악인이 없다. ② 정통·전통 국악 교육기관(단체, 조직)도 없다. ③ 정통·전통 국악인에 의한 교육(사교육 포함)이 존재하지 않는다. ④ 정통·전통 국악 공연이 열리지 않고 있다.

북한 국악은 광복 직후와 6·25전쟁 중 월북한 국악인들에 의해 전승되었다. 그러나 김일성이 1961년 국악을 착취계급 음악으로 규정한 이후 사라졌다. 국악이 사라진 자리에는 민족음악이라는 이름의 주체 음악, 같은 뜻의 혁명 음악만 존재한다.

1945년 광복 직후 국악계는 큰 틀에서 「구왕궁아악부舊王宮雅樂部」와 〈국악원〉이라는 2개의 조직이 있었다. 「구왕궁아악부舊王宮雅樂部」는 1907년 일제 통감에 의해 창덕궁에서 쫓겨 나온 궁중 국악인들이 조직한 「이왕직아악부李王職雅樂部」가 조직 명칭을 1945년 8월 15일 개명한 단체다. 이 단

체는 1950년 1월 18일 대통령령 제271호에 의거 현재의 「국립국악원」으로 발전했다.[102]

〈국악원〉은 일제 강점기 조선총독부 문화정책 중심 조직이었던 〈조선음악협회〉 회원들이 중심이 되어 1945년 8월 16일 조직한 〈조선음악건설본부〉 산하 기구인 〈국악위원회〉를 만들었는데, 이후 1945년 10월 10일 〈국악원〉으로 독립 발전했다. 대한민국 정부가 1948년 8월 15일 수립된 후 좌익 음악인에 대한 체포령이 내려졌다. 조직의 주요 인물 공기남, 안기옥, 박동실, 임소향, 정남희, 조상선, 최옥삼 등이 1945년 10월부터 1950년 6·25전쟁 중 월북했다.[103] 월북 국악인 대다수는 〈남로당〉 전신 〈조선공산당〉 당원이었다.

월북 국악인 안기옥이 1961년 김일성과 국악 관련 면담 자리를 가졌다. 안기옥은 가야금 산조 창시자 김창조 수제자 중 한 명이다. 그는 김일성에게 "판소리는 천인 출신인 광대들이 끊임없이 음악 예술로 발전시켰다. 덕분에 모든 계층의 공감대를 불러일으킨 음악으로 성장했다. 특히 해방공간 전후기까지 판소리와 판소리를 발전시킨 창극을 비롯한 국악은 모든 음악의 정점이었다. 판소리, 창극이야말로 민족 정서의 시대성을 계승해 온 민족적 형식의 음악이다. 따라서 판소리를 중심으로 민족음악 발전을 모색해야 한다."라고 주장했다.[104]

이에 대하여 김일성은 "판소리는 현재 미감에 맞지 않는 탁성이다. 자연스럽지도 못하고 부드럽지 못한 '쐑소리'다. 특정 지역인 전라도 소리를 중심으로 발전한 소리다. 게다가 양반들이 갓 쓰고 당나귀 타고 다니던 시절에 술이나 마시면서 앉아서 흥얼거리던 복고주의 음악이다. 양반계급에 복종한 음악이다. 판소리는 민족음악 구현에 바탕이 될 수 없다."라고 비판했다.[105]

김일성의 이러한 국악 비판은 1948년 월북한 안기옥, 6·25전쟁 중 월북한 박동실·임소향·정남희·최옥삼 등 국악인들이 〈조선음악동맹〉 중앙상무위원 또는 고전음악분과위원회 위원 등의 직책으로 북한 제도권 음악을 주도하면서 판소리와 산조 등을 발전시키고 있을 때 나온 것이었다.

월북 국악인들은 전통음악 전문가로, 민족음악의 살아있는 유산 자원으로 북한 정권 차원에서 실로 절실하게 필요한 인재들이었다. 1960년대까지 전문 국악인이 절대적으로 부족한 북한음악계에 새로운 형식의 국악 질서를 창조하는 공헌을 하고 있었다.

(2) 월북 국악인 숙청과 민족음악

그러나 김일성의 이러한 비판이 있은 지 얼마 안 돼 1961년 9월 11일 제4차 당 대회가 열렸다. 이 당 대회에서 〈사회주의 사실주의〉 음악 구현 문제가 당 공식 입장으로 채택되었다.

당은 월북 국악인들에게 '국악에서 탁성을 제거하라.'는 비판적 지시를 하달하였다. 안기옥은 이러한 당 방침에 대해 "판소리는 결코 어둡거나 가벼운 음악이 아니다. 힘찬 음악이다. 올바른 삶의 철학이 빚어낸 건전한 가창 문학이다. 광대를 통한 민중 음악 예술이다. 전 민족이 함께 발전시켜 온 세계적 음악이다."라며 당을 설득했다. 하지만 받아들여지지 않았다. 이후 월북 국악인은 〈복고주의 반당 종파주의〉로 몰려 숙청됐다.

북한 정권은 월북 국악인들이 사라진 후, 국악을 〈민족음악〉으로 규정했다. 북한 정권은 〈민족음악〉을 '매개 민족의 생활감정과 그들의 고유한 정서적 특질을 반영한 음악이자, 각이한 민족들이 수천 년의 생활 과정에서 창조하고 발전 풍부화시킨 것으로써, 그 음악적 형식은 반드시 조선 전통이 바탕이어야 하고, 조선 인민의 감정에 맞아야 한다. 민요를 바탕으로 민족적 선율을 발전시키고 서양음악을 민족음악에 복종시키는 주체

를 철저히 세운 음악'이라고 정의하고 있다.[106]

　북한은 민족음악 정의에 나오는 '조선 전통'에 대한 개념을 '지난 역사적 시기에 이루어져서 그 뒤로는 하나의 계승성을 가지고 대를 이어가며 전해 내려오는 것'이라고 말한다. 여기서 말하는 '계승성'은 김일성이 항일혁명 시기에 이룩한 〈혁명 전통〉과 〈주체사상〉 체계를 계승하는 전통이어야 한다고 규정하고 있다. 전통에 대한 북한 정권의 이러한 개념 정의는, 곧 국악 속 전통을 '복고주의'로 비판한다.

　북한에서는 삼국시대부터 조선시대까지의 역사를 봉건사회로 정의한다. 지주 계급이 농민을 착취한 사회로 규정한다. 봉건사회 음악 중, '피착취 계급인 인민들이 창조한 음악은 참된 전통이고, 착취계급 이익을 대변한 음악은 비판하여 버려야 하는 음악'으로 정의한다. 전통음악은 이같이 참된 전통과 비판 대상 전통이 혼재 왜곡되어 있으므로, 주체사상으로 올바르게 비판하여 계승하고 발전시켜야 한다고 주장한다. 그 음악이 비록 민족음악이라고 해도, 무조건 옛것을 따르는 것은 시대성의 요구나 계급성의 원칙을 떠난 '복고주의' 전통이므로 비판하여 버려야 하는 것이다. 따라서 북한에서의 민족음악(국악)은 전통음악 보존보다는 전통음악 안에 〈혁명 전통〉 역사 정신을 반영하고, 〈주체사상〉 시각으로 창조할 때 전통이 계승된 〈민족음악〉이 되는 것이다.

　대한민국 전문 국악인들은 북한의 〈민족음악〉에 대하여, "국악의 특징이자 장점은 ① 개성 존중이다. 모든 국악인 개인의 창법·가락, 선율 바탕 음계 이면(裏面: 국악용어로서, 가사 내용에 자신의 감정을 싣는 것을 말함.) 등을 인정하고 존중하는 문화다. 반대로 서양음악은 작곡가가 그려준 악보대로 노래해야 한다. 개성이 무시된 음악이다. 이러한 국악의 개성 존중 문화는 자유민주주의 정신으로 발현하고 있다.

② 시대상 반영이다. 그 시대의 생활상, 가치관 등을 사설에 반영하여 비판하고, 장려하는 문화다. 심청가는 효 사상을, 춘향가는 공직자의 자세와 남녀 사랑의 순수를, 흥보가는 가족 간 사랑 즉 친친(親親) 사상을 말한다.

그러나 북한 정권이 말하는 민족음악에는 이와 같은 국악의 특징이자 장점이 전혀 없다. 우리의 외국인이 평양 사투리를 흉내 내어 부르는 아리랑과 같다. 어법만 전통 토리를 사용하는 양악이다. 우리의 구전심수(口傳心授: 입으로 전하고 주고, 마음으로 가르친다는 뜻으로, 일상생활을 통하여 자기도 모르는 사이에 몸에 배도록 가르침을 이르는 말) 전통을 복고주의로 폄훼하는 것은, 곧 우리 문화에 대한 열등의식의 발로다. 이 열등의식은 가사 글자만 우리 것일 뿐, 창법 등 모든 것이 양악으로 변질이 되었다. 그런데 그 가사마저 김일성 일가 우상화 내용이다. 소리는 가사 내용이 중요하다. 북한이 만든 〈강성부흥아리랑〉 후렴은 '장군님의 손길 따라 주체 강국 나래 친다.'이다. 선전 선동 그 이상도 그 이하도 아닌 정치 음악이고 사이비 종교음악이다. 우리 것도 아니고 서양 것도 아닌 이상한 천박 음악이 돼 버렸다."라고 평가하고 있다.

(3) 국악기 개량

북한은 1963년부터 국악기 개량사업을 추진했다. 맑고 밝으며 유순한 음색이 기준이었다. 대표적인 악기가 태평소를 개량한 '장새납'이다. 태평소를 모든 조성으로 연주할 수 있도록 만든 것이다. 기존의 태평소에 비하여 음량은 작고 음역은 넓다. 음색은 부드러우면서 표현력은 더 풍부하다. 그러나 전통 관악기가 갖는 낭창거림과 힘 있는 음압은 떨어진다는 평가를 받는다.

가야금은 21줄 가야금으로 개량했다. 해금은 2줄에서 4줄로 개량했다.

종류는 4개다. 소해금·중해금·대해금·저해금 등이 그것이다. 공후는 옥류금으로 개량했다. 하프 주법을 과감하게 수용했다. 이같이 개량된 악기 역시 소리와 같이 전통도 아니고, 양악도 아닌 이상한 음악이 돼 버렸다는 평가를 받는다.

북한은 서양악기에 개량 국악기를 부분적으로 배합하는 〈부분배합관현악〉 편성과 서양악기와 개량 국악기를 동등한 비율에 따라 전면적으로 배합하는 〈전면배합관현악〉으로 구분한다. 배합할 경우 편성별로 배합 기준이나 인원수, 무대와 오케스트라 구덩이(Orchester graben) 위치, 민족음악과 양악의 기악중주나 관현악 편성에 따라 그 좌석 배치를 달리한다.

가극 〈꽃 파는 처녀〉 예를 보면, 현악기군에서 해금류와 바이올린류는 1:1, 목관악기군에서 개량 국악기인 목관악기와 클라리넷과 플루트 등의 양악기 비율은 9:2로, 금관악기와 타악기군은 모두 양악기로 편성한다. 기타 옥류금 가야금 저대, 이외 전자종합악기류를 편성한다.

(4) 국악 교육기관과 국악 예술단체

정통·전통음악 전문 교육기관이 없다. 통합 교육기관 속에 하나의 기구로 있다. 대표적인 음악교육 기관인 〈김원균 명칭 음악종합대학〉 내에 있는 〈민족악부〉이다. 〈민족학부〉에는 옥류금학과, 민족타악기학과, 손풍금학과, 대중가요학과, 거문고학과, 아쟁학과, 퉁소학과 등을 편성하여 혁명 전통과 주체사상 체계의 민족음악을 교육하고 있다.

국악 전문 예술단체 역시 존재하지 않는다. 북한 정권 초기에는 월북 국악인에 의한 전통음악 예술단체가 있었다. 월북 국악인 안기옥이 소장으로 있던 〈조선고전악연구소〉가 그것이다. 이 단체는 1947년 3월에 국악 중심으로 창작 공연을 할 수 있도록 만들었다. 창립 당시 공연 작품은 주로 창극이었다. 〈심청전〉, 〈장화홍련전〉 등이 대표작품이다.[107] 평양 장산 기슭에 있는 봉화예술극장을 중심으로 활동했다.

그러나 월북 국악인 숙청 이후 1970년대에는 조선예술영화촬영소 영화음악단, 2·8예술영화촬영소 관현악단, 국립교향악단, 국립민족가극극장 등의 예술가를 통합하여 복고풍 국악을 배제하고 혁명가극 중심으로 공연했다. 대표적 혁명가극으로는 김정일 지도로 만든 〈밀림아 이야기 하라, 1972년〉, 〈금강산 노래, 1973년〉 등이다. 〈밀림아 이야기 하라〉 작품은 1,000여 회 이상 공연했다. 예술단 명칭은 1947년 〈조선고전악연구소〉에서 1975년 〈모란봉예술단〉으로, 다시 1987년 〈평양예술단〉으로, 그리고 1992년 〈국립민족예술단〉으로 변경돼 현재에 이르고 있다.

(5) 양악 예술단체

양악 예술단체는 다양하게 존재한다. 대표적 중앙 예술단으로는 당 중앙 직속 기관인 〈만수대예술단〉이 있다. 이 단체는 1969년 김정일 지시에 의거 1946년에 창설된 평양 가무단을 중심으로 전국에서 가장 우수한 예술인을 선발하여 조직했다. 대동강변 5층 석조건물인 '만수대 예술극장'에 사무소가 있다. 〈김일성 장군의 노래〉, 〈수령님의 만수무강을 축원합니다.〉, 〈김일성 원수님 만세〉, 〈친애하는 김정일 동지의 노래〉, 〈친애하는 지도자 동지께 영광을 드립니다.〉 등 수령 우상화 찬양 노래 등을 창작하여 공연하고 있다.

〈피바다가극단〉은 김일성의 항일혁명을 선전하는 전문 예술단체다. 대표적 창작 작품으로는 〈피바다〉, 〈꽃 파는 처녀〉 등이 있다. 지금의 북한 음악을 비롯한 주체 예술은 이 〈피바다가극단〉에 의해 구체화했다. 김정일 지도로 창작된 〈피바다〉가 1972년 초연한 혁명가극 〈꽃 파는 처녀〉 이후 모든 가극의 전형을 이루어 '피바다 식 가극 시대'를 이끌었다. 이 단체는 가극을 중심으로 공연하지만, 〈온 사회를 주체사상으로 일색화 하자〉, 〈새봄〉, 〈수도의 밤〉 등 경음악을 비롯한 시와 무용음악 등을 창작하여 공연하고 있다.

이외 교향악 작품을 전문으로 하는 〈국립교향악단〉, 영화 TV 등 영상음악을 전문으로 하는 단체 〈영화 및 방송음악단〉, 북한음악을 해외에 소개하는 것을 목적으로 만든 〈윤이상관현악단〉, 청년들의 당과 혁명의 충실한 후계자로 준비시키기 위한 사상 교양 목적으로 설치한 〈청년합주단〉, 주체 입장의 대중음악 보급을 위해 만든 〈보천보전자악단, 1985년, 김정일이 설립〉·〈왕재산경음악단, 1985년 김정일이 설립〉 등이 있다. 보천보의 뜻은 앞에서 설명한 바와 같이 김일성이 1937년 6월 4일 항일유격대를 이끌고 양강도 보천보 지역의 일본 지소를 공격했다고 날조한 이름에서 따왔다. 왕재산은 함경북도 은성군에 있는 산 이름이다. 김일성이 이곳에서 전투 회의를 했다고 선전하는 혁명사적지이다.

김정은 시대에 활발하게 활동하는 악단은 〈은하수관현악단, 2009년〉, 〈삼지연악단, 2009년〉, 〈모란봉전자악단, 2018년〉 등이다. 북한 내 공연과 해외 공연을 병행하고 있다. 그리고 특정 단체 소속 예술단이 있다. 사회안전성 예술단체인 〈사회안전성협주단〉, 김원균 명칭 음악종합대학 예술단체인 〈김원균 명칭 음악종합대학 관현악단〉, 재일본조선인연합회(조총련) 예술단체인 〈금강산 가극단〉 등이 그것이다.

(6) 북한군 예술단체

북한군에도 예술단이 있다. 공식 명칭은 〈조선인민군협주단〉이다. 이 단체는 북한군 총참모장 직속으로 편제돼 있다. 음악과 무용을 비롯한 무대 예술작품을 전문으로 공연한다. 주로 평양 '4·25문화회관'에서 공연한다. 김일성 지시에 의거 1947년 3월 10일 창설했다. 창설하는 날 〈김일성 장군의 노래〉를 만들어 공연했다.

　이 단체의 대표적 기구는 남자 군인 120여 명으로 구성된 '조선인민군 협주단 공훈합창단'이다. 이 조직은 1998년 〈조선인민군협주단〉에서 독립했다. 2004년 〈공훈국가합창단〉으로 개칭하여 자체 활동을 하고 있다. 편성은 단장 예하에 예술협의회, 예술부단장, 관리부단장을 두고 있다. 예술부단장 산하에는 창작실·지휘자실·작가실·관현악단·합창과(공훈합창단/남성중창조)·안무실·무용단·연극부·미술실·조명실 등으로 편성돼 있다.

　공연 핵심 내용은 김일성 항일혁명 전통 계승이다. 노래 연극 춤으로 북한군을 사상적으로 고취시킨다. 1950년대 이전 작품으로는 혁명가요 〈조국보위의 노래〉, 〈결전의 길로〉, 〈전호속의 나의 노래〉, 〈자동차운전사의 노래〉, 〈문경고개〉, 〈내 고향의 정든 집〉, 〈샘물터에서〉 등이 있다. 이후에는 가요 〈김일성 원수께 드리는 노래〉, 〈초병은 수령님께 뜨거운 인사를 드립니다.〉, 〈수령이시여 명령만 내리시라〉, 〈가마마차 달린다.〉, 〈손풍금수 왔네〉, 〈인민공화국 선포의 노래〉, 〈보위행진곡〉 등이 있다.

　노래와 춤으로는 〈수령님께 드리는 충성의 노래〉, 합창작품으로는 〈오 눈보라 눈보라〉, 교성곡 〈압록강〉, 가야금 병창 〈매봉산의 노래〉, 민족가극 〈여성혁명가〉, 혁명가극 〈당의 참된 딸〉 등이 있다. 혁명가극 〈당의 참된 딸〉은 1971년 나왔는데, 1986년까지 1,000여 회 공연했다. 지금도 북한군을 대상으로 공연하고 있다. 이 밖의 혁명가극으로는 〈밝은 태양아래에서〉를 비롯하여 〈병사는 벼이삭 설레이는 소리를 듣네〉, 〈내 삶이 꽃펴난 곳〉, 〈당의 영도를 충성으로 받들라〉, 〈당 중앙의 불빛〉 등이 있다.

　저자는 여기서 꼭 한 가지를 짚고 넘어간다. 북한 거문고 산조 〈출강〉이라는 것이 있다. 일제는 1938년 함경북도 청진시에 세운 철강 제조 회사를 세웠다. 북한 정권은 광복 후, 이 회사를 〈김책제철연기업소〉로 바꾸었다. 그리고 이 기업소에 근무하는 로동자들의 혁명 사상을 고취하기 위해 만들어진 혁명 음악이 〈출강〉이다. 그런데 북한음악에 대해 잘 모르는 일부 국악인들이 이 〈출강〉을 공공성을 띤 공연 무대에 올리는 경우가 자주 있다. 심지어 군 장병 공연장에서도 무대에 올리는 경우를 저자는 목격한 바 있다. 북한음악 공연 시 섬세한 관찰과 신중한 자료 검토가 요구되는 이유다.

(7) 문화예술정책 변천사

북한음악은 정권 초기에는 국악과 양악이 각각 고유의 특성을 유지하며 공존했다. 그러나 〈사회주의 사실주의〉가 정책 방향으로 자리 잡으면서 국악은 사라졌다. 국악도 아니고 양악도 아닌 변형된 민족음악과 양악이 「주체 음악」이라는 이름으로 북한음악 전체를 주도하고 있다.

〈사회주의적 사실주의〉란 '세세한 부분의 정확한 묘사를 넘어서서 전형적 환경에 처한 전형적 인물을 재창조하는 것'을 뜻한다. 이는 모든 공산국가에서 볼 수 있는 공통점이다[108] 북한에서는 일제 강점기 카프의 전통이 계승되었다. 카프의 문예론은, 〈사회주의 사실주의〉 원칙에 충실하면서 동시에 식민지 상황에서 초래된 민족주의적 성향을 강조하였다. 이는 사회주의적 기본 명제인 계급적 문제를 중시하면서 민족성도 중시했다는 것을 의미한다. 이러한 북한의 문예이론과 정책은 김정일이 유일사상 체계 정립이라는 정치적 환경변화와 관련지으면서 변화를 보이기 시작했다.

첫 번째 변화는 항일혁명문화예술이다. 항일혁명문화예술이란 김일성이 1930년대 중국에서 항일혁명의 수단으로 이용한 연극과 가요 등의 전통을 이어받는 것을 의미한다. 이를 통해 나온 작품들이 '피바다', '꽃 파는 처녀' 등이다.

두 번째 변화 형상은 유일사상 체계 확립 문화예술이다. 수령이라는 개인에 대한 우상화를 문예 창작 목적으로 삼았다. 창작을 독려하기 위하여 집체적 작업방식을 도입하여 검열했다. 그 결과 나온 작품 유형이 〈수령형상문학〉이다. 대표적인 작품으로는 김정일이 창작했다는 '충성의 노래'와 혁명가극 〈당의 참된 딸〉 주제곡인 '어디에 계십니까 그리운 장군님' 등이다. 그러나 이러한 류의 작품은 김일성 유일 지배체제를 공고히 하는 데 일조는 했으나, 북한 주민들이 편향된 작품으로 인식함에 따라 문화예술의 정치적 설득력은 떨어졌다.

김정일은 1980년대 들어 이러한 문제를 극복하기 위해 문예 정책에 다소의 변화를 시도했다. 변화의 중심에는 '숨은 영웅 따라 배우기' 운동이 있었다. 김정일이 앞장서서 이 운동을 주도했다. 1980년대 이전과의 차이점은 주요 인물이 항일혁명 영웅에서 기술자, 하급 당원, 간호사, 주부, 농부 등 '보통 사람들'로 선회했다는 것이다. 그러나 1980년대 후반 김정일이 다시 혁명성과 이념성을 강조하자 문예 정책에서 다시 수령형상화가 강조되었는데, 이것은 동유럽 사회주의 국가들의 붕괴에 맞서 체제를 수호하려는 일환이었다.

1990년대는 김정일이 「주체 문예이론」을 정립한 특별한 시기이다. 김정일은 〈무용예술론, 1990년〉, 〈음악예술론, 1991년〉, 〈주체문학론, 1992년〉 등을 완성했다. 이 중 〈음악예술론〉 첫 항목이 「주체 음악」이다. 「주체 음악」은 그 제목과 순서가 ① 주체 시대는 새 형의 음악을 요구한다. ② 주체는 우리 음악의 생명이다. ③ 혁명에 필요한 것이 명곡이다. ④ 음악을 대중화하여야 한다.

이러한 4종류의 소제목으로 구성된 「주체 음악」의 실체는 ① 고유한 내용과 형식을 지닌다. ② 음악에서 주체를 세우기 위해서는 민족음악이 중심이 되어야 한다. ③ 주체 음악이 그 사명을 성공적으로 수행하기 위해서는 예술성과 사상성을 가져야 한다. ④ 주체 음악을 성과적으로 건설하기 위해서는 음악 예술을 대중화시켜야 한다 등으로 분석하여 설명할 수 있다.

여기에서 ① 고유한 내용과 형식을 지닌다는 것은 내용면에서 혁명적이어야 하고, 형식면에서 민족적이어야 한다는 것이다. 「주체 음악」에 서술된 내용과 형식은 다음과 같다.

> (내용) 참다운 음악이 보여주어야 할 인간은 자주성을 생명으로 하는 인간으로서 사회정치적 집단에 충실한 인간, 사회정치적 생명체 안에서 영생하는 인간이다. 음악은 이러한 인간의 사상 감정을 보여주어야 한다. 주체 음악의 혁명적 내용에서 근본 문제로 되는 것은 수령에 대한 문제이며, 수령, 당, 대중의 혈연적 관계에 관한 문제이다. 수령에 대한 끝없는 충실성과 그것을 핵으로 하는 당과 근로 인민대중에 대한 충실성은 주체 음악의 혁명성을 규정하는 기본 내용으로 한다.
>
> (형식) 진보적인 모든 음악은 민족적이다. 한 나라의 민족적인 음악 안에는 력사적으로 형성되고 발전하여 온 전통적인 음악과 함께 음악 문화의 교류 과정에 다른 나라에서 들어온 음악도 있게 된다. 그러나 다른 나라에서 들어온 음악이라고 하여 매개 민족의 정서적 요구와 미학적 기호가 반영되면서 그것은 점차 민족적 성격을 띠게 되며, 세월이 흐른 과정에 그 나라의 민족음악 안에 용해되게 된다.[109] 그러므로 민족적인 음악이라고 말할 때 넓은 의미에서는 자기 인민의 민족적 정서와 감정에 맞게 발전해나가는 모든 음악을 포괄한다.[110]

북한 정권은 말하는 「주체 음악」은 내용 면에서 철저하게 수령과 당에 충성하는 음악이어야 하고, 형식면에서는 전통적인 음악에 다른 나라 음악이 용해된 것이어야 한다는 것이다.

이러한 개념으로 인해 북한 국악은 자료로만 존재한다. 대표적인 것이 아리랑이다. 「조선민족음악원전집-민요편3」에 대한민국의 강원도 엮음 아리랑 악곡과 유사한 '아리랑 북녘땅' 등 50개의 아리랑이 수록되어 있다. 대다수가 대한민국에서 불리고 있는 〈구조아리랑〉, 〈본조아리랑〉, 〈긴 아리랑〉, 〈해주아리랑〉, 〈한오백년〉, 〈신고산 타령〉 등의 악곡과 거의 같은 형식의 아리랑이다. 그러나 월북 국악인이 사라진 이후 북한에서 부르는 아리랑은 우리 국악의 창법 가락이 아니다. 모두 전통과 정통이 아닌 이상한 「주체 음악」 방식일 뿐이다.

나. 문학

김정은 집권 이전의 북한 문학은 김일성의 혁명 역사를 다룬 소설 〈불멸의 역사〉, 김일성이 항일혁명 투쟁을 하면서 공연했다는 〈피바다〉, 〈꽃 파는 처녀〉 연극 대본을 소설로 개작하는 등 김일성의 1930년대 항일운동을 중심으로 현재를 바라보는 작품이 주류를 이루었다.

그러나 1990년대 고난의 행군을 거치면서 당성과 김정일 업적을 형상화하는 작품이 대부분을 차지했다. 김정일 업적을 형상화한 총서 〈불멸의 향도〉, 선군사상을 시로 쓴 〈총대〉와 서사시 〈조국이여 청년들을 자랑하라〉, 〈황진이〉 등이 대표적 작품이다.

김정은 시기에는 주체 문예, 주체 사실주의 문학으로 복귀하였다. 김정일 사망 직후에는 김정일을 추모하는 추모 문학이 주를 이루다가, 2013년부터는 〈불의 약속〉 등 김정은 후계 승계를 합리화하는 작품이 발표되었다. 김일성 일화를 추려서 묶은 〈태양 총서에 비낀 일화의 세계〉, 김정일의 업적을 서술한 〈영화보급의 새 역사〉 등이 출판되었다.

2015년부터는 김정은의 치적 홍보를 위한 시, '만리마 시대'에 바람직한 인간들을 형상한 작품, 투쟁과 헌신에 앞장서는 청년을 주제로 하는 작품 등이 창작되었다. 최근에는 북한 당국의 지침을 따라 '과학기술 중시 사상' 주제 작품들이 발표되었다.

정권 수립 70주년을 맞이해서는 사회주의 우월성을 강조하는 서정시 〈내 심장의 노래〉 등이 발표되었다. 2020년 4·15문학창작단은, 김정은 우상화를 위한 총서 『불멸의 여정』 중 장편소설 「부흥」을 출간하였다. 김정은을 주제로 한 총서 발간은 이것이 처음이다. 총서의 첫 주제로 '새 세기 교육혁명'을 선정하여, 국가부흥의 기반으로서 '인재 강국 건설'을 강조하고 있는 김정은 시대 정책을 홍보하고 있다.[111]

한편 북한군은 1996년 9월 15일 무장 공비 26명이 강릉 안인진리 해안으로 침투하여 임무 수행 중, 강릉시 강동면 청학산 8부 능선에서 11명이 자살한 사건을 〈태백산맥 줄기〉라는 선전용 소설로 제작하여 전 부대에 배포하여 읽도록 하고 있다. 핵심 내용은 "머리는 혁명의 뇌수이므로 쏴서는 안 되고, 가슴은 위대한 김정일 장군님을 안을 품이므로 쏴서는 안 된다. 목숨 걸고 수령님을 보위해야 하므로 목에 쏘고 죽어야 한다."라며 목에 총을 쏘고 자결했다고 선전하고 있다.

다. 영화 드라마 연극

북한 영화는 정권 초기에는 사회주의 건설을 위한 새로운 인간형과 천리마 시대 영웅들의 재현에 초점을 두었다. 그러나 주체사상이 유일사상 체계로 변화되기 시작한 1967년을 기점으로 항일혁명 소재로 전환했다. 주요 작품으로는 〈피바다〉, 〈꽃 파는 처녀〉, 〈한 자위단원의 운명〉 등이다. 한편 〈적후의 진달래〉 등 정탐물 영화와 멜로드라마 〈우리집 문제〉

시리즈도 제작되어 사회적 반향을 일으키기도 했다.

1990년대에 사회주의권이 해체되자 영화계는 체제 유지를 위해 자주성을 강조하고 자본주의 사회의 부패상을 부각하는 작품을 창작하였다. 1992년 제작된 예술영화 〈민족과 운명〉 시리즈가 대표작이다. 원래 10부작으로 계획됐으나, 2002년 100부작으로 확대되었다. 한편 선군 영화가 보편화되면서 〈그는 대좌였다〉 등과 같이 모범군인의 삶을 그린 작품이 창작되었다.

김정은 시대는 해외 합작 영화제작에 적극적이다. 합작영화 중 가장 대중적 인기가 있었던 〈김동무는 하늘을 난다(Comrade Kim Goes Flying)〉는 북한 최초로 영국 벨기에와 합작하여 제작한 영화다. 〈조선4·25예술영화촬영소〉에서 2012년 제작하였다. 2012년 평양국제영화제 최고 감독상을 받은 이후, 대형 작품이 없다.

드라마는 주로 지도자 가계의 업적과 지도자와 함께 투쟁에 참가한 인물들이 의식적으로 성장하는 이야기를 다룬다. 가정과 학교에서 조직 생활을 통해 수령관과 집단주의적 의식을 고취하는 〈2학년생들〉이 대표작이다. 경제 분야 주제도 중요하게 다룬다. 대표작으로 8부작의 〈수업은 계속된다〉를 들 수 있다. 최근 제작된 드라마로는 2018년에 제작된 〈임진년의 심마니들〉이 있다. 일본의 탐욕에 맞서 개성 인삼을 지키는 조선 심마니들의 이야기이다. 이전 드라마보다 이야기 전개가 빠른 것이 특징이다.

연극은 정권 초기 소련예술 수용을 강령으로 삼았다. 그 후 1960년대 들어서는 천리마 운동과 관련된 것을 창작의 주제로 삼았다. 〈붉은 선동원〉이 대표적 작품이다. 1970년대부터는 연극에 음악 무용 등을 가미한 연극을 만들어 공연했다. 대표적 작품으로는 〈성황당식〉, 〈혈분만국회〉,

〈딸에게서 온 편지〉 등이 있다.

김정은 시대 작품은 혁명연극의 재공연을 통해 혁명연극을 지도한 김정일을 기억해내고, 이를 김정은과 연결하는 '기억의 문화정치'를 전개하는 것이다. 경제를 주제로 하는 작품도 김정은 초기부터 꾸준히 제작되고 있다. 어획량을 늘리기 위해 고군분투하는 젊은이들의 이야기인 〈향기〉는, 김정은의 수산사업소 방문과 북한 당국의 주민 생활 향상 지침을 선전하기 위해 창작된 작품이다.

북한은 2020년 12월 4일 「반동사상 문화배격법」을 제정했다. 외부 사상, 외부 문화 유입에 대해서는 과거보다 강력하게 처벌할 수 있는 규정을 만든 것이다. 반사회주의, 비사회주의 문화에 대해서는 강력히 처벌하겠다는 내용을 청소년교육에 활용하고 있다. 가극 〈영원한 승리자〉와 연극 〈멸사복무〉는 이러한 내용으로 제작되었다.

3. 언론

* 신문 - 〈로동신문〉 당 기관지
* 기관지 – 〈민주조선〉 내각 기관지, 〈청년전위, 사회주의애국청년동맹 기관지
* 지방지 – 〈평양신문〉 도별 당 위원회 발행 외 2개
* TV – 〈조선중앙TV〉〈만수대텔레비젼〉, 〈용남산텔레비젼〉, 〈체육텔레비젼〉
* 라디오 – 〈조선중앙방송〉, 〈평양유선방송〉, 〈평양방송〉

가. 신문

신문은 모두 기관지다. 당과 내각, 각종 단체나 문화·예술·선전·조직에서 발간하는 공식 매체이다. 모든 신문은 노동당 내 선전선동부 신문과의 감시 감독을 받는 동시에 내각의 출판총국 신문과의 행정지도를 받아 제작·발간된다. 대표적 중앙지로는 노동당 기관지 〈로동신문〉, 내각 기관지 〈민주조선〉, 사회주의애국청년동맹 중앙위원회 기관지 〈청년전위〉 등의 3대 신문이 있다.

〈로동신문〉은 노동당 중앙위원회의 기관지다. 1945년 11월 1일 '정로'라는 제호로 출발했다. 1946년 9월 1일 신민당 기관지인 '전진'을 통합하여 현재의 〈로동신문〉으로 개칭했다. 대내외 주요 현안과 사건이 발생했을 때 북한 정권 입장을 대변한다. 기본 임무는 ① 당 노선과 정책 해설 ② 사회와 인간을 혁명적으로 개조 ③ 당 조직 강화와 유일사상 체계 확립 등이다.

편집 최우선 순위는 수령 행적이다. 그다음은 정치, 교양, 경제, 문화,

남한 정세, 국제 정세 순이다. 총 6면 내외로 발행된다. 특별한 사건을 다룰 때는 총 10면까지 발행하기도 한다. 김일성·김정일·김정은 관련 기사는 통상 1면으로 편집한다. 수령의 이름이나 교시 내용은 다른 글자보다 크고 진하게 표기한다. 철저한 검열을 거쳐 국가기관, 당원 등에 한정하여 배포한다.

〈민주조선〉은 내각 기관지이다. 1945년 10월 평안남도 인민위원회 기관지 〈평양일보〉로 출발했다. 1946년 6월 북조선 임시인민위원회 기관지 〈민주조선〉으로 창간했다. 그 후 1947년 2월 다시 북조선인민위원회의 기관지로 바뀌었다가 1948년 9월 현재의 위치로 고정되었다. 주요 기능은 행정 실무 현안을 주로 다룬다. 주 6회 발행된다. 정책 결정 내용, 정령 법령 등을 상세하게 취급한다. 편집은 〈로동신문〉과 같이 1면과 2면에 수령 정치 지도 동향과 사진, 이들에게 보내온 외국의 축전이나 편지 내용, 우상화 선전 시 수필 등을 게재한다. 통상 4면으로 제작된다. 화요일 및 금요일과 특별한 날 등은 6면으로 증면된다.

〈청년전위〉는 사회주의애국청년동맹의 기관지다. 1946년 1월 17일 '북조선민주청년동맹' 창립과 함께 『민주청년』이라는 이름으로 시작했다. 1996년 〈청년전위〉로 개칭되었다. 세대 간 차이가 벌어지고 있는 시대에 맞춰 청년층에 대한 사상적 단속을 염두에 두고 만든 일간지다. 청소년 대상 주체사상 학습, 당의 노선과 정책을 선전, 김일성 김정일 김정은에 대한 충성 교육을 임무로 한다.

지역 신문으로는 평양시 당 위원회 기관지 〈평양신문〉를 비롯하여 도별 당 위원회가 발행하는 12개의 지방지가 있다. 북한군 기관지는 〈조선인민군〉이 있다. 해외홍보용 신문은 〈The Pyongyang Times〉다. 기관별로 발행하는 신문은 격일간이나 주간지로 발행된다. 부수도 많지 않다. 기사

종류는 당의 노선과 정책을 다루는 사설, 사상적 사회정치적으로 중요한 내용을 밝히는 논설, 김일성 김정일 교시나 공동사설을 쉽게 풀이한 해설, 정치문제의 의미를 다루는 정론, 정치적 문제를 분석하고 평가하며 주장하는 논평, 단평, 정세 해설, 사론, 단론, 관평, 덕성기사, 영도기사 등 총 29가지가 있다.

나. 방송

방송은 내각 소속인 조선중앙방송위원회의 지도하에 운영한다. 신문과 같이 당 정책과 국내외 정세를 대내외에 선전 보도한다. 사업 체계는 방송 업무 자체를 지도 조정하는 당과 방송국의 시설 기재 관리 및 사무를 담당하는 내각으로 이원화되어 있다. 조선중앙방송위원회는 방송 업무를 계획 총괄한다. 산하에 각 도(직할시) 방송위원회가 있다. 그 아래에 군 방송위원회가 있다. 하부기관으로 유선방송 중계소가 있다. 방송위원회 중앙조직은 라디오총국, 텔레비죤 총국, 문예총국 등이다.

〈조선중앙텔레비죤(조선중앙TV)〉을 1999년부터 태국 통신 위성 '타이콤 5'를 통해 아시아와 아프리카, 유럽 일부 지역 등으로 송출한다. 2015년부터는 '인텔샛'을 통해 미주 지역에 송출하고 있다. 2015년 2월 9일부터는 '조선중앙텔레비죤' 위성 방송을 디지털 고화질HD로 전환하였다.

라디오는 북한 주민을 대상으로 하는 매체로 〈조선중앙방송〉, 〈평양유선방송〉이 있다. 대남방송 매체는 〈평양방송〉이다. 이외 러시아어, 영어, 프랑스어, 중국어, 일본어, 아랍어 등 외국어로 서비스하는 대외 방송이 있다. 〈조선중앙방송〉은 1945년 10월 14일 김일성의 '조국개선 환영 평양시 군중대회'를 중계 방송하면서 출발했다. 1967년 제1중앙방송(대내)과 제2중앙방송(대남 및 대외)으로 분리됐다가 1972년 제1중앙방송은 조선

중앙방송으로 개칭되었다.

〈평양방송〉은 1967년 조선중앙방송에서 떨어져 나와 제2중앙방송으로 출발했다. 1972년 11월 '평양방송'으로 개칭되었다. 뉴스는 〈노동신문〉 등 관영 매체의 보도, 사설, 논평, 논설 등을 인용 보도한다. 1989년부터 개설된 〈평양FM 방송〉은 대남 선전용 방송으로 북한의 혁명 가곡과 외국 클래식 음악을 방송한다. '제3방송'으로 불리는 독특한 유선방송도 있다. 북한의 전 가구를 유선 방송망으로 연결하여 스피커를 통해 당국의 메시지를 전달하는 역할을 한다.

TV는 〈조선중앙텔레비죤〉을 비롯하여 〈만수대텔레비죤〉, 〈용남산텔레비죤〉, 〈체육텔레비죤〉 등이 있다. 〈조선중앙텔레비죤〉은 1963년 '평양방송국'으로 개국했다. 1970년 '조선중앙텔레비죤'으로 명칭을 바꾸었다. 1974년 김일성 62회 생일을 계기로 컬러 방송을 시작했다. 1999년 노동당 창당 54주년을 맞아 위성 방송을 시작했다. 개시 시간은 평일(월~토)에는 17:00시, 일요일과 명절에는 09:00시다. 2013년 8월부터 평일 15:00시, 일요일과 명절에는 09:00시로 변경했다. 주요 프로그램은 김일성 김정일 김정은 우상화다. 특징은 영화나 연극을 녹화하여 방송하는 것이다. 최근에는 체육 프로그램을 증가하여 편성하는 경향이다. 이외 트위터, 유튜브, 페이스북, 인스타그램 등 SNS에도 30여 개의 계정을 운영하고 있다.

4. 의식주[112]

* 1990년대 이후 심각한 경제난을 겪으면서 북한당국이 시장에서의 상거래를 묵인하고 있다.
* 2002.7월부터 경제관리 시행 개선조치에 따라 부업으로 일정한 밭의 경작을 허용하고 있다.
* 개인적으로 의식주 생활을 해결하기 시작했다.

북한은 사회주의 사회로서 노동력을 제외한 생산수단은 원칙적으로 오직 국가 혹은 협동단체만이 소유하며 개인은 생산수단을 소유할 수 없는 사회다. 생산수단이 집단적으로 소유될 뿐 아니라 거기서 파생되는 모든 생산물은 공동의 소유가 된다. 의식주 등 생필품은 일정한 원칙에 따라 분배되고 소비된다. 그러나 북한 당국은 실질적으로 주민들의 계층에 따라 의식주 및 기타 생필품을 차별적으로 공급해왔다.

또한, 1990년대 중반 이후 심각한 경제난을 겪으면서 북한 당국이 시장에서의 상거래를 묵인하고 있다. 2002년 7월부터 시행된 '경제관리 개선조치'에 따라 부업으로서 일정한 밭(부업 밭)의 경작을 허용하고 있다. 의식주 생활을 개인적으로 해결하기 시작했다.

가. 의복

배급제도는 의생활 분야에 오랫동안 적용했다. 일반적으로 중앙 공급 대상자와 일반 공급 대상자로 나누어 중앙 공급 대상자는 고급 모직물을 받고 급수가 낮아질수록 일반 모직이나 그보다 질이 나쁜 옷감을 받았다.

털모자, 면장갑, 셔츠, 블라우스, 스타킹 같은 보조 의복들은 공급 대상 품목이 아닌 경우에는 개인적으로 구하고 있다.

지금도 국영상점에서 의류와 생필품을 공급받거나 구매할 수 있지만, 양이 충분하지 않고 질도 떨어지기 때문에 대다수 북한 주민은 시장을 이용한다. 또한 최근 몇 년 사이에 평양을 중심으로 백화점 외화상점에서의 의류 구매 비중이 늘고 있으나 이는 어디까지나 부유층에 한정된 사례다.

나. 식

식량의 경우, 노동자와 사무원이면 월 2회 식량 배급표에 준한 식량 배급, 월 급여(생활비)를 받아 생활했다. 농민은 1년에 1회 현물 분배와 현금 분배를 받아 생활했다. 협동농장 농민의 경우, 국가를 거치지 않고 협동농장에서 자체적으로 식량을 분배받았다. 도시 노동자들이 배급에 상대적으로 더 많이 의존했다. 경제난 이후 북한 당국은 배급 대상을 당 국가 기관 종사자, 교사, 군인 등으로 축소했다. 제조업, 서비스업 등에 종사하는 노동자들은 공장 기업소가 국가로부터 식량을 구매하도록 식량 공급 체계를 바꿨다.

이러한 노력에도 불구하고, 북한 당국이 2015년에는 114만 7천 톤, 2018년에는 148만 6천 톤의 식량이 부족했다고 인정했을 정도로 아직도 북한 사회의 식량 사정은 좋지 않은 편이다. 김정은도 2021년 6월 당 중앙위원회 전원회의에서 "인민들의 식량 형편이 긴장해지고 있다."라며 식량 부족을 공개적으로 인정하며, 농사를 "당과 국가가 최중대시하고 최우선적으로 해결해야 할 전투적 과업"으로 정했다.

식량이 부족한 상황에서 배급 체계가 평양 시민과 일부 군부대 등 특수계층에 집중되었기 때문에 북한 주민들은 스스로 식량을 마련할 수밖에 없게 되었다. 농촌 지역에서는 텃밭과 뙈기밭 등 사(私) 경작지를 가꾸거나 돼지나 염소를 키우는 농민도 증가했다. 도시 주민들도 텃밭을 보유하기도 하지만 주로 장마당에서 구매한다. 두부밥, 인조고기 등 장마당에서 음식을 사는 경우도 흔해졌다.

다. 주

북한 주민의 주거 생활에도 역시 배급제가 적용된다. 북한 정권이 지어서 배정해 준 주택에서 사용료를 내고 임대 형식으로 사는 것이 과거 북한 주민의 일반적인 주거 생활이다. 북한 주택의 소유권은 당국이며 주민들은 배정받은 주택에서 입사증을 받고 임대료(사용료)를 내며 생활할 수 있는 권한만 부여받는다. 주택 배정은 직장과 직위에 따라 주택 유형, 평수가 서로 다르게 배분된다. 평양시를 제외한 지방의 일반 노동자 등 주민은 대부분 11평 정도의 일자형 다가구 주택인 일명 하모니카 주택을 배정받는 경우가 많다. 농민의 경우 농촌 문화주택을 배정받아 거주한다.

2016년 유엔인구기금(UNFPA)과 북한 중앙통계국이 공동으로 발간한 「2014년 북한의 사회경제, 인구통계, 보건 조사」에 따르면 북한 주민의 주거 유형은 연립주택 42%, 단독주택 33%, 아파트 25% 순서로 나타나지만, 평양의 경우 62.9%의 주민이 아파트에 거주하여 지역별 차이가 있는 것으로 나타났다.

현재도 김정은의 업적으로 "살림집 건설"을 선전하고 있지만, 경제난 이후에 시장화가 진전되고 국가가 주택을 제대로 공급하지 못하게 되면서 주거 생활이 바뀌고 있다. 북한 사회에서 금지된 개인 간 주택 매매가 이루어지는 것이다. 예를 들어 장사 밑천이 필요하거나 장사에 실패한 사람들, 식량 확보가 절실한 사람들은 북한 정권 소유 주택을 비합법적으로 매매한다.

 이러한 비합법적 주택 매매는 '살림집리용허가증(입사증)' 발급 권한을 가진 부서의 간부들, 전문 부동산 중개인 등을 통해 이루어지고 있다. 북한이탈주민들은 이러한 주택 매매가 2000년대 중반 이후부터 활성화됐다고 증언하였다.

 유엔인구기금(UNFPA)의 '2008년 북한 인구총조사 보고서'에 따르면 북한에서 가장 일반적인 주거 형태는 방 두 칸의 50㎡(15평)~75㎡(23평) 연립주택인 것으로 나타났다. 또 100㎡(32평) 이상 주택은 전체의 1.9%, 방 4개 이상은 1.1%에 불과했다. 전체 주택 5,887,000여 가구 중 43.9%인 2,584,000여 가구가 연립주택이다. 다음은 단독주택 1,988,000여 가구(33.8%), 아파트 1,261,000여 가구(21.4%) 순이었다. 농촌에서는 전체 2,307,000여 가구 중 단독주택이 59.4%(1,371,000여 가구)였지만, 도시에서는 3,579,000여 가구 중 49.5%(1,773,000여 가구)가 연립주택, 32.5%(1,164,000여 가구)가 아파트였다. 특히 평양시의 경우 813,000여 가구 중 54.6%인 444,000여 가구가 아파트였다.

 크기에서는 73.5%인 4,325,000여 가구가 50㎡(15평)~75㎡(23평)였고, 100㎡(32평) 이상은 1.9%(112,000여 가구)에 불과했다. 방수는 2개인 경우가 64.7%(3,808,000여 가구)였고, 4개 이상은 1.1%(61,800여 가구)에 그쳤다. 집 안에 수세식 화장실을 갖춘 경우는 3,434,000여 가구(58.33%)였고 나머지는 재래식이나 공용화장실이었다. 재래식 화장실을 쓰는 비율은 농촌에서 특히 높아 전체 2,307,000여 가구 중 51.4%(1,186,000여 가구)나 됐다.

 또 석탄과 나무로 난방을 하는 비율이 매우 높아, 도시의 3,579,000여 가구 중 64.3%(2,300,000여 가구)가 석탄을, 농촌에서는 2,307,000여 가구 중 75.3%(1,738,000여 가구)가 나무를 썼다.

5. 직장 생활[113]

* 가장 핵심적 판단기준인 성분과 당성의 정치적 기준에 의해 직장배치(간부, 노동자로 구분)
* 간부–도·시·군 간부부에서 시행, 대상으로는 대졸자, 국가사무원, 노동현장에서 당성이 높은
* 노동자 – 인민위 노동과에서 일률적 배치, 본인의 희망, 소질, 능력은 부차적이고 다른 직장으로 이동이 힘들어 평생 직장이 됨

북한에서의 직업 선택은 본인의 의사보다는 당과 행정기관의 통제에 의해 이루어진다. 북한 주민의 직장 배치는 부문별 수요에 따라 중앙의 총체적인 계획으로 이루어진다. 북한은 당국은 주민들이 싫어하는 업종에 제대군인이나 졸업생들을 집단 배치하기도 한다.

직장 배치에서 가장 핵심적인 판단기준은 성분과 당성이라는 이른바 정치적 기준이다. 직장 배치와 사회적 지위를 결정하는 또 하나의 부차적 기준은 실무적 기준이다. 이는 직무 수행 능력이다. 학력, 자격, 실무 능력, 활동력, 근무년수, 근무평점 등이 고려된다. 특히 이 가운데 학력은 사회적 신분 상승의 주요한 수단이지만, 입학 단계부터 엄격한 심사와 규제를 받기 때문에 동요 계층이나 적대 계층 등 북한 사회 내 낮은 계층의 사람들이 성분을 뛰어넘어 사회적 지위와 보수가 높은 직업 및 직장에 진출하기는 사실상 어렵다.

직장 배치는 일반적으로 간부와 노동자로 구분된다. 간부는 도·시·군·당(리당 포함)·간부부에서 한다. 대상은 대학 졸업자, 국가사무원, 노동 현장에서 충실성과 당성이 높은 노동자 등이다. 노동자의 경우는 각 도·시·군(리

포함) 인민위원회 노동과에서 일률적으로 배치한다. 이와 같은 직장 배치의 경우 본인의 희망, 소질, 능력은 부차적이며, 북한 정권이 배치한 생산 현장으로부터 다른 직장으로의 이동은 사실상 힘들게 되어 있어 처음 배치된 직장이 평생직장으로 되는 것이 대부분이다.

한편, 경제난을 심하게 겪으며 주민들의 직업 선호도 변화하고 있다. 이전 시기에는 당 행정관료 등의 직업을 선호했으나 현재는 북한 주민들 사이에 물질주의적 가치관이 확산하면서 외화벌이가 가능한 외교관, 무역일꾼, 외항선 타는 선원, 부수입이 많은 서비스업 부문에 배치되기를 선호하는 경향이 높아지고 있는 경향이다.

또한, 북한에서는 직장에서 보수가 일정하지 않거나 제대로 지급되지 않아서 노동자들이 형식적으로 출근만 하고 사적 경제행위를 하는 경우가 많다. 해외 파견 노동자의 경우 직종에 따라 차이는 있으나 하루 10시간부터 심한 경우 17시간까지 과도한 노동에 시달리고 있다. 보수도 국가계획분과 회사운영비 등을 제하고 나면 실제로 받는 대가는 매우 적다. 소득의 80%를 계획분으로 내는 실정이다. 아울러 해외 파견 노동자들에 대해서도 북한에서와 같이 사생활 감시와 통제가 이루어지고 있다.

6. 노동[114]

* 북한 노동법 "국가는 근로자들의 노동생활 조직에 8시간 일하고, 8시간 쉬고, 8시간 학습하는 원칙을 철저히 관철한다"로 되어 있다.
* 실제 노동 현실은 과업의 초과 달성을 위해 천리만 운동 등 정해진 시간 이상으로 노동력을 착취했다.
* 현재도 '돌격대, 결사대' 등 조직으로 노동력 동원이 지속 되고 있다.

　북한의 「사회주의노동법」은 노동의 개념에 대해 "사회주의하에서 노동은 착취와 압박에서 해방된 근로자들의 자주적이며 창조적인 노동"이다. "모든 물질적 및 문화적 재부의 원천이며 자연과 사회와 인간을 개조하는 힘 있는 수단"이라고 정의하고 있다.(제1조, 제2조)
　이렇듯 북한은 헌법에서 천명하고 있는 사회주의적 노동 개념을 노동법을 통해 다시 한번 확인하고 있으며, 이념적으로 노동자의 나라를 표방하고 있다. 또한, 북한 노동법은 "국가는 근로자들의 노동생활 조직에 8시간 일하고, 8시간 쉬고, 8시간 학습하는 원칙을 철저히 관철한다."라고 규정하고 있어 8시간 노동조건을 원칙으로 하는 것처럼 보인다.

　그러나 실제 노동 현실은 이와 다르다. 북한은 노동사업을 일별 월별 분기별로 계획화 해놓고 과업의 초과 달성을 위해 천리마운동, 3대혁명 붉은기쟁취운동, 속도전, 새로운 90년대 속도 창조 운동, 우리 시대 영웅의 모범 따라 배우기 운동 등과 같은 사회주의 노력 경쟁 운동을 벌여 정해진 시간 이상으로 노동력을 착취했다. 현재도 '돌격대', '결사대' 등을 조직하여 노동력 동원은 지속되고 있다.

한편, 사회주의헌법 제31조와 노동법 제15조에는 공민이 노동하는 나이는 16세부터로 규정하고 있는데, 이것은 12년제 의무교육제에 따라 15세까지가 의무교육 기간이다. 직업적인 노동에 참가할 수 없다는 점을 고려한 것일 뿐 실제 현실과는 거리가 멀다. 북한은 노동자뿐만 아니라 학생들을 대상으로 애국노동, 농촌지원 등의 명목으로 연간 4~14주에 걸쳐 무보수 노력 동원을 하고 있다.

7. 주민 통제[115]

* 사상 이념적 통제 – 어려서부터 죽을 때까지 의무적 정치사상 교육을 통해 시행된다.
* 정치 조직적 통제 – 생애 과정에서의 조직 생활을 통해 사상 투입과 주민 생활 통제와 노동력 동원

가. 사상 이념적 통제

북한의 사회통제방식은 정치사상 교육을 통해 이루어진다. 이를 통해 인간 본연의 자율적 속성보다 지도자에 대한 절대적 충성의식·통치이념 체제 동조 의식이 고착되도록 한다. 북한의 사상 이념적 통제는 어려서부터 죽을 때까지 의무적으로 받아야 하는 정치사상 교육을 통해 시행된다. 이 과정에 인간 본연의 자율적 속성은 배제되고 지도자에 대한 절대적인 신격화, 체제 동조 의식이 내면화 되게 된다.

탁아·유치원의 조기교육단계에는 우상화 교육을 통해 사상 이념적 통제가 이루어진다. 이 단계에서는 지도자에 대한 우상화와 체제에 대한 절대적인 자긍심, 체제 수호 정신 함양이 기본으로 주입된다. 우선 탁아소와 유치원 어린이들에게 지도자의 은혜를 주입하는 감성교육이 이루어진다. 각자 본인에게 주어지는 모든 것(점심·간식·과자 등)이 지도자가 베풀어 준 것이며, 지도자가 없이는 이러한 혜택이 없음을 반복적으로 인식시켜 절대적인 우상 심리를 갖게 하는 것이 이 단계 사상 이념적 통제의 목적이다.

학교 입학 이후 소학교 초급중학교 과정에서는 사상 이념적 통제가 더욱 심도 있게 진행된다. 전체 교과목의 10~30%는 정치사상 과목으로 지정하여 교육한다. 학교생활 준칙을 제시하여 아침 독보시간, 오후 방과 후 시간, 조직 생활총화 시간에 사상이념이 주입되도록 규제하고 있다. 학교 교육과정에서의 사상 이념적 통제는 우상화, 애국주의, 반제계급교양, 북한식 통일교육 내용을 주입하는 교육과정이다. 특히 지도자를 신격화하기 위한 교육에서는 왜곡된 역사적 내용이 주입되고 있다.

학교 졸업 이후 사회생활과정(대학, 군대, 직장 등)에서 시행되는 사상이념적 통제는 정기적으로 진행되는 매주 1회 정치사상학습, 매월 2회 강연회 참석에 대한 통제로 이루어진다. '김일성-김정일주의' 통치이념의 정당성, '당의 유일적 영도체계 확립의 10대 원칙' 준수, 혁명적 수령관 조직관 인생관 등 3관 정립의 필요성을 각인시켜 가치관과 의식구조가 지도자와 체제에 맞게 변형되도록 만들고 있다.

북한의 사상 이념적 통제는 가정에서의 정치사상 교육까지 포함한다. 이는 부모의 충성 의식, 계급의식 등이 가정교육을 통해 어려서부터 자녀에게 투영되는 과정이다. 북한은 '가정 혁명화'의 일환으로 이러한 사회통제를 시행하고 있다. 경제난 이후 주민의 자립적 생존방식 고착, 시장 확산에 의한 외부 사조 유입, 주민 가치관 변화로 가정에서의 사상교육은 효율성이 현저히 낮아져 사상 이념적 통제의 효과는 점차 저하되고 있다.

북한이 사상 이념적 통제를 중시하는 이유는 주민을 '주체형의 새 인간'으로 변형시켜 수령·당·대중의 통일체로서의 삼위일체(사회정치적 생명체) 및 사회주의 대가정(지도자는 아버지, 당은 어머니, 대중은 자녀)으로 결속시키려는 데 있다.

사상 이념적 통제는 김정은 위원장 집권 이후 사상 이반 및 외부 세계 동경, 체제 불신을 차단하기 위한 목적에서 더욱 강화되고 있다. 특히 김일성-김정일주의 이념 고취와 위대성 교양, 김정일 애국주의 교양, 신념 교양, 반제계급 교양, 도덕 교양 등 5대 교양 강화는 김정은 체제의 사상 이념적 통제의 핵심이 되고 있다.

나. 정치 조직적 통제

북한 주민생활의 가장 두드러진 특징은 생애 과정에 걸쳐 조직 생활이 일상화되어 있다는 점이다. 북한 당국은 조직 생활을 통해 북한 주민에게 당국의 사상과 지향을 주입하고 주민 생활을 통제하며 노동력을 동원해 왔다. 경제난과 시장화 진전, 개인주의 확산 등으로 인해 조직 생활 참여도가 과거와 같지는 않다. 그래도 북한 당국은 통치 안정, 집단주의 유지, 경제적 동원 등을 위해 여전히 조직 생활을 강조하고 있다.

북한 어린이는 부모가 직장에 다니면, 탁아소에서 생애 첫 집단생활을 하게 되고, 정규 교육과정에 들어가면 공식 조직에 의무적으로 가입해야 한다. 북한 주민의 공식 조직 생활은 소학교 2학년(7세) 소년단 입단으로부터 시작하여 13세까지 한다. 소년단 입단식은 김정일 생일(2월 16일)과 김일성 생일(4월 15일), 소년단 창건 기념일(6월 6일) 등 연 3회에 걸쳐 진행된다. 소년단원의 징표는 빨간 넥타이와 소년단 휘장이다.

북한 청소년은 14세가 되면 사회주의애국청년동맹(이하 '청년동맹')에 가입한다. 청년동맹 가입은 소년단 입단 과정과 유사하지만 더 복잡하고 까다로운 절차를 거친다. 청년동맹에 가입할 때도 소년단에 입단할 때와 마찬가지로 먼저 학급의 추천을 받아 학교 단위인 초급단체의 심의를 거치지만 추가적으로 시(군·구역) 청년동맹위원회의 심의를 거쳐야 한다. 고급중학교를 졸업하고 18세가 되면 노동당에 가입할 수 있다. 소년단과 청년동맹은 연령에 따라 의무적으로 가입하는 조직이다.

로동당원은 직장과 지역에 따라 5~30명 단위로 당세포를 구성하고, '특수한 경우'에는 당원이 3~4명 있거나 30명이 넘어도 당세포를 조직할 수 있다. 당원은 세포비서 지도를 받으며 당원으로서 활동한다. 당세포는 노동당의 기층조직으로 당의 조직 생활과 정책 수행의 최소단위다. 입당하려는 사람은 입당청원서와 당원 두 사람의 입당보증서를 소속 당세포에게 제출한다. 당세포 총회에서 입당 문제를 심의해 결정을 채택한 뒤 시 군 당위원회의 비준을 받아야 한다. 정식 당원이 되기 위해서는 대체로 후보 당원 2년을 거쳐야 한다. 후보 당원이 2년을 채우면 당세포 총회에서 정식 입당 문제를 심의 결정한다.

31세 이상 직업을 가진 노동자와 사무원은 조선직업총동맹 구성원으로서, 협동농장 농민은 조선농업근로자동맹 구성원으로서, 전업주부 여성은 조선사회주의여성동맹 구성원으로서 조직 생활에 의무적으로 참여하게 된다. 조직 생활에 참여하는 주민은 주별 월별 분기별 및 연말에 생활 총화를 한다. 생활 총화는 주로 10~15명 정도 인원이 참가하며, 조선노동당에서는 당세포, 근로단체에서는 초급단체 혹은 분조로 나누어져 실시한다.

경제난을 거치며 북한 주민들 사이에 자립적 생존방식이 늘어나고, 시장 경제 확산 등으로 외부 문화가 유입되면서 북한 체제에 불신을 표출하는 추세가 나타나고 있다. 이와 관련해 북한 당국은 주민 대상 체제 이탈 및 반사회주의 비사회주의 현상에 대한 통제를 강화하고, 정치사상 교양 및 조직 생활 통제를 통해 외부 세계 동경이나 체제 불신을 차단하려는 교양교육을 강조하고 있다.

우선 사회주의애국청년동맹을 중심으로 청년세대 조직 생활, 청년세대에 대한 정치사상 교양 등을 강화하고 있다. 당 규약 서문에 "청년운동 강화"를 "당과 국가의 최대의 중대사, 혁명의 전략적 요구"라고 명시했다. 또한 2020년 12월 최고인민회의 상임위원회에서 「반동사상 문화배격법」을 채택해 반사회주의·비사회주의 사상 문화 유입·유포에 대한 대응과 처벌 수위를 전반적으로 높였고, 2021년 9월 최고인민회의에서 「청년교양보장법」을 채택하는 등 사상 교양에 매진하는 중이다.

8. 범죄자 처벌[116]

* 북한 형법상 형벌의 종류
  사형, 노동형, 선거권박탈형, 재산몰수형, 자격박탈형, 자격정지형
  〈노동형 중 노동교화형〉 남한의 징역형과 비슷,
  〈노동단련형〉 남한의 사회봉사명령제도와 비슷

북한의 주요 사회적 범죄는 과거 주로 권력형 범죄였다. 권력형 범죄는 뇌물수수 등 권력을 이용하여 저지르는 범죄 등을 의미한다. 하지만 최근 북한도 시장 경제가 사회 전반에 확산하자, 경제 범죄 등이 크게 늘고 있다. 경제 범죄는 사회주의 경제 체제를 위반하고 불법적으로 금전적인 이득을 취하는 활동으로 절도죄, 밀수죄 등이 있다.

북한은 표면적으로 무법적인 인민재판의 존재에 대해 부정하면서 죄형법정주의를 표방하고 있다. 이에 북한의 형법에서는 형벌의 종류를 사형, 노동형, 선거권박탈형, 재산몰수형, 자격박탈형, 자격정지형 등으로 구분하고 있다. 노동형 중 노동교화형은 남한의 징역형과 비슷하며, 노동단련형은 남한의 사회봉사명령제도와 유사한 형벌이다.

대한민국은 범죄자 격리에 중심을 두는 데 비해 북한은 범죄자의 노동력 제공에 중점을 둔다. 그래서 북한에서는 대다수 범죄를 노동형으로 처벌하고 있다. 하지만 반국가 및 반민족 범죄, 사회주의 질서를 침해한 범죄, 생명이나 재산을 침해한 강력 범죄 등에 대해서는 그 죄질에 따라 처벌을 강화하고 있다.

북한 주민 중 중대한 정치범죄에 연루된 사람들은 여전히 재판이나 사법 절차 없이 '정치범수용소(관리소)'로 감금된다. 그곳에서 그들은 독방에 갇히며, 가족은 그들의 생사조차 확인할 수 없다. 예전에는 연좌제에 따라 북한 당국이 정치범의 가족 모두(조부모 및 3대를 포함)를 정치범수용소로 보냈다. 북한 당국은 정치범수용소 존재를 부인하지만, 전직 경비병, 수감자 및 수용소 인근 거주자 증언, 위성사진 등을 통해 존재를 확인할 수 있다.

제7장 많이 한 질문 10개

① 죽은 김일성이 지금도 북한을 통치하나
② 쿠데타 가능성은
③ 최고사령관·국무위원장·당 중앙군사위원장 관계는
④ 건군절과 선군절 차이는
⑤ 뇌물 등 부조리 실태는
⑥ 혁명열사릉과 애국열사릉 차이는
⑦ 장마당과 장마당 세대의 특징은
⑧ 북한군 수뇌부 인사 특징은
⑨ 김정은 사망 시 누가 권력을 세습할까
⑩ 이승만 대통령은 친일파를 등용했고, 김일성은 친일파를 청산했나

1. 죽은 김일성이 지금도 북한을 통치하나?

* 김일성 태어난 1912년을 북한 역사 원년으로 정하여 주체 연호를 사용하고 있다. 김일성은 비록 죽었지만 여전히 북한을 다스리는 독재자다.
* "김일성은 곧 김정일이며 김정일이 있는 곳에 김일성이 살아있으며, 김일성은 김정일을 통해 영생하고 있다"고 김일성 사후 12일 후 김일성 추도회의 모든 연설자들

결론부터 말하면 북한은 지금도 죽은 김일성의 권능(權能: 권세와 능력)을 빌려 통치하는 신정체제(神政體制: 신의 대변자인 사제가 지배권을 가지고 종교적 원리에 의하여 통치하는 정치행태) 사회다.

북한을 말하면서 빼놓을 수 없는 인간이 김일성이다. 북한은 김일성 생일을 1974년 4월부터 북한 최대의 명절로 지정했다. 김일성이 죽은 후 3년 상이 끝난 1997년 7월 김일성 생일을 태양절로 정했다. 그리고 김일성이 태어난 1912년을 북한 역사 원년으로 지정하여 주체 연호를 사용하고 있다. 김일성은 비록 죽었지만, 여전히 북한을 다스리는 독재자다.

먼저 김일성이 누구인지부터 살펴본다. 김일성은 1912년 4월 15일 평안남도 대동군 고평면 남리(현재의 만경대)에서 3형제(김성주, 김영주, 김철주)의 장남으로 태어났다. 그의 집안은 지주 집안 묘지기였다. 본명은 김성주(金成柱)다. 아버지는 김형직이고, 어머니는 강반석이다. 두 사람 모두 개신교 신도였다. 김형직은 김성주가 태어났을 때 평양의 개신교 학교 숭실중학교 학생이었다. 김형직은 훗날 '명신학교' 교사를 지냈다. 어머니 강반석 역시 독실한 개신교 집안 출신이었다. 그녀의 아버지 강돈욱은 교회

장로였다. 딸 이름을 예수가 붙여준 12명의 사도 대표인 베드로의 이름을 따서 반석이라고 지었다.[117]

김성주는 김일성 이름을 도용했다. 진짜 김일성은 두 명이다. 일제 강점기 때 전설의 항일 영웅 김일성(金日成) 장군 이야기가 사회에 널리 퍼져 있었다. 김일성(金日成) 장군은 많은 무용담과 일화를 남겼지만, 정확한 신원은 알려지지 않았다. 성균관대 이명영 교수는 1974년 김일성(金日成) 열전을 출간했다. 이명영 교수는 이 책에서 김일성은 가공의 인물이 아니라 실존했던 두 명으로 결론을 지었다. 첫 번째 인물은 함경남도 단천 출신의 의병장 김일성(金一成)이다. 이 인물의 본명은 김창희(金昌希)다. 다음은 이명영 교수가 쓴 김일성 열전에 나오는 김일성(金一成) 자료다.

> 김일성(金一成) 장군의 무용담이라 해서 전해지는 이야기는 다 쓸 수 없다. 그에 관한 기록으로는 애국동지회 편 '한국독립운동사(1956년 발생)'에 '김일성은 1888년 단천에서 출생했으며, 1907년에 기의(起義: 의병을 일으킴)하여 백두산을 중심으로 항일 활동하여 10년을 계속하다가 1926년에 전몰하다.'라고 쓰여 있다.
>
> 또 하나의 기록은 1968년에 출판된 함경남도지(咸鏡南道誌)에서도 볼 수 있다. 여기에는 '김일성(단천 출신), 1907년(丁未)에 의거(義擧)를 일으켜서 항일투쟁을 전개, 순몰(殉歿)하실 때까지 백두산을 중심으로 수십 차 일본군과 격전, 신출귀몰하는 전법으로 많은 전과를 거두어 일인들의 간담을 서늘하게 하였다. 1926년(丙寅)에 민족 투쟁사에 찬란한 빛을 남기고 순몰하였다.'라고 적혀 있다. 이 기록은 전기(前記) 애국동지회의 기록과 같은 내용이다.
>
> 이상 모든 증언과 기록을 종합할 때 김일성 장군은 백두산 근거의 산악지대를 근거지로 해서 소부대유격대활동(小部隊遊擊隊活動)을 하다가 1920년대 후반기에 세상을 떠난 것이라고 이해할 수 있겠다.[118]

두 번째 인물은 대한민국 정부가 1998년 8월 15일 건국훈장 대통령장을 추서한 김경천이다. 김일성 장군에 대한 수많은 무용담과 일화에서 공통으로 거론되는 것이 '김일성(金日成) 장군은 일본 육사를 나왔고, 백마를 타고 다녔다.'라는 내용이다. 이러한 증언과 기록을 분석해 보았을 때 그 인물이 김경천이라는 것이다. 김경천은 일본 육사 23기다. 1909년 12월부터 1911년 4월까지 일본 육사에서 교육받았다. 본명은 김광서(金光瑞)다. 이명영 교수의 김일성 열전에는 김경천 관련 내용이 다음과 같이 기술되어 있다.

> 김광서는 만주로 망명해서부터는 김경천이란 별호를 썼으나, 노령(露領: 러시아)에 들어가서부터는 김일성(金日成)이란 이름을 썼다. 노령에서 김일성은 한인청년들을 묶어 항일무장운동을 벌였는데 그의 대원들은 노령 출신도 있었으나, 서북간도(西北間島) 출신이 더욱 많았다. 1920년에 있었던 일제의 간도 출병 후, 서북간도의 청년들은 많이 노령에 들어가 항일부대에 투신했었다. 김일성은 적군(赤軍: 레닌의 볼셰비키 군대)과 연합하여 시베리아에 출병해온 일군 및 그와 연합한 러시아 백군(白軍: 제정러시아 군대)을 상대로 많은 혈전을 벌였으며 때로는 적군 부대까지 휘하에 넣고 지휘하기도 하면서 한국 독립군의 용맹을 떨쳤다.[119]

이상의 자료를 근거로 판단해 볼 때, 북한 정권을 탄생시킨 김일성은 가짜 김일성이라는 결론에 도달한다. 김정은 할아버지 김일성은 김창희 또는 김경천 두 인물의 명성과 업적을 도용한 것이다.

김일성은 이름 도용을 넘어 스스로 혈통을 날조하여 우상화 작업을 했다. 증조할아버지 김응우(金應禹)는 남의 묘를 관리하는 묘지기였다. 그런데 그를 1866년 대동강에 들어온 제너럴셔먼호를 공격하여 침몰시킨 '반미운동의 선구자'로 만들었다. 평범한 촌부였던 할아버지 김보현(金輔鉉)과 할머니 이빈익(李寶益)을 '철저한 항일 애국 투사'로 왜곡했다. 아버지 김형직

(金亨稷)은 약종상(藥種商)을 하면서 두만강을 통해 만주를 왕래한 아편 밀매상이었다. 그런 그를 1917년 러시아 볼셰비키 혁명의 영향을 받은 '민족해방운동의 선각자'로 선전하고 있다.. 또한 김일성 어머니 강반석을 김형직이 3·1운동을 선도할 때 뒷바라지 한 혁명의 어머니로 말하고 있다.

북한 정권은 이러한 김일성을 법으로 신성불가침 대상으로 주민들이 섬기도록 하고 있다. 대표적인 법이 「금수산태양궁전법」이다. 김일성 김정일 시신을 보관하고 있는 금수산태양궁전에 대한 별도의 법을 만들어 관리하는 것이다. 주요 내용을 보면 다음과 같다. ① 금수산태양궁전은 주체의 최고 성지다(1조), ② 위대한 김일성 동지와 김정일 동지를 금수산태양궁전에 생전의 모습으로 영원히 높이 모신다.(2조) ③ 금수산태양궁전은 조선 민족의 영원한 성지로 대대손손 빛내인다.(5조) ④ 금수산태양궁전은 그 누구도 다칠 수 없는 신성불가침이다.(6조) 등이다.

또 다른 법은 「혁명사적사업법」이다. 김일성 김정일 김정은을 신격화하는 법이다. 관련 내용을 보면 다음과 같다. ① 혁명사적사업은 위대한 수령 김일성 동지와 위대한 령도자 김정일 동지 경애하는 김정은 동지의 영광 찬란한 혁명력사와 불멸의 혁명업적을 대를 이어 굳건히 옹호 고수하고 계승 발전시켜 나가기 위한 성스러운 사업이며 인민들을 주체의 혁명 전통으로 튼튼히 무장시키기 위한 영예롭고도 중요한 사업이다.(2조)

② 혁명사적은 그 누구도 다칠 수 없으며 신성불가침이다.(6조) ③ 전 사회적으로 혁명사적을 중시하고 우선시하는 기풍을 세운다.(7조) ④ 위대한 수령 김일성 동지와 위대한 령도자 김정일 동지의 동상을 최상의 수준에서 밝고 정중하게 모셔야 한다.(8조) ⑤ 절세 위인들의 현지 지도 로정과 교시, 말씀 내용, 혁명사적이 깃든 나무 바위 등은 혁명사적으로 등록하여 관리한다.(10~13조) 등이다.

이 「혁명사적사업법」에 의거 북한 전역에는 4m 이상 크기의 김일성 동상 500여 개, 석고상은 36,000여 개를 최상의 상태로 관리하고 있다. 대표적 사례를 보면 ① 1973년 4월 평양 만수대 언덕에 세워진 높이 21m의 김일성 동상에 순금 580kg으로 금박을 입힌 것과 ② 함흥 만세교 북쪽 강변에 있는 김일성 동상 위치가 낮다고 해서 함흥시민을 동원하여 총 8,000,000여 ㎡의 흙으로 동산 공원을 만들고 그 위에 김일성 동상을 다시 세운 사례 ③ 1965년 4월 인도네시아 '보고르' 식물원 방문 시 받은 자주색 꽃을 〈김일성 꽃〉으로 명명한 후, 북한 곳곳에 보급하여 관리하는 것 등이다.

1994년 7월 8일 김일성이 죽었다. 죽은 지 12일이 지난 7월 20일 김일성 광장에서 김일성 추도대회가 열렸다. 모든 연설자는 "김일성은 곧 김정일이며, 김정일이 있는 곳에 김일성이 살아 있으며, 김일성은 김정일을 통해 영생하고 있다."라고 토로했다.

김정일은 1994년 8월 14일 당 중앙위원회에서 "조선민주주의 인민공화국 국가주석은 어제도, 오늘도, 내일도 오직 김일성 한 사람뿐이다. 김일성은 사회주의 조선의 시조이고, 공화국의 영원한 국가주석이다. 그리고 나는 뼛속까지 빨간색이다. 나는 김일성이 백두산에서부터 개척해온 주체 위업을 끝까지 고수하고 완수해 나갈 것이다. 동무들은 나의 이 의지를 대내외에 분명히 알려라."라고 지시했다.[120] 그리고 죽은 뒤 3년간 이른바 '유훈통치'를 했다. '유훈통지'란 죽은 김일성이 김정일로 환생하여 통치하는 것이다.

북한 법령체계에서 가장 상위에 있는 「당의 유일적 영도체계 확립의 10대 원칙, 2021년 9월 개정」 제5조에 "위대한 김일성 동지와 김정일 동지의 유훈, 당의 로선과 방침 관철에 무조건성의 원칙을 철저히 지켜야 한다. 위대한 수령님과 장군님의 유훈, 당의 로선 방침을 무조건 철저히 관철하는 것은 당과 수령에 대한 충실성의 기본 요구이며, 사회주의 강성국가 건설의 승리를 위한 결정적 조건이다.

① 위대한 수령님과 장군님의 유훈, 당의 로선과 방침, 지시를 곧 법으로, 지상의 명령으로 여기고 사소한 리유와 구실도 없이 무한한 헌신성과 희생성을 발휘하여 무조건 철저히 관철해야 한다.
② 위대한 수령님과 장군님의 유훈, 당의 로선과 방침, 지시를 관철하기 위한 창발적 의견들을 충분히 제기하며, 일단 당에서 결론한 문제에 대해서는 한 치의 드팀도 없이 제때에 정확히 집행하여야 한다.
③ 당의 로선과 방침, 지시를 접수하고 집행 대책을 세우며 조직 정치 사업을 짜고들어 즉시에 집행하고 보고하는 결사관철의 기품을 세워야 한다.
④ 당의 로선과 방침, 지시 집행정혁을 정상적으로 총화하고 재포치하는 사업을 끊임없이 심화시켜 당의 로선과 방침, 지시를 중도반단함이 없이 끝까지 관철하여야 한다.
⑤ 당 문헌과 방침, 지시를 말로만 접수하고 그 집행을 태공하는 현상, 당 정책집에서 무책임하고 주인답지 못한 태도, 요령주의, 보신주의 패배주의를 비롯한 온갖 불건전한 현상을 반대하여 적극 투쟁하여야 한다. 라고 규정하고 있다. 최고 법으로 죽은 김일성이 북한을 통치할 수 있도록 한 것이다.

김정일도 2011년 12월 17일 죽었다. 김정은이 수령이 됐다. 김일성의 '유훈통치'는 위와 같은 법체계 속에서 계속되고 있다. 2020년 2월 8일 북한군 창설 열병식이 열렸다. 김일성이 통치하고 있는 구호가 나붙었다. '위대한 수령 김일성 대원수님은 영원히 우리와 함께 계신다.'이다. 죽은 자를 산 자로 만들었다.

김정은은 김일성 권위를 넘을 수 없다. 그래서 등장 이후 하나에서 열까지 김일성을 흉내 내고 있다. 김일성 이미지 정치가 그것이다. 김일성 모자, 김일성 머리, 김일성 옷차림을 비롯하여 김일성 목소리까지 그대로 모방하고 있다. 김정은은 2018년 트럼프 미국 대통령과 회담 시 "비핵화는 선대 수령의 유훈이다."라고 말했다. 현재 북한은 여전히 죽은 김일성이 다스리고 있다.

2. 쿠데타 가능성은?

제도적으로 군부에 의한 쿠데타, 민간에 의한 민중봉기 등에 의한 북한정권 붕괴는 사실상 불가능하다. 하지만 프룬제 사건과 6군단 사건을 통해 김정은 정권도 쿠데타로 무너질 수 있다는 관측이 나온다.

군 장병을 비롯하여 많은 사람은 ① 북한 주민이 굶어 죽는 등 경제 사정이 심각할 정도로 어렵고, ② 총참모장 등 군부 실세들이 강등과 혁명화 교육을 받는 등 수모를 당하고 있는데, ③ 왜 군부 쿠데타가 일어나지 않는가? 하는 질문을 하고 있다.

김정은 경호부대는 ① 보위국, ② 91수도방어군단, ③ 호위사령부 등이다. 촘촘한 경호망을 구성하여 지키고 있다. 김정은 경호부대를 제압하기 위해서는 최소 1개 군단 이상의 병력과 장비가 필요하다. 그런데 북한군은 말단 부대까지 총정치국과 보위국 요원들이 거미줄 같은 감시 통제체제로 지휘관 동향을 파악하고 있다. 대대장급 이상 지휘관끼리는 1:1 접촉을 할 수 없다. 접촉하려면 총정치국과 보위국 소속 요원에게 알려야 한다. 대대급 규모의 군사 반란도 사실상 불가능하다.

민간인은 「당의 유일적 영도체계 확립의 10대 원칙, 2021년 9월 개정」 제9조에 명시된 "당 중앙의 유일적 령도 밑에 전당, 전국, 전군이 하나와 같이 움직이는 강한 조직 규율들을 세워야 한다. (중략) ⑤ 개별적 간부들이 당, 정권 기관 및 근로 단체들의 조직적인 회의를 자의대로 소집하거나 회의에서 당의 의도에 맞지 않게 〈결론〉하며 조직적인 승인 없이 당의 구호를 마음대로 떼거나 만들어 붙이며 사회적 운동을 위한 조직을 내오는 것과 같은 비조직적인 현상들을 허용하지 말아야 한다."라는 규정을 준수해야 한다. 또한 생애 전 과정에 걸쳐 조직 생활해야 한다. 북한 주민들은 결혼식이나 장례식과 같은 공인된 장소에서의 만남 이외에는 서로 만나지 않고 사는 것이 자연스러운 일상이 되어 있다.

제도적으로 군부에 의한 쿠데타, 민간에 의한 봉기 등에 의한 북한 정권 붕괴는 사실상 불가능하다. 그러나 현재까지 알려진 쿠데타 미수 사건이 발생했다는 설이 있는 데다, 김정은 정권도 쿠데타로 무너질 수 있다는 관측이 꾸준히 제기되고 있다. 이에 쿠데타 미수 사건으로 평가하는 ① 프룬제 사건 ② 6군단 사건을 통해 김정은 정권의 권력 변동을 전망해본다.

① 프룬제 사건: 프룬제란 소련의 군인이자 군사 이론가였던 프룬제(M. V. Frunze)의 이름을 딴 소련의 군사대학 이름이다. 북한은 이 학교에 엘리트 군인들을 유학 보냈다. 이들은 귀국 후 북한군의 핵심 세력 중 하나로 성장했다. 프룬제 사건이란 이 학교 유학생 출신자들이 김일성 부자를 제거하기 위해 1992년에 시도한 쿠데타다. 그러나 결과는 실패했다.

사건 주도자는 당시 북한군 부총참모장이던 안종호다. 안종호는 프룬제 출신으로 동조 군인 40여 명을 규합하여 1992년 4월 북한군 창군 60주년 열병식을 이용하기로 했다. 열병식에 참가한 전차에 포탄을 장착하여 주석단으로 발사하여 김일성 등 주요 요인을 제거할 계획이었다. 쿠데타 날짜가 북한군 창건일인 이유로 '4 25사건'이라고 한다.

계획은 3단계로 수립했다. 1단계는 열병식장에서 전차를 이용해 김일성과 김정일 등 요인들을 제거한다. 2단계는 국방성과 총참모부 상황실을 점거해 군 지휘권을 장악한다. 3단계는 국가안전성, 사회안전성, 노동당 중앙청사, 중앙방송국 등 주요 거점을 접수한 후 비상사태를 선포하고, 새로운 인물을 지도자로 옹립한다. 그러나 이들의 계획은 처음부터 실패했다. 프룬제 출신 책임자였던 91수도방어군단 소속 전차를 열병식에 참여시키려 했으나, 국방성 반대로 다른 부대 전차가 참여했다. 시작도 못 하고 없던 일이 된 것이다.

묻힐 것 같았던 이 쿠데타 미수는 엉뚱한 곳에서 탄로가 났다. 1993년 3월경 북한을 방문한 옛 소련 KGB 요원이 북한 국가안전성 요원과의 술자리에서 안종호 안부를 물은 것이 발단이었다. KGB는 프룬제 출신들의 거사 계획을 인지하고 있었다. 결국 쿠데타 계획 첩보가 보고됐고, 김정일은 이들을 숙청했다.

그러나 이 프룬제 사건과 관련하여 일각에서는 '김정일이 군에 대한 통제를 강화하기 위해 사건을 쿠데타로 왜곡했다.'라는 주장도 제기되었다. 이들 주장은 다음과 같다. '소련은 북한을 관리하기 위해 소련 유학생 군인들을 포섭하여 관리해 왔다. 그런데 소련이 붕괴하고 말았다. 소련 붕괴 후 KGB 일부 요원이 관련 계획과 명단을 북한 정권에 제공했다. 김정일은 이 첩보에 근거해 관련자를 숙청했다.'라는 내용이다. 어느 것이 맞는지는 알 수 없다. 분명한 것은, 소련 유학생 출신 군관 다수가 처형됐다는 것이다.

② 6군단 사건: 6군단은 함경북도 청진에 있었다. 이 사건 이후 6군단은 해체되었다. 사건의 전말은 이렇다. 1995년 초 6군단 정치위원과 소속 군관들이 쿠데타를 모의했다. 〈계획1〉은 6군단 경보병 사단을 중심으로 특수부대를 구성하여 평양으로 침투하여 김정일을 암살하고 주요 기관을

장악하는 것이었다. 〈계획2〉는 6군단 전 병력이 직접 평양으로 공격함과 동시 대한민국 국군이 북진하도록 하여 평양에서 연결하는 것이다. 이 사건 또한 사전에 발각되어 관련자들은 숙청되었다.

6군단 사건과 관련해서도 쿠데타가 아니라는 다른 설이 있다. 그 설 내용은 이렇다. '김영춘이 1994년 6군단장에 보직되었다. 부대 내 부패가 심한 것을 식별했다. 대대적으로 검열을 시행했다. 이 과정에서 6군단 정치위원과 지휘관 다수가 처형 또는 보직 이동되었다. 이 사건을 김정일이 군을 숙청하기 위해 6군단 쿠데타 사건으로 날조하여 이용했다.'라는 것이다. 분명한 것은 북한군 전투서열에서 6군단이 이 사건 이후 사라졌다는 것이다.

그렇다면 김정은 정권은 김정은이 자연사할 때까지 유지될 것인가? 변동 가능성은 없는가? 라는 질문은 여전히 남아 있다. 그렇다면 군부 쿠데타, 주민 봉기를 제외한 정권 붕괴 가능 유형은 무엇일까? 아마도 그것은 ① 암살, ② 외부 붕괴, ③ 병사(病死) 등일 것이다.

먼저 ① 암살 가능성을 살펴본다. 김정은 경호를 책임지는 호위사령부는 특권층 중에도 특권층이다. 김정은과 운명 공동체 부대이다. 국가안전성, 보위국 등에 의한 신원조사가 철저하게 이루어진다. 핵심계층만 이 부대로 갈 수 있다. 호위사령부 요원들은 김정은이 암살 등을 당하면 자신의 기득권도 사라진다는 것을 누구보다 잘 알고 있다. 하지만, 역사적으로 절대 권력은 측근에 의해 독살되는 등 암살된 사례가 얼마든지 많다. 정치학에서는 '정권은 반드시 변동한다.'라고 정의한다. 암살에 의한 정권 변동을 주목해야 할 이유다.

다음은 ② 외부 공격에 의한 김정은 사살이다. 가능성은 거의 없지만,

가능성을 100% 배제할 수 없다. 한 미는 수차례에 걸쳐 '김정은이 핵과 미사일로 대한민국과 미국 등을 위협하는 상황이 발생하면, 강력한 한미 연합전력으로 김정은 정권을 없애버리겠다.'라는 합의문을 분명하게 밝힌 바 있다. 이러한 상황은 누구도 예상하지 못한 상황에서 예상하지 못한 방법으로 전개될 가능성이 있다.

끝으로 ③ 병들어 죽는 병사(病死)다. 할아버지 김일성은 82세에, 아버지 김정일은 69세에 죽었다. 모두 심근경색으로 죽었다. 심장 쪽에 가족력이 있는 것이다. 김정은은 2014년 서른 살이었다. 그해 여름 40여 일간 공개석상에서 사라졌다. 다시 공개석상에 나타난 것은 다리를 절뚝거리는 모습의 현장 지도였다. 아버지 김정일은 신장이 나빠 투석했다. 신장 투석은 고혈압, 고지혈, 당뇨 등 복합적 병으로 이어질 수 있다는 것이 의료계 공통된 의견이다. 당장은 아니지만, 언제든지 일어날 수 있는 변수다.

저자는 이렇게 판단한다. '김정은 정권은 암살, 외부 공격, 병사(病死) 가능성이 있는 가운데, 군부 쿠데타에 의한 정권 변동 가능성을 완전히 배제하기는 어렵다.'라고.

3. 최고사령관 국무위원장·당 중앙군사위원장 관계는?

"김정은은 국무위원장, ≪최고사령관≫ 및 당 중앙군사위원장을 겸직하면서 북한군을 실질적으로 지휘 통제하고 있다." - 「2022 북한백서」 23p 인용

결론부터 말하면 김정은이 ① 당 총비서, ② 당 중앙군사위원회 위원장, ③ 국무위원회 위원장, ④ 총사령관 순위의 4개 직위를 갖고 북한군 무력 일체를 지휘 통솔하는 체계다. 최고사령관 직위는 없다.

국방부에서 발간한 「2022 국방백서」 25쪽에는 '김정은은 국무위원장, ≪최고사령관≫ 및 당 중앙군사위원장을 겸직하면서 북한군을 실질적으로 지휘 통제하고 있다.'라고 기술하고 있다. 그러나 북한 〈조선로동당 당규약〉, 〈김일성-김정일 헌법〉 등에는 ≪최고사령관≫ 직책이 없다. ≪총사령관≫ 직책은 있다. 이 문제부터 설명한 후, 국무위원장, 당 중앙군사위원장과의 역할과 임무를 통해 관계를 비교하여 설명한다.

북한군 ≪최고사령관≫ 직책은 헌법에서 부침을 계속해 왔다. 6 25진쟁 발발 직후인 1950년 7월 4일 전반적 무력을 통일적으로 장악, 지휘하는 기구로 〈조선인민군 최고사령부〉를 조직했다. 김일성을 〈조선인민군 최고사령부 사령관〉으로 임명했다. 북한군 ≪최고사령부≫가 처음 등장한 역사다. ≪최고사령부≫가 창설됨으로써, 당 정치국은 전쟁 전략과 대외관계 역할을 담당했고, 기존의 군사위원회는 군민 관계 및 군수지원 임무를,

《최고사령부》는 정규군을 포함한 북한군 무력 일체를 지휘했다. 정전체제가 시행되면서 군사위원회는 폐지되었고, 《최고사령부》는 존속했다.

이후 1955년부터 1972년 12월까지는 북한군에서 알 수 없는 이유로 《최고사령부》 또는 《최고사령관》이라는 용어가 사라졌다. 1972년 12월 헌법을 개정했다. 개정한 헌법 명칭은 〈사회주의 헌법〉이었다. 이 헌법 제93조에 '주석은 조선민주주의인민공화국 전반적 무력의 최고사령관, 국방위원회 국방위원장으로 되며, 국가의 일체 무력을 지휘 통솔한다.'라는 조항을 넣었다. 주석=최고사령관=국방위원장 개념을 도입한 것이다.

그런데 1992년 헌법을 개정하여 '국방위원장 역할을 확대'한 후, 《최고사령관》을 삭제했다. 이때 사라졌던 《최고사령관》은 다시 개정된 2009년 헌법에서 '국방위원장은 전반적 무력의 최고사령관으로 되며, 국가의 일체 무력을 지휘 통솔한다.'라는 내용을 명기하며 부활했다.

북한 정권은 2019년 헌법을 다시 개정했다. 개정된 헌법 명칭은 〈김일성-김정일 헌법〉이다. 이 개정 헌법에서 국방위원회가 사라졌다. 2020년 기준 헌법 내용에 명시된 북한군 관련 내용은 ① 제4장 국방 제58~제61조, ② 제6장 국가기구 제2절 조선민주주의인민공화국 국무위원회 위원장 제103조 104조이다. 관련 내용은 다음과 같다.

제4장 국방

제58조: 조선민주주의인민공화국은 전 인민적, 전 국가적 방위체계에 의거한다.
제59조: 조선민주주의인민공화국 무장력의 사명은 위대한 김정은 동지를 수반으로 한 당 중앙위원회를 결사옹위하고 근로 인민의 리익을 옹호하며 외래 침략으로부터 사회주의 제도와 혁명의 전취물, 조국의

> 자유와 독립, 평화를 지키는 데 있다.
> 제60조: 국가는 인민들과 인민군 장병들을 정치사상적으로 무장시키는 기초우에서 전군 간부화, 전군 현대화, 전민 무장화, 전국 요새화를 기본 내용으로 하는 자주적 군사로선을 관철한다.
> 제61조: 국가는 군대 안에서 혁명적령군체계와 군풍을 확립하고 군사규률과 군중규률을 강화하며 관병일치, 군정배합, 군민일치의 고상한 전통적 미풍을 높이 발양하도록 한다.
>
> **제6장 국가기구**
>
> 제2절 조선민주주의인민공화국 국무위원회 위원장
>
> 제100조: 조선민주주의인민공화국 국무위원회 위원장은 국가를 대표하는 조선민주주의인민공화국 최고령도자이다.
> 제103조: 조선민주주의인민공화국 국무위원회 위원장은 조선민주주의인민공화국 무력 총사령관으로 되며 국가의 일체 무력을 지휘 통솔한다.
> 제104조: 조선민주주의인민공화국 국무위원회 위원장은 다음과 같은 임무와 권한을 가진다. 8. 나라의 비상사태와 전시상태, 동원령을 선포한다. 9. 전시에 국가방위위원회를 조직 지도한다.

북한 헌법보다 상위에 있는 당 규약에 있는 국방 관련 내용은 제3장 당 중앙조직 제30조와, 제6장 조선인민군 안의 당 조직 제47조부터 제52조이다. 그 핵심 내용은 이렇게 돼 있다. 먼저 제30조에는 ① 조선로동당 총비서는 당 중앙군사위원회 위원장으로 된다. ② 당 중앙군사위원회는 공화국 무력을 지휘하고 군수공업을 발전시키기 위한 사업을 비롯하여 국방사업 전반을 당적으로 지도한다.

제47조부터 제52조의 핵심 내용은 다음과 같다.

① 조선인민군은 국가방위의 기본역량, 혁명의 주력군으로서 사회주의 조국과 당과 혁명을 무장으로 옹호 보위하고 당의 령도를 앞장에서 받들어나가는 조선로동당의 혁명적 무장력이다. ② 조선인민군 각급 단위에는 당 조직을 두며, 그를 망라하는 조선인민군 당 위원회를 조직한다. ③ 조선인민군 당 위원회는 도당위원회 기능을 수행하며 당 중앙위원회의 지도 밑에 사업한다. ④ 조선인민군 각급 단위에는 정치기관을 조직한다. 조선인민군 총정치국과 그 아래 각급 정치부들은 해당 당 위원회 집행 부서로 당 정치사업을 조직 집행한다. ⑤ 조선인민군 각급 부대에 정치위원을 둔다. ⑥ 정치위원은 해당 부대에 파견된 당의 대표로서 당 정치사업과 군사 사업을 비롯한 부대 안의 전반 사업에 대하여 당적으로, 정치적으로 책임지며 부대의 모든 사업이 당의 로선과 정책에 맞게 진행되도록 장악 지도한다.

이상의 내용은 김정은이 당 총비서, 당 중앙군사위원회 위원장, 국무위원회 위원장, 총사령관이라는 4개의 직책을 가지고 북한군을 지휘한다는 것을 의미한다. 구태여 그 직위의 우선순위 또는 서열을 매긴다면 ① 조선로동당 총비서는 당 중앙군사위원회 위원장으로서 북한군을 지휘하며, 국방사업 전반을 당적으로 지휘한다. ② 조선로동당의 영도 아래 모든 활동을 진행하는 국무위원회 위원장은 총사령관이 되어 북한군을 지휘 통솔한다. 따라서 2023년 12월 기준 북한군 최고 지휘서열 순서는 당 총비서→당 중앙군사위원회 위원장→국무위원장→총사령관이다. 그러나 김정은이 4개 직위를 모두 가지고 있어 이를 구분하는 것은 큰 의미가 없다.

4. 건군절과 선군절 차이는?

건군절 – 김일성이 항일유격대 조선혁명군을 만든 1932년 4월 25일
선군절 – 김정일이 선군정치를 실시한 시기를 소급하여 정한 1960년 8월 25일

　건군절은 북한군 창건기념일이다. 1948년 2월 8일이다. 선군절은 김정일이 선군정치를 실시한 시기를 소급하여 정한 1960년 8월 25일이다.

　먼저 건군절은 김일성이 항일유격대인 조선혁명군을 만든 1932년 4월 25일을 의미한다. 그러나 앞에서 설명했듯이 김일성이 조선혁명군을 창군했다는 것은 허위임을 말했다. 북한군은 1978년부터 2017년까지 북한군 건군절을 1932년 4월 25일로 기념해 왔다. 그러다가 김정은 집권 이후 2015년부터 비공식적으로 2월 8일을 기념했다. 그리고 2018년 1월 23일 〈2월 8일을 조선인민군 창건일로 의의 있게 기념할 데 대하여〉 당 결정서를 발표하고, 그해부터 2월 8일을 건군절로 기념하고 있다. 이는 김정은의 당 우선 정책을 뒷받침하기 위한 조치로 평가된다.

　북한은 지난 2022년 4월 24일 조선혁명군 창설 제90주년을 맞이하여 대대적인 열병식을 거행했다. 김정은 하얀색 원수복을 입고 열병식을 주관했다. 대륙간 탄도 미사일 ICBM, 잠수함 발사 탄도 미사일 SLBM, 극초음속 미사일 등 각종 전략무기를 공개했다. 김정은이 이렇게 조선혁명군 창설일을 크게 한 이유는 할아버지 김일성의 권능을 빌려 자신의 권력

을 더욱 공고하게 만들기 위함으로 평가된다.

　북한 정권은 2001년부터 김정일이 1995년 1월 1일 다박솔 초소를 현지지도한 날을 선군절로 검토했다. 그러다가 2005년 8월 24일 당시 총참모장 김영춘이 북한군 총참모부 중앙보고대회에서 '선군정치'를 '선군혁명령도'로 바꾸면서 북한군 내부 행사로 2009년까지 기념했다. 그러다 이듬해인 2010년 8월 25일 김정일이 선군정치를 실시한 1960년 8월 25일을 소급하여 '김정일의 선군혁명령도 제50주년'으로 정했다. 이후 북한 정권 명절로 지정하여 선군절 행사를 기념하고 있다. 북한군 내부 행사를 정권 차원 기념행사로 하는 이유는 당시 김정은으로의 후계 구도를 안정적으로 관리하기 위함으로 평가된다.

5. 뇌물 등 부조리 실태는?

* 대표적 사례가 평양종합병원 건설이다.
* 김정은이 "당 창건 75주년에 맞춰 병원을 완공하라"고 지시하자 전기도, 물도, 의료기기도, 의료인도 없는 상태에서 준공식을 했다.

북한에는 '뇌물이 만연돼 있고 뇌물로 작동하는 사회다.'라고 말해도 크게 틀리지 않는다. 북한 부조리는 특유의 경제 운영체계에 그 근본 문제가 있다. 북한 국방비는 국내총생산(GDP)의 20% 정도다. 대한민국은 2020년 기준 국내총생산의 2.69%다.[121] 우리의 10배 가까운 예산이 국방비로 들어가면서 다른 분야는 큰 부담을 질 수밖에 없는 구조다.

예산 집행은 당 상층부에서 각자가 운영하는 기업체가 나누어 먹기 식으로 한다. 우리처럼 입찰제도는 아예 존재하지 않는다. 원산 갈마 해안 관광지구 개발공사, 삼지연 개발공사 등 대규모 사업은 김정은에게 뇌물을 바치고 혜택을 받는 식이다. 김정은도 권력을 유지하기 위해 이런 측근들의 요구에 응하지 않을 수 없다. 자연히 경제성을 고려한 정책은 존재할 수 없다. 경제성이 없어도 예산 나눠 먹기를 위해 사업을 추진한다.

대표적 사례가 평양종합병원 건설이다. 김정은은 지난 2020년 당 창건 75주년을 대대적으로 축하하자며 평양종합병원을 당 창건 75주년에 맞추어 완공하라고 지시했다. 정치 일정에 맞춘 공사가 진행됐다. 그 결과 전기, 수도도 공급하지 못하는 상태에서 준공식을 했다. 전기도 물도, 의료

기기도, 의료인도 없는 병원이 설립된 것이다.

또 다른 사례는 평양 여명거리와 미래과학자거리에 들어선 대규모 아파트 단지다. 아파트는 과학자, 당·정·군 간부들에게 배정했다. 전력난으로 엘리베이터는 가동되지 않았다. 물 공급 펌프가 작동하지 않아 물 공급을 못했다. 유리 실내는 한여름 찜통더위에 시달릴 수밖에 없었다. 다수의 입주자가 낡은 아파트로 다시 이사 가는 진풍경이 벌어졌다.[122]

다음은 김정은 지휘로 부정부패 척결 추진 동정 사례다. 조선중앙통신은 2020년 2월 29일 김정은이 참석한 당 중앙위원회 정치국 확대회의가 열렸다고 보도했다. 이 회의에서 '부정부패를 저지른 당 간부 양성기관의 당 위원회 해산, 처벌에 관한 결정이 채택되었다.'라며 당 부위원장 등 2명을 해임했다고 전했다. 2020년 3월 내내 노동신문은 '부패 척결'과 '전 사회적 도덕 건설' 운동을 전개했다.

이 회의 발단 사건은 이랬다. 2019년 11월 평양지구에 있는 고층 건물에서 당 간부 한 사람이 몸을 던졌다. 건물은 김일성고급당학교였다. 조선로동당 최고 교육기관이다. 자살한 사람은 당학교 교수였다. 북한에서 권위자로 불리는 학자들은 크게 김일성종합대학계, 과학원계, 그리고 김일성고급당학교계 중 하나에 속해 있다. 이른바 고급당학교는 북한이 자랑하는 3대 사상체계 중 하나다. 최고지도자 외에는 모두 교육 대상이다. 그런 권위 있는 교육기관에서 자살한 교수는 유서를 남겼다. 매월 5천 달러의 뇌물 할당량을 모으는 생활을 비관해 자살한 것이었다. 왜 고급당학교 교수가 뇌물을 모으는 할당량을 부과 받았을까?

김일성고급당학교에는 조선로동당 전담 간부들이 입교한다. 그곳에서는 1개월에서 3년, 5년이라는 다양한 교육과정이 준비되어 있다. 당의 방침과 역사, 사상 등을 배운다. 당 전담은 지방자치단체, 기업소, 군 등 북한의 중추를 이루는 곳에서 일한다. 소속된 조직 내부에서 승진하거나 더 큰 조직으로 옮길 때 고급당학교에서 교육받는다. 수강생에게 무엇보다 중요한 것은 교수들이 작성하는 평가표다. 교수가 '최고지도자에 대한 충성심에 문제가 있다.'라고 한마디 적으면, 정치범수용소로 끌려갈 수도 있다. 그리고 거기에는 뇌물을 징수한다. 자살한 교수는 뇌물을 은근히 강요하며 살아가는 생활에 지쳤다고 한다. 이 문제는 평양 인민문화궁전에서 총화 회의가 열려 일단 2019년 말에 매듭이 지어진 듯 보였다. 학교 직원 등 관계자들이 토론을 벌여 무엇이 문제였는지 자기비판과 상호 비판해, 다시는 이런 문제를 일으키지 않겠다고 다짐했다는 것이다.

일단 매듭지어진 문제가 왜 2020년 2월에야 당 부위원장 등 두 명을 해임하게 만드는 사태로 발전했을까? 원인은 '뇌물사회'에 대해 첩첩이 쌓인 주민들의 분노 폭발이었다. 투신자살 사건은 널리 알려져 평양 시민들의 귀에 들어갔다. 주민 반응을 '또 시작이군. 작작 좀 해라.'라는 것이었다. 그만큼 북한에서는 뇌물이 횡행하고 있다. 주민들의 분노는 김정은의 귀에까지 들어갔다. 사태를 중시한 김정은과 측근들은 관련자의 처벌과 부정부패 척결 운동을 할 수밖에 없었다.

이번에는 주민 일상생활에서의 부조리 실태를 보겠다. 주민들은 아침에 직장으로 향한다. 잇따른 경제 제재에 의한 석유 부족 등으로 북한의 대중교통 서비스는 기능이 대폭 약화됐다. 김정일 시대는 쉼 없이 가동되는 공장 근로자들을 배려해 운전 간 간격은 길지만, 거의 24시간 체제로 교대근무 근로자들을 실어 나르는 버스가 운행됐다. 하지만 지금은 06:00시부터 22:00시까지로 단축되고 편수도 줄었다. 많은 주민은 돈 주로 불리는 신흥부유층이 독자적으로 운영하는 버스를 이용한다. 버스 운전사는 소정의 요금만으로는 버스를 움직일 수 없다. 운전사에게도 할당량이 있기 때문이다. 승객들로부터 버스 요금 외 2달러의 뇌물을 받아 할 당량이 달성되면 비로소 버스는 출발한다.

북한 정권은 2017년부터 전기요금 체계를 바꾸는 동시에 가격을 인상했다. 북한은 이전부터 극심한 전력 부족에 시달리고 있었다. 고위 관리가 거주하는 평양시 중구역에서도 전력공급은 19:00시부터 06:00시까지다. 다른 구역은 아침과 저녁 1~2시간 정도로 한정된다. 적은 전력이지만 2017년부터 일정 사용량을 초과하면 누진으로 요금이 부과되는 시스템으로 바꿨다. 평양의 전기를 주로 조달하는 평양화력발전소가 탄광에서 석탄을 사들이는 자금이 고갈되는 사태를 겪었기 때문이다.

이때 평양에서는 요금 납부를 모두 선불제로 변경했다. 전기요금용 카드를 발행해 충전한 후에 각 세대에 설치된 전기미터에 꽂는 구조다. 전기 최저 기본요금으로 쓸 수 있는 전력은 냉장고를 한 달 정도 사용하면 없어질 정도밖에 없다. 이 때문에 전력 관리 부문에 가서 충전해야 한다. 전기가 오는 시간대는 제각각이지만, 전기가 와도 돈이 없으면 쓸 수 없다.

고층 아파트는 펌프로 물을 퍼 올려야 한다. 건물 전체가 합의하면 전기료를 한꺼번에 지불하고 수도를 고층까지 공급할 수 있다. 합의가 안되면 1층으로 내려가 물을 구할 수밖에 없다. 이런 문제로 전기가 들어오는 시간에 집에 사람이 없을 경우를 대비해 아파트에서 물을 받아 두는 아르바이트, 낮에 전력 관리 부문에 가서 가족 대신 충전 받는 아르바이트, 펌프를 사용할 수 없어 물을 고층까지 옮기는 아르바이트 등 각종 부업이 생기고 있다.[123]

6. 혁명열사릉과 애국열사릉 차이는?

* 혁명열사릉은 주로 항일 빨치산들을 추모키 위해 조성되었다.
* 애국열사릉은 북한정권 출범 후 정권에 충성한 유공자들을 대상으로 한 묘지다.

 북한에는 우리의 국립묘지에 해당하는 중앙급 국립묘지로 대성산 혁명열사릉(革命烈士陵)과 형제산 애국열사릉(愛國烈士陵)이 있다. 혁명열사릉은 주로 광복 이전 이른바 혁명 원로들인 항일 빨치산 출신들을 대상으로 한 묘지이고, 애국열사릉은 북한 정권 출범 후 정권에 충성한 유공자들을 대상으로 한 묘지이다. 6)25전쟁 등 군 복무 중 공적 업무를 수행하다 죽은 북한군을 집단으로 매장 관리하지 않는다. 북한 공간사에서는 북한군 사망과 관련하여 존안(存案)·기록하지 않는다.

 혁명열사릉은 평양시 대성구역 대성산에 있다. 주로 항일 빨치산들을 추모하기 위해 조성하였다. 1973년 8월에 착공하여 1975년 10월 13일에 준공하였다. 1985년 9월 현재의 규모로 확장했다. 혁명열사릉은 중심축을 따라 릉 대문까지 입구구역, 기념 문주까시 중심계단구역, 조각군상구역, 교양마당구역, 반신상구역 등의 구획으로 설치되었다. 입구는 둥근 기둥 위에 합각지붕으로 만들어졌다. 입구에서 계단을 따라 오르면 정면에 대형 '공화국 영웅 메달'이 있고, 왼쪽에는 김일성의 친필비가, 오른쪽에는 헌시비가 있다. 묘비 앞에는 반신상과 분묘 및 비석이, 각 개인 앞에 하나씩 놓여있고 이 반신상과 비석에는 묻힌 사람의 이름과 생년월일, 그리고 약력이 새겨져 있다.

혁명열사릉에는 현재 100여 명의 항일 빨치산 출신들이 묻혀 있다. 전 인민무력부장 오진우와 최광 등이 대표적인 인물이다. 김일성의 가족인 김정숙, 김철주, 김형권 등의 묘역도 이곳에 조성되어 있다. 애국열사릉은 평양시 형제산구역 신미동에 있다. 1986년 9월 17일에 건립되었다. 신미동의 지명이 종전 신미리여서 일명 신미리 애국열사릉으로도 불린다. 여기에는 당 및 국가, 군대의 간부들과 과학, 교육, 보건, 문학·예술, 출판 보도 부문 등 여러 부문 공로자의 유해가 안치되어 있다.

묘비 구역 안에는 추모비가 있는데, "조국의 해방과 사회주의 건설, 나라의 통일 위업을 위하여 투쟁하다가 희생된 애국열사들의 위훈은 조국 청사에 길이 빛날 것이다."라는 글귀가 새겨져 있다. 묘비구역 안에는 개인별로 묘비를 세웠으며 묘비에는 돌사진을 새겨 붙였다.

한편 북한은 2008년 말부터 열사릉을 평양 중심에서 벗어나 각 도 소재지(도 행정중심지)로 확산하고 있다. 북한은 2008년 12월 평안남도 평성열사릉 준공을 시작으로 2009년 8월 함경남도 함흥, 12월 황해남도 해주와 황해북도 사리원, 2010년 6월 양강도 혜산, 7월 강원도 원산, 8월 자강도 강계와 함경북도 청진, 2011년 4월 평안북도 신의주에 잇달아 완공했다. 또 2010년 7월 평양시 낙랑구역 장교리에 평양열사릉을 별도로 조성해 현재 10여 곳에 열사릉이 조성돼 있는 것으로 알려졌다.

북한이 각 도 행정중심지에 애국열사릉을 준공한 것은 신미리 애국열사릉에 안장하기에는 한계가 있기 때문으로 판단된다. 또한 북한 각지에 애국열사릉을 조성하여 북한 주민의 충실성 교양사업으로 활용하려는 의도도 있다. 주요 명절이나 기념을 맞이하여 애국열사릉에서 행사를 진행하면서 교양 수단으로 활용하고 있다.[124]

7. 장마당과 장마당 세대의 특징은?

* 1990년대 들어서서 배급제가 붕괴되어 주민들 스스로가 생존문제를 해결하기 위해 농민 시장은 마비된 계획경제를 대체해 소비경제를 해결해 주는 불법적, 비계획적 공간으로 급속히 확대 되었다.
* 장마당 개별 주체들은 등짐장사-되거리장사-달리기장사-차판장사로 분화되어 1990년대 말부터 매대장사로 정착해 나갔다.

장마당은 북한의 경제난이 심화함에 따라 기존의 농민 시장이 확대되면서 불법적 시장으로 그 성격이 변화된 1990년대 북한 시장을 통칭하는 용어이다. 2003년 북한은 이 같은 불법적 장마당을 종합시장으로 합법화 했다. 북한의 농민 시장, 장마당, 종합시장은 경계와 구분이 있다. 그러나 일반적으로는 시장을 지칭하는 광의의 개념이다.

이론적으로 볼 때 사회주의 경제체제에서는 소유의 사회화와 배급제로 인해 자본주의적 거래가 이루어지는 '시장'이 존재할 수 없다. 그러나 현실 사회주의는 수요를 만족시키는 물질 생산이 충분하지 못하였기 때문에 국가의 계획적 공급 이외에서도 주민들 간의 물물교환이 이루어지는 '장'이 존재해 왔다. 북한 역시 1958년부터 개인들이 부업을 통해 생산한 농축산물을 농민 시장에서 합법적으로 거래할 수 있게 했다. 즉 농민 시장을 통해 계획체계 밖의 상품을 교환하거나 판매할 수 있도록 해왔다. 농민 시장은 1970년대 후반까지는 대체로 합법적 비공식 경제 활동 공간 역할을 해왔다.

1990년대에 들어 배급제가 붕괴했다. 주민들은 스스로 생존 문제를 해결해야만 했다. 이때부터 농민 시장은 합법적 공간을 넘어 마비된 계획경제를 대체해 소비경제를 해결해주는 불법적 비계획적 공간으로 성격을 달리하면서 급속히 확대되었다.

이 당시 북한 당국은 계획경제가 와해한 물적 토대를 보완하기 위해 새로운 무역체계(1991)를 도입해 대외무역을 통해 부족한 재화 유입을 도모했다. 이는 북·중 접경 지역에서의 밀무역과 대외 무역기관들의 불법 무역 활동 확대를 초래하여 농민 시장이 장마당으로 변했다. 비공식 경제가 유통 부문을 넘어 생산 부문으로 확대되어 나가는 환경을 만들게 되었다. 시간이 지나면서 북·중 공식 무역과 밀무역을 통해 유입된 재화들은 장마당 유통의 주요 공급원이 되었고 시장은 전국적으로 확대되어 나갔다. 결국 주민들은 생존을 위한 농민 시장의 '단순 거래자'에서 점차 대외무역 및 국가재산의 전유·탈취 등을 통해 다양한 물품을 장마당으로 유입시켰다. 수십 번의 교환 활동을 통해 부가가치와 교환가치를 획득하는 원리를 깨닫고 상업자본을 축적해 나가기 시작했다.

장마당의 개별주체들도 처음에는 '등짐장사'로 출발했다. 그러나 점차 지역 간 부족한 물자를 유통해 이익을 얻는 '되거리장사'와 철도 차량을 이용한 도매장사인 '달리기장사' 및 '차판장사' 등으로 전문화 분화되었다. 1990년대 말부터는 상설시장에 앉아서 장사하는 '매대장사'로 정착해 나갔다.

2002년 '7·1 경제관리개선조치'와 2003년 3월에 종합시장 상설화를 담은 「내각 조치 제24호」가 발표되면서 시장은 공식적인 국가경제 일부로 편입되어 합법화되었다. 농산물만 판매하던 농민시장은 공산품을 비롯한 다양한 상품을 판매할 수 있는 종합시장으로 확대되었다. 김정은 정권 출범 이후에도 김정일 사망 애도 기간을 제외하고는 시장에 대한 통제가 완화되었으며, 최근에는 단속과 통제가 더욱 느슨하게 운영되고 있다.

　북한은 1990년대 중반 이후 확산해 온 장마당에 대해 정책적 필요에 따라 묵인 내지 양성화하기도 하고 통제하기도 했다. 2005년 하반기부터 종합시장의 개장 시간과 장사 연령 제한, 매대 장사 품목 수 제한과 메뚜기 장사꾼 단속 등을 통해 시장을 적절한 수준에서 관리 통제하고자 했다. 2009년 11월에는 화폐개혁을 통해 시장을 통제하는 계획경제로의 복원을 시도했다. 그러나 시장은 또 다른 변형된 형태로 활성화되었다. 결국 시장통제정책은 주민들의 반발로 성공하지 못했다. 북한 주민들에게 공식 임금은 있으나 마나 한 금액이다. 시장을 매개로 한 개인 경제 활동을 통해 생계를 유지하고 있기 때문이다. 심지어 북한에서 "세대주(남편)는 사회주의를 하고, 아내는 자본주의를 해야 먹고 산다."라는 말이 있을 정도이다.

　시장의 발달과 확산은 북한경제에 많은 변화를 초래하고 있다. 시장의 발달은 주민들의 소득 증대와 삶의 질 향상, 재정 확충과 물가 안정 기여 등의 긍정적 측면도 있다. 하지만 이제 북한에서 시장은 생계형 형태에서 부의 축적 장소로 변화되었다. 이를 활용해 부를 축적하는 새로운 중간계층들도 형성되었다. 자본가 계급 형성에 따른 지역별 주민 간 빈부 격차 확대와 계획경제 부문에서의 노동력 이탈, 시장화 확산에 따른 새로운 정보 유입과 지식 교류, 당국에 대한 의존과 집단의식 약화, 자본주의 시장 경제와 상업 의식 증대 등 주민들의 사회의식 구조에도 큰 변화를 초래하고 있다.

　북한에는 장마당과 암시장에서 부를 축적한 신흥자본가들을 지칭하는 〈돈주〉가 있다. 장기적 경기 침체 및 경제 위기가 발생함에 따라 북한경제를 지탱하는 핵심 제도인 배급제에 문제가 발생했다. 비공식 영역에서 시장이 활성화되기 시작했다. 시장의 확산은 국가 중심의 '사회주의 유통제도'의 변화를 초래했다. 국가의 화폐 통제력을 느슨하게 만들었다. 이러한 과정에서 다양한 요인에 의해 밑돈(시초 자본)을 축적한 사람들이 출현했다.

일반적으로 〈돈 주〉는 북한 사회의 신흥자본가 의미로 사용된다. 하지만 이들이 모두 상업 영역에서 부를 축적하고 경제 활동을 하는 것은 아니다. 북한에서 암시장이 확산할 무렵 밑돈을 보유한 사람들은 사회 중상류층, 특히 외화벌이 일군이나 당 고위 간부, 해외에서 부를 확보한 친인척을 보유한 계층이 대부분이었다. 암시장에서의 상업 활동을 통해 시초 자본을 축적한 세력 또한 존재하지만 오직 이들만이 〈돈 주〉로 성장한 것은 아니다.

밑돈을 확보한 〈돈 주〉라도 이들이 자본을 축적하는 방식 또한 다양하다. 〈돈 주〉들은 사금융뿐 아니라, 실물 경제 분야에서 투자활동도 하고 있다. 초기에는 시외버스·택시·물류 등 지방 운수, 도소매, 국영상점 등 유통 물류 부문에 투자했으나, 점차 건설, 채굴, 제조업 분야 등으로 투자 범위를 확대했다. 이들은 공장·기업소에 자금을 투자하기도 하지만, 직접 경영에 나서기도 한다. 공장·기업소의 명칭을 빌려 독자적으로 노동자를 고용하는 등 경영활동을 하고 수익금의 일정 비율을 해당 기관이나 기업소에 납부하는 방식으로 경제활동을 확대하고 있다.

이렇게 성장한 〈돈 주〉들은 자원이 부족한 북한 사회에서 대규모 경제건설에 필요한 화폐를 제공했다. 국가가 직접 참여하기 어려운 비공식 무역 활동을 수행하면서 권력층과의 공생을 이어가고 있다. 〈돈 주〉에 대한 국가의 검열, 통제가 이뤄지고 있지만, 불법적 영역 및 뇌물을 통한 비공식적 네트워크를 통해 〈돈 주〉들은 여전히 북한 경제 활동의 주요 행위자로 영향력을 유지하고 있다. 나아가 권력층들은 시장에서 자본을 형성한 〈돈 주〉들과 결탁하여 각종 부정부패를 일으키기도 한다.

아직은 미약하지만, 이제 북한에서 시장의 역할은 사회주의 계획경제 체제 작동의 '보조 기능'에서 계획경제를 유지하는 주요 축 혹은 상호의존 및 공생관계로 고착되어 가는 과정에 있다고 할 수 있다. 다소의 속도 조절은 있을지언정 시장을 통한 밑으로부터의 변화 물결을 되돌릴 수는 없을 것이란 것이 지배적인 관측이다.[125]

한편 북한에는 1980년~1990년대에 태어나 청소년기에 '고난의 행군'을 겪은 〈장마당 세대〉가 있다. 이들은 새로운 가치관을 지녔다. 북한 변화의 새로운 동력으로 떠오르고 있다. 또한 김정은 정권에 대한 충성심이 약하고 일부는 한국을 동경하는 특징을 가지고 있다. 청소년 시절부터 암시장인 '장마당'에서 물건을 사고팔면서 시장경제와 자유민주주의를 접해 외부 세계의 문화와 정보에도 익숙하다.

〈장마당 세대〉가 부모 세대와 구별되는 뚜렷한 특징은 김정은 정권에 대한 충성심이 약하다는 점이다. 북한군 출신 〈장마당 세대〉 북한이탈주민은 공통으로 "장마당 세대는 정권에 대한 충성심은 없다. 김정은을 찬양하는 노래를 부르면 친구들 사이에서 따돌림을 당한다. 내 또래 김정은이 아빠 찬스로 최고지도자가 된 것에 분노한다."라고 말한다.

K-POP 문화를 접한 이들은 '코리안 드림'을 꿈꾸기도 한다. 아울러 컴퓨터나 휴대폰 같은 디지털 기기를 자주 사용하고, 개인주의적이며 군 복무를 기피하는 경향도 있다. 외부에서는 700만 명에 달하는 이 장마당 세대가 장차 북한 변화를 주도할 것인지 주목하고 있다.[126]

8. 북한군 수뇌부 인사 특징은?

* 김정은 등장 이후 총정치국장, 총참모장, 국방상, 국가보위상, 사회안전상, 등 군 수뇌부 5인방 인사 흐름은 복잡하다.
* 김정은은 집권 후 국방상을 10번 바꿨다.

김정은은 집권 이듬해인 2013년 말 "전국을 미사일로 수림(樹林)화 하라!"라고 지시했다. 북한 전역에서 다양한 미사일로 공격력을 극대화하겠다는 포석이었다. 북한은 미사일의 사거리를 대거 늘려 미국 본토를 위협 중이고, 극초음속 미사일과 요격 미사일을 회피하는 북한판 이스칸데르 미사일까지 등장했다.

북한은 또 다연장로켓을 발사하는 방사포와 전차 등 대부분의 재래식 무기를 신형으로 교체했다. "현대전은 포병전이며 포병 싸움 준비이자 인민군대의 싸움 준비라는 것을 항상 명심하라."는 게 김 위원장의 지론이었다. 북한군 무기의 성능 개량이 하급 부대까지 확산했는지, 실전 투입이 가능한 수준인지는 아직 확인되지 않았다. 하지만 최근 열병식에 등장한 무기만 놓고 보면 북한군의 현대화는 어느 정도 이뤄지고 있다는 평가가 많다.

그런데 김정은이 등장한 이후 총정치국장, 총참모장, 국방상, 국가보위상, 사회안전상 등 군 수뇌부 5인방 인사 흐름은 복잡하다. 북한은 2020년 9월 9일 당 중앙군사위원회를 열고 총참모장을 이영길(차수 왕별)로 교체했다. 북한 전문가들 사이에 "또?"라는 말이 나올 정도로 잦은 군 수뇌부 교체다. 김정은 체제 11년 동안(2023년 7월 기준) 북한은 총참모장을 11번 교체했다. 같은 기간 국군은 7명이 바뀌었다. 1948년 북한 정권 수립 이후 63년간 이어진 김일성 김정일 시대에 교체된 총참모장과 같은 숫자다. 당연히 과거 69개월이었던 총참모장의 평균 재임 기간은 김정은 시대 들어 12개월 정도로 6분의 1수준으로 줄었다. 김격식과 이태섭은 각각 5개월과 6개월도 채우지 못하고 교체됐다. 총참모장을 지낸 이영호(2012년 중반)와 현영철(2015년 4월)은 반역죄 등으로 부하들이 지켜보는 가운데 처형되기도 했다.

국방상 역시 다르지 않다. 김정은은 집권 후 국방상을 10번 바꿨다. 김일성 김정일 시대(민족보위상, 인민무력부장)에는 8번 교체했다. 이미 선대의 교체 횟수를 넘어섰다. 37개월을 역임한 박영식이 김정은 시대의 최장수 국방상이다. 잦은 인사의 배경이 김 위원장의 조급함 때문인지 군부의 기강을 잡으려는 차원인지는 알 수 없다. 분명한 건 김정은이 임명했지만 뭔가 마음에 들지 않았을 것이란 추정이 가능하다. 단, 2019년 2월 북 미 정상회담 결렬 이후 군 수뇌부 인사가 더 잦아졌다는 점은 군 수뇌부 교체를 통한 긴장 국면 조성과 관련이 있을 가능성이 크다. 군내 정치조직이자 감시 기능을 하는 총정치국장과 국가정보원장 격인 국가보위상이 11년 동안 각각 6회와 3회 교체되는 등 비교적 안정적이었던 것과도 비교된다.

김정은은 집권 이후 대대적인 세대교체를 단행했다. 군에선 군단장을 40대 50대로 10세 정도 낮추는 분위기다. 나이로만 봐선 세대교체 대상임에도 승승장구하며 유독 눈에 띄는 인물이 있다. 2020년 기준 68세인 이영길이다. 그는 2013년과 2018년에 이어 이번에 세 번째 총참모장이 됐다.

이영길은 2016년엔 총참모장에서 제1부총참모장(합참차장 격)으로 좌천된 적도 있다. 그러나 총참모장으로 곧 복귀했다. 2021년 7월부터는 18개월 동안 국방상도 지냈다. 경찰청장에 해당하는 사회안전상을 2020년 9월부터 15개월 동안 맡았다. 총참모장→부총참모장→총참모장→당 제1부부장→사회안전상→국방상→당 비서→총참모장 등 군과 경찰, 당을 오간 화려한 이력의 소유자다. 소위 빅5 중, 3곳의 수뇌부로 재임한 기간을 합하면 56개월이다. 김정은의 개인 교사로 알려진 박정천이 5곳 중 총참모장만 24개월을 했다. 사실상 이영길을 '왕의 남자'로 평가하는 이유다. 이영길의 이런 배경엔 3군단장과 5군단장, 총참모부 작전국장을 역임한 작전통이라는 점이 점수를 얻었다는 게 중론이다.

군 출신이 맡고 있는 사회안전상도 2019년 이후 부침의 연속이다. 1944년생인 최부일은 7년간 재임한 뒤 75세이던 2019년 김정호에게 자리를 내주고 물러났다. 그런데 김정호는 9개월 만에 이영길로, 15개월 뒤 이태섭, 6개월 뒤 박수일, 또 6개월 만에 이태섭으로 바뀌었다. 4년도 되지 않아 5명의 자리바꿈이다. 공교로운 건 사회안전상의 잦은 인사도 하노이 회담이 결렬된 직후 벌어졌다는 점이다.

북한은 하노이 회담 이후 한국 미국과 거리를 두는 건 물론 〈반동사상문화배격법〉을 만들어 주민들에게 경각심을 주문하고 있다. 미국과 대화가 어긋난 뒤 주민 단속을 강화하며 수시 인사가 벌어지고 있는 셈이다. 무엇보다 작전통인 이영길과 이태섭 박수일 등에게 사회안전상을 맡긴 건 경찰의 무력 조직을 군 수준으로 끌어올리고, 총참모부의 작전 수준을 경찰에 이식하려는 시도일 수 있어 주목된다. 예비병력을 강화해 유사시를 대비하겠다는 전략일 수도 있다.[127]

9. 김정은 사망 시 누가 권력을 세습할까?

* 2022. 11.18 ICBM 화성포-17형 시험 발사 참관을 시작으로 북한군 열병식 등 굵직한 이벤트에 김정은은 딸 김주애를 대동하고 나타났다.
* 다분히 의도적 연출로 소위 '김주애 후계자설'이 나오는 이유다.

김정은 유고 시 누가 권력을 세습할 것인가? 결론은 '알 수 없다.'이다. 다만 딸 김주애와 동생 김여정을 주목할 뿐이다. 이들 두 명을 주목하는 이유를 ① 「세종연구소 객원 연구위원 김규범의 '김주애 연출의 의도와 그 시사점」 보고서와 ② 「통일연구원 북한연구실 연구위원 오경섭의 '김여정의 정치적 위상과 역할」 연구보고서를 요약 발췌하여 설명한다.

먼저 김정은 딸 김주애로의 권력 승계다. 2022년 11월 18일 ICBM 화성포-17형 시험 발사 참관을 시작으로 김정은은 북한군 창설 75주년 기념 열병식을 비롯한 굵직한 이벤트에 김주애를 대동하고 있다. 북한의 선전 부문은 이를 대대적으로 조명하고 있다. 북한 지도자의 자녀가 공식 석상에 참석한 사례는 과거에도 있었다. 그러나 미성년 자녀의 활동은 내부적으로 기록되었을 뿐 현 수준으로 선전된 적은 없었다. 따라서 김정은의 빈번한 자녀 공개는 대단히 이례적인 일이다. 다분히 의도적인 '연출'로 평가된다. 소위 '김주애 후계자설'이 나오는 이유다.

김주애가 처음 등장한 장소가 ICBM 발사 시험장이었다는 점을 볼 때 핵심 메시지는 핵 미사일 개발과 밀접한 관련이 있을 것으로 추정된다.

2022년 11월 19일자 노동신문은 '화성포-17형' 발사를 참관하고 아버지의 훈화를 경청하는 김주애의 모습을 담았다. 특히 ICBM을 배경으로 부녀가 다정하게 걷는 장면을 공개했다. 이는 딸을 아끼고 보호하는 부성애를 상징적으로 보여주는 동시에, 자녀와 핵 미사일의 이미지를 자연스럽게 연결 짓고 있다. 북한 전문가들은, 김주애의 등장은 핵 미사일 개발이 미래 세대의 안전을 담보한다는 명분을 대내에 보여준 것이라고 분석한다.

다음날 노동신문 1면에 게재된 〈조선노동당의 엄숙한 선언〉이라는 정론은 이러한 견해에 무게를 실린다. 정론은 전략무기 시험의 성공으로 인해 "우리 아이들이 영원히 전쟁을 모르고 맑고 푸른 하늘 아래에서 살게 되었다."는 한 어머니의 발언을 소개했다.

또한, "국력 강화의 초행길"을 가는 김정은의 의지 원천은 "인민의 끝없는 행복"과 "후대들의 밝은 웃음"에 있다고 강조했다. 이는 '김주애 연출'의 주 의도가 핵 미사일 개발을 정당화하는 데 있음을 방증한다.

김주애 등장에 또 하나 이목을 끌었던 점은 김정은·김주애 부녀가 보여준 친근한 모습이었다. 두 사람은 동행할 때마다 손을 꼭 잡고 걸었으며, 김주애는 김정은에게 귓속말하고 그의 얼굴도 쓰다듬는 등 스스럼없이 아버지를 대했다. 이에 김정은은 파안대소(破顔大笑)하며 부녀간 애정을 과시했다. 북한 매체들은 이러한 장면들을 집중적으로 보도했다. 이는 김정은이 그간 적극적으로 표현해 온 대중 친화적 행보들과 같은 맥락이다. 백두혈통을 사랑스러운 존재로 부각하려는 의도로 읽힌다. 과거부터 북한이 '가족의 확대된 이미지로서 국가' 이른바 '가족국가'를 지향해 왔다는 점을 고려하면, 북한 지도부는 이러한 행보가 주민 통치에 효과적이라고 판단하는 것 같다.

북한 주민은 이런 연출을 신선하게 받아들일 것으로 보인다. 김일성 김정일 시기에는 찾아볼 수 없었던 지도자 가정의 단란하고 화목한 모습에 북한 주민들은 마치 군주정 국가의 국민이 황실에 감정을 이입하듯 애정 어린 눈으로 지켜볼 것이다. 이는 자연스럽게 백두혈통 전체에 대한 매력도 향상으로 이어질 가능성이 크다.

한편, 북한의 '김주애 띄우기'를 두고 일각에서는 김주애가 사실상 후계자로 내정되었다는 주장이 대두되고 있다. 이러한 견해들은 김주애가 "존귀하신" 또는 "존경하는 자제분" 등 극존칭으로 불리고 있다는 점과 그녀에 대한 북한 측의 이례적인 의전 및 선전에 근거하고 있다. 그러나 후계자로 단언하기에는 다소 무리가 있어 보인다. 김주애에 대한 수식어 및 대우가 특별한 것은 사실이지만, 이러한 의전이 김주애 자체를 위한 것인지, 백두혈통의 존귀성을 전체적으로 강조한 것인지 판단하기 어렵기 때문이다.

관련 기관 분석에 따르면, 김정은은 김주애 이외에도 아들을 포함한 자녀들이 있는 것으로 파악된다. 다른 자녀들은 내부에서 어떤 호칭과 교육을 받고 있는지, 김주애에 대한 대우는 이들과 어떤 차별성을 가지는지, 아울러 왜 아들이 아닌 딸 김주애가 북한 매체의 전면에 등장했는지 등 문제에 대해 기본적인 확인이 선행되어야 후계자 여부에 대한 분석이 가능해질 것이다. 그보다 김주애를 후계자라고 단정하기 힘든 더 큰 이유는 너무 어린 나이에 있다.

내정 사실을 너무 늦게 발표한 까닭에 김정은이 고충을 겪었다는 지적도 있다. 그러나, 후계자의 조기 내정은 상당한 정치적 리스크를 수반한다는 점도 상기할 필요가 있다. 먼저, 김주애 정도의 나이에는 일부 자질과 잠재적 역량을 확인할 수 있을지 모르나, 현대 국가의 통치자로서 소질과 능력을 전반적으로 검증하기는 힘들다.

또한, 후계자 내정은 권력의 분산, 정계 구도의 개편 등 어떤 형태로든 큰 정치적 변화를 가져온다. 따라서, 역사적으로도 후계자에 대한 검증과 내정, 공표는 장기간에 걸쳐 신중하게 추진해 왔다. 김주애가 김정은의 가장 "사랑하는" 자녀라고 해도, 확실한 검증 과정 없이 후계자를 조기에 내정하는 것은 김정은 입장에서도 합리적인 선택이 아닐 것이다.

무엇보다 중요한 것은 '김주애 연출'의 의도 및 메시지를 읽는 것이다. 2019년 2월 하노이 결렬 이후 김정은 정권은 핵무력을 법제화하고 미사일 실험을 대폭 확대하는 등 다시금 핵 개발 노선에 박차를 가하고 있다. 김정은의 입장에서 한때나마 비핵화의 필요성을 표명했던 종전의 입장을 되돌리고 북한 주민들을 더 광범위하게 설득하기 위해서는 새로운 명분과 선전 방식이 필요했을 수 있다. 이 과정에서 메시지를 부드럽게 표현하고, 아들과 비교할 때 후계자 논란으로부터 상대적으로 자유로울 수 있는 딸이 메신저로서 적합하다고 판단한 것으로 보인다. 최근 들어 군사, 비군사 분야를 가리지 않고 등장하는 김주애는 백두혈통에 대한 매력을 배가하고, 아버지 김정은의 정책 노선에 힘을 실어야 할 자리에 당분간 자주 등장할 것으로 전망된다.[128]

다음은 김정은이 갑작스럽게 사망했을 때 동생 김여정으로의 권력 승계다. 김여정 후계자 근거 첫 번째는 김정은 건강 이상설이다.

김여정 조선로동당 중앙위원회 제1부부장(이하, 당 제1부부장)의 정치적 위상과 역할에 관심이 많다. 일각에서는 김여정이 후계자라고 주장한다. 그 근거는 3가지다. 첫째, 김정은의 건강이 위중하다는 것이다. 둘째, 《노동신문》이 김여정의 지시를 여러 번 보도했다는 것이다. 셋째, 《노동신문》은 후계자를 의미하는 당 중앙이라는 용어를 사용했다는 것이다. 각각의 근거들은 김여정이 후계자라는 사실을 뒷받침할 수 있을까? 김여정이 후계자라는 주장은 김정은의 건강 상태가 심각하게 나쁘다는 사실을 전제로 한다. 김정은의 건강에 아무런 문제가 없다면, 젊은 김정은이 후계자를 세울 필요가 없기 때문이다. 그러나 김정은의 건강에 심각한 문제가 있다면, 후계자 지명은 매우 중요하다. 후계자 부재는 김정은의 권력을 위협할 뿐만 아니라 피비린내 나는 권력투쟁을 촉발할 가능성이 높기 때문이다.

구소련의 경우, 핵심 엘리트들은 최고지도자의 후계자가 없는 상태에서 최고 권력을 차지하기 위해서 권력투쟁을 진행했다. 레닌 사후에는 스탈린과 트로츠키가, 스탈린 사후에는 흐루쇼프와 말렌코프가 최고 권력을 차지하기 위해 권력투쟁을 벌였다.

김정은은 김일성 가계에서 세습하는 최고 권력을 백두혈통으로 이어갈 책무가 있다. 북한의 권력 승계는 김일성-김정일-김정은을 거치면서 제도화된 혈통 승계 절차에 따라 진행하는 규칙적인 승계(regular succession)다. 북한은 수령의 권력이 당보다 압도적인 우위에 있고, 단 한 번도 민주적인 방식으로 후계자를 선출한 경험이 없다. 김일성 가문에서 최고 권력을 왕조식 승계방식으로 세습하는 부자 승계가 불문율이다. 김정은의 후계자는 당연히 김정은의 아들이다. 그러나 김정은의 아들은 너무 어려서 권력을 승계하기 어렵다.

이러한 상황에서는 백두혈통에서 권력 승계를 진행할 수도 있다. 김여정이 후계자로 거론되는 이유다. 그러나 김여정 후계자설의 핵심 전제인 김정은의 건강이 심각하게 나쁘다는 증거는 없다. 김정은 건강 이상설은 데일리NK가 2020년 4월 20일 김정은이 심혈관 시술을 받았다고 보도하면서 촉발됐다. 김정은이 4월 12일 평안북도 묘향산지구에 있는 향산진료소에서 심혈관 시술을 받은 후 향산특각에서 치료 중이고, 김정은의 상태가 호전되면서 의료진 대부분이 19일 평양으로 복귀했다는 내용이었다.

이 보도는 김일성 생일인 2020년 4월 15일 금수산태양궁전 참배에 연례적으로 참석했던 김정은이 불참하면서 증폭됐다. 그런데 미 CNN 방송이 2020년 4월 21일 김정은 중병설을 보도하면서 김정은 건강 문제가 커졌다. 김정은 중병설은 김정은이 잠행 20일 만에 모습을 드러내면서 잦아들었다. 김정은은 2020년 5월 1일 순천인비료공장 준공식에 참석했고, 2020년 6월 7일 정치국회의, 7월 2일 정치국 확대회의를 주재하면서 건재함을 과시했다.

그러나 김정은 건강 상태에 대한 의구심은 완전하게 해소되지 않았다. 김정은은 심혈관계 질환 가족력이 있고, 고도비만 흡연 과로 스트레스 등으로 인해 심혈관 질환을 일으킬 위험 요소를 가지고 있기 때문이다. 또 코로나19 확산을 고려해도, 김정은 공개 활동이 이례적으로 크게 줄어들었다는 것도 건강 문제에 대한 의구심을 키웠다.

김정은은 매년 5월 기준 평균 50회 정도의 공개 활동을 했다. 그러나 2020년에는 66% 줄어든 17회에 불과했다. 이러한 여러 정황에도 불구하고 김정은이 중병을 앓는다는 확실한 증거가 없다. 오히려 김정은은 건강한 모습을 공개했다. 이러한 상황에서 김여정 후계자 주장은 성급하다.

김여정 후계자 근거 두 번째는 《노동신문》의 김여정 지시 보도다. 일부에서는 《노동신문》에서 김여정의 지시를 여러 차례 공개한 것은 김여정이 후계자이기 때문에 가능하다고 주장한다. 《노동신문》 2020년 6월 5일 "김여정 제1부부장은 5일 대남사업부문에서 담화문에 지적한 내용들을 실무적으로 집행하기 위한 검토사업에 착수할 데 대한 지시를 내렸다."라는 내용이 담긴 '조선로동당 중앙위원회 통일전선부 대변인 담화'를 실었다.

《노동신문》에서 수령도 아닌 김여정이 지시했다는 내용을 보도한 것은 이례적이다.「당의 유일적 영도체계 확립의 10대 원칙」4조 7항에서는 당의 방침과 지시를 개별적 간부들의 지시와 엄격히 구별하며, 개별적 간부들의 발언 내용을 결론이요, 지시요 하면서 조직적으로 전달하거나 집체적으로 토의하는 일이 없어야 한다고 규정하기 때문이다.

그런데《조선중앙통신》2020년 6월 9일 보도에서는 김영철과 김여정이 지시를 내렸다고 보도했다.《조선중앙통신》은 '북남 사이의 모든 통신연락선들을 완전 차단해 버리는 조치를 취함에 대하여'라는 기사에서 "8일 대남사업부서들의 사업총화회의에서 조선로동당 중앙위원회 부위원장 김영철 동지와 조선로동당 중앙위원회 제1부부장 김여정 동지는 대남사업을 철저히 대적사업으로 전환해야 한다는 점을 강조하면서 배신자들과 쓰레기들이 저지른 죄값을 정확히 계산하기 위한 단계별 대적사업계획들을 심의하고 우선 먼저 북남 사이의 모든 통신 연락선들을 완전 차단해 버릴 데 대한 지시를 내렸다."라는 내용을 실었다.

북한 매체들은 '김여정이 지시를 내렸다'라는 내용뿐만 아니라 '김영철과 김여정이 지시를 내렸다'라는 내용을 보도했다. 북한 매체들이 김여정의 지시와 김영철 김여정의 지시를 보도한 것은 이례적이지만 10대 원칙 4조 7항을 위반한 것이 아니다. 김여정과 김영철이 개별적 의견을 지시한 것이 아니라 김정은이 비준한 수령과 당의 방침을 하급 단위에 지시한 것이기 때문이다. '김여정이 지시를 내렸다'라는 보도는 김여정이 후계자이기 때문이 아니라, 수령과 당의 지시를 하달한 것으로 해석할 수 있다.

김여정 후계자 근거 세 번째는 《노동신문》의 '당 중앙' 보도다. 일부 전문가들은 김여정이 후계자라는 또 다른 근거를 제시한다. 김여정이 남북관계에서 주도적 역할을 하는 시점에서 《노동신문》에서 당 중앙이라는 표현을 자주 사용했다는 것이다.

《노동신문》 2020년 6월 7일 '우리 국가제일주의'란 기사에서는 "당 중앙과 사상도 숨결도 함께"라는 표현을 사용했다. 6월 10일 '주체조선의 절대병기'란 기사에서는 "위대한 당 중앙과 사상도 뜻도 발걸음도 함께"라고 언급했다. 6월 11일 '최고 존엄은 우리 인민의 생명이며 정신적 기둥이다'라는 논설에서는 '당 중앙의 두리에 더욱 굳게 뭉쳐'라는 표현이 등장했다.

원래 당 중앙은 후계자 김정일을 지칭하는 용어였다. 김정일은 1974년 2월 제5기 제8차 당 전원회의에서 후계자로 추대된 후 당내에서 '당 중앙,' '친애하는 당 중앙'으로 불렸다. 최근 《노동신문》에서 사용하는 당 중앙도 김정일 때와 마찬가지로 후계자인 김여정을 지칭한다는 것이다. 그러나 《노동신문》에서 당 중앙을 사용했다고 해서 당 중앙이 김여정을 가리킨다고 단정할 수는 없다. 《노동신문》에서는 이미 수차례에 걸쳐 김정은과 당 중앙위원회를 가리키는 의미로 당 중앙을 사용했기 때문이다. 2016년 5월 8일 제7차 당 대회 사업총화보고에서도 당 중앙을 여러 차례 사용했다.

김정은이 발표한 사업총화보고에서는 "모든 문제를 당 중앙에 집중시키고, 당 중앙의 유일적 결론에 따라 집행해나가는"이라는 표현, "우리 당은 당의 조직적 단결을 파괴하고 당 중앙의 유일적 령도에 도전하는 행위와 요소들을 반대하여"라는 표현, "오늘 당 중앙을 유일 중심으로 하는"이라는 표현이 등장한다.

2018년 1월 1일자에서는 '2018년 신년경축공연《조선의 모습》진행'이라는 기사에서 "위대한 당 중앙이 가리키는 한길을 따라 자주의 기치, 자강력 제일주의 기치 드높이"라는 대목이 나온다. 같은 날 '태양조선의 광휘로운 미래를 축복하는 환희의 불보라'라는 기사에서는 "위대한 당 중앙이 가리키는 한길을 따라 자주의 기치, 자강력 제일주의 기치 드높이"라는 구절이 등장한다. 《노동신문》에서는 김정은과 당 중앙위원회를 가리키는 표현으로 당 중앙을 수차례 사용했다.

이상의 내용을 종합해 볼 때, 김여정이 후계자라는 주장을 뒷받침할 수 있는 핵심 증거는 부족하다. 향후 김여정의 정치적 위상과 역할은 김정일 정권하에서 김경희와 마찬가지로 전적으로 김정은에게 달렸다. 김정은이 허용하는 범위 내에서 김여정의 역할은 확대되거나 축소될 것이다. 김정은이 김여정을 조직지도부 국가보위성 등 핵심 통치기구에 배치한다면, 김여정의 정치적 영향력은 더 커질 것이다. 그러나 김여정의 역할을 대남 대외사업 부문으로 제한한다면, 김여정의 정치적 영향력은 제한적일 것이다.[129]

김정은의 갑작스러운 사망은 그 원인이 병사이든, 암살이든, 교통사고이든 한반도·동북아를 넘어 세계적 뉴스가 될 것이다. 그리고 한반도는 동북아 지각 변동에 따른 전쟁 발생 등 엄청난 소용돌이에 빠져들 것은 분명하다. 이에 대한 대비만이 대한민국에 유리한 방향으로 소용돌이를 돌릴 수 있을 것이다.

10. 이승만 대통령은 친일파를 등용했고, 김일성은 친일파를 청산했나?

* 이승만 대통령은 초대 내각 100%가 독립운동을 한 애국지사로 조각하였다.
* 김일성은 초대 내각과 북한군 주요 핵심간부 16명이 친일파다.

　사회 일각에서는 '대한민국 초대 대통령 이승만은 친일파를 등용했고, 김일성은 친일파를 청산했다.'라는 말이 여전히 술자리 단골 메뉴로 등장하는 것이 작금의 저자 문화다. 과연 그럴까? 답은 '아니다.'이다. 이승만 대통령 초대 내각은 100% 독립운동을 한 애국지사로 임명했다. 반면 김일성은 핵심 간부를 친일파로 임명했다.

　먼저 대한민국 초대 내각 면면을 살펴본다. 대통령 이승만은 상해 임시정부 초대 대통령을 역임한 바 있는 등 평생을 조국 독립운동에 헌신한 사람이다. 부통령 이시영은 임시정부 재무총장을 지냈다. 국무총리 겸 국방장관 이범석은 광복군 참모장 출신이다. 장택상 외무장관은 청구구락부 사건으로 투옥되는 등 평생을 독립운동한 사람이다.

　김도연 재무장관은 2·8독립선언 투옥, 이인 법무장관은 항일 변호사, 안호상 문교장관은 철학교수, 조봉암 농림장관은 조선공산당 간부를 역임했으나 전향한 인물, 임영신 상공장관은 독립운동 및 교육가, 전진한 사회장관은 항일 노동운동가, 민희식 교통장관은 철도교통 전문가, 윤석구 체신장관은 교육운동가, 지청천 무임소 장관은 광복군사령관, 이윤영

무임소 장관은 항일 개신교 목사 출신이다.

반면 김일성 정권은 초대 내각과 북한군 주요 핵심 간부 16명이 친일파다. 먼저 김일성 집안 자체가 친일파를 다수 배출했다. 당시 부주석(서열 2위)으로 임명됐던 김일성 동생 김영주는 일제 강점기 일본군 헌병 출신이다. 인민위원회 상임위원장 강양욱은 김일성 어머니 강반석 7촌 아저씨인데, 일제 강점기 도의원(道議員)을 지낸 친일파다.

초대 내각 부수상 홍명희(洪命熹)는 이광수(李光洙) 등과 함께 일제 강점기 말 전쟁 비용 마련을 위한 임전(臨戰)대책협의회에서 활동했다. 사법부장 장헌근은 일제 중추원 참의 출신, 보위성 부상이었던 김정제는 양주군수를 지냈다. 문화선전상 조일병은 친일 단체 '대화숙' 출신으로 학도병 지원 유세를 주도했다. 문화선전성 부부상 정국은은 아사히(朝日)신문 서울지국 기자를 역임했다.

북한군도 일본군 장교 출신들이 핵심 요직을 차지했다. 북한 초대 공군 사령관인 이활, 북한군 9사단장 허민국, 북한군 기술 부사단장 강치우 등은 모두 일제 강점기에 일본군 나고야(名古屋) 항공학교를 졸업한 친일파다.[130]

부 록

제1장 제주 4·3사건
제2장 여·순 10·19사건

제1장 제주 4·3사건

1. 일반 상황

가. 조선공산당 당원 조선경비대 침투

광복과 함께 광복군 출신, 일본군 출신, 만주군 출신 등이 국군 창설에 대비하여 각각 사설 군사단체를 조직했다. 그 숫자는 30여 개나 되었다. 그중 규모가 가장 큰 사설 군사단체는 ① 일본군 출신의 조선 임시 군사위원회 치안대 총사령부(대표 김석원) ② 학병 출신의 학병동맹(대표 왕익권), ③ 학병단(대표 안동준), ④ 조선국군준비대(총사령 이혁기), ⑤ 광복군 출신의 광복청년회(회장 오광선), ⑥ 조선국군학교(교장 김원봉), ⑦ 한국 장교단 군사주비회(대표 신하균), ⑧ 대한무관학교(교장 김구), ⑨ 육군사관예비학교(교장 오정방), ⑩ 육해공군동지회(고문 지청천, 회장 김석원) 등이었다. 이 중 조선공산당이 장악하고 있던 사설 군사단체는 〈조선국군준비대〉와 〈학병동맹〉이다.

미군정에서는 1945년 11월 13일 미군정청 내에 〈국방사령부〉를 설치했다. 1946년 1월 15일 〈국방사령부〉 예하에 〈조선경비대〉를 창설했다. 미군정에서는 〈조선경비대〉가 창설됨에 따라 1946년 1월 21일 군정법령 제28호를 발령하여 모든 사설 군사단체를 해산했다.

한편 〈조선공산당〉은 소련 군정 지침에 따라 〈조선공산당〉 책임 비서 박헌영과 '조선공산당북조선분국' 책임 비서 김일성 간 합의로 1946년 11월 23일 〈조선인민당〉과 〈조선신민당〉이 합당하여 〈남조선로동당〉을 결성했다.[131]

앞장 '북한 권력구조' 편에서 설명한 바와 같이, 김일성은 1946년 4월 19일 〈조선공산당〉 산하 '조선공산당북조선분국'을 〈북조선공산당〉으로 탈바꿈시켰다. 이후 1946년 8월 28일 〈북조선공산당〉과 〈조선신민당〉을 합당하여 〈북조선로동당〉을 만들었다. 〈북조선로동당〉은 여전히 〈조선공산당〉에서 규모를 키운 〈남조선로동당〉의 산하 기관이었다. 왜냐하면 '공산당은 1개 국가에 1개의 공산당만 존재한다.'라는 「1국 1당 원칙」에 의거 한반도에는 〈조선공산당〉에서 이름만 바뀐 〈남조선로동당〉만이 유효했기 때문이다.

따라서 1949년 6월 30일 〈북조선로동당〉과 〈남조선로동당〉이 합당하여 현재의 〈조선로동당〉을 탄생시킬 때까지의 공식적 지휘체계는 박헌영→김일성 구조였다. 하지만 소련의 지원을 받고, 예산을 장악한 김일성이 실질적 서열 1위, 박헌영이 서열 2위였다. 1945년 9월부터 1949년 6월까지 둘의 지휘관계는 김일성이 주도권을 장악한 상태에서 박헌영과 합의하여 당을 운영하는 모습이었다. 이는 이 기간에 발생한 남로당에 의해 발생한 제주 4 3사건을 비롯한 모든 사건이 김일성 박헌영의 공동 책임임을 의미하는 것이었다.

〈남조선로동당(이하 남로당)〉은 이런 과정을 거쳐 〈조선경비대〉가 군대 면모를 갖추어 가자 당 중앙조직으로 '군사부'를 설치했다. 〈조선경비대〉에 당원 입대와 현역 군인 포섭을 시작했다. 침투 공작은 장교와 사병을 구분하여 전개했다. 장교는 ① 조선경비사관학교 내에 이미 침투한 당원을 통해 당에서 추천한 자를 입교시켜 장교로 임관시키고, ② 이미 임관한 장교를 포섭하는 방법을 썼다. 이를 좀 더 구체적으로 살펴보면 첫째, 당원이 개인 실력으로 입교, 둘째, 유력인사로부터 추천받은 당원이 입교, 셋째, 조선경비대 또는 조선경비사관학교 내 당세포를 통한 입교, 넷째, 임관한 장교에게 금품 등을 주어 포섭하는 방법 등을 주로 사용했다.

나. 남로당에 의한 제2연대 부정 사건

남로당은 조선경비대에서 일부 자금을 조달했다. 이 자금 조달은 일본군 대위 출신 남로당원 중령 김종석이 1947년 2월 29일 대전 제2연대 제5대 연대장으로 취임하면서부터다. 그는 광복 후 조선공산당이 장악하고 있던 〈국군준비대(총사령 이혁기)〉에 가담했다가 〈조선경비대〉 창설과 함께 당 방침에 의거 입대한 인물이다.

당시 제2연대 군수 분야 업무를 담당한 후방 주임 소령 이상진도 남로당 당원이었다. 연대장 중령 김종석이 소령 이상진에게 "남로당 공작금을 마련하라."라고 지시했다. 이에 소령 이상진은 부식 조달 납품업자인 최원락과 공모하여 미군이 공급하는 C레이션을 횡령 처분하여 2,000여만 원을 남로당 비서 이주하에게 공작금으로 제공했다.

소령 최덕신이 1947년 9월 22일 제2연대 제6대 연대장으로 부임했다. 업무 파악 과정에서 부식 납품 부정행위가 있다는 사실을 발견했다. 즉각 조선경비대총사령부로 보고했다. 조선경비대 감찰총감 대위 오동기가 조사를 나왔다. 오 대위는 대전, 공주, 유성 지역 현지 조사를 통해 2,000만 원이 넘는 공금과 보급품이 부정 처분됐다는 사실을 밝혀냈다.

그러나 부정 사건 핵심 인물인 연대 검수관, 본부중대장, 부사관 최수암, 납품업자 최원락 등은 행방불명 상태였다. 심지어 전임 연대장 중령 김종석 측근인 본부중대장이 감찰총감 대위 오동기의 사건 조사 서류 탈취를 시도하는 사건까지 발생했다. 조사를 마친 대위 오동기는 조선경비대총사령관 송호성에게 조사 결과를 보고했다. 중령 김종석, 소령 이상진 구속을 건의했다. 그러나 재가 받지 못했다. 그러자 대위 오동기는 미군정 통위부장 유동렬에게 보고했다. 구속 조사를 재가 받았다. 중령 김종석과 소령 이상진을 제1연대 영창에 수감했다.

그런데 중령 김종석과 소령 이상진 구속 후, 새로운 문제가 발생했다. 오동기 대위가 행방불명된 최원락을 찾기 위해 수소문하던 중, 최원락 형을 만났다. 최원락 형은 오동기 대위에게 "동생 최원락이 도피 중이라 함께 못 왔다."라며 10만 원을 뇌물로 주었다. 오 대위는 이 돈을 통위부장 유동렬에게 보고하고 장물로 잡았다.

경찰에서 납품업자 최원락을 체포했다. 최원락은 '남로당에 공작금 500만 원을 제공했다.'라고 진술했다. 경찰에서는 통위부 측에 조사내용과 함께 최원락 신병 인수를 요청했다. 그러나 통위부에서는 미 고문관 측의 '조선경비대는 사상범을 취급할 근거가 없다.'라는 의견을 수용하여 최원락 신병 인수를 거절했다. 이에 오동기 대위가 최원락은 사상범이 아니라, 부식 납품 공급을 횡령한 범죄자임을 강조하며 신병 인수를 주장했다. 통위부에서는 이를 받아들이지 않았다.

최원락이 없는 가운데 군법회의가 열렸다. 중령 김종석, 소령 이상진 등 모두에게 무죄가 선고되어 석방되었다. 중령 김종석은 제5여단 참모장으로, 소령 이상진은 제8연대 부연대장으로 보직되었다. 오동기 대위는 제4연대 부연대장으로 발령받았으나, 김종석 중령, 이상진 소령 무죄 선고에 반발하여 전역을 신청했다. 그러나 송호성 총사령관이 만류하며 제14연대 연대장으로 갈 것을 권유하여 받아들였다. 훗날 이 14연대는 제주 4·3사건 진압 작전 명령을 거부하고 〈여·순 10·19사건〉을 일으켰다.

사건은 이렇게 마무리되었지만, 1년 후 발생한 〈인민군혁명사건〉과 관련이 있었다. 〈인민군혁명사건〉은 김일광과 이혁기를 중심으로 많은 군인이 1948년 5월 10일 총선거를 앞두고 비밀군사단체를 조직하여 활동하다가 미군정 경무부 수사국에 의해 1948년 2월 22일 검거된 사건이다.[132] 이 사건 관련자로 제14연대장 소령 오동기가 구속되었다.

〈인민군혁명사건〉은 김일성과 관련이 있었다. 당시 김일성은 남로당과 관계없는 별도의 대남 특별 공작기관을 운영하고 있었다. 〈북로당남조선특별정치위원회〉가 그것이다. 이 기구는 1947년 5월 김일성이 남파한 성시백[133]이 반 박헌영파인 강진, 서중석, 이정윤 등과 함께 만든 조직이다. 〈북로당남조선특별정치위원회〉는 산하에 군사 조직으로 〈청년특별지도부〉를 두었다. 이 〈청년특별지도부〉는 예하 조직으로 〈인민혁명군〉을 편성했다. 〈인민혁명군〉은 이혁기가 총사령관으로 있었던 〈국군준비대〉 출신으로 입대한 〈조선경비대〉와 〈해안경비대〉에 근무 중인 현역 군인들로 조직하였다.

〈인민혁명군〉은 최고책임자 겸 대전 이북 지역을 관할하는 제1지구 총책임자는 김일광, 부책임자 겸 대전 이남 지역을 관할하는 제2지구 총책임자는 이혁기였다. 각도 및 국방 해안경비대 책임자는 강원도 박용구, 경기도 김철구, 경상북도 하재팔, 충청남도 임모, 전라북도 오영주, 조선경비대 최창률, 해안경비대 이조승 등이었다.

제2연대는 제2지구 이혁기 관할이었다. 이혁기는 충청남도 책임자 임 모(任某)를 통해 제2연대 연대본부 하사관 남일주를 부정 사건으로 도피 중이던 하사관 최수암과 교체하여 계속 자금을 확보하도록 지시하는 등 남로당 활동을 우회 지원했다. 아울러 이들은 통위부 인사국장 이영섭, 통위부 군기대장 소령 나학선, 조선경비사관학교 소령 민모(閔某), 해안경비대 인천파견대 소위 이모(李某), 서울 태릉 제1연대 특무상사 박용식, 수색파견대장 대위 이원둔, 춘천 8연대 소위 최용국, 청주 7연대 대위 김용배, 대구 6연대 대위 최창식, 부산 5연대 중위 김창봉, 포항해안경비대 기지사령 소령 이상렬, 묵호해안경비대 기지사령 소령 김석범 등에 대한 공작계획도 수립했다. 그러나 이 계획을 실행하기 직전 미군정 경무부 수사국에 의해 1948년 2월 22일 관련자 전원이 검거되어 행동으로 옮겨지지는 않았다.

이외 조선경비대 내에서는 하극상 등 군기 문란 행위가 수시 발생했다. 대표적인 사례로는 ① 1946년 5월 23일 발생한 제1연대 제1대대 병사들이 연병장에 집합하여 대대 주번사령 정위 정일권에게 욕설하는 등 간부들이 거액을 착복했다고 데모한 제1연대 소요 사건, ② 1946년 12월 4일 조선경비사관학교 후보생들이 고구마 취식 등 처우 불만을 이유로 생도대장 이치업 대위를 구타한 사건 등이 발생하였다.

이 같은 사건은 군기 경시 풍조를 조장하고, 일사불란한 지휘체계 확립을 방해했다. 급기야는 1948년 10월 19일 여수 제14연대, 1948년 11월 2일 대구 6연대 반란 사건으로 확산하는 데까지 영향을 미쳤다.

다. 군과 경찰 갈등

이 시기 군과 경찰은 갈등을 겪고 있었다. 이 갈등은 훗날 군사 반란 선전 선동 구호로 발전했다. 군과 경찰 간 대표적 갈등 사건은 전남 영암경찰서 신북지서 군경 충돌 사건이다.

이 사건은 전남 주둔 제4연대 제1대대 장병들에게 '1947년 5월 초 〈국군경비대〉 어느 한 병사의 친형이 조선공산당 활동 혐의로 전남 광양경찰서에 체포되어 심하게 구타당했다.'라는 출처를 알 수 없는 말이 전해지면서 시작되었다. 제4연대 제1대대 장병들은 전우가 광양경찰서 경찰관들에게 구타당한 것을 보복하기 위해 1947년 5월 11일 토요일 외출 기회를 이용하여 광양경찰서로 몰려가 형사를 구타하고 부대로 복귀했다.

그러자 광양경찰서 소속 경찰은 그다음 주에 외출 나온 제4연대 소속 장병들을 보복 차원에서 폭행했다. 외출 병사들이 경찰에게 폭행당하고 부대로 복귀하자마자 제1대대 병사들은 2대의 차량에 나눠 타고 광양경찰서로 달려가 경찰서를 쑥대밭으로 만들었다. 〈조선경비대총사령부〉에서는 유감 표시로 제4연대장 소령 조암을 해임하고 소령 이한림을 보직시켰다. 신임 연대장 이한림 소령은 광양경찰서장과 원만한 타협으로 친선을 도모하기로 약속했다. 하지만 이 사건을 계기로 제4연대와 경찰 간 반목은 오히려 더 커져 버렸다.

제4연대장과 광양경찰서장 간 화해가 있은 지 한 달이 안 된 1947년 6월 1일 전남 영암경찰서 신북지서에서 제4연대 소속 하사 김형남과 경찰 사이에 싸움이 벌어졌다. 하사 김형남이 부대 복귀를 위해 신북지서 안에서 차를 기다리고 있었다. 신북지서 경찰이 하사 김형남에게 "경비대 무궁화 모양 모표(帽標: 모자에 붙이는 표지)가 사꾸라(벚꽃) 같다."라고 말했다. 김 하사가 수치심을 느끼고 경찰을 때렸다. 신북지서에서는 영암경찰서로 김 하사 폭행 사건을 보고했다. 본서 형사들이 출동했다. 김 하사를 공무집행 방해, 폭행 등의 혐의로 연행해 갔다.

이를 인지한 제4연대에서 중위 김희준과 군기대장 중위 정지웅과 선임하사 등이 군기병을 대동하고 신북지서로 갔다. 그러나 이들이 신북지서에 도착했을 때, 하사 김형남은 이미 영암경찰서로 압송한 뒤였다. 김 중위와 정 중위는 군기병을 신북지서에 남겨 놓은 상태에서 영암경찰서로 떠났다. 신북지서에 남아 있던 군기병은 외출 병사들로부터 김 하사 이야기를 듣고 보초 근무를 서고 있는 경찰을 골목으로 끌고 가서 구타했다.

영암경찰서로 향한 김 중위와 정 중위는 군기병들의 신북지서 경찰 초병 구타 사실을 모른 채 영암경찰서장 면담을 요구했다. 그러나 신북지서 경찰관이 제4연대 군기병에게 구타당한 사실을 보고 받은 영암경찰서장은 면담을 거절했다. 이 과정에서 경찰 간부와 김 중위, 정 중위 간에 언쟁이 일어났다. 경찰은 "조선경비대는 경찰 보조기관이다. 김 하사 구속은 정당하다."라고 말했다. 해결의 실마리가 보이지 않자 김 중위와 정 중위는 부대 복귀 길에 올랐다.

이때 경찰 10여 명을 태운 차량이 김 중위와 정 중위가 탄 차량보다 먼저 출발했다. 경찰 차량을 300여 m 뒤에서 따라가던 김 중위와 정 중위 차량이 신북지서를 통과할 즈음 갑자기 앞서가던 경찰관들이 김 중위 일행에게 사격하며 강제로 하차시켰다. 병력 면에서 월등히 많은 경찰이 김 중위와 정 중위를 끌어내렸다. 신북지서장에게 무릎 꿇으라고 강요까지 했다. 이 자리에서 선임하사가 무차별 구타를 당하고 광주병원으로 후송되었다. 선임하사는 광주병원 후송과 동시 운전병에게 사건을 부대에 보고하도록 했다.

운전병으로부터 경찰에게 구타당했다는 소식을 전해들은 제1대대 병사 300여 명은 상사 김인배 지휘하에 무기고에서 총과 실탄을 휴대하고 차량 7대로 영암경찰서로 출동했다. 대대장 대위 최창언이 급보를 받고 부대로 들어와 장교들을 대동하고 사태 수습을 위해 영암경찰서로 갔다. 그러나 대대장이 영암경찰서에 도착했을 때는 이미 군과 경찰 간 교전이 벌어진 상태였다.

제4연대장 소령 이한림도 영암경찰서로 출동했다. 연대장이 경찰서장에게 면담을 제안했다. 그러나 경찰은 연대장을 향하여 사격하고 수류탄까지 던졌다. 연대장 경계병이 사상당했다. 군은 6명이 사망하고 10여 명이 부상했다. 경찰은 피해가 없었다. 사건은 가까스로 다음날 6월 2일 연대장이 영암군수와 함께 서장을 만나 유혈 방지 원칙에 합의하고 종결되었다.

사건 후, 병력 출동을 지휘한 상사 김인배와 차량을 동원한 상사 최석기가 10년형을 선고받았다. 당직사령 중위 이관식이 파면되었다. 경찰 초병을 구타한 군기병 3명은 군사재판에 회부되었다. 군인들의 사기는 떨어질 대로 떨어졌다. 이 사건은 전남도 내 군과 경찰 간 갈등을 더욱 심화시켰다. 그리고 여수 제14연대 반란군의 선동 요소로 작용했다.

라. 제주 제9연대 창설과 조선경비대 여단 창설

육군 전신인 〈조선경비대〉는 각도별 1개 연대를 창설한다는 미군정 뱀부계획(Bamboo plan)에 의거 1946년 1월 15일 서울 태릉에서 제1연대 창설을 시작으로, 충남 대전 제2연대(1946. 2. 28), 전북 익산 3연대(1946. 2. 26), 전남 광산 제4연대(1946. 2. 15), 경남 부산 제5연대(1946. 1. 19), 충북 청주 제7연대(1946. 2. 7), 강원 춘천 제8연대(1946. 4. 1)를 창설했다. 그리고 제주도가 1946년 8월 1일부로 전라남도에서 분리돼 도로 승격됨에 따라 제주 제9연대(1946. 11. 26)가 창설되었다. 초대 연대장은 6·25전쟁 발발 당시 육본 작전국장인 부위 장창국이었다. 부대 위치는 일제 강점기 일본군 해군항공대가 있었던 모슬포 '오무라(大村)' 막사였다. 제주도 최초의 비행장으로 건설된 이곳은 1937년 중 일전쟁 때 중국 폭격기 기지였다.

제9연대는 이듬해인 1947년 3월부터 제주도 내 청년들을 대상으로 모병 활동을 전개했다. 초기 모병은 여러 가지 난관을 겪었다. 군수지원이 원활하지 않아 수제비로 끼니를 때울 때도 있었다. 장비도 경찰보다 떨어졌다. 그리고 그 무렵 "경비대는 경찰의 보조기관이다. 정식 군대가 아니다. 정식 군대는 추후 모집될 것"이라는 소문이 퍼졌다. 젊은 층 사이에는 '경비대는 미국의 용병'이란 주장도 나돌았다.

이런 과정을 거쳐 1947년 1년 동안 총 8회에 걸쳐 최대 80명, 최소 40명 단위로 장정들을 입대시켰다. 병사들은 입대 기수별로 제1기생, 제2기생 등으로 불렸다. 1948년 1월에 이르면 연대 총병력은 총 8개 기 400여 명이었다. 이후 제주뿐만 아니라, 경상도 전라도 청년들을 대상으로 병사를 모집하여 4 3사건 직전에는 800여 명에 달했다.

초대 연대장 장창국 부위는 그의 회고록에서 "부임 전 서울에서 미국인 경비대 사령관과 육사 교장을 인사차 방문했다. 모두 '제주도에는 좌익세력이 강하니 조심하라.'고 일러주었다. 또 그는 제주에 내려와 마을 주민들이 마련한 환영 행사에 참석했다가 젊은 사람으로부터 '경비대가 미국의 용병이지 무슨 군인이란 말인가?'라는 질문을 받고 직감적으로 과연 좌익세력이 세다는 것을 실감했다."라고 밝히고 있다.[134]

한편 〈조선경비대〉는 통위부 일반명령 제69호에 의거 이상의 9개 연대에서 3개 연대를 묶어 1개 여단을 만드는 여단 창설 작업에 착수했다. 제1여단은 1947년 12월 1일 준장 송호성을 여단장으로 서울에서 창설했다. 제2여단은 1947년 12월 1일 대령 원용덕을 여단장으로 대전에서, 제3여단은 1947년 12월 1일 대령 이응준을 여단장으로 부산에서 창설했다.

이후 1948년 5월 1일부터 1948년 5월 4일 기간 중, 강릉에서 제10연대, 수원에서 제11연대, 군산에서 제12연대, 여수에서 제14연대, 마산에서 제15연대가 창설되었다. 추가로 창설된 이들 6개 연대를 근간으로 제4여단이 1948년 4월 29일 대령 채병덕을 여단장으로 서울에서, 제5여단이 1948년 4월 29일 대령 김상겸을 여단장으로 전남 광주에서 창설되었다.

제주 모슬포에서 창설된 제9연대는 1947년 12월 1일 제3여단에 예속되었다가, 제주 4 3사건 진압 작전 중이던 1948년 4월 29일 제5여단으로 예속이 전환되었다. 그리고 1948년 12월 5일 제5여단에서 예속이 해제되었다가 이듬해 1949년 6월 20일 의정부에서 창설된 제7사단으로 예속되어 6 25전쟁을 맞이하였다.

이 책에서는 〈제주 4 3사건〉을 제9연대가 제주도에서 1946년 11월 26일 창설된 날로부터 1949년 6월 29일 의정부에서 창설된 제7사단으로 예속이 전환된 기간까지의 군사작전을 중심으로 기술했다.

마. 광복 전후 제주도 상황

제주도는 한반도 남서 해상에 있다. 한국에서는 가장 큰 섬(면적 1,825㎢)이다. 북쪽 목포와는 142km, 북동쪽 부산과는 286km가량 떨어져 있다. 동으로는 일본 규슈(九州)와 쓰시마 섬(對馬島), 서로는 중국 본토 상하이(上海), 남으로는 동지나해를 사이에 두고 오키나와(沖繩)와 타이완(臺灣)과 대하고 있다.

한반도를 작전 지역으로 하는 일본군 제17방면군은 1937년 중 일 전쟁 때 제주 서쪽 지역인 모슬포에 비행장을 만들고 오무라(大村) 해군항공대를 설치했다. 중국 본토를 향한 폭격기지로 삼은 것이다. 제2차 세계대전 말기인 1945년 초에 이르러서는 일본 본토 사수를 위한 대미(對美) 결전의 최후 보루로 제주도 전체를 요새화하였다. 일본군은 미군이 제주도에 상륙하면, 최후까지 싸운다는 이른바 '옥쇄(玉碎) 작전'을 상정하고 있었다. 주진지를 한라산 중산간지대에 집중적으로 구축했다. 제주도 북부, 서부 지역에는 제96사단과 제111사단을, 동부와 남부 지역에는 제121사단과 제108여단을 배치했다. 동부 고원지대를 유격전 진지로 삼았다. 이와 같은 일본군 진지는 〈제주 4·3사건〉 때 남로당 인민유격대의 거점이 되었다.

일본이 1945년 8월 15일 패망했다. 조선총독부에서는 패전 후 치안 문제와 정치범 석방, 일본인 보호 등을 위하여 여운형, 안재홍, 송진우 등 한국 내 지도급 인사와 접촉하여 행정권 인수를 제안했다. 여운형과 안재홍은 수락했다. 송진우는 '일본이 연합군에 정권을 인도해줄 때까지 움직이면 안 된다.'라는 논리로 조선총독부 제안을 거절했다.

이에 따라 여운형과 안재홍은 1945년 8월 16일 〈건국준비위원회, 이하 건준〉를 결성했다. 제주도는 각 읍·면 대표 100여 명이 1945년 9월 10일 제주농업학교 강당에 모여 제주도 건준을 출범시켰다. 이날 위원장에 오대진(吳大進 대정면), 부위원장에 최남식(崔南植 제주읍), 총무부장에 김정노(金正魯 제주읍), 치안부장에 김한정(金漢貞 중문면), 산업부장에 김용해(金容海 애월면)가 선출되었다.

집행위원으로 김시택(金時澤 조천면), 김필원(金弼遠 조천면), 김임길(金壬吉 대정면), 이원옥(李元玉 대정면), 조몽구(趙夢九 표선면), 현호경(玄好景 성산면), 문도배(文道培 구좌면) 등 10여 명이 선임되었다. 이들은 주로 40~50대의 장년층이었다.

제주도 건준도 다른 지방과 마찬가지로 지역 유지와 명망가들로 구성된 한시적 조직이었다. 당시 조직 내에서는 이념 문제로 대립하는 일이 많지 않았다. 소문난 친일 세력만 배제되고 웬만한 사람들은 거의 참여하는 경향을 보였다. 건준 지방조직이 '인민위원회'로 불리게 된 것은 중앙의 건준이 9월 6일 조선인민공화국(이하 '인공'으로 약칭) 창건을 선언한 이후부터였다. 인공이 과도정부의 성격을 추구했다면, 인민위원회는 과도적 지방 행정기구로 인식되었다.

그러나 인공이 선언됐다고 즉각적으로 지방조직이 인민위원회로 변신한 것은 아니다. 지방에 따라, 또 시기별로 다르다. 이때에는 이데올로기 문제로 대립하는 일도 별로 없었다. 건준에는 소문난 친일 세력만 배제되었을 뿐, 웬만한 사람들은 거의 참여하는 편이었다. 제주도 건준 조직은 1945년 9월 22일 행정조직을 표방한 인민위원회로 개편되었다.

당시 제주도에서는 인민위원회가 리 단위까지 파급될 정도로 가장 광범위한 조직력을 갖고 있었다. 초기 읍·면 건준이나 인민위원회 위원장들은 대체로 이념과 무관하게 지역 원로들이 추대되었다. 읍·면 위원장은 제주읍 현경호(玄景昊), 애월면 김용해(金容海), 한림면 김현국(金顯國), 대정면 우영하(禹寧夏), 안덕면 김봉규(金奉奎), 중문면 강계일(康桂一), 서귀면 오용국(吳龍國), 남원면 현중홍(玄仲弘), 표선면 조범구(趙範九), 성산면 현여방(玄麗芳), 구좌면 문도배(文道培), 조천면 김시범(金時範) 등이었다. 이들 가운데 대정 우영하, 안덕 김봉규, 남원 현중홍, 표선 조범구, 조천 김시범 등 5명은 미군정 하에서 초대 면장을 지냈다. 김봉규 현중홍은 '4·3' 발발 이후인 1948년 5월까지 면장직에 있었다.[135]

제주도 인민위원회 초기 활동은 행정기능을 발휘했다기보다는 오히려 치안 활동에 주력했다. 이것은 인민위원회가 본래 행정기구를 표방했지만, 미군정에서 이를 인정치 않았기 때문이다. 그러나 행정기관을 인수하지는 못했지만, 앞에서 보듯 실질적인 내용 면에서는 읍 면사무소의 인적 구성 등에서 영향력을 발휘했다. 여기에는 제주도 군정 업무를 맡은 미 제59군정 중대의 묵인 또는 협력이 있었다.[136]

제주도 미군정 당국은 1945년 말 인민위원회 치안대 간부들을 소집해 치안유지에 협조해 달라고 요청하기도 했다. 그러나 이러한 미군정과 인민위원회의 상호 보완적인 관계는 1947년에 들어서면서부터 인민위원회를 실질적으로 장악한 남로당 제주도위원회가 대규모 시위를 전개하자 적대적인 관계로 변하기 시작했다.[137]

2. 제주 4·3사건

가. 남로당 제주도위원회 1947년 〈3·1투쟁〉 사건

1947년에 접어들면서 미군정은 남한 내 남로당 세력에 대한 단속을 강화했다. 남로당은 1946년 10월 1일 일으킨 〈10·1 대구 폭동〉으로 조직의 상당수를 상실한 상태였다. 이런 상황에서 남로당 중앙에서는 ① 무기한 휴회에 들어간 미소공동위원회 재개, ② 조직 정비 등 2개의 목표를 가지고 1947년 제28주년 3·1절 기념일을 기해 각 지방당에 투쟁을 지시했다.

겉으로 내세운 투쟁 목표는 ① 모스크바 3상 회의 총체적 지지 ② 미 소 공동위 재개 ③ 친일파 민족 반역자 청산 등이었다. 그러나 실질적인 목표는 ① 인민위원회로 정권 이양 ② 북조선과 같은 민주개혁이었다.[138] 이에 따라 남로당 제주도위원회에서는 읍·면 인민위원회와 조선민주청년동맹 등에 '3·1운동기념투쟁방침'을 1947년 2월 16일부터 2월 25일 기간 중, 4회에 걸쳐 하달했다.

주요 내용은 ① 복장은 전투식으로 한다. ② 구호는 '인민위원회의 정권 양도, 박헌영 체포령 철회, 인민 항쟁 관계자 석방, 입법 의원 타도, 모스크바 3상 회의 결정 실천, 남로당 깃발 아래로의 인민 결집을 제창한다. ③ 도로 위 시위를 합법적으로 못 하면 당 독자적으로 감행한다. 이를 위해 각 세포는 당 지도부와 긴밀한 연락을 유지한다. ④ 투쟁 목표는 남로당 지도하에 반동분자들을 철저히 숙청한다. ⑤ 노동자, 농민의 혁명적 투쟁으로서만 진정한 조선의 독립을 쟁취할 수 있다는 것을 신념으로 삼는다.[139] 등이다. 남로당 제주도위원회에서는 1947년 2월 17일에 '3·1운동기념투쟁준비위원회'를 구성했다. 결성식은 이날 15:00시부터 17:00시 사이에 제주읍 일도리 김두훈 집에서 남로당 제주도위원회 위원장 안세훈을 비롯하여 30여 명이 참여했다.

한편 제주감찰청(경찰 전신)에서는, 남로당 제주도위원회 위원장 안세훈이 대표인 '3·1운동기념투쟁준비위원회' 지도부 5명에게 3·1절 기념행사를 읍·면·동·리 단위로 개최할 때는 ① 관계기관 허가를 받아야 한다. ② 시위는 금지한다는 것을 통보했다. 이와 함께 예하 지서와 각 단체에 4개 항목의 질서유지 관련 공고문을 보냈다.

> 1. 각 관공서, 기타 각종 단체의 기념행사는 각자의 직장에서 행할 것
> 2. 가두 행렬, 데모행위를 전적으로 금한다.
> 3. 기타 일반의 기념행사는 리·동 주민은 읍면 단위로 하고, 타 리·동·읍·면 거주자의 참가를 금한다.
> 4. 리·동 또는 읍·면 단위로 기념행사를 감행할 시는 필히 집회 허가원을 당국에 제출한다.

아울러 강인수 감찰청장은 제주도 내를 순회하며 좌담회를 통해 3 1절 행사를 평화적으로 진행하도록 홍보했다. 또한 이와 별도로 미군정 당국은 제주도의 정

규 경찰력 354명만으로는 우발상황에 대한 대처가 어렵다고 판단하여, 1947년 2월 27일 충청남도와 충청북도로부터 경력(警力) 각 50명 총 100명을 지원받아 제주도로 파견하여 대비했다.

'3·1운동기념투쟁준비위원회'에서는 1947년 2월 25일 오전 제주도 미 제59군정중대에 집회 허가신청서를 제출했다. 이에 대해 미 제59군정중대에서는 1947년 2월 28일 남로당 제주도위원회 위원장 겸 '3·1운동기념투쟁준비위원회' 대표인 안세훈 등을 군정청으로 초청하여 "도로에서의 행진 시위는 절대 금지한다. 제주서 비행장에서 행사를 진행하는 것은 승인한다."라는 미군정 방침을 전달했다.

하지만 '3·1운동기념투쟁준비위원회'에서는 1947년 3월 1일 11:00시 제주북국민학교에서 제28주년 3·1절 기념행사를 25,000여 명이 참석한 가운데 열었다. 이날 행사 인원 중 남로당 제주도위원회에서 동원한 사람이 17,000여 명이고 기타 군중이 8,000여 명이었다.

제주북국민학교 집회의 합법 또는 비합법에 대한 역사 기록은 기관마다 다르다. 제주경찰사에는 '무허가 집회'로 기록되어 있다. 또 미군정 전술부대 미 제6사단 정모참모부에서 미 제24군단으로 보고한 정보 보고 제1보에는 '허가받지 않은 집회'로 돼 있다. 그러나 미군정 경무부장 조병옥은 1947년 제28회 3·1절 기념행사 관련 담화문에서 "제주도는 2월 28일 집회만 허가하고 행렬은 허가치 않았던 바, 행렬까지 허가하라고 함에, 부득이 집회까지 허가 취소하였는데, 1일 시민이 남산국민학교(북국민학교의 오기)에 모였으므로 집회만 허가하였다."라고 밝히고 있다.[140]

이 기념식에서 대회장인 남로당 제주도위원회 위원장 안세훈은 "3·1 혁명 정신을 계승하여 외세를 물리치고, 조국의 자주통일 민주국가를 세우자."라는 요지의 발언을 했다. 이어 각계의 대표들이 나와 연설한 후, "양과자를 먹지 말자! 모스크바 3상 회의 결정 사항인 신탁통치를 지지한다! 민족 반역자를 처단하라!"라는 구호를 외쳤다. 기념식은 "인민공화국 수립 만세!"를 삼창하고 14:00시경 종료되었다.[141]

이날 14:00시경 기념행사가 끝난 후 군정 당국의 반대에도 불구하고, 허가받지 않은 도로 위 시위가 시작되었다. 제주북국민학교를 나온 시위 행렬은 두 갈래로 나누어졌다. 한 대열은 미군정청과 경찰서가 있는 관덕정 광장을 거쳐 서문통으로 시위했다. 다른 한 대열은 감찰청이 있는 북신작로를 거쳐 동문통으로 이어졌다. 제주 읍내를 중심으로 서쪽 지역 주민은 서쪽 대열에, 동쪽 지역 주민들은 동쪽 대열에 합류하여 마을로 돌아가면서 행진하며 위세를 부렸다.

관덕정 앞 광장에서 14:45경 기마 경관 경위 임영관이 탄 말에 6살 정도의 어린이가 채어 소란이 일어났다. 기마 경관이 어린이가 채인 사실을 몰랐던지 그대로 가려고 하자, 주변에 있던 관람 군중들이 야유하며 몰려들기 시작했다. 일부 군중들은 "저놈 잡아라!"라고 소리치며 돌멩이를 던지며 쫓아갔다. 임 경위가 탄 말이 돌에 맞아 뛰기 시작했다. 기마 경관은 말을 진정시키려 했으나, 흥분한 말은 경찰서로 뛰어 들어갔다.

그 순간 총성이 울렸다. 충청남북도에서 지원 나온 경찰이 무장을 한 채 경계를 서고 있었다. 기마 경관을 쫓아 군중들이 몰려오자 경찰서를 습격하는 것으로 잘못 알고 일제히 발포한 것이다. 이 발포로 민간인 6명이 숨지고, 6명이 중상을 입었다. 희생자 가운데는 국민학생과 젖먹이를 안고 있던 20대 여인 등도 포함되어 있었다. 사망자는 허두용(許斗鏞, 15세 제주북교 5년), 박재옥(朴才玉, 21세 여), 오문수(吳文壽, 34세), 김태진(金泰珍, 38세), 양무봉(梁戊鳳, 49세), 송덕수(宋德洙, 49세)로 밝혀졌다.

이날 도립병원 앞에서 두 번째 발포 사건이 발생했다. 당시 도립병원에는 그 전날 교통사고를 당한 경찰관 순경 허 화가 입원해 있었다. 동료 2명이 간호차 병원에 함께 있었다. 그런데 갑자기 관덕정 쪽에서 총성이 나고, 피투성이가 된 부상자들이 업혀 들어왔다. 그들 중 한 명인 이문규(李文奎, 충남 공주경찰서 소속) 순경이 공포감을 느껴 소총을 난사, 장제우(張濟雨) 등 행인 2명에게 중상을 입혔다.[142]

이 사건은 당시 제주도를 관할하던 미 제6사단과 상급 부대인 미 제24군단까지도 주목할 만큼 중대한 사건이었다. 미군은 경찰 진상 보고서와 자체 조사를 거쳐 3월 20일 사건 경위를 다음과 같은 요지로 결론지었다.

> 3·1사건은 첫째, 제주도 미 군정청의 불법집회 규정에도 불구하고, 남로당 제주도위원회가 지도하여 대규모 시위를 벌인 것이 발단이 되었다. 둘째, 시위 과정에서 기마경찰에 의한 어린이 부상자 발생과 이에 따른 시위자들의 경찰서 습격 위협, 그리고 정신적으로 긴장되고 공산주의자가 지배한 조선민주청년동맹의 잠재적 잔인성을 경험한 지원 경찰대의 적극적인 시위 대처 과정에서 발생한 것이다.

경찰은 사건이 발생한 3월 1일 초저녁부터 통행금지령을 내렸다. 통금시간은 19:00시부터 다음 날 06:00시까지였다. 지원 경찰 100명이 들어와 있었으나, 비상경계령을 펴다 보니 경찰력이 모자라 가까운 전남 경찰로부터 100명의 추가 병력을 지원받았다. 제주 경찰은 3월 2일부터 3·1 행사 위원회 간부와 중등학생들을 검속했다. 3월 2일 하루 동안 학생 25명이 경찰에 연행되었다. 경찰에 의한 구타와 고문 소문이 나돌았다. 남로당 제주도위원회에서는 이 사건 분위기를 이용해 미군정과 경찰에 대한 투쟁을 준비했다. 산하단체에 "이번 사건에 발포한 것을 포착하고 적대심을 앙양시키는 동시에 민중이 무조건 공포심을 가진 것을 없애는 것에 전력을 다할 것"을 지시했다.

또한 투쟁방침으로 "각 외곽단체 및 양심적 유지로 하여금 피해자와 부상자에게 물질 또는 정신적인 위로를 부추기고, 강동효 서장과 악질 경찰관을 극형에 처하도록 선전하는 동시에 삐라전을 전개하라."라고 지시했다. 이와 때를 같이하여 제주도 전역에는 '경찰은 인민을 죽였다.'라는 내용의 전단을 살포했다.

남로당 제주도위원회는 1947년 3월 7일 각 읍·면 위원회에 '3·1사건 대책 투쟁에 대하여'라는 지령문을 하달했다. 당내 투쟁조직으로서 3·1사건 대책위원회를 합법적으로 읍·면·리·구에 구성할 것을 결정했다. 이러한 남로당 제주도위원회의 지령에 따라 3월 10일부터 진행될 총파업에는 행정기관, 학교, 회사, 은행, 교통, 통신관 등 160여 개 단체, 40,000여 명이 참가했다. 연일 폭력시위가 끊이지 않

았다. 도내 경찰과 사법기관을 제외한 각 직장은 전부 파업했다. 제주도 행정기능이 마비되었다.[143]

이런 상황에서 미군정 경무부장 조병옥이 6일간의 제주도 방문한 것을 계기로 점차 혼란은 진정되어 갔다. 조병옥 부장이 돌아간 후, 경찰 증원 병력이 속속 제주도로 파병됐다. 제주도민에게 지원할 식량도 지원됐다. 독립촉성청년동맹을 비롯한 우익계도 질서 확립에 나섰다. 그 결과 1947년 4월 8일에는 각급 치안 책임자를 비롯하여 지역 유지들이 참석한 가운데 '관민합동수습대책회의'가 열렸다. 한 달 가까운 행정력 공백 끝에 1947년 4월 15일경부터는 파업 주동자 중 잠적해 버린 몇 사람을 제외하고 100여 명의 관련자들이 경찰에 체포됐다. 그러나 이것으로 남로당 제주도위원회가 주도하는 투쟁이 종결된 것은 아니었다. 남로당 제주도위원회는 3·1투쟁 이후 당의 핵심 인물들이 대거 검거됨에 따라 조직 상당수가 와해되었다.

1947년 5월에 제2차 미·소공위가 재개되었었다. 미군정에서는 미·소공위가 개최되는 동안에 좌우 정당을 똑같이 대우한다는 온건 정책을 추진하고 있었다. 남로당은 이를 적극 이용하여 〈당원 5배가 운동〉을 전개하는 등 당 조직 재건과 확대 사업에 나섰다.

1948년 초 제주도 남로당원 수는 약 5,000~6,000명이었다. 미 제6사단 제20연대장 브라운 대령의 보고서에 의하면, "약 500~700명의 남로당 핵심 인사들이 다양한 방법으로 〈당원 5배가 운동〉을 전개하여 약 10배에 가까운 사람들을 남로당에 가입시키고, 이들을 자신들의 투쟁에 동원했다."라고 밝혔다.

남로당 제주도위원회는 1947년 3·1사건과 3·10 총파업 사태 이후, 경찰에 대해서 강경 대응으로 선회하였다. 남로당의 노선 전환으로 1947년 6월 6일 종달리에서 민청원들로부터 경찰관 3명이 테러를 당하는 사건이 발생했다. 이 '종달리 사건'은 민청의 불법집회를 단속하던 경찰관 3명이 오히려 집회 참석 청년들로부터 집단 구타를 당해 중상을 입은 사건이다.

이에 경찰은 제주도 불법 단체에 대한 검거 활동 작전에 전개했다. '종달리 사건'을 계기로 제주도 인민위원회 위원장을 지낸 오대진, 김택수 등이 일본으로 도피했다. 남로당 제주도위원회 위원장이면서 민전 제주도위원회 의장으로 3·1사건을 주도한 안세훈은 월북했다. 이렇게 남로당 제주도위원회의 핵심 인물들이 대거 제주도를 탈출하였다.

이런 상황에 직면하자 남로당 제주도위원회는 1947년 8월에 조직을 군사부 중심으로 개편했다. 제주도위원회 산하에 〈인민유격대〉를 창설했다. 〈인민유격대〉는 〈인민해방군〉으로 불리기도 했다. 이 〈인민유격대〉 총사령관에 김달삼(본명 이승진, 대정중학교 교사), 특별경비대장에 이덕구(일본군 소위 출신, 조천 중학교 체육 교사)가 임명되었다.

〈인민유격대 사령부〉 예하에는 25개 전투부대와 25개 직할부대가 편성되어 있었다. 읍 면 단위로 1~2개 유격 중대와 자위대가 각각 편성되었다. 인민유격대는 한라산에 본부를 설치하고 북제주군 환경면 샛별오름 하단 들판에 훈련장을 설치하여 무장 투쟁을 위한 군사훈련을 실시했다.

나. 제주 4·3사건 발생

(1) 인민유격대 폭동
1948년 4월 3일 일요일은 음력으로 2월 24일이었다. 그믐달이 희미하게 떠 있었다. 하늘은 구름 한 점 없이 맑았다. 전날 가랑비가 내린 탓으로 날씨는 다소 쌀쌀했다. 남로당 제주도위원회는 새벽 2시를 전후해 한라산 정상과 주요 고지에 일제히 봉화를 올리는 것을 신호로 무장 폭동을 일으켰다.

〈인민유격대〉 350여 명은 도내 16개 경찰지서 중 외도·구엄·애월·한림·대정·남원·성산·세화·함덕·조천·삼양·화북 등 12개 지서를 기습 공격했다. 〈인민유격대〉는 경찰관, 서북청년단원, 대동청년단원, 독립촉성국민회 소속 회원과 그 가족들을 살해했다.

① 애월 지서장 경장 문익도는 톱으로 머리가 잘렸다. 순경 송원화는 칼과 죽창에 여덟 군데를 찔렸다. 송 순경 아버지는 4월 10일 오라리 집에서 맞아 죽었다. ② 남원 지서 순경 고일수는 칼로 난도질을 당하고 목이 잘려 죽었다. ③ 함덕 지서 지서장 강봉현은 죽창으로 난도질당해 살해됐다. ④ 외도 지서 순경 선우중태는 숙직 중 총을 맞고 사망했다.

이들 〈인민유격대〉는 자신들의 투쟁이 정당하다는 것을 선전하기 위해 마을마다 '투쟁격문'을 붙여 투쟁 목적을 분명하게 밝히며 주민들을 선동했다. 그 내용을 보면 다음과 같다.[144]

우리 인민해방군은 인민의 권리와 자유를 완전히 보장하고, 인민의 의사를 대표하는 인민의 나라를 창건하기 위하야, 단선단정을 죽음으로써 반대하고, 매국적인 극악반동을 완전히 숙청함으로써 UN조선위원단(朝鮮委員團)을 국외로 모라내고, 양군(兩軍)을 동시 철퇴시켜 외국의 간섭없는 남북통일의 자주적 민주주의 정권인 조선민주주의인민공화국이 수립될 때까지 투쟁한다.

- 인민해방군의 목적 달성에 전적으로 반항하고 또 반항할 여는 극악 반동 분자는 엄벌에 처함.
- 인민해방군의 활동을 방해하기 위하야 매국적인 단선단정을 협력하고 또 극악반동을 협력하는 분자는 반동과 같이 취급함.
- 친일파 민족 반역 도배의 모략에 빠진 양심적인 경찰관, 대청원(大靑員)은 급속히 반성하면 생명과 재산을 절대적으로 보장함.
- 전민은 인민의 이익을 대표하는 인민해방군을 적극 협력하라. 우(右)와 여(如)히 전인민에게 포고함.

4283년 4월 10일 인민해방군 제5연대

경찰에서는 제주도에서 대규모 무장 폭동이 발생하자, 1948년 4월 5일 미군정 경무부 공안국장 경무관 김정호를 제주도로 보내 '제주비상경비사령부'를 설치했다. 그리고 각 도 경찰국에서 1개 중대씩 총 8개 중대 1,700여 명을 제주도로 증원했다. 본토 경찰력을 증원한 이유 중 하나는 제주도 출신 경찰관은 〈인민유격대〉와 혈연, 지연 등으로 얽혀 있어 진압 작전에 투입하는 것이 적절하지 않다고 판단했기 때문이었다.

아울러 대정지서와 성성(城城) 지서를 경찰서로 승격시켰다. 이에 따라 제주도에는 제주경찰서, 서귀포경찰서, 대정경찰서, 성산경찰서 등 4개 경찰서로 확대 개편되었다. 그러나 〈인민유격대〉 기세가 강하여 경찰은 희생자만 발생할 뿐, 별다른 성과를 거두지 못했다.

(2) 제9연대 진압 작전
한편 제주도 모슬포에 있었던 제9연대는 사건을 예의주시하며 개입하지 않고 있었다. 연대장 중령 김익렬은 사건 발생 원인을 경찰과 서북청년단에 대한 주민들의 감정폭발 정도로 파악하고 있었다. 상급 부대 명령이 있을 때까지 상황 추적만 했다. 이런 상황에서 조선경비대 총사령부에서는 1948년 4월 10일 제5연대 2대대(대대장 소령 오일균)를 제9연대에 배속한 후, 4월 17일 제9연대에 진압 작전을 명령했다.

제9연대 작전은 1948년 4월 17일부터 1948년 5월 14일까지 전개되었다. 제9연대는 2단계 작전계획을 수립했다. 제1단계는 〈인민유격대〉와 지역 주민 분리, 제2단계는 〈인민유격대〉 소탕이었다. 제1단계 작전계획에 의거 〈인민유격대〉와 주민을 분리하기 위해 여러 차례 출동했지만 〈인민유격대〉와 접촉할 수 없었다. 접촉이 안 된 이유는 제9연대에 배속된 5연대 2대대장 소령 오일균이 남로당 당원이었기 때문이었다.

제5연대 제2대대장 소령 오일균은 제9연대로 배속된 이후 약 1개월간 〈인민유격대〉에 대한 정보수집 등은 하지 않은 채, 부대 정비만 하면서 지역 주민 신고를 고의로 접수하지 않았을 뿐만 아니라, 경찰을 비난하면서 군은 중립을 지켜야 한다는 정신교육을 시켰다. 게다가 제9연대 제2중대장 중위 문상길, 제9연대 정보관 중위 이윤락, 하사 고승옥 등 남로당 당원들이 작전계획을 사전에 〈인민유격대〉 측에 제공했다.

이와 같은 불안정한 상황에서 제2대대장 소령 오일균 제안에 의거 제9연대장 중령 김익렬이 1948년 4월 30일 대정면 구억리에서 〈인민유격대〉 총사령관 김달삼과 협상 회합했다. 제9연대장 중령 김익렬은 김달삼에게 "제9연대가 지금까지는 전투를 개시하지 않았지만, 군대는 개인의 뜻과 관계없이 명령만 내리면 복종하고 전투한다."라며 회담이 결렬되면 곧 전투가 벌어질 것임을 알렸다.

이에 〈인민유격대〉 총사령관 김달삼은 "당신은 미군정 하의 군대인데 나와의 교섭 결과에 대하여 얼마나 약속이행의 권한이 있느냐?"라고 의문을 제기했다. 그러자 제9연대장 중령 김익렬은 "미군정장관의 지시로 왔다. 내가 가진 권한은 미군정장관 권한을 대표한다. 오늘 나의 결정은 군정장관의 결정이다."라고 답했다. 〈인민유격대〉 총사령관 김달삼은 "나도 제주도의 도민 의거자들로부터 전권을 위임받았다."라고 하여 협상이 진행됐다.

이 회합에서 본 합의 내용은 다음과 같다. ① 72시간 내 전투를 완전히 중지하되, 산발적으로 충돌이 있으면 연락 미달로 간주하고, 5일 이후의 전투는 배신행위로 본다, ② 무장해제는 점차적으로 하되, 약속을 위반하면 즉각 전투를 재개한다, ③ 무장해제와 하산이 원만히 이뤄지면 주모자들의 신병은 보장한다는 것이었다. 또한 합의된 귀순 절차는 회담 다음 날 제9연대본부와 제주읍 비행장, 그리고 서귀포 성산포에 귀순자 수용소를 설치하고 군이 직접 관리하고 경찰 출입을 통제한다는 것이었다.

그러나 협상 사흘만인 1948년 5월 1일 제주읍 오라리 마을 방화인 세칭 '오라리 사건'이 발생했다. 5월 3일에는 위장 귀순 사건이 발생했다. 이를 계기로 제9연대장 중령 김익렬이 1948년 5월 6일 해임되었다. 후임에는 중령 박진경이 같은 날 임명되었다.

오라리 사건은 경찰이 〈인민유격대〉 간 충돌 사건이다. 제주읍에서 2km 정도 떨어진 오라리에는 5개 마을에 600여 호 3,000여 명이 살고 있었다. 사건은 1948년 5월 1일 00:00시경 서북청년단과 대동청년단원들이 10여 채의 민가를 태우면서 시작됐다.

이 마을에서는 4월 3일 이후 〈인민유격대〉와 경찰로부터 각각 죽임을 당하는 사건이 여러 번 발생했다. 대표적 사례로는 ① 1948년 4월 11일 경찰 송원화 부친 송인규가 〈인민유격대〉로부터 살해됐다. ② 1948년 4월 29일 마을 대동청년단장 박두인과 부단장 고석종이 〈인민유격대〉에 납치되어 산으로 끌려갔다. ③ 1948년 4월 30일 마을 대동청년단원 부인 강공부(23세)와 임갑생(23세) 등 2명이 〈인민유격대〉에게 납치되어 산으로 끌려갔다. 강공부는 살해되었다. 임갑생은 탈출하여 경찰에 사건을 신고했다.

5월 1일 09:00시경 전날 〈인민유격대〉에게 살해된 강공부의 장례식이 열렸다. 마을 부근에서 열린 장례식에는 경찰 3~4명과 서북청년단과 대동대청단원 30여 명이 참여했다. 매장이 끝나자 트럭은 경찰관만을 태운 채 돌아갔다. 청년단원들은 그대로 남았다. 그중에는 오라리 출신 대동청년단원도 있었다. 이들은 오라리 마을에서 〈인민유격대〉를 지원한 것으로 알려진 사람들의 집 5세대 12채의 민가를 불태우고 마을을 떠났다.

산에서 마을에 불길이 솟는 것을 본 〈인민유격대〉 요원 20여 명이 1948년 5월 1일 13:00시경 마을로 습격해 왔다. 그러나 불을 지른 청년들은 마을을 떠나고 없었다. 그때 마침 지나가는 어떤 아주머니에게 말을 걸었다. 그녀가 순경 김규찬의 어머니 고순생(42세)임을 알고 살해했다.

사건 보고를 접수한 경찰이 14:00시경 기동대를 출동시켰다. 경찰이 현장에 도착했을 때 〈인민유격대〉는 이미 마을을 떠나고 없었다. 주민들은 불붙은 집을 진화하고 있었다. 경찰들은 마을에 잔류하고 있을지도 모를 〈인민유격대〉를 수색했다. 이때 마을 사람 여성 고무생(41세)이 수색 지역을 배회하고 있었다. 경찰이 '정지!'라고 경고했다. 고무생은 이를 듣지 않고 뛰기 시작했다. 그녀는 경찰 총에 맞아 숨졌다.

제9연대장 중령 김익렬이 오라리 현장으로 출동하여 사건을 조사했다. 조사 결과 방화 사건은 서북청년단과 대동청년단원이 저지른 것이고, 여성 고무생은 경찰 총격으로 사망했다고 결론을 지었다. 제9연대장은 미군정에 조사 결과를 보고했다. 미군정에서는 보고 사항에 대해 별도 지시가 없었다.

위장 귀순 사건은 1948년 5월 3일 15:00시경 발생했다. 제9연대 장병 7명과 미군 병사 2명이 미 고문관 중위 드르스 인솔하에 귀순 의사를 밝힌 〈인민유격대〉와 함께 생활한 주민 200여 명을 인솔하여 제주 비행장으로 이동하고 있었다. 오라리 부근을 통과할 때 정체불명의 무장 인원 50여 명이 나타났다. M1 소총과 기관총을 난사했다. 귀순하던 주민들이 산으로 도주했다. 이 과정에서 도주 주민 5명이 사망하고, 수 명이 체포되었다. 체포된 주민은 제주경찰서 소속 경찰이라고 주장했다. 제주경찰서에서 조사한 결과 그들은 〈인민유격대〉 대원이었다. 경찰과 미군, 경비대를 이간시키기 위해 허위 사실을 말한 것이었다. 오라리 사건과 위장 귀순 사건으로 제9연대장 중령 김익렬과 〈인민유격대〉 총사령관 김달삼과의 협상은 결렬되었다.

(3) 제11연대 진압 작전

조선경비대 총사령부에서는 1948년 5월 1일 수원에서 제11연대를 창설했다. 연대장에 중령 박진경을 임명했다. 중령 박진경은 일본군 학병 출신이었다. 태평양전쟁 말기 제주도에서 근무했다. 일본군이 구축한 한라산 동굴 진지와 지형지물을 잘 알고 있었다. 1948년 5월 15일 제11연대 본부와 1대대를 제주도로 이동시켰다.

아울러 제9연대(실제 병력 1개 대대 규모)와 제5연대 제2대대를 제11연대로 배속했다. 이로써 제11연대는 보병 3개 대대 규모로 증강되었다. 중령 박진경은 제11연대장과 제9연대장을 겸직했다. 제11연대 작전은 1948년 5월 15일부터 1948년 7월 23일까지였다. 1948년 7월 24일부터는 다시 제9연대에 의해 작전이 전개되었다.

제11연대는 모슬포에 집중된 병력을 대대, 중대 단위로 한림·성산 지역으로 분산하여 배치했다. 작전은 경찰과 협조하여 전개했다. 서쪽은 애월·한림·한경을 공략했다. 동쪽은 구좌·성산을 소탕했다. 민사작전은 마을 주민과 〈인민유격대〉와 접촉을 차단하는 데 중점을 두었다. 이를 위해 마을 주위에 돌로 방벽을 쌓았다.

제11연대의 강력한 작전이 전개되고 있던 1948년 5월 20일 제9연대 제2중대장 중위 문상길이 〈인민유격대〉 총사령관 김달삼 지시에 의거 제9연대 내 남로당원 병사 41명을 무장 탈영시켰다.[145] 탈영병들은 개인별로 99식 소총 1정을 휴대하고, 실탄 14,000여 발을 차량에 적재하여 부대를 이탈한 후, 대정 지서를 습격했다. 순경 김일하 등 5명을 살해했다. 이후 탈영병들은 한라산으로 이동했다. 중산간 마을에서 주민으로부터 밥을 얻어먹던 중, 출동한 제11연대에 의해 포위된 상태에서 집중 사격을 받았다. 21명은 도주했고, 20명은 생포되었다. 생포된 탈영병 20명은 총살형을 받았다.

이런 상황에서 제11연대장 중령 박진경이 1948년 6월 1일 대령으로 진급했다. 박 대령은 1948년 6월 17일 작전 지원 및 협조에 대한 감사 표시로 도내 기관장을 초청하여 연대 일반·특별 참모들과 식당 '옥성정'에서 회식을 가졌다. 회식을 마친 박진경 대령은 제주농업학교에 주둔 중인 연대본부로 귀대하여 연대장실에서 취침했다.

제11연대장 대령 박진경이 취침 중 1948년 6월 18일 03:15경 피살되었다. 그의 나이 28살이었다. 범인은 남로당 당원인 제2중대장 중위 문상길로부터 연대장 살인을 지시받은 남로당 당원 제5연대 제2대대 하사 손선호였다. 수사 결과 사건 관련자는 모두 9명이었다. 군사재판은 이들 9명 중 41명 탈영 사건 때 〈인민유격대〉로 입산한 이정우 외 6명에게 유죄, 2명에게 무죄를 선고했다.

> 중위 문상길 총살형, 하사 손선호 총살형, 하사 신상우 총살형, 하사 배경용 총살형,
> 이등 상사 양회천 무기징역, 하사 강승규 징역 5년, 하사 황주복 무죄(증거 불충분),
> 하사 김정도 무죄(증거 불충분)

조선경비대 총사령부에서는 대령 박진경 후임으로 중령 최경록을 제11연대장으로 임명했다. 최 대령은 취임과 동시 ① 장병 정신전력 교육 강화, ② 군: 산간 지역 토벌 작전, 경찰: 해안 지역 경비 작전 전개 ③ 피난민 수용소 설치, 인민유격대 가입 주민 하산 공작 적극 추진 등을 시행했다.

〈인민유격대〉는 제11연대의 공세적 활동으로 곤경에 처하기 시작했다. 자연 동굴, 일본군 방공호, 잣 밭, 숲속, 풀 막, 우물집 등에서 생활해야 했다. 처음에는 마을에서 식량을 조달할 수 있었다. 그러나 제11연대 토벌 작전이 성공을 거두면서 식량이 끊어졌다. 굶어 죽는 인원이 늘어났다. 생존을 위해 한라산 정상 부근으로 진지를 옮겨갔다. 조선경비대 총사령부는 〈인민유격대〉 발호가 진정을 보이자, 1948년 7월 23일부로 제11연대 작전 임무를 제9연대로 전환하고 제11연대를 수원으로 복귀시켰다.

(4) 재편된 제9연대 진압 작전

(가) 부대 재편성

제11연대로부터 작전 임무를 인수한 제9연대는 제5연대 1개 대대, 제6연대 1개 대대로 연대를 재편성했다. 연대장에 제11연대 부연대장이었던 중령 송요찬이 취임했다. 재편된 제9연대는 1948년 8월 한 달 동안 부대 정비와 교육훈련에 전념했다. 1948년 9월부터 제11연대 작전개념을 그대로 적용하여 진압 임무를 전개했다.

당시 〈인민유격대〉는 한라산을 정점으로 사방의 능선을 따라 동으로는 어승생악-관음사-송당-당오름-신촌 경계선, 그리고 어승생악-산천단-오라-월평-노형 경계선, 서로는 성판악-웅악-산방산-창산-모록밭-남송악 경계선 등으로 활동무대를 좁혔다. 장기화하면 할수록 한라산 자연조건은 〈인민유격대〉에게 불리했다. 조선경비대가 해안선을 봉쇄하고 주민과의 연계만 두절시키면 외부로부터의 지원은 불가능했다. 한라산 봉우리는 수목이 거의 없어 포위망이 좁혀지면 자연 동굴이 많다 하더라도 은거할 곳이 마땅치 않았다.

특히 주민들은 한정된 지역에서 생활하고 있고, 그나마 혈연으로 형성되어 있어 군경에 의한 당 조직 파괴와 인적 추적 및 검거가 유리했다. 진압 작전이 강화되자, 〈인민유격대〉는 주민들과의 연계가 두절 되고 식량과 무기 등 생존에 필요한 물자 조달이 어렵게 됐다. 이에 따라 남로당 제주도위원회는 〈인민유격대〉 일부 대원을 하산시키는 등 병력 규모를 축소했다. 또한 마을과 산속 〈인민유격대〉와의 관계를 맺게 하여 보급 투쟁을 하도록 조치했다.

(나) 인민유격대 총사령관 김달삼 월북

1948년 7월 중순부터 남한 전역에서 '지하 선거'가 열렸다. 이는 북한의 정권 수립에 따른 것이었다. 북한은 정권을 세우는 데 있어 명분을 만들기 위해 '남북 협상'을 최대한 활용했다. 통일 정부 수립을 목표로 제1차 '남북조선 모든 정당 사회단체 연석회의'를 평양에서 1948년 4월 19일 개최했다. 이 회의에 김구 등도 참석했다. 이때 "남조선 단독선거가 설령 실시된다고 하더라도 그 결과를 승인하지 않을 것이며 이와는 달리 통일적 입법기관 선거를 하여 조선 헌법을 제정하고 통일적 민주 정부를 수립할 것"이라는 내용의 공동성명이 발표됐다.

그런데 남한에서 5·10선거가 치러지고 정부 수립이 임박해 오자, 김일성 주관 하에 제2차 연석회의가 1948년 6월 29일부터 7월 5일까지 평양에서 열렸다. 제2차 연석회의에는 북쪽에서 북로당 등 15개 정당 단체 대표자와 남쪽에서 1차 회의 후 북한에 잔류하거나 다시 비밀리에 38선을 넘은 20여 개 정당 단체 대표가 참석했다. 그러나 김구 김규식은 "국토 양단과 민족 분열을 막자고 약속해 놓고, 지금 와서 남한에서 단정이 수립되니 북한에서도 단정을 수립하겠다는 것은 민족 분열 행위다."라며 회의에 불참했다.

제2차 연석회의에서는 앞으로 세워질 '조선민주주의인민공화국'은 통일 정부여야 한다는 점이 강조되었다. 따라서 선거도 북한 지역뿐만 아니라, 남한에서도 하기로 결정됐다. 그러나 현실적으로 남한에서 공개적인 선거를 하는 것은 불가능하여 남한에서는 '2중 선거'를 하기로 했다.

즉, 각 시·군에서 5~7명씩 뽑힌 대표자 1,080명이 1948년 8월 21일부터 해주에서 〈남조선인민대표자회의〉를 열어 1948년 8월 25일 최고인민회의 대의원 360명을 선출한다는 것이었다. 따라서 당시 남한 전역을 술렁이게 했던 '지하 선거'란 해주에서 열리는 〈남조선인민대표자회의〉에 참가할 남측 대표자 1,080명을 뽑는 선거였다.

그런데 당시 4·3사건이 벌어지고 있던 제주도에서의 지하 선거는 주로 백지에 이름을 쓰거나 손도장을 받아 가는 형식으로 진행됐다. 육지에서처럼 주민들을 한곳에 모아서 전권위원들이 선거 해설을 하거나 '인민대표 후보'를 소개할 만한 상황이 아니었기 때문이다. 따라서 일반 대중들은 이런 백지 날인이 지하 선거에 참여, 투표했다기보다는 〈인민유격대〉를 지지하는 서명에 동참했다는 인식을 하는 사람이 많았다.

제주도에서의 지하 선거는 주로 중산간 마을과 농촌 지역을 대상으로 광범위하게 실시되었다. 이 서명에 두려운 마음을 가진 사람들도 적지 않았으나 인민유격대의 강요를 거부할 수 없었다. 그래서 마지못해 가명으로 이름을 쓰고 손도장을 누르는 사례도 많았다.

북한이 주도하는 〈남조선인민대표자대회〉가 1948년 8월 21일 열렸다. 남한에서는 불법 월북한 1,002명이 참가했다. 제주도 대표는 〈인민유격대〉 총사령관 김달삼, 남로당 제주도위원회 위원장 안세훈을 비롯하여 강규찬, 이정숙, 고진희, 문등용 등 6명이었다.

해주대회 첫날인 1948년 8월 21일, 주석단 35명을 뽑는 선거가 있었다. 20대 중반의 김달삼이 허헌, 박헌영, 홍명희 등과 나란히 주석단 일원으로 뽑혔다. 이어 1948년 8월 25일에는 최고인민회의 대의원 선거가 있었다. 북한 측 대의원 212명을 뽑는 총선거와 동시에 남한 측 대의원 360명을 〈남조선인민대표자대회〉에서 선출하는 일이었다. 입후보자 360명이 발표된 가운데 찬반 투표 요식행위를 거치는 형식이었다. 이때 제주도 대표 안세훈, 김달삼, 강규찬, 이정숙, 고진희 등 5명이 최고인민회의 대의원으로 뽑혔다.

김달삼은 1948년 8월 25일 최고인민회의 대의원 투표에 앞서 벌어진 '입후보자에 대한 토론' 시간에 토론자로 나서 제주4·3사건에 관한 연설을 했다. 이 자리에서 김달삼은 남로당 책임 비서 박헌영 지지를 선언한 후, 5·10 총선거를 반대한 〈인민유격대〉 전과를 설명한 다음, "민주 조선 완전 자주독립 만세! 우리 조국의 해방군인 위대한 소련군과 그의 천재적 영도자 스탈린 대원수 만세!"를 외치며 연설을 마쳤다.[146]

〈인민유격대〉 총사령관 김달삼의 '천재적 영도자 스탈린 대원수 만세!'는 김일성과 박헌영 지휘계선 상에 4·3사건이 있다는 것을 의미한다. 그리고 이는 〈인민유격대〉가 북한 정권 무력이라는 것을 다시 한번 공식 확인 선언하는 것이기도 했다.

(5) 제주도경비사령부 진압 작전
이덕구가 김달삼 후임 〈인민유격대〉 총사령관이 되었다. 이덕구의 〈인민유격대〉는 1948년 10월 1일 러시아 혁명 기념일을 기해 또다시 기습 폭동을 일으켰다. 함덕, 조천, 서귀포, 모슬포, 남원 일대 지서를 공격했다.

대한민국 정부 수립 후, 1948년 9월 1일 조선경비대가 육군으로 바뀌었다. 육군에서는 혼란상이 계속되자, 1948년 10월 11일부로 〈제주도경비사령부〉를 창설했다. 제5여단장 대령 김상겸을 사령관으로 임명했다. 예하 부대는 제9연대, 해군함정, 제주 경찰로 편성했다. 그런데 1948년 10월 19일 제5여단 제14연대가 여수에서 반란을 일으켰다. 이에 조선경비대 총사령부에서는 〈제주도경비사령부〉 사령관 겸 제5여단장 대령 김상겸을 보직 해임하고, 후임에 제9연대장 중령 송요찬을 임명하였다.

〈제주도경비사령부〉 작전개념은 대대별로 작전 지역을 할당하여 지역 경비와 진압 작전을 병행하는 것이었다. 제1대대를 중앙인 제주읍에, 제2대대를 동쪽 지역인 성산포에, 제3대대를 서쪽 지역인 모슬포에 배치하여 〈인민유격대〉 출현 규모에 따라 탄력적으로 작전을 수행하도록 했다.

그러나 1948년 10월 19일 발생한 제14연대 반란 사건은 〈인민유격대〉 사기는 높이고, 〈제주도경비사령부〉 사기는 떨어뜨리는 결과를 초래했다. 사기가 오른 〈인민유격대〉는 기세를 올리며 적극적으로 〈제주도경비사령부〉를 공격했다. 작전의 주도권을 잃은 〈제주도경비사령부〉는 방어작전에 주력하면서, 제14연대 반란군이 제주도로 상륙할 것을 대비해 해군과 함께 해안 봉쇄 작전을 전개했다.

이 작전 기간 중, 제9연대는 제5중대를 제14연대 반란군으로 가장해 조천지구로 상륙시켜 이에 동조하는 〈인민유격대〉를 소탕하는 계획을 수립했다. 그러나 이 계획을 경찰로 전달하는 과정에서 제9연대에 잔존하고 있던 남로당 당원이 관련 계획을 〈인민유격대〉에 누설하는 사건이 발생했다.

제9연대장 중령 송요찬이 제주 경찰국장에게 작전계획 설명을 위해 수화기를 들었을 때, 전화선이 혼선되었다. 혼선된 전화선을 타고 제9연대 소속 부사관 1명이 〈인민유격대〉 세포 1명에게 작전계획을 알려주는 것이 들렸다. 제9연대장은 즉각 연대 통신병과 제주 경찰국 통신 교환수를 체포했다. 조사 결과 제9연대 내 잔류하고 있던 80여 명의 남로당원과 남로당 동조자를 검거하는 성과를 거두었다.

지휘체계 문란자를 색출한 〈제주도경비사령부〉 1948년 10월 30일부터 공세적 진압 작전을 전개하기 시작했다. 1948년 10월 30일 제주읍에서 서쪽으로 10km 떨어진 고성에 집결 중인 〈인민유격대〉 격멸하고, 200여 명을 생포했다. 1948년 11월 2일에는 한림에 주둔하고 있던 제2대대 6중대가 수 미상의 〈인민유격대〉로부터 습격 받아 교전하던 중, 중대장 등 14명이 전사했다. 이에 제9연대는 제5중대를 증원하여 〈인민유격대〉 100여 명을 사살하는 전과를 올렸다.

제주 경찰국에서는 1948년 11월 3일 남제주군 중문면 우두운마루에서 매복하고 있던 〈인민유격대〉와 전투를 벌여 3명을 사살했다. 하지만 이 교전 과정에서 경찰관 8명이 전사하고 민가 30여 채가 불타는 피해를 보았다. 1948년 12월 28일 〈인민유격대〉 100여 명이 보급 투쟁을 위해 남제주군 남원면 위미리 마을을 습격했다. 경찰은 즉각 출동하여 도주한 〈인민유격대〉 7명을 사살하고 76명을 생포했다.

이와 같은 〈제주도경비사령부〉의 효율적인 진압 작전에도 불구하고 인민유격대의 저항은 계속되었다. 이에 육군본부는 1948년 12월 29일 대전에 주둔하고 있던 제2연대를 제주도로 투입하여 제9연대와 임무 교대시켰다.

(6) 제2연대 진압 작전
제2연대(연대장 대령 함병선)는 연대본부를 제주 비행장에 위치시켰다. 제1대대를 남쪽 서귀포에, 제3대대를 북쪽 오동리에, 제2대대를 연대 예비로 제주읍에 배치했다. 제2연대는 지형과 〈인민유격대〉 활동 상황을 제대로 파악하지 못한 상황에서 1949년 1월 1일 〈인민유격대〉로부터 기습받았다.

〈인민유격대〉는 제주읍에서 남쪽으로 5km 떨어진 오동리 화엄사에 주둔하고 있던 제3대대를 포위 공격했다. 이날은 새벽부터 진눈깨비가 내렸다. 〈인민유격대〉 작전에 좋은 날씨였다. 제3대대가 기습 초기에는 7명이 전사하는 등 전투력 발휘에 지장을 받았으나, 60여 분 만에 전투력을 복원하면서 10명을 사살하자, 〈인민유격대〉는 한라산 방향으로 도주했다.

제2연대장 대령 함병선은 제3대대를 기습한 〈인민유격대〉 규모를 1개 대대 규모로 판단했다. 이를 섬멸하기 위해 1949년 1월 9일부터 해군함정과 항공대 경비행기를 지원받아 합동작전을 전개했다. 이 작전에서 한라산을 포위하고 지역을 수색했으나, 지형 미숙 등으로 〈인민유격대〉 은거지를 발견하는 데 실패했다. 당시 제주도민들은 해안에서 한라산 방향으로 8km 이내의 마을을 제외하고는 대부분 마을이 폐허가 된 상태였다. 주거지를 잃은 주민들은 〈인민유격대〉를 따라 한라산으로 들어가 굶주림과 불안 속에서 생명을 유지하고 있었다.

제2연대장 대령 함병선은 민사작전이 중요하다고 판단했다. 이를 위해 하산 주민 집단 수용소인 갱생원을 설치했다. 〈인민유격대〉와 주민을 분리하기 위해 조치였다. 그런 후 한라산에 들어가 있는 주민들을 대상으로 하산을 호소하는 등 계몽 활동을 적극적으로 전개했다. 그 결과 한라산에서 내려온 주민이 1,500여 명에 달했다. 연대는 이들을 즉각 갱생원에 수용하고 구호물자를 배급하고 1주일간 정신교육을 했다. 생포한 〈인민유격대〉는 사상 계몽을 통하여 선량한 국민으로 다시 살아가도록 귀향 조치했다. 제2연대는 하산하는 주민이 증가함에 따라 갱생원에 전 인원 수용이 불가해지자, 재건 마을을 만들어 생활 안정을 지원했다.

또한 주민홍보를 위해 제주읍, 모슬포, 성산포, 한림 등의 읍 면 소재지를 중심으로 면민대회를 개최했다. 이 대회에서 연대는 〈인민유격대〉 만행을 규탄했다. 새로 도입한 대전차포, 박격포, 중기관총, 로켓포, 소총 등의 신무기를 전시했다. 화력 시범도 보였다. 주민들로 하여금 〈인민유격대〉가 군을 이길 수 없다는 것을 알도록 하기 위함이었다. 제2연대는 주민 협조로 1949년 1월 31일 남제주군 남원면 의귀리에서 잔여 인민유격대 30여 명을 사살하는 등 1949년 2월 말까지 소탕 작전을 계속 수행했다.

(7) 제주도지구전투사령부 진압 작전
육군본부에서는 봄이 되어 한라산에 초목이 무성해지기 시작하면 진압 작전이 어려워질 것으로 판단했다. 4월 이전에 〈인민유격대〉를 섬멸한다는 계획을 수립했다. 이에 따라 1949년 3월 2일 대령 유재홍을 사령관으로, 제2연대장 대령 함병선을 참모장으로 〈제주도지구전투사령부〉를 창설했다. 예하 조직으로는 제2연대 3개 대대를 예속부대로 하여 대유격전 전담 부대인 독립 1개 대대(대대장 소령 김용주) 해군함정 제주 경찰국을 배속했다.

작전은 2단계로 전개했다. 제1단계는 선무 작전이었다. 도내 지도급 청년들로 선무공작대를 편성했다. 한라산으로 투입하여 하산하지 않고 있는 주민들을 설득하는 작전이 주 임무였다. 경비행기를 띄워 귀순 전단을 살포했다. 이와 더불어 이들의 안정된 생활을 보장하기 위해 수용소를 추가로 설치했다. 제주도청 협조하에 쌀과 의류품을 제공했다. 생활자금도 2배 증액하여 지급했다.

제2단계는 소탕 작전이었다. 제2연대를 중심으로 부대별로 작전 지역을 할당했다. 부대별 작전 지역에 인민유격대가 출현하면, 그 규모에 따라 적절한 TF를 구성하여 작전을 전개했다. 또한 L-4, L-5 비행기가 사제 폭탄과 수류탄을 투하고, 해군 함정이 대전차포로 한라산에 위협을 가했다. 해안을 담당한 경찰은 마을마다 15~16세 주민으로 민보단을 편성하여 낮에는 농민을 보호하고, 밤에는 〈인민유격대〉 습격으로부터 마을을 방위하게 했다.

〈제주도지구전투사령부〉는 마을 민보단의 성과가 예상했던 것보다 크자, 학교 교사, 공무원 등을 대상으로 확대하여 기초군사훈련을 1개월간 시킨 후, 민보단 1개 소대(25명)와 경찰 1개 분대, 군 1개 분대 등으로 민관군 혼성부대를 편성하였다. 이들 혼성부대는 〈인민유격대〉에 매우 위협적인 부대가 되었다. 그중에서도 제2연대 제1대대 상사 정수정이 지휘하는 혼성부대는 남로당 제주도위원회 군사부 조직책 김민성을 비롯하여 남로당 제주도위원회 핵심 간부를 사살하고 각종 무기를 노획하는 등 크게 활약했다.[147]

한편 〈인민유격대〉 총사령관 이덕구는 1949년 4월 20일 남로당 제주도위원회 위원장 김용관이 사살된 데 이어 자신의 비밀 아지트마저 발각되자 심복 부하들과 도주하기 급급했다. 게다가 귀순자가 증가하고, 한라산 서북쪽 6km 어승생악 비밀 병기창에 있던 소총 370정, 실탄 수천 발을 제2연대에 빼앗기자 육지로 탈출하던 중, 1949년 4월 하순 경찰에 의해 사살되었다. 이덕구 후임은 김의봉이 맡았다. 병력은 100여 명으로 축소되었다.

〈제주도지구전투사령부〉는 작전 개시 2개월 정도가 되자, 사령부를 해체해도 좋을 만큼 〈인민유격대〉 조직은 거의 와해되었다. 이에 따라 육군본부에서는 1949년 5월 18일부로 〈제주도지구전투사령부〉를 해체하고, 대 유격전 전담 부대인 독립 제1대대(대대장 소령 김용주)에 임무를 인계했다. 제2연대는 1949년 8월 13일 인천으로 이동했다.

(8) 해병대사령부 진압 작전

육군본부에서는 독립 제1대대 보급을 해군 군수지원에 의지하고 있어 애로를 겪고 있었다. 해군본부 협조하에 해병대를 잔여 〈인민유격대〉 소탕 작전에 투입하기로 했다. 해병대사령부(사령관 중령 신현준)는 1949년 12월 28일 제주도로 이동했다. 임무는 잔여 〈인민유격대〉 소탕과 민심 수습이었다. 해병대사령부는 제주읍대(부대장 중령 김성은)와 모슬포부대(부대장 소령 김동하)로 편성했다. 모슬포부대는 제1대대(2개 중대)를 북제주군에, 제2대대(3개 중대)를 남제주군에 배치했다. 한림, 서귀포 성산포에 정보대와 헌병대를 주둔시켰다.

해병대사령관 중령 신현준은 〈인민유격대〉 소탕 작전에 앞서 민심 수습을 우선 사업으로 선정했다. 민심 수습을 위해 도내 산재한 무의촌에 해병 의무대를 파견하여 순회 진료를 지원했다. 농번기에는 대민 지원활동으로 도민들을 도왔다. 1950년 1월 25일부터 1개월간 마을을 순회하며 강연도 했다.

해병대사령부는 민심이 안정되자, 본격적인 진압 작전을 전개했다. 작전은 2개 부대가 임무를 수행했다. 제923부대로 불리던 제1대는 정보참모 소령 고길훈이 지휘하는 정보대였다. 예하에 분대로 구성된 유격대(대장 소위 서정남)를 편성했다. 한라산 서쪽 오백장군과 1,394고지 부근 세오름 돌오름을 중심으로 작전을 펼쳤다.

제1대는 1950년 2월 5일 중문리 북서쪽 16km 지점의 돌오름, 자연 동굴 무스개, 950고지에서 인민유격대와 교전을 벌여 〈인민유격대〉 8명을 사살했다. 3월 10일에는 중문리 부근 881고지 중턱에서 〈인민유격대〉 야전병원을 발견하여 병원장 김포길과 남로당 제주도위원회 서기장 강철을 사살했다.

한라산 서쪽 한대악 부근에서 작전하던 중사 김태익 지휘 유격대는 〈인민유격대〉 40명과 교전을 벌였다. 〈인민유격대〉는 해병 유격대 병력이 1개 분대 규모인 것을 알아차리고 포위 공격해 왔다. 해병 유격대는 실탄이 떨어지자 백병전으로 작전했다. 위기였다. 때마침 부근을 수색하던 상사 전두대 해병 유격대가 급히 증원했다. 해병 유격대는 이 작전에서 〈인민유격대〉 7명을 사살했다.

김동하 소령이 지휘하는 제945부대로 불리는 제2대는 한라산 북서쪽 제주·애월·한림 지구와 남부 안덕·중문·서귀포·남원 지역에서 작전했다. 1950년 3월 15일 제6중대는 1,394고지 남서쪽 2km 지점에 있는 인민유격대 아지트를 발견하여 1명을 사살했다. 3월 17일에는 본부중대가 오백장군 일대에서 2명을, 3월 22일에는 제6중대에서 돌오름 남쪽에서 50여 명의 〈인민유격대〉와 3시간 동안의 전투를 치러 격퇴했다.

해병대사령부 작전은 1950년 6월 25일 북한군이 대한민국을 불법 공격한 6·25전쟁이 발생하여 종료했다. 해병대사령부는 1950년 7월 15일 소령 고길훈이 지휘하는 1개 대대를 군산 장항 지구에 투입했다. 1950년 8월 1일 제주도민 3,000여 명을 훈련시켜 연대로 증편했다. 대다수 제주도민으로 구성된 해병 제1연대는 인천상륙작전에 투입되었다. 그때가 1950년 9월 6일이었다.

다. 제주 4·3사건 종결

1952년 1월 1일에 비밀작전부대가 대구에서 창설되었다. 이 부대는 그 후 육군특수부대(통상 명칭 9172부대)로 개칭되었다. 이 부대의 사령관에는 이기건 대령, 부사령관에는 박창암 소령(군사)과 송정협 소령(정치)이 임명되었다. 이 부대는 공작대와 기습대로 편성되었고, 하와이 근처에서 약 5개월간 특수훈련을 받았다. 특수훈련을 마치고 동해안부대와 한라산부대로 나뉘어 부산의 혈성성에서 훈련했다. 동해안부대는 해상침투를 통한 기습작전을 주목적으로 했다.

한라산부대는 1953년 1월 25일 육군본부 지시에 의거 1953년 1월 20일부터 5월 27일까지 육군첩보부대(첩보부대장 이철희 대령)에 배속되어 제주도 출동 명령을 받았다. 이때 부대 칭호를 〈무지개 부대〉라 하였다. 박창암 소령이 지휘하는 장병 86명(장교 25명, 사병 61명)으로 편성된 〈무지개 부대〉는 1953년 1월 29일에 제주도 화순항에 도착했다.

〈무지개 부대〉는 본부(장교 5, 사병 6)와 5개 지대(각 장교 4, 사병 11)로 편성했다. 지대는 본부(장교 1, 사병 2)와 3개 조(장교 1, 사병 3)로 구성하였다. 전원 카빈총 또는 M-1 소총 그리고 조 단위까지 무전기를 휴대했다. 신효국민학교에서 정비를 끝낸 〈무지개 부대〉는 1953년 2월 3일 야음을 이용하여 눈 덮인 한라산을 향해 작전을 개시하였다. 작전 때는 계급장을 떼어 지휘자가 저격 표적이 되지 않도록 했다.

경찰 100사령부와의 협동작전으로 1호에서 7호까지 작전했다. 대부분 경찰이 〈인민유격대〉를 외곽에서 포위 공격했다. 〈무지개 부대〉는 경찰이 외곽선을 포위하면, 포위망 속에서 위력 수색하는 방법과 또는 은거할 만한 장소에 잠복했다가 공격하는 방법으로 작전하였다.

1953년 3월 14일 전개한 6호 작전은 〈인민유격대〉에게 심대한 타격을 줬다. 경찰이 매복 형태로 성판악 후방을 차단했다. 〈무지개 부대〉는 견월악에서 성판악 쪽으로 작전을 전개했다. 이날 낮 이들의 아지트를 기습하자 〈인민유격대〉는 2~4명 1개 조로 분산하여 지형과 수림을 이용하여 한라산 정상 방향으로 분산 도주했다. 이때 경찰의 후방 차단이 완벽하지 않아 도주하는 〈인민유격대〉를 섬멸하지 못하였다. 군에서는 〈인민유격대〉 잔존 병력을 5명으로 판단하고 군사작전을 종료했다.

정전협정이 1953년 7월 27일 체결되었다. 1,129일간의 6·25전쟁이 끝난 것이었다. 경찰에서는 1954년 8월 28일 제주 경찰국장을 이경진에서 신상묵 경무관으로 교체했다. 신상묵 국장은 정전협정 이후 〈인민유격대〉 5명의 행적이 포착되지 않자, 1954년 9월 21일을 기하여 한라산을 전면 개방했다. 그러나 아직도 5명의 〈인민유격대〉가 한라산 어디엔가는 있을 것이기 때문에, 한라산의 금족령이 해제되었다고 해서 진압 작전이 완전히 종결된 것은 아니었다.

경찰은 오랫동안 무장대의 흔적을 찾지 못하자 1955년 2월 9일에는 신상문 제주 경찰국장이 직접 잔존 5명의 가족을 방문하여 "자수하면 생명은 절대 보장한다."라고 하는 등 조속한 자수를 권고하도록 가족들을 설득했다.

경찰 사찰 유격 중대가 1956년 4월 3일 구좌면 송당리 체오름에서 잔존 3명과 교전 끝에 부책임자 정권수를 사살하였다. 잔존 병력은 4명으로 줄어들었다. 경찰은 흔적을 찾지 못하자 1957년 3월 11일의 경찰국 회의에서 소탕 임무를 각 경찰서에 이관했다.

1957년 3월 21일, 제주경찰서 사찰유격대가 월평동 견월악 지경에서 식량 확보를 위해 하산한 잔존 병력을 포착하고 도주하는 이들을 추격하다가 대열에서 뒤떨어진 여자 대원 한순애를 생포하였다. 3월 27일에 경찰국 사찰유격대가 한라산 중복 평안악 밀림지대에서 잔존 3명과 교전 끝에 총책 김성규 등 2명을 사살했다. 잔존 대원 오원권도 4월 2일에 성산포 유격대가 구좌면 송당리에서 생포했다.[148] 이로써 한라산에서 총성이 멈추었다. 제주 4·3사건의 종결이었다.

제2장 여·순 10·19사건

1. 사건 발생

〈여·순 10·19사건〉은 군 울타리 안 시각으로 한정하여 보면, 육군 제5여단 예하 제14연대가 육군본부의 〈제주 4·3사건〉 진압 작전 출동 명령을 거부한 군사반란이다. 반란 주모자는 제14연대 소속 남로당 당원 상사 지창수, 중위 김지회·홍순석 등이다.

육군 제14연대는 1948년 5월 4일 광주 주둔 제4연대 1개 대대를 기간으로 전남 여수 신월동(일제 강점기 일본 해군 항공기지)에서 창설되었다. 초대 연대장은 제4연대 제1대대장이었던 소령 이영순이다. 제4연대에서 제14연대 창설 요원으로 차출된 1개 대대 병력 가운데는 조선경비사관학교 제3기생 중위 김지회 홍순석과 제4연대 제1기 모집병 상사 지창수 정낙현 등 남로당 당원이 상당수 포함돼 있었다.

당시 남로당에서는 군 내 당세포 부식에 심혈을 기울이고 있었다. 전남도당 군사부에서는 제14연대에 당 지도원을 파견하여, 당세포인 연대 인사과 상사 지창수를 통해 전남도당에서 추천한 청년들을 입대시키는 등 세력을 확대했다.

육군에서는 1948년 6월 18일 제주 4·3사건 진압 작전 중이던 제11연대 연대장 대령 박진경을, 제11연대 제2중대장 남로당원 중위 문상길과 연대본부 하사 손선호가 암살한 사건을 계기로 숙군 작업을 진행하고 있었다. 제14연대도 연대장이던 소령 오동기가 1948년 '혁명의용군 사건'으로 구속되자[149] 연대 전체가 혼란 상태에 빠져 있었다. 후임 연대장으로 중령 박승훈이 보직되었다.

이런 상황에서 육군본부는 1948년 10월 15일 제14연대에 "제주 4 3사건을 진압할 1개 대대 규모의 TF를 편성한 후, 대기하라."는 명령을 하달했다. 이에 따라 제14연대에서는 보안을 유지하면서 제주도로 출동할 1개 대대를 편성하였다. 이 부대에는 많은 수의 남로당원이 보직되어 있었다.

제14연대 당세포 연대 인사과 상사 지창수는 남로당 군사부 비서 이재복 지시에 의거[150] 1948년 10월 15일과 10월 16일 소속 부대 남로당원 군인들과 회의를 개최했다. 이 회의에서 '제주도로 이동하는 배 안에서 반란을 일으키는 방안'을 채택했다.[151] 반란을 성공한 이후부터는 중위 김지회 홍순석이 지휘관으로 행동하기로 모의했다[152]

육군본부에서는 1948년 10월 19일 07:00시 여수 우체국 통신망을 통해 제14연대에 "1948년 10월 19일 20:00시를 기해 LST로 출항하라."는 명령을 하달했다. 이 명령에 따라 제14연대는 이날 아침부터 저녁까지 LST에 물자 및 장비를 적재했다. 그런데 연대장 중령 박승훈과 부연대장 소령 이희권은 출항 명령이 여수 우체국을 통해 하달되었기 때문에 보안 유지가 안 되었을 가능성이 높다고 판단했다. 그래서 출항 시간을 20:00시에서 22:00시로 연기했다.

한편 상사 지창수와 중위 김지회는 출항 시간 변경을 자신들의 반란 계획 누설로 생각했다. 이에 따라 이동하는 배 안 반란 계획을 영내 반란 계획으로 수정했다. 지 상사는 1948년 10월 19일 저녁에 열릴 예정이던 출동부대 환송식 때 반란을 일으키기로 했다. 그러나 환송식에 참석한 장병들의 전투의지가 강하자, 실행에 옮기지 못했다. 환송식을 마친 연대장과 부연대장 등 지휘부는 19:00시경 장비 및 물자 적재 현장 지도차 여수항구로 이동했다.

TF로 구성된 출동부대 제1대대 장병들은 수송 요원을 제외하고 전 병력이 대대 막사 옆 콘크리트 바닥에서 휴식을 취했다. 잔류부대인 제2대대는 출동 준비를 지원하고 있었다. 장교들은 환송식이 끝난 후, 야간 근무자를 제외하고는 모두 영내 외 숙소로 돌아갔다.

상사 지창수는 부대 내 남로당 당원과 동조자 40여 명에게 사전 계획대로 무기와 탄약고를 점령하도록 했다. 그리고 20:00시경 비상 나팔을 불게 했다. 출동대대 장병들은 출동 시간이 앞당겨진 것으로 알고 연병장에 집결하여 대대장이 사열대에 나타나기를 기다렸다. 하지만 단상에 나타난 것은 연대 인사과 상사 지창수였다. 상사 지창수는 아래와 같은 허위 사실을 유포하며 반란에 가담하도록 선동했다.

> 1. 지금 경찰이 우리한테 쳐들어온다. 경찰을 타도하자!
> 2. 동족상잔의 제주도 출동을 반대한다!
> 3. 조국의 염원인 남북통일을 이룩하자!
> 4. 지금 북조선 인민군이 남조선 해방을 위해 38선을 넘어 남진 중이다!
> 5. 우리는 북상하는 인민해방군으로 행동한다!

상사 지창수 선동에 반대하고 나선 부사관 3명이 즉석에서 사살되었다. 지 상사의 연설은 계속되었다. "탄약고를 이미 점령해 놓았으니, 각자 탄약고에 가서 실탄을 최대한 휴대하라! 장교들을 모조리 사살하라!"라고 소리쳤다. 이후 총성과 나팔 소리에 놀란 제2대대와 제3대대 병사들이 영문도 모른 채 연병장으로 나오다 경찰이 공격해 왔다는 지 상사 말과 위협적인 분위기 속에서 자연스럽게 반란군으로 가담하게 되었다.

한편 연대장 중령 박승훈과 부연대장 소령 이희권은 선착장에서 반란 보고를 받았다. 연대장은 사태 파악을 위해 부연대장과 정보주임 중위 김래수를 귀대 조치시켰다. 연대장 자신은 제14연대 제1대대의 제주도 출항을 환송하기 위해 여수에 머물고 있던 제5여단 참모장 중령 오덕준을 찾아가 사건 발생을 보고했다.

제14연대장과 제5여단 참모장은 즉시 제14연대로 향했다. 현장에 도착해 보니 연대 능력으로는 반란군을 제압할 수 없다고 판단했다. 둘은 여수항에서 해군 함정을 타고 목포로 갔다. 여단 참모장 오 중령은 관련 사항을 육군본부로 보고하기 위해 서울로 떠났다. 제14연대장 박 중령은 제5여단 사령부가 있는 광주로 향했다.

상황 파악을 위해 연대로 간 부연대장 소령 이희권과 정보주임 중위 김래수는 연대 도착과 동시 반란군으로부터 공격받았다. 중위 김래수가 현장에서 살해되었다. 부연대장은 가까스로 부대를 빠져나와 여수 시내에 있는 헌병파견대로 갔다. 순천에 파견 나가 있는 제14연대 순천 파견대장 중위 홍순석에게 전화로 "즉각 연대로 출동하라!"라고 명령했다. 그러나 홍 중위는 항명했다.

연대 병력으로 반란군을 조성하는 데 성공한 상사 지창수는 자신이 '해방군 연대장'임을 선언했다. 상사 지창수가 중위 김지회를 제치고 반란군을 지휘하게 된 것은 주목할 사안이다. 반란 모의 회의 전까지 상사 지창수와 중위 김지회는 서로 남로당 당원인지 몰랐다. 이는 남로당 군사부에서 조직 보호를 위해 사병과 장교 조직을 이원화된 점조직으로 관리했기 때문이다. 누가 당원인지 서로 모르게 관리한 것이다.

2. 상황 전개

상사 지창수 지휘하에 3,000여 명 규모의 반란군은 1948년 10월 20일 01:00시 여수 시내로 진출했다. 민애청 소속 서종현 등의 안내를 받으며 봉산 지서 출장소 공격을 시작으로 경찰과 교전했다. 여수경찰서에서는 200여 명으로 저지선을 구축했으나, 1949년 10월 20일 02:00시경 경찰 저지선이 무너졌다.

반란군은 05:00시경 시내 주요 기관에 북한기를 걸었다. 반란군은 여수 시내 전체를 장악한 것이었다. 반란군은 1개 대대를 여수에 잔류시킨 후, 1949년 09:30 열차를 이용하여 2개 대대를 순천으로 진출시켰다.

반란군은 1949년 10월 20일 10:00시 여수읍사무소에 인민위원회와 보안서를 설치했다. 붉은 완장을 찬 청년들이 '오늘 15:00시 여수 중앙동에서 인민대회가 열린다. 1가구 1명은 반드시 참석하라. 안 나오면 큰일 난다.'라며 참여를 강요했다. 15:00시 중앙동 광장에 1,000여 명이 집결했다.
상사 지창수 사회로 남로당 여수위원회 위원장 이용기가 개회사를, 보안서장 유목윤이 격려사를, 상사 지창수가 인사말을, 민주청년동맹과 여성동맹 등 대표들이 축사 등 연설을 했다. 이 대회에서 이용기, 유목윤, 박채영, 문성휘, 김귀영, 송욱 등 6명을 의장단으로 선출한 후, 혁명 과업 6개 항을 결의했다. 대회 직후, 남로당 동조 세력 600여 명으로 '인민 의용군'을 조직했다.

한편 순천에서는 순천 각급 기관장과 유지들이 1949년 10월 20일 09:00시경 승주군청에서 대책 회의를 개최했다. 회의에서 '술과 안주를 군인들에게 제공해 군 경 민의 화해를 도모한다.'라는 결론을 냈다. 그러나 반란군은 이날 10:30경 열차 6량 편으로 순천역에 도착했다. 중위 홍순석이 지휘하는 제14연대 순천파견 2개 중대가 합류했다.

이때 광주에서 반란군 진압을 위해 출동한 제4연대 선발 파견 중대는 순천교-순천역에 이르는 도로와 남초등학교-순천시청을 연하는 도로를 점령하여 전투 준비태세를 갖추고 있었다. 순천경찰서에서는 주력을 순천교 제방에 배치했다.

그런데 광주에서 출동한 제4연대 선발 파견 중대 내 남로당 동조 세력이 중대장과 일부 병사를 살해하고 반란군이 되었다. 이렇게 되어 군경협조 작전은 불가능해졌다. 반란군은 15:00시경 순천을 장악했다. 반란군은 1949년 10월 22일까지 서쪽으로는 보성, 동쪽으로는 광양, 북쪽으로는 구례까지 장악했다. 이 과정에서 경찰관 30여 명을 사격으로 사살했다.

3. 여수·순천 탈환 작전

육군본부에서 제14연대 반란 보고를 받은 것은 1949년 10월 20일 01:00시경이었다. 이범석 국방부 장관은 이날 09:00시 회의를 소집했다. 참석자는 채병덕 육군 총참모장, 정일권 참모부장, 백선엽 정보국장, 로버츠 군사고문단장, 육군 총참모장 고문관 대위 하우스만, 정보국 고문관 대위 리드 등이었다. 사태 파악이 제대로 안 된 상황이라 별다른 대책을 마련하지 못한 채 회의는 끝났다.

채병덕 육군 총참모장은 정일권 참모부장, 백선엽 정보국장 등을 이끌고 미군 특별기편으로 광주로 내려갔다. 채병덕 육군 총참모장과 정일권 참모부장은 현장 상황을 파악한 후, 곧장 서울로 올라와 38선에 대한 경계 강화 태세를 조치했다. 38선 경계부대를 제외하고 가용부대 전체를 진압 작전에 투입하는 계획을 수립했다.

육군본부는 1949년 10월 21일 광주에 '전투사령부'를 설치했다. 준장 송호성을 총사령관으로 임명했다. 예하 부대는 제2여단(대령 원용덕), 제5여단(대령 김백일)으로 편성했다. 병력은 제2여단 제12·15연대, 제5여단 제3·4·6연대 예하의 10개 대대 규모였다. 공군에서 1개 비행대와 해군에서 함정을 지원했다.

진압 작전을 시작한 것은 반란군이 순천을 장악한 이후였다. 작전은 순천-광주 간 도로와 백운산·지리산으로 향하는 도주로를 차단하고 해상과 육상에서 압박하는 것이었다. 진압 부대 주력은 화순 경유 광주·남원·하동으로 진출할 수 있는 교통의 요지 학구로 투입했다. 제4연대 1개 대대가 먼저 도착했고, 뒤이어 제3연대 1개 대대, 제12연대 2개 대대가 투입되었다.

순천 진압은 학구 공방전으로 시작했다. 제3연대장 부연대장 소령 송석하가 지휘하는 제3연대와 제12연대 여단하사관교육대원, 대위 조재미가 지휘하는 제3연대 제2대대, 중령 이성가가 지휘하는 제4연대 1개 대대가 작전을 개시했다. 반란군의 저항은 강했다. 진압 작전이 진전을 보지 못하고 있을 때, 제12연대 부연대장 소령 백인엽이 지휘하는 제12연대 제2대대(대대장 대위 김희준)와 제3대대(대대장 대위 이우성)가 추가 투입돼 작전을 전개했다.

학구를 탈환한 진압 부대는 제4연대를 학구에 주둔시키고, 제3연대와 제12연대가 순천으로 공격해 갔다. 제12연대 제2대대가 봉화산 하단부를, 제3대대가 가곡동 고지와 남봉산 고지를 공격했다. 제3연대 제2대대는 외곽고지를 차단하면서 축차적(逐次的)으로 전진해 갔다. 1949년 10월 21일 07:00시경 순천 시가지 소탕전에 들어갔다. 2개 대대 규모로 추산되던 반란군 주력은 순천 시가지를 빠져나가고 없었다. 이날(10월 21일) 오전 진압 부대는 순천시를 탈환했다.

한편 반란군은 남로당 군사부 총사령관 이현상 지시에 의거 홍순석을 사령관으로, 김지회를 부사령관으로 재편성했다. 진압 부대의 순천 공격이 있기 전 광양을 거쳐 백운산과 지리산으로 들어가 유격전 태세를 갖추었다.[153]

정부에서는 순천을 탈환한 후, 1949년 10월 22일 여수와 순천에 계엄령을 선포했다. 여수는 광양 탈환 후 점령하기로 했다. 광양 작전은 1949년 10월 23일 제15연대 연대장 중령 최남근이 지휘하는 1개 대대가 하동 방향에서 반란군 퇴로를 차단하면서 광양으로 공격했다.

순천에서 광양으로의 공격은 대위 김희준이 지휘하는 제12연대 제2대대가 맡았다. 제12연대 제2대대가 광양에 진입했을 때, 제15연대 병력을 반란군으로 착각해 기관총을 사격함으로써 진압 부대 간 교전이 벌어졌다. 다행히 태극기와 철모의 백선 표식이 확인되어 쌍방 간 피해 없이 광양을 탈환했다.

여수 탈환 작전은 1949년 10월 24일 개시했다. 제3연대 1개 대대와 대위 강필원이 지휘하는 장갑차 20대를 투입했다. 사령관 준장 송호성이 진두지휘하여 여수로 진격했다. 그러나 진압군은 여수 입구 장군봉 부근에서 반란군의 기습을 받고 후퇴했다. 이 과정에서 반란군 사격으로 제1호 장갑차에 타고 있던 사령관 준장 송호성이 차에서 떨어져 허리를 다치고 고막이 상해 순천으로 후송되었다.

이날 공격은 '반란 1주일이 지나도록 여수를 탈환하지 못하니 이게 무슨 창피냐!'라는 국방부의 채근과 송 사령관의 공명심이 결합해 빚은 무모한 작전이라는 평가를 받았다.

전투사령부에서는 제1차 여수 탈환 작전이 실패하자, 백운산 방면에서 반란군 주력을 추격하던 제12연대를 1949년 10월 25일 여수 탈환 작전에 투입하는 것으로 전환하였다. 제12연대는 10월 26일 아침, 차량 편으로 여수 동측으로 공격해 갔다. 이 작전에 해군은 7척의 경비정을 동원했다. 부산 주둔 제5연대 1개 대대 병력을 상륙시켰다. 제3연대 1개 대대는 종고산 방향으로 공격해 갔다. 또한 제12연대 일부 병력을 제2여단 군수참모인 소령 함병선 지휘하에 예비대로서 해안 방면을 경계하면서 시가지로 진격하도록 했다.

한편 반란군 주력은 진압군 제1차 공격 이후, 10월 24일 야음을 이용해 여수에서 탈출하기 시작했다. 여수 주민들도 10월 25일에는 앞으로 닥쳐올 반란군과 진압군 간의 결전을 피해 안전지대로 대피하는 소동이 벌어졌다. 진압군은 10월 26일 15:00시에 구봉산, 장군봉, 종고산 등 외곽고지를 점령했다. 시가지에 박격포 공격을 했다.

제12연대 제2대대는 기갑연대의 장갑차를 앞세워 시내로 진격했다. 포위부대는 포위망을 축소하면서 민가와 시민들을 수색하는 작업에 착수했다. 해상 탈출을 기도하던 선박들도 해군 경비정 봉쇄로 성공하지 못했다. 이에 따라 시내는 남로당 동조 학생들과 단체원만이 있었다. 조직적 저항은 없었다.

진압 부대의 여수 소탕전은 10월 27일 새벽에 본격적으로 시작되었다. 중위 정세진이 지휘하는 장갑차 12대가 시내로 돌진했다. 그러나 부산에서 해군 LST로 10월 27일 여수 신항 앞바다에 도착한 제5연대 제1대대(대대장 대위 김종원)는 반란군의 사격으로 부두로 접근하지 못했다. 이에 제5연대 제1대대는 부두로부터 500m 떨어진 해상에서 81mm 박격포 2문으로 부두를 향해 포탄을 발사했다. 하지만 선상에서 조준기도 없는 박격포로 수십 발의 사격을 가했기 때문에

이 포격으로 제12연대 5중대장과 하사 안성수가 전사했다.

제5연대 제1대대는 부두에 있던 반란군이 소탕된 이후에 무혈 상륙하여 제12연대 소탕전을 지원했다. 그리고 제3연대 1개 대대가 종고산 방면에서 시가지 소탕전을 했다. 제4연대가 광양 방향에서 증원되었다. 반란 9일째인 10월 27일 오후 여수는 진압되었다.

하지만 정부 수립 2개월 만에 겨우 군대 형태만 갖춘 국군이 여수 순천을 신속히 탈환했다는 것은 성과였다. 하지만 탈환 속도에 집착한 나머지 반란군이 산속으로 들어갈 수 있는 퇴로를 차단하지 못해, 이 세력이 6 25전쟁 인천상륙작전 후, 북상 낙오병으로 구성된 북한군과 연대하여 대유격전을 할 수 있도록 했다는 비판에서 벗어날 수는 없었다.

4. 지리산 지구 토벌 작전

육군본부에서는 지리산으로 들어간 반란군 소탕을 위해 1948년 10월 30일 여수 반란군 진압 부대를 주축으로 '호남방면전투사령부'를 설치하고 사령관에 준장 송호성을 임명했다. '호남방면전투사령부'는 작전 지역을 남과 북으로 할당했다.

북쪽 지역은 제2여단장 대령 원용덕 지휘하에 제2·3·6·15연대의 1개 대대로 편성한 '북부지구전투사령부'를 남원에 두었다. '남부지구전투사령부'는 제5여단장 중령 김백일 지휘하에 제4·12연대의 2개 대대와 제15연대의 1개 대대로 편성하여 순천에 사령부를 위치시켰다. 양 전투사령부의 전투지경선은 섬진강-구례-압록-삼지-담양-고창을 연하는 선이었다.

작전개념은 '찾아서→고정한 후→싸워서→끝낸다'라는 것이었다. 작전은 제12연대가 주축이 되었다. 제12연대는 구례로 이동하여 반란군 주력인 김지회 부대를 포위하는 작전을 전개했다. 그러나 1948년 10월 29일부터 11월 1일까지 진행된 제12연대 제2대대와 제3대대 작전은 별다른 성과를 거두지 못했다. 부대 정비를 위해 11월 1일 군산으로 원대 복귀했다. 그 대신 군산에 잔류하던 제1대대(대대장 대위 허암)가 제12연대장 중령 백인기 지휘하에 구례로 이동하여 작전을 수행했다.

1948년 11월 4일 '북부지구사령부' 사령관 대령 원용덕 주관하에 회의가 있었다. 제12연대장 중령 백인기가 회의에 참석하기 위해 남원으로 이동하던 중, 순국했다. 당시 제12연대장 중령 백인기는 헌병 1개 분대와 함께 15:30경 구례에서 남원으로 출발했다.

16:00시경 구례 동북방 15km 지점 산동지서 부근에서 반란군으로부터 공격받았다. 이 공격으로 연대장과 함께 이동하던 헌병 등이 전사하거나 실종되었다. 제12연대장 중령 백인기는 홀로 반란군과 전투 중, 한 농가에서 권총으로 스스로 목숨을 끊었다.

중령 백인기 일행이 반란군으로부터 공격받게 된 것은 통신시설을 반란군이 장악했기 때문이었다. 당시 남원사령부에서는 구례 경찰서를 통하여 제12연대를 작전개념을 전달했는데, 산동지서를 점령하고 있던 반란군들이 이 사실을 도청한 것이었다. 이에 따라 1949년 11월 5일부터 부연대장 소령 백인엽이 연대장 대리로서 연대를 지휘했다. 부연대장이 구례에 도착했을 때 제12연대는 김지회 부대로부터 3일 동안 공격을 받아 피해가 컸다. 장병들의 사기도 크게 저하되어 있었다.

1948년 11월 8일 04:00시경 김지회 부대 주력이 야음을 틈타 구례초등학교 앞 산인 해발 170m 봉성산에 배치된 1개 중대(중대장 이동호 중위)를 기습한 후 초등학교에 주둔하고 있던 제12연대 본부를 포위 공격해 왔다. 반란군의 기습으로 부연대장 소령 백인엽은 당황했지만, 반란군들의 사격술이 미숙하다는 것을 직감했다. 이에 중화기 중대장 중위 송호림에게 81mm 박격포 8문으로 봉성산에 화력을 집중하게 했다.

각 소총 중대를 진두지휘하여 반격을 감행했다. 반란군들은 박격포 집중 사격과 각 중대의 공격이 강화되자, 05:00시경 일제히 퇴각했다. 제12연대의 강력한 반격 작전으로 반란군은 40여 명의 피해를 내고 도주했다.

구례 기습작전에서 실패한 김지회 부대는 지리산으로 퇴각했다. 입산 후 전술을 장기전으로 바꾸고 병력을 분산했다. 일부는 백운산에 근거지를 마련했다. 일부는 태석봉·둔철산·정수산·감악산 일대에, 나머지는 달궁·장안산·덕유산·천마산·칠봉·삼도봉을 연하여 유격전 근거지를 형성했다. 반란군들은 근거지를 전전하면서 구례·곡성·광양·무주·장수·남원·거창·산청·함양·진주·하동 등지로 보급 투쟁을 벌였다.

육군본부에서는 1948년 10월 30일 남북지구로 분할하여 반란군 토벌 작전을 지휘하던 '호남방면전투사령부'를 1949년 3월 1일 '호남지구전투사령부'와 '지리산지구전투사령부'로 재편성하였다.

광주에 사령부를 둔 '호남지구전투사령부' 사령관에 원용덕 준장이 임명되었다. 예하에 제20연대, 제15연대 1개 대대, 제3연대 1개 대대를 배속했다. 남원에 사령부를 둔 '지리산지구전투사령부'는 사령관에 준장 정일권을 임명했다. 예하에 제3연대 1개 대대, 제5연대 1개 대대, 제9연대 1개 대대, 제19연대 1개 대대, 독립 유격대대를 배속했다.

'지리산지구전투사령부'는 반란군 소탕 작전을 3단계로 계획했다. 제1단계는 3월 초순 작전부대를 남원·구례·화개장·하동·진주·산청 지역에 분산 배치했다. 1주일간 수색 작전을 전개했다.

이 작전은 산악 지역의 추위를 피하거나 식량을 획득하기 위해 야산지대로 하산한 반란군들을 지리산으로 쫓아 올리는 데 목적을 두고 야산 주변의 수색 작전을 중심으로 전개했다. 1단계 작전 기간에는 소규모 접전밖에 없었다. 화개장 전투에서 제9연대 제3대대가 김지회 부대로부터 기습받기도 했다.

'지리산지구전투사령부' 제2단계 작전은 1949년 3월 11일부터 전개했다. 야산지대에 산재한 반란군을 지리산 일대로 몰아넣은 다음, 이들을 격멸하는 개념이었다. 작전부대는 노고단 반야봉 천왕봉 일대를 중심으로 지리산을 남과 북을 이동하면서 반란군의 은거지를 수색했다. 이 작전으로 반란군은 근거지를 버리고 함양 안의 거창 지역으로 도주했다.

3단계 작전은 1949년 3월 16일부터 시작했다. 진압 부대는 거창 함양 등지로 이동하여 반란군을 소탕하는 데 작전의 중점을 두었다. 지리산 북동쪽 40km 지점의 거창에 진압 부대 거점을 둔 제3연대 제3대대(대대장 대위 한웅진)는 매일 산청·안의·위천 방면에 병력을 투입하여 수색했다. 별다른 성과는 거두지 못했다.

5. 작전 종료

한편 김지회와 홍순석은 1949년 3월 21일 지리산 은거하던 게릴라 500여 명을 이끌고 덕유산으로 이동했다. 홍순석은 그중 일부 병력을 지휘하며 경남 거창군 북상면 황점 마을을 점령했다. 1949년 3월 22일에는 목재 운반 차량 2대를 강탈했다. 이들 중 60명은 국군으로 가장하고 강탈한 트럭 2대를 이용해 3월 24일 위천지서를 습격했다. 경찰관들을 감금하고 거창으로 진출하기 위해 거창 경찰서장과 전화 통화를 시도했다.

홍순석은 경찰서장에게 "우리는 국군 제3연대 선발 병력이다. 지금 덕유산 반란군 토벌을 마치고 거창으로 이동하고 있다. 현재 우리는 위천지서에 있다. 주력부대 500여 명이 거창에 들어갈 것이다. 식사와 숙소를 1시간 안으로 준비하라. 차량 8대를 징발하여 20분 내로 위천으로 보내라. 차량 인솔은 경찰서장이 직접 하라."고 명령조로 요구했다.

당시 거창에는 제3연대 제3대대 본부가 있었다. 산청 방면에서 수색 작전을 펴고 있었다. 거창 경찰서 유봉순 경위는 대대본부로 와서 홍순석과 경찰서장 간 통화 내용을 알려주었다. 때마침 작전을 마치고 귀대한 대대장 대위 한웅진은 정보장교 중위 김철순과 함께 거창 경찰서로 출동했다.

위천지서에 전화를 걸었다. 전화 통화 결과 대대장은 직감적으로 그들이 반란군이라는 것을 알았다. 그러나 당시 제3대대 본부에는 경비 병력밖에 없었기 때문에 즉각적인 공격이 어려웠다. 경찰과 함께 거창 경찰서 방어에 주력할 수밖에 없었다.

이날 밤 제10중대가 수색 작전을 마치고 복귀했다. 대대장은 중대를 직접 지휘해 위천지서로 출동했다. 그러나 반란군은 이미 위천지서를 떠난 상태였다. 제3대대는 계속 반란군을 추격해 우마차에 약탈 물자를 싣고 가는 반란군 일부를 발견했다. 10여 명을 사살하고 수명을 생포했다.

이때 생포한 반란군을 심문한 결과 김지회, 홍순석 부대가 덕유산으로 입산했다는 사실을 알게 되었다. '지리산지구전투사령부'는 즉시 예하 전 병력과 경찰력을 동원하여 군경합동으로 덕유산 포위 작전을 전개했다. 이 포위 작전에는 제3연대 제1 3대대, 제5연대 제3대대, 제9연대 제3대대, 독립 제1대대 등 5개 대대와 경찰부대가 참가했다.

1949년 3월 28일 밤 분산되어 있던 각 대대와 경찰부대는 함양에 집결했다. 다음 날 3월 29일 밤 덕유산 포위망이 형성되었다. 3월 30일 정일권 전투사령관은 작전부대를 진두지휘하여 포위망을 압축했다. 반란군들은 토벌 작전이 시작된 후 2차에 걸쳐 거창을 습격했다. 전투사령부에서는 반란군의 거창 습격이 토벌부대의 관심을 딴 데로 돌리려는 양동작전이라고 판단했다. 이들은 반드시 괘관산에서 휴식한 후 지리산으로 이동할 것으로 판단했다.

현지 주민이 3월 29일 밤 안의 근방에 반란군들이 출현했다는 첩보를 제공했다. 제3연대 제3대대는 안의로 출동하여 이들을 추격한 끝에 90여 명을 사살했다. 반란군이 괘관산 방향으로 이동하는 것을 목격했다. 전투사령부는 즉각 괘관산으로 주력부대를 증원했다. 한편 제3연대 제3대대는 거창에서 함양으로 이동하여 괘관산에서 지리산으로 연결된 통로의 길목인 남원군 운봉면 피바위 고개를 차단하였다.

진압 부대는 천정동에서 1949년 4월 4일 반란군 숙영지를 박격포로 공격을 퍼부었다. 다음날에도 산발적인 공격을 했다. 반란군은 2일간의 이 작전에서 지휘체계가 무너질 정도의 큰 타격을 받았다. 소대 이하 소규모 병력으로 흩어져 지리산으로 도주했다.

한편 제3연대 제3대대는 1949년 4월 9일 03:00시 반선리 마을 청년단장으로부터 "지금 반란군 30여 명이 와서 술과 밥을 달라고 하고 있다."라는 첩보를 제공받았다. 대대장은 직접 본부 요원 60명과 함께 출동하여 반란군을 공격했다. 이 공격으로 홍순석을 비롯해 정치부장, 후방부장 등 17명을 사살했다. 반란군 문화부장 외 7명을 포로로 잡았다. 김지회는 크게 다친 몸으로 도주하다가 반선리 부근에서 죽었다.

1949년 4월 18일 '지리산지구전투사령부' 사령관이 정일권 준장에서 제3연대장 대령 함준호로 교체되었다. 1949년 9월 28일 김백일 대령이 다시 지휘권을 인수하여 잔당들을 섬멸해 갔다. 1950년 1월 25일 '지리산지구전투사령부'는 해체되었다. 1950년 2월 5일 호남 일대에 선포되었던 계엄령이 해제되었다. 그러나 호남 및 경남 일부 지역에는 6·25전쟁 발발 전까지 '이현상'을 중심으로 구 빨치산 유격대[154]가 활동하면서 북한군 남침을 기대하고 있었다.

이후 이현상은 1953년 9월 17일 지리산 쌍계사 의신리 빗점골에서 사살되었다. 이현상 후임 이영희는 1953년 11월 17일, 이영희 후임 노영호는 1954년 사살됨으로써 지휘체계를 갖춘 빨치산 조직은 무너졌다. 그리고 마지막 빨치산 정순덕이 1963년 11월 12일 경남 산청군 삼장면 내원리 내원사 계곡에서 체포되었다. 이로써 박헌영-김일성 또는 김일성-박헌영 책임하에 발생한 〈제주 4·3사건〉 진압 출동을 거부한 〈여·순 10·19사건〉 중, 제14연대의 군사 반란은 종료되었다.

미 주

1) 국방부 군사편찬연구소, 6·25전쟁 제1권 전쟁의 배경과 원인, 18쪽. / 이호철, 남과 북 진짜진짜 역사 읽기, 120쪽.
2) 이호철, 남과 북 진짜진짜 역사 읽기, 123쪽.
3) 극동문제연구소, 북한전서 상권, 60쪽.
4) 국방부 군사편찬연구소, 6·25전쟁사 제1권 전쟁의 배경과 원인, 73쪽.
5) 청계연구소, 한국공산주의운동사(김준엽, 김창순 공저) 제4권, 56쪽.
6) 청계연구소, 한국공산주의운동사(김준엽, 김창순 공저) 제4권, 58쪽.
7) 이호철, 남과 북 진짜진짜 역사 읽기, 158쪽.
8) 청계연구소, 한국공산주의운동사(김준엽, 김창순 공저) 제5권, 81쪽.
9) 조문기 지음, 안병호 옮김, 조선혁명군 사령관 양세봉, 135쪽.
10) 조문기 지음, 안병호 옮김, 조선혁명군 사령관 양세봉, 137쪽.
11) 조문기 지음, 안병호 옮김, 조선혁명군 사령관 양세봉, 137쪽.
12) 청계연구소, 한국공산주의운동사(김준엽, 김창순 공저) 제5권, 82쪽.
13) 청계연구소, 한국공산주의운동사(김준엽, 김창순 공저) 제5권, 61쪽.
14) 이호철, 남과 북 진짜진짜 역사 읽기, 110쪽.
15) 국방부 군사편찬연구소, 6 25전쟁사 제1권 전쟁의 배경과 원인, 73쪽.
16) 극동문제연구소, 북한전서 상권, 65쪽.
17) 국립통일교육원, 2020 북한이해, 16쪽.
18) 국립통일교육원, 2020 북한이해, 20쪽.
19) 국립통일교육원, 2020 북한이해, 21쪽.
20) 이항구, 소설 김일성 209쪽. 소설 김일성은 북한 현용정보를 소설로 설명한 책이다. 이 책에 나오는 모든 사건과 인물, 통계는 실제이다. 이 책에서 말하는 계층별 세대와 인구를 2023년을 기준으로 저자가 다시 계량화한 추정 수치다.
21) 김덕홍, 정치망명가 김덕홍의 회고록 나는 자유주의자이다, 138~146쪽.
22) 러시아어의 볼셰비키라는 원래의 말뜻은 다수파라는 뜻. 러시아 마르크스(Marx)당의 다수파를 가리킨다. 1903년 러시아 사회민주노동당의 제2차 대회 때 당의 기관지를 편집하는 방침에 관하여 레닌(V. N. Lenin)을 지지하는 파의 표수가 25표, 그의 대립자인 마르토프(Julius Martov)파가 23표를 차지하게 되어, 이후 레닌파는 다수파, 즉 볼셰비키, 마르토프파는 소수파, 즉 멘셰비키(mensheviki)라고 불리게 되었다. 1918년 당 대회에서 당명을 러시아 공산당(볼셰비키)이라 개칭하게 되자 볼셰비키는 공산당의 별명으로 되었다. 그러나 스탈린 사후 1952년 제19차 당 대회에서 이 이름은 당의 명칭에서 정식으로 빼게 되었다.
23) 이왕재, 조태훈 공저, 공산주의 이론과 실제 비판, 154쪽.
24) 안희창, 북한 왜 이럴까?, 173쪽.
25) 극동문제연구소, 북한전서 상권, 255쪽.
26) 안희창, 북한 왜 이럴까?, 174쪽.
27) 안희창, 북한 왜 이럴까?, 177쪽.
28) 앞의 책, 188쪽.

29) 안희창, 북한 왜 이럴까?, 192쪽.
30) 안희창, 북한 왜 이럴까?, 195쪽.
31) 안희창, 북한 왜 이럴까?, 208쪽.
32) 국립통일교육원, 2023 북한이해, 46쪽.
33) 1919년 3월 레닌의 지도하에 러시아 공산당과 독일 사회민주당 좌파를 중심으로 조직된 공산당의 국제적 통일조직이다. 이 코민테른으로부터 정식 공산당으로 승인받아야 국제적으로 공인된 당이 될 수 있다.
34) 알렉세예프스크라는 이름이었으나, 러시아 혁명 후 자유롭다는 뜻을 가진 스보보드니로 바뀌었다.
35) 청계연구소, 한국공산주의운동사 제2권, 308쪽.
36) 청계연구소, 한국공산주의운동사 제5권, 386쪽.
37) 청계연구소, 한국공산주의운동사 제5권, 403쪽.
38) 박병엽 구술, 유영구 정창현 엮음, 김일성과 박헌영 그리고 여운형, 98~100쪽.
39) 국립 통일교육원, 2020 북한이해, 51쪽.
40) 국립 통일교육원, 2020 북한이해, 57쪽.
41) 국립 통일교육원, 2020 북한이해, 60쪽.
42) 청계연구소, 한국공산주의운동사 제5권, 80쪽.
43) 김용현, 북한군사국가화의 역사적 배경: 항일무장투쟁과 한국전쟁, 37쪽.
44) 극동문제연구소, 북한 전서 중권, 23~28쪽.
45) 국립통일교육원, 2020 북한이해, 95쪽.
46) 국립통일교육원, 2020 북한이해, 97쪽.
47) 국립통일교육원, 2020 북한이해, 101쪽.
48) 국방부, 2022 국방백서, 23쪽.
49) 국방부, 2022 국방백서, 24쪽.
50) 북한 교육훈련 책자.
51) 국립통일연구원, 북한 주요기관 인물종합(2020년 12월 기준).
52) 국립통일연구원, 북한 주요기관 인물종합, 인민군 편.
53) 국방부 블로그 동고동락, M-프렌즈, 2022. 11. 6 자료.
54) MBN TV, 2015. 10. 8 보도 자료.
55) 북한인권정보센터, 북한군 인권 실태 보고서 '군복 입은 수감자', 20쪽, 21쪽.
56) 북한인권정보센터, 북한군 인권 실태 보고서 '군복 입은 수감자', 41쪽.
57) 북한인권정보센터, 북한군 인권 실태 보고서 '군복 입은 수감자', 43쪽.
58) 북한인권정보센터, 북한군 인권 실태 보고서 '군복 입은 수감자', 61쪽.
59) 북한인권정보센터, 북한군 인권 실태 보고서 '군복 입은 수감자', 83쪽.
60) 북한인권정보센터, 북한군 인권 실태 보고서 '군복 입은 수감자', 85쪽.
61) 북한인권정보센터, 북한군 인권 실태 보고서 '군복 입은 수감자', 90쪽.
62) 북한인권정보센터, 북한군 인권 실태 보고서 '군복 입은 수감자', 91쪽.
63) 동아일보 신진우 기자, 2020년 9월1일 보도 내용.
64) 북한인권정보센터, 북한군 인권 실태 보고서 '군복 입은 수감자', 99쪽.
65) 북한인권정보센터, 북한군 인권 실태 보고서 '군복 입은 수감자', 101쪽.
66) 북한인권정보센터, 북한군 인권 실태 보고서 '군복 입은 수감자', 107쪽.

67) 북한인권정보센터, 북한군 인권 실태 보고서 '군복 입은 수감자', 108쪽.
68) 북한인권정보센터, 북한군 인권 실태 보고서 '군복 입은 수감자', 160쪽.
69) 북한인권정보센터, 북한군 인권 실태 보고서 '군복 입은 수감자', 161쪽.
70) 북한인권정보센터, 북한군 인권 실태 보고서 '군복 입은 수감자', 164쪽.
71) 북한인권정보센터, 북한군 인권 실태 보고서 '군복 입은 수감자', 162쪽.
72) 북한인권정보센터, 북한군 인권 실태 보고서 '군복 입은 수감자', 167쪽.
73) 북한인권기록보존소, 북한정치범수용소의 운영체계와 인권실태, 120쪽.
74) 북한인권정보센터, 북한군 인권 실태 보고서 '군복 입은 수감자', 235쪽.
75) 북한인권정보센터, 북한군 인권 실태 보고서 '군복 입은 수감자', 236쪽.
76) 북한인권정보센터, 북한군 인권 실태 보고서 '군복 입은 수감자', 239쪽.
77) 유용원, 유용원의 밀리터리시크릿, 41쪽.
78) 조선일보 기자 유용원 2022년 학군사관후보생 강의 자료.
79) 유용원, 유용원의 밀리터리시크릿, 54쪽.
80) 유용원, 유용원의 밀리터리시크릿, 57쪽.
81) 장명순, 북한군사연구, 293쪽.
82) 장명순, 북한군사연구, 294쪽.
83) 국방군사연구소, 대비정규전사Ⅱ, 58쪽.
84) 국방부 군사편찬연구소, 6·25전쟁사 1권, 전쟁의 배경과 원인, 577~588쪽.
85) 국방부 군사편찬연구소, 대비정규전 제2권, 339쪽.
86) 통일부 국립통일교육원, 2021 북한이해, 34쪽.
87) 통일부 국립통일교육원, 2021 북한이해, 38쪽.
88) 통일부 국립통일교육원, 2021 북한이해, 42쪽.
89) 통일부 국립통일교육원, 2021 북한이해, 35쪽.
90) 국방부 군사편찬연구소, 군사분계선과 남북한 갈등, 149쪽.
91) 김성만, 천안함과 연평도 서해5도와 NLL을 어떻게 지킬 것인가? 238쪽.
92) 2022 국방백서, 334쪽.
93) 국방부, 2020 국방백서, 252쪽.
94) 국방부, 2022 국방백서, 101쪽.
95) 국방부 군사편찬연구소, 6·25전쟁과 국군포로, 192쪽.
96) 국방부 군사편찬연구소, 6·25전쟁과 국군포로, 211쪽.
97) 국방부 군사편찬연구소, 6·25전쟁과 국군포로, 211쪽.
98) 국방부 군사편찬연구소, 6·25전쟁과 국군포로, 210쪽.
99) 국방부 군사편찬연구소, 6·25전쟁과 국군포로, 222쪽.
100) 국방부 군사편찬연구소, 6·25전쟁과 국군포로, 222쪽.
101) 국방부, 2022 국방백서, 102쪽.
102) 문주석, 월북 국악인에 관한 재고, 13쪽.
103) 문주석, 월북 국악인에 관한 재고, 17쪽.
104) 노동은, 북한 음악론 통일 음악의 모색과 실천, 46쪽.
105) 노동은, 북한 음악론 통일 음악의 모색과 실천, 46쪽.
106) 노동은, 북한 음악론 통일 음악의 모색과 실천, 18쪽.

107) 노동은, 북한 음악론 통일 음악의 모색과 실천, 186쪽.
108) 권오성 외, 북한 음악의 이모저모, 29쪽.
109) 권오성 외, 북한 음악의 이모저모, 38쪽.
110) 권오성 외, 북한 음악의 이모저모, 42쪽.
111) 국립통일교육원, 2020 북한이해, 288쪽.
112) 통일부 〈북한정보포털〉 홈페이지 북한 개황 중, 사회 분야에서 인용.
113) 통일부 〈북한정보포털〉 홈페이지 북한 개황 중, 사회 분야에서 인용.
114) 통일부 〈북한정보포털〉 홈페이지 북한 개황 중, 사회 분야에서 인용.
115) 통일부 〈북한정보포털〉 홈페이지 북한 개황 중, 사회 분야에서 인용.
116) 통일부 〈북한정보포털〉 홈페이지 북한 개황 중, 사회 분야에서 인용.
117) 이종석, 새로 쓴 현대 북한의 이해, 397쪽.
118) 김선덕, 국군열전 육군의 산파역 이응준, 140쪽.
119) 김선덕, 국군열전 육군의 산파역 이응준, 141쪽.
120) 김덕홍, 정치 망명자 김덕홍의 회고록 나는 자유주의자이다, 271쪽.
121) 국방부 홈페이지, 국방예산 추이.
122) 마키노 요시히로, 김정은과 김여정, 119쪽.
123) 마키노 요시히로, 김정은과 김여정, 120~125쪽에서 발췌.
124) 통일부 북한정보포털 북한지식사전(2021), 혁명열사릉/애국열사릉.
125) 통일부 북한정보포털 북한지식사전(2021), 종합시장.
126) 조선일보 2015. 3. 22 신수지 기자.
127) 중앙일보 2020. 9. 4 정용수 기자 보도 내용에서 인용.
128) 세종연구소 객원연구위원 김규범, '김주애 연출'의 의도와 그 시사점에서 발췌하여 인용.
129) 통일연구원 북한연구실 연구위원 오경섭, 김여정의 정치적 위상과 역할 보고서에서 발췌하여 인용.
130) 조선일보, 2013. 8. 13 기사.
131) 김용삼, 대구 10월 폭동, 제주 4·3사건, 여·순 반란 사건, 90쪽(저자 김용삼은 〈전현수, 쉬띄꼬프 일기 1946~1948, 국사편찬위원회, 2004, 22~23쪽〉에서 인용).
132) 김일광: 중국보정군관학교 간부훈련반 졸업(21세), 중국 국민당 중앙군 소속으로 1946년 3월까지 활동, 1946년 7월 귀국 후 19417년 2월부터 조선통신사 사회부 기자로 일하다가 같은 해 7월 퇴직하고 군 공작 전개. / 이혁기: 1944년 1월 경성제국대학 법문학부 영문과 2학년 재학 중 학병으로 끌려가 일본군 상등병으로 일본 포병부대에서 근무, 1944년 9월 일시 귀향한 틈을 이용하여 일본군 탈영. 광복과 동시 여운형의 권고로 〈조선국군준비대〉를 조직하고 총사령관으로 활동. 미군정에서 1945년 11월 13일 사설 군사단체 해산 명령을 내렸음에도 해체를 거부하여 미군정 법령 제28호 위반죄로 징역 3년 복역 중 1947년 6월 출옥.
133) 성시백: 1905년 4월 5일 황해도 평산 출신. 광복 후 중국공산당 주은래가 김일성에게 추천하여 조선공산당 북조선분국 부부장 역임. 김일성 특별 명령을 받고 서울로 잠입하여 남로당 동향을 포함하여 대남공작 임무 수행 중, 1950년 5월 15일 체포돼 6·25전쟁이 발발 이틀 후인 6월 27일 사형당함.
134) 제주 4·3사건 진상규명 및 희생자 명예회복 위원회, 제주 4·3사건 진상조사보고서, 89쪽.
135) 제주 4·3사건 진상규명 및 희생자 명예회복 위원회, 제주 4·3사건 진상조사보고서, 77쪽.
136) 미군정은 미 제24군단 예하에 전술부대 역할을 하는 제6·7·40사단과 미군정청 산하에 8개 군정단과 32개 군정중대를 두고 임무 및 기능을 수행했다. 제주도는 전남군정도지사 예하 제59군정중대

가 사무를 관장했다.
137) 국방부 군사편찬연구소, 6·25전쟁 제1권 424쪽. /남로당 제주도위원회는 조선공산당 제주도위원회 후신으로 1946년 12월에 창립했다.
138) 국방부 군사편찬연구소, 6·25전쟁 제1권, 428쪽.
139) 박윤식, 참혹했던 비극의 역사 1948년 4·3사건, 95·96·97·98쪽.
140) 제주 4·3사건 진상규명 및 희생자 명예회복 위원회, 제주 4·3사건 진상조사보고서, 108쪽.
141) 박윤식, 참혹했던 비극의 역사 1948년 4 3사건, 107쪽.
142) 제주 4·3사건 진상규명 및 희생자 명예회복 위원회, 제주 4·3사건 진상조사보고서, 109쪽.
143) 국방부 군사편찬연구소, 6·25전쟁 제1권, 431쪽.
144) 국방부 군사편찬연구소, 6·25전쟁 제1권, 435쪽.
145) 박윤식, 참혹했던 비극의 역사 1948년 4·3사건, 72쪽.
146) 제주 4·3사건 진상규명 및 희생자 명예회복 위원회, 제주 4·3사건 진상조사보고서, 240쪽.
147) 국방부 군사편찬연구소, 6·25전쟁 제1권, 450쪽.
148) 제주 4·3사건 진상규명 및 희생자 명예회복 위원회, 제주 4·3사건 진상조사보고서, 367쪽.
149) 혁명의용군 사건(革命義勇軍事件)은 1948년 10월 1일 민간인 최능진, 서세충(徐世忠), 김진섭(金鎭燮) 등이 혁명의용군(革命義勇軍)을 조직하고 기회가 도래하면 대한민국 정부를 전복시킴으로써 정권을 차지하려는 일종의 쿠데타를 음모한 사건이다. 1949년 5월 31일 법령 제15호 4조 나항 및 형법 60조가 인용되어 최능진 징역 3년, 김진섭 징역 3년 6개월, 서세충 무죄가 선고되었다. 1949년 11월 2일 김진섭과 최능진은 추가 피소되어 2심에서 내란음모 및 정부 계획 방해 기도죄로 김진섭 징역 6년, 최능진 징역 5년을 선고받았다. 제14연대장 소령 오동기는 1949년 1월 27일 징역 10년, 안종옥 징역 5년, 박규일, 김봉수(金鳳秀) 징역 3년, 김용이(金容珥) 2년, 오필주(吳弼周) 1년이 선고되었다.
150) 국방부전사편찬위원회, 대비정규전(1945~1960), 31쪽.
151) 국방부 군사편찬연구소, 6·5전쟁 제1권, 453쪽.
152) 국방부전사편찬위원회, 대비정규전(1945~1960), 31쪽.
153) 국방부 군사편찬연구소, 6·25전쟁 제1권, 462쪽.
154) 1948년 10·19사건으로 지리산으로 도주한 반란군을 구 빨치산으로 부른다. 신 빨치산은 6·25전쟁 중 지리산으로 들어간 북한군을 말한다.